U0868800

高技能人才培养培训系列教材

机械加工基础与实训

主　编　缪遇春　吴光明
副主编　刘惠强
参　编　吴小龙　吴广峰　张广明
　　　　马　川　吴　波

机 械 工 业 出 版 社

本书是为了满足国家对装备制造业人才的迫切需要，根据教育部制定的职业教育人才培养指导方案的要求，由具有丰富教学和工厂实践经验的专家参与，并结合作者多年的机械加工、模具制造方面教学与工作经验编写而成的。

本书共分三章，内容包括钳工技能训练、车削加工技能训练、铣削加工技能训练。

本书从培养装备制造业技能专业人才的角度出发，坚持以就业为导向，以职业能力的培养为核心的原则，在内容的安排上，基本理论叙述以够用为度，突出实用性和可操作性，强化实践动手能力，将必要的专业理论知识融合贯穿于技能操作全过程，将机械制造加工工艺融合到一个个实例中。为便于学习，本书配有 40 个技能训练微课视频（二维码），用手机扫一扫便可观看所链接的内容。

本书围绕中高级机械制造工（含钳工、车工、铣工等工种）职业岗位要求合理安排内容，针对性、实用性强，适合作为中职、高职、技工院校机电、模具、数控类专业学生的专业教材和国家职业技能鉴定考工培训教材。

图书在版编目（CIP）数据

机械加工基础与实训/缪遇春，吴光明主编. —北京：机械工业出版社，2024.3

高技能人才培养培训系列教材

ISBN 978-7-111-74444-3

Ⅰ.①机… Ⅱ.①缪… ②吴… Ⅲ.①机械加工-教材 Ⅳ.①TG5

中国国家版本馆 CIP 数据核字（2023）第 242238 号

机械工业出版社（北京市百万庄大街 22 号　邮政编码 100037）

策划编辑：汪光灿　　责任编辑：汪光灿　章承林

责任校对：张婉茹　张　薇　　封面设计：张　静

责任印制：刘　媛

唐山楠萍印务有限公司印刷

2024 年 3 月第 1 版第 1 次印刷

184mm×260mm · 14.25 印张 · 348 千字

标准书号：ISBN 978-7-111-74444-3

定价：45.00 元

电话服务

客服电话：010-88361066

010-88379833

010-68326294

网络服务

机　工　官　网：www.cmpbook.com

机　工　官　博：weibo.com/cmp1952

金　　书　　网：www.golden-book.com

机工教育服务网：www.cmpedu.com

前　言

本书是以党的二十大精神为指导，全面推动党的二十大精神进教材、进课堂、进头脑，全面贯彻党的教育方针，落实立德树人根本任务，突出职业教育的类型特点，进行教材、教法改革，校企“双元”合作开发的。

本书突出职业教育特色，适应工学结合人才培养模式的要求，紧跟智能制造等前沿技术的发展，通过校企合作，引入具有丰富机械加工经验的企业一线技术人员和行业专家参与本书的编写，紧跟产业发展趋势和行业人才需求，及时将产业发展的新知识、新技术、新工艺、新方法纳入本书内容，能够很好地反映典型岗位（群）职业能力要求。本书以理实一体化的教学模式，参照相关国家职业资格标准，选取和规划教学内容，涵盖了典型机械加工行业职业资格中级工到技师层次的理论知识和实操技能点，将专业精神、职业精神和工匠精神融入教材内容，充分体现了教材内容的针对性、先进性与实用性，项目化的设计理念有利于职业教育“三教”改革和1+X证书的实施。

本书共分三章：第一章是钳工技能训练，介绍了钳工基础知识、钳工划线、锯削、錾削与锉削、孔加工、攻螺纹和套螺纹、装配的知识点和技能点；第二章为车削加工技能训练，不仅介绍了常用的车床、车刀、车床装夹等车削基础知识，还结合工厂的实际情况，较为详尽地介绍了车床的常用加工方法和工艺；第三章为铣削加工技能训练，介绍了模具生产中常用铣床的结构、操作，铣刀、工件的装夹等基础知识，并着重讲述了铣削加工常用的加工方法和工艺。

本书从培养机械加工、模具制造技能专业人才的角度出发，坚持以就业为导向、以职业能力的培养为核心的原则，在内容的安排上，基本理论叙述以够用为度，突出实用性和可操作性，强化实践动手能力，将必要的专业理论知识融合贯穿于技能操作全过程，将机械制造加工工艺融合到一个个实例中，让学生在学习过程中，潜移默化地掌握专业理论知识和机械制造工艺。

本书围绕中高级机械制造工（含钳工、车工、铣工等工种）职业岗位要求合理安排内容，针对性、实用性强。本书的教学目标是：培养学生掌握机械零件加工的基本知识，了解机械制造的发展方向，初步形成应用机械制造技术解决生产实际问题的能力。

本书由东莞市技师学院缪遇春和吴光明任主编。本书具体编写分工为：刘惠强编写第一章第一～三节，吴小龙编写第一章第四～六节，马川编写第一章第七节和第八节，吴光明编写第二章第一～三节，吴波编写第二章第四～六节，吴广峰编写第二章第七～九节，张广明编写第三章第一～三节，缪遇春编写第三章第四～九节。全书由缪遇春统稿。东莞市职业技能鉴定指导中心对本书提出了很多修改意见。在编写过程中，东莞市职业技能鉴定指导中心、东莞理工学校、东莞市机电工程学校、东莞联合高级技工学校、东莞市高级技工学院、黄平黄水职业中学、育才职业技术学校、东莞市智通职业技术学校、东莞市华粤职业技术学校、东莞市南华职业技术学校、东莞市南博职业技术学院、东莞理工学院及东莞模具制造相关企业也给予了大力支持，在此一并表示衷心的感谢。

限于编者的水平，书中难免有错误和不妥之处，恳请广大读者批评指正。

编　者

二维码资源

序号与名称	二维码	序号与名称	二维码
1-1 平面划线		1-9 刀口角尺的使用	
1-2 立体划线		1-10 游标卡尺的维护与保养	
1-3 工件的装夹		1-11 游标高度卡尺的使用	
1-4 锉刀的选用		2-1 车床的对刀操作	
1-5 锤子与錾子的使用		2-2 90°外圆车刀的刃磨	
1-6 台式钻床的认知		2-3 切断刀的刃磨	
1-7 钻床转速调整		2-4 螺纹刀的刃磨	
1-8 钻头的刃磨		2-5 端面的车削	

（续）

序号与名称	二维码	序号与名称	二维码
2-6　外圆的粗车		3-3　主轴转速的调节	
2-7　圆锥面的车削：移动小滑板法		3-4　限位块的使用	
2-8　使用车床倒角		3-5　钳口板的更换	
2-9　使用车床切断工件		3-6　机用钳丝杠的更换	
2-10　使用车床镗孔		3-7 工件的分中	
2-11　螺纹的车削		3-8　X 轴自动进给的操作	
2-12　普通三角螺纹的车削		3-9　使用铣床铣削凹槽	
2-13　游标深度卡尺的使用		3-10　斜面的铣削	
3-1　拉杆的更换与检查		3-11　使用铣床加工沉孔	
3-2　铣刀的安装		3-12　使用铣床加工孔	

（续）

序号与名称	二维码	序号与名称	二维码
3-13　使用铣床铣削倒角		3-15　四周均匀打孔	
3-14　在铣床上镗孔		3-16　圆弧面的铣削	

目录

第一章

钳工技能训练

【学习目标】

✧ 熟练掌握钳工的常用设备及基本操作。

✧ 熟悉钳工的加工方法及工作范围，了解钳工基本工艺。

✧ 掌握常用钳工加工、装配方法。

第一节　钳工基础知识

【本节要点】

✧ 钳工基本操作及工作范围。

✧ 钳工加工特点。

✧ 钳工常用设备的名称和作用。

✧ 钳工常用设备的使用方法。

一、钳工概述

1. 钳工基本操作

钳工基本操作包括划线、錾削、锯削、锉削、钻孔、扩孔、锪孔、铰孔、攻螺纹、套螺纹、装配、刮削、研磨、矫正、弯曲、铆接、粘接、测量以及做标记等。

2. 钳工基本操作分类

钳工基本操作按照性质可分为：

（1）辅助性操作　即划线，它是依照图样在毛坯或半成品工件上划出加工界线的操作。

（2）切削性操作　有錾削、锯削、锉削、攻螺纹、套螺纹、钻孔、扩孔、铰孔、刮削和研磨等操作。

（3）装配性操作　即装配，将零件或部件按图样技术要求组装成机器的工艺过程。

（4）维修性操作　即维修，对在役机械、设备进行维修、检查、修理的操作。

3. 钳工的工作范围

1）加工前的准备工作，如清理毛坯、在毛坯或半成品工件上划线等。

2）单件零件的修配性加工。

3）零件装配时的钻孔、铰孔、攻螺纹和套螺纹等。

4）加工精密零件，如刮削或研磨机器、量具和工具的配合面，夹具与模具的精加工等。

5）零件装配时的配合修整。

6）机器的组装、试车、调整和维修等。

4. 钳工加工特点

钳工是一个技术工艺比较复杂、加工程序细致、工艺要求高的工种，它具有使用工具简单、加工多样灵活、操纵方便和适应面广等特点。虽然目前有各种先进的加工方法，但很多工作仍然需要钳工来完成，钳工在保证产品质量中起着重要作用。

二、钳工常用的设备和工具

钳工常用的设备有钳工工作台、台虎钳、砂轮机、钻床、手电钻等。常用的手用工具有划线盘、錾子、手锯、锉刀、刮刀、扳手、螺钉旋具等。钳工常用的设备和工具见表 1-1。

表 1-1　钳工常用的设备和工具

名称	实物图	名称	实物图
钳工工作台	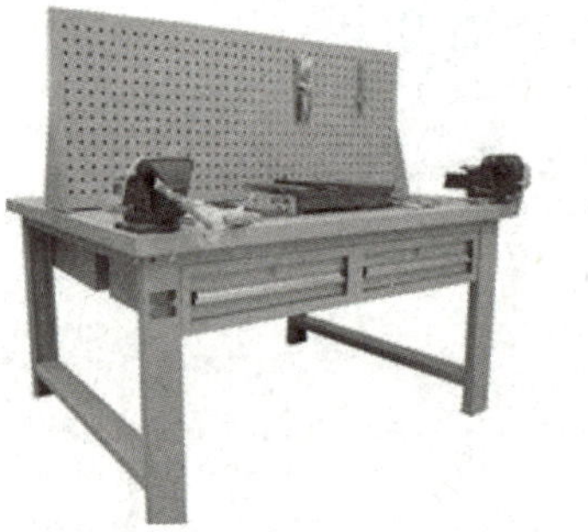	台虎钳	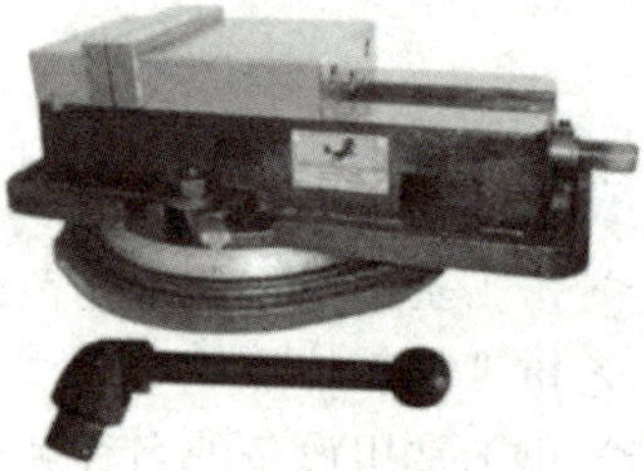
砂轮机		钻床	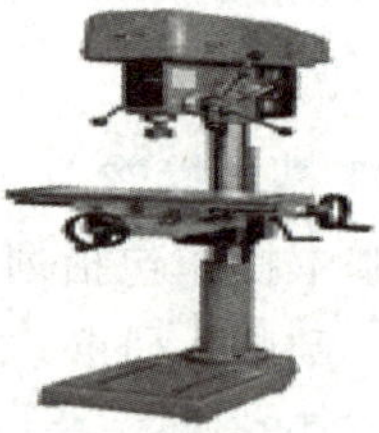
手电钻	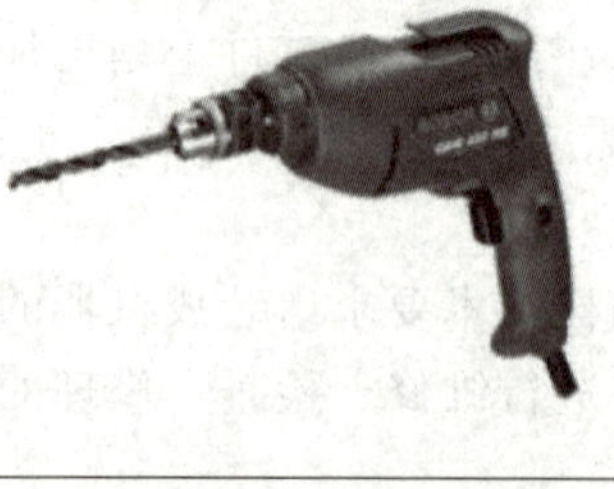	划线盘	
錾子		手锯	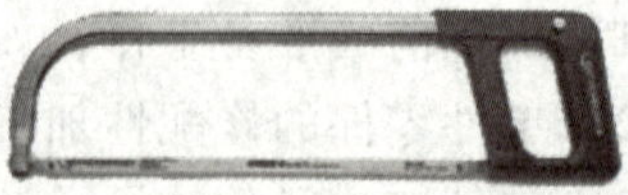

（续）

名称	实物图	名称	实物图
锉刀		刮刀	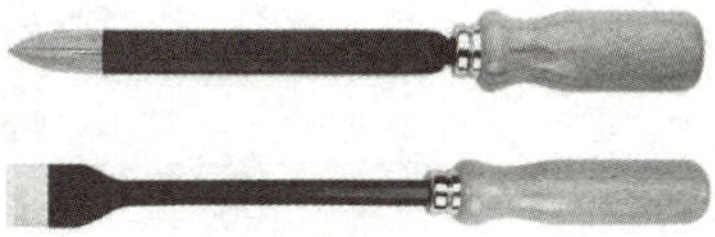
螺钉旋具	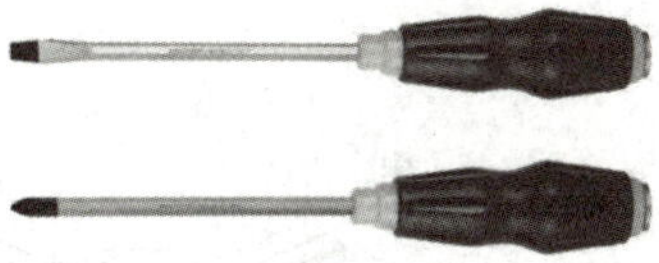	扳手	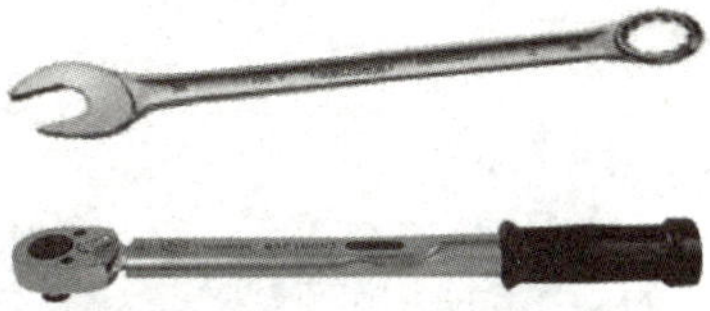

1. 钳工工作台

钳工工作台简称钳台，可用于安装台虎钳，进行钳工操作。钳台有单人使用和多人使用两种，一般用硬质木材或钢材制成。钳台要求平稳、结实，台面高度一般以装上台虎钳后钳口高度恰好与人手肘齐平为宜。台面上装台虎钳和防护网，其抽屉用来放置工、量具。钳工工作台如图 1-1 所示。

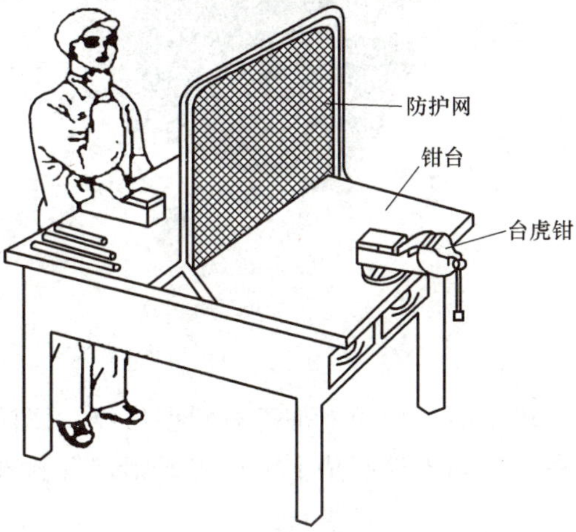

图 1-1　钳工工作台

2. 台虎钳

台虎钳是钳工最常用的一种夹持工具。錾削、锯削、锉削以及许多其他钳工操作都是在台虎钳上进行的。台虎钳的规格以钳口的宽度来表示，常用的有 100mm、125mm、150mm 三种，使用时应注意：

1）工件尽量夹在钳口中部，以使钳口受力均匀。

2）夹紧后的工件应稳定可靠、便于加工，并不产生变形。

3）夹紧工件时，一般只允许依靠手的力量来扳动手柄，不能用锤子敲击手柄或随意套上长管子来扳手柄，以免丝杠、螺母或钳身损坏。

4）不要在活动钳身的光滑表面进行敲击作业，以免降低配合性能。

5）加工时用力方向最好是朝向固定钳身。

钳工常用的台虎钳有固定式和回转式两种，如图 1-2 所示。台虎钳主体用铸铁制成，由固定部分和活动部分组成。台虎钳固定部分由转盘锁紧螺钉固定在转盘座上，转盘座内装有夹紧盘，放松转盘锁紧手柄后，固定部分就可以在转盘座上转动，以变更台虎钳方向。转盘座用螺钉固定在钳台上。连接手柄的丝杠穿过活动部分旋入固定部分的螺母内。扳动手柄使丝杠从螺母中旋出或旋进，从而带动活动部分移动，使钳口张开或合拢，以放松或夹紧零件。

为了延长台虎钳的使用寿命，台虎钳上端咬口处用螺钉紧固着两块经过淬硬的钢质钳

a) 固定式台虎钳

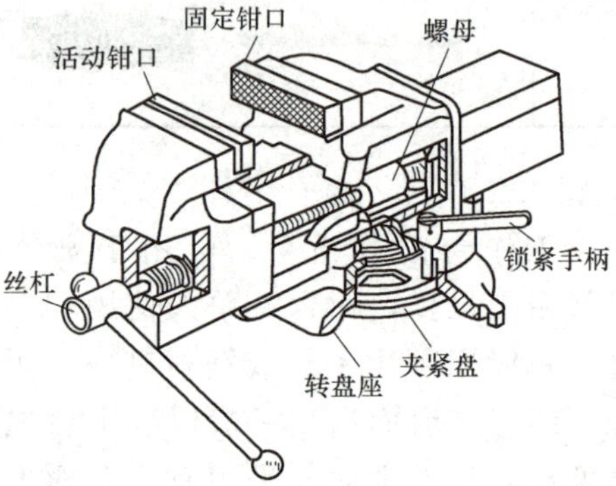

b) 回转式台虎钳

图 1-2　台虎钳的类型及结构

口。钳口的工作面上加工有斜形齿纹，以防止零件夹紧时滑动。夹持零件的精加工表面时，应在钳口和零件间垫上纯铜皮或铝皮等软材料制成的护口片（俗称软钳口），以免夹坏零件表面。

3. 钻床

钻床是用于孔加工的一种机械设备，它的规格用可加工孔的最大直径表示，其品种、规格颇多，其中最常用是台式钻床（简称台钻），如图 1-3 所示。这类钻床小型轻便，安装在

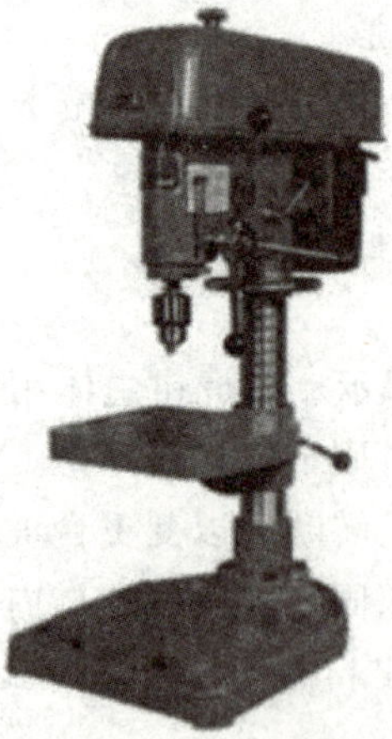

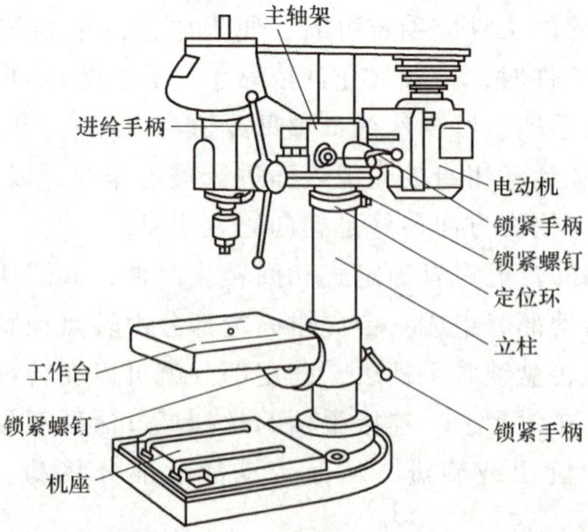

图 1-3　台式钻床

台面上使用，操作方便且转速高，适于加工中、小型零件上直径在16mm以下的小孔。

4. 手电钻

图1-4所示为手电钻的外形。手电钻主要用于钻直径在12mm以下的孔，常用于不便使用钻床钻孔的场合。手电钻的电源有单相（220V、36V）和三相（380V）两种，根据用电安全条例，手电钻的额定电压只允许为36V。手电钻因为携带方便、操作简单、使用灵活，所以应用较广泛。

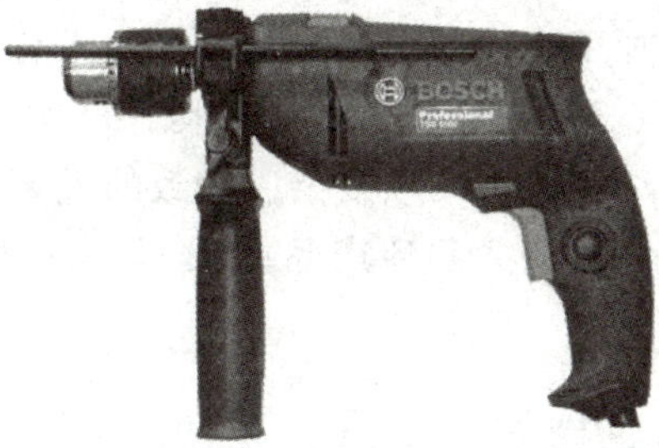

图1-4　手电钻

第二节　钳工划线

【本节要点】

✧ 钳工划线的作用和意义。

✧ 划线工具的选用。

✧ 钳工划线的正确操作方法。

根据图样要求在毛坯或半成品上划出加工图形、加工界限或加工时找正用的辅助线称为划线。

划线分平面划线和立体划线两种，如图1-5所示。平面划线是在工件的一个平面上划线后即能明确表示加工界限，它与平面作图法类似。立体划线是平面划线的复合，是在工件的几个相互成不同角度的表面（通常是相互垂直的表面）上都划线，即在长、宽、高三个方向上划线。

划线多数用于单件、小批生产，新产品试制和工、夹、模具制造。划线的精度较低；用划针划线的精度为0.25~0.5mm，用高度尺划线的精度为0.1mm左右。

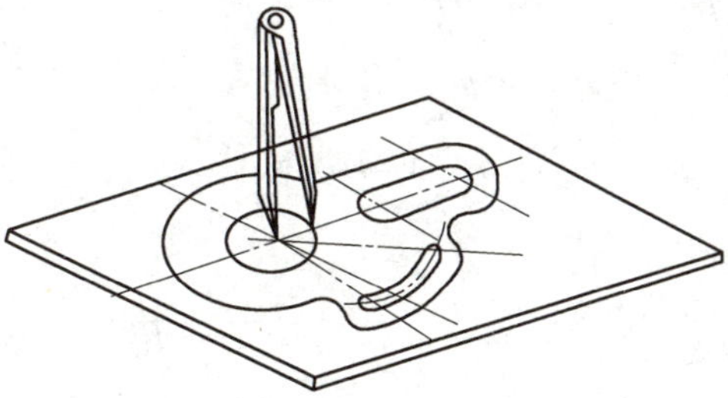
a) 平面划线

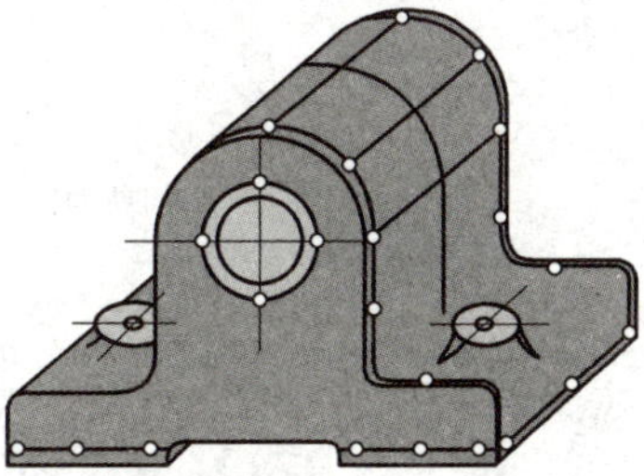
b) 立体划线

图1-5　划线的种类

一、划线的目的

1）所划的轮廓线即为毛坯或半成品的加工界限和依据，所划的基准点或线是工件安装时的标记或找正线。

2）在单件、小批生产中，用划线来检查毛坯或半成品的形状和尺寸，可以合理地分配各加工表面的余量，及早发现不合格品，避免造成后续加工工时的浪费。

3）在板料上划线下料，可做到正确排料，使材料合理利用。

划线是一项复杂、细致的重要工作，如果将划线划错，就会造成加工工件的报废，所以划线直接关系到产品的质量。对划线的要求是：尺寸准确、位置正确、线条清晰、冲眼均匀。

二、划线的工具及其使用

按用途不同，划线工具可分为基准工具、直接划线工具、量具和支承装夹工具等。

1. 基准工具——划线平台

划线平台又称划线平板，用铸铁制成，它的上平面经过精刨或刮削，是划线的基准平面，如图1-6所示。其使用时要注意：

图 1-6　划线平台

1）安放时要平稳牢固，上平面应保持水平。

2）平板不准碰撞或用锤子敲击，以免使其精度降低。

3）长期不用时，应涂油防锈，并加盖保护罩。

2. 直接划线工具——划针、划卡、划规、划线盘和样冲

（1）划针　划针是在零件上直接划出线条的工具，如图1-7a、b所示。划针由工具钢淬

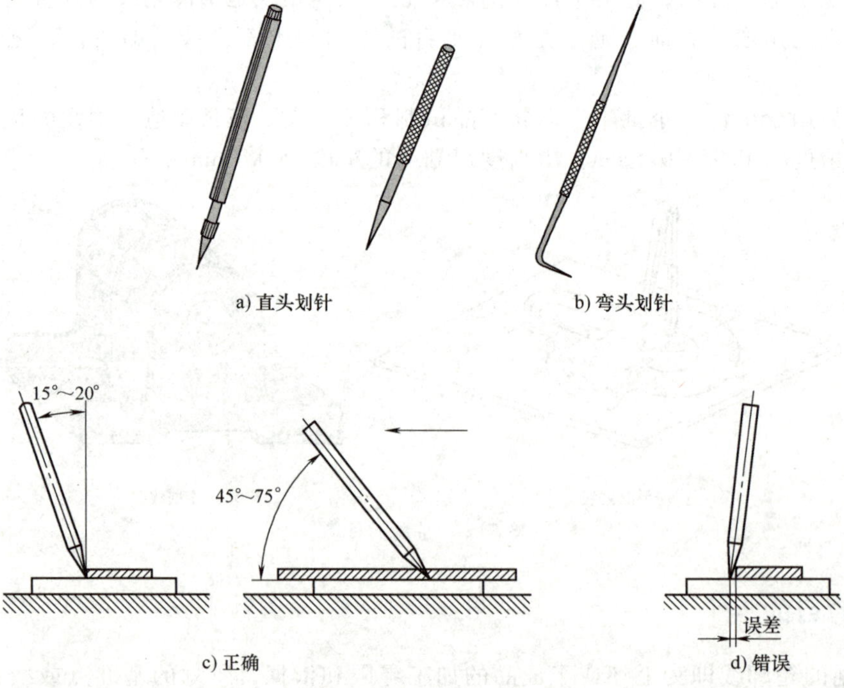

图 1-7　划针

硬后将尖端磨成15°~20°的尖角，并经过热处理，使其硬度达55~60HRC或焊上硬质合金尖头，直径为3~6mm。弯头划针可用于直线划针划不到的地方和找正零件。使用划针划线时必须使针尖紧贴钢直尺或样板，如图1-7c、d所示。

（2）划卡　划卡也称为单脚划规，用来确定轴和孔的中心位置，其使用方法如图1-8所示。先划出四条圆弧线，再在圆弧线中冲一个样冲点。

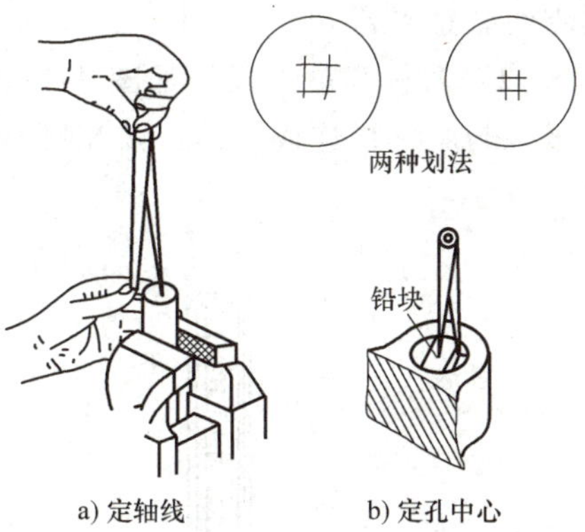

图1-8　划卡的使用方法

（3）划规　划规是划圆或划弧线、等分线段及量取尺寸等操作所使用的工具，如图1-9所示。其用法与制图中的圆规相同。

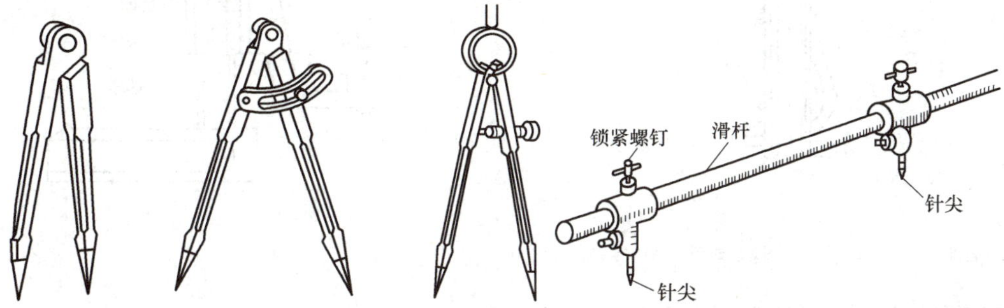

图1-9　划规

（4）划线盘　划线盘主要用于立体划线和工件位置的找正。如图1-10所示，它由底座、立柱、划针和锁紧装置等组成。用划线盘划线时，应注意划针装夹要牢固，伸出不宜过长，以免产生抖动。底座要保持与划线平板紧贴，不能摇晃和跳动。

（5）样冲　如图1-11所示，样冲用工具钢制成并经淬硬，硬度高达55~60HRC，尖端被磨成60°左右。样冲用于在划好的线条上打出小而均匀的样冲眼，以免零件上已划好的线在搬运、装夹过程中因碰、擦而模糊不清，影响加工。在划圆和钻孔操作前应在其中心打样冲眼，以便定心。

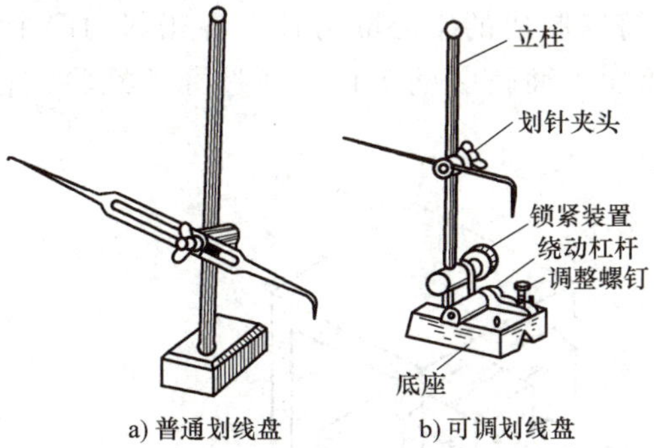

图1-10　划线盘

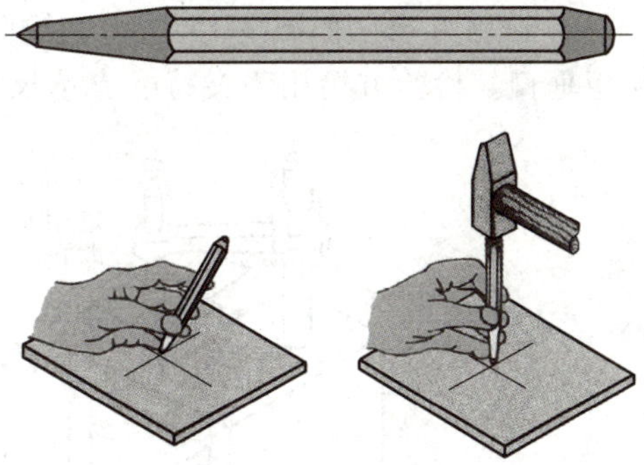
图1-11　样冲

3. 量具——量高尺、游标高度卡尺与直角尺

（1）量高尺　如图1-12所示，量高尺是用来校核划线盘划针高度的量具，其上的钢直

尺零线紧贴平台。

（2）游标高度卡尺　如图 1-13 所示，游标高度卡尺实际上是量高尺与划线盘的组合。其量爪与游标尺连成一体，前端镶有硬质合金，一般用于已加工面的划线。

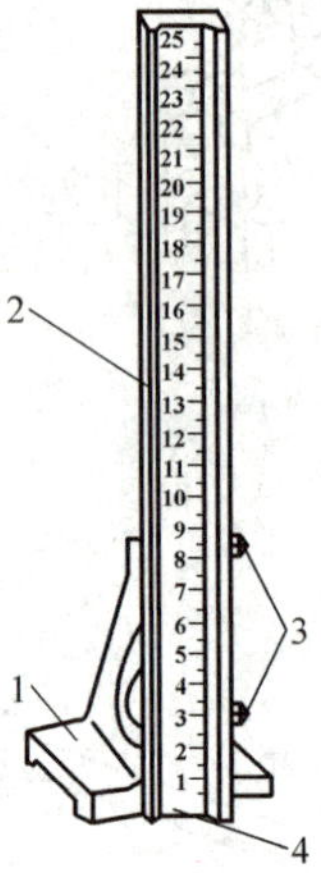

图 1-12　量高尺

1—底座　2—钢直尺　3—锁紧螺钉　4—零线

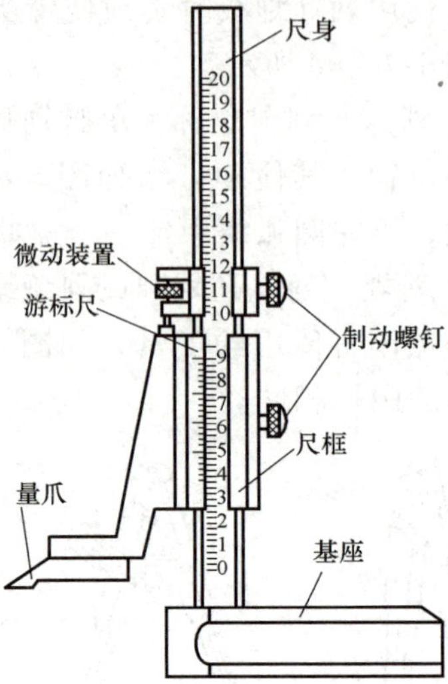

图 1-13　游标高度卡尺

（3）直角尺（也称 90°角尺）　直角尺的两个工作面经精磨或研磨后呈精确的直角。90°角尺既是划线工具又是精密量具。90°角尺有扁 90°角尺和宽座 90°角尺两种。前者用于平面划线中在没有基准面的零件上划垂直线，如图 1-14a 所示；后者用于立体划线中，用它靠住零件基准面划垂直线，如图 1-14b 所示，或用它找正零件的垂直线或垂直面。

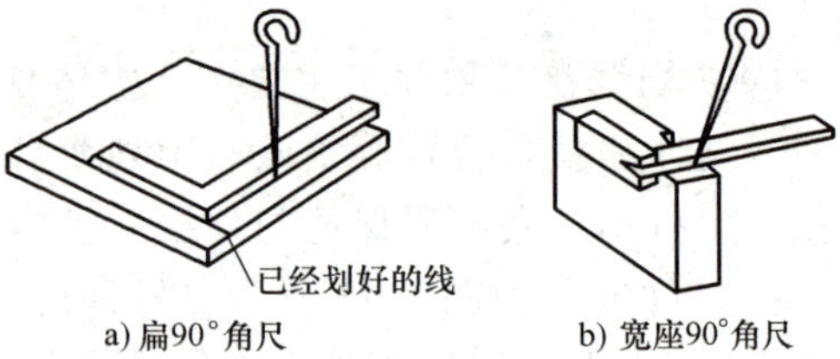

图 1-14　90°角尺划线

4. 支承装夹工具——检验方箱、V 形铁和千斤顶

（1）检验方箱　如图 1-15 所示，检验方箱是铸铁制成的空心立方体，各相邻的两个面均互相垂直。检验方箱用于夹持、支承尺寸较小而加工面较多的工件。通过翻转检验方箱，

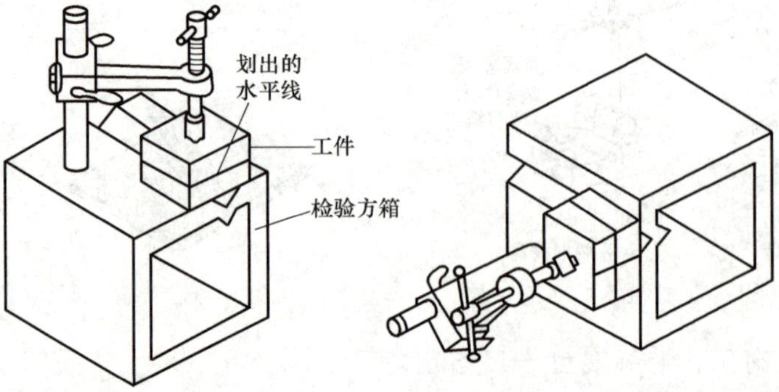

图 1-15　检验方箱

便可在工件的表面上划出互相垂直的线条。检验方箱上面带有十字架，用于检验或划精密工件的任意角度线。检验方箱是用于测量和刻标记的固定器。

检验方箱的边长有 100mm、150mm、200mm、250mm、300mm 等多种规格。

（2）V 形铁　如图 1-16 所示，V 形铁主要用于安放轴、套筒等圆形零件。V 形铁一般都是两块一副，即平面与 V 形槽是在一次安装中加工的。V 形槽夹角为 90°或 120°。V 形铁也可作为检验方箱使用。

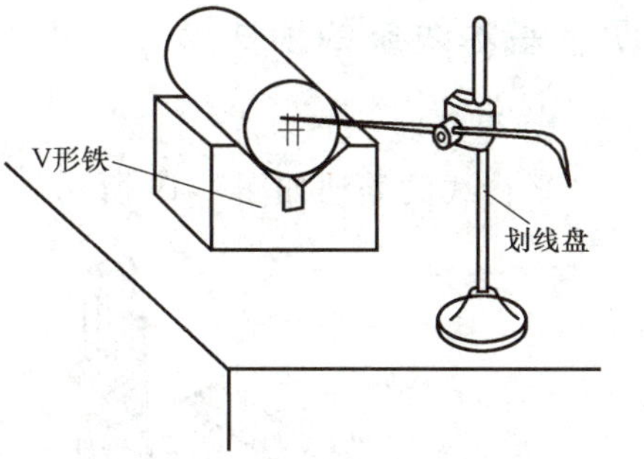

图 1-16　V 形铁

（3）千斤顶　如图 1-17 所示，千斤顶常用于支承毛坯或形状复杂的大零件划线。使用时，三个一组顶起零件，调整顶杆的高度便能方便地找正零件。

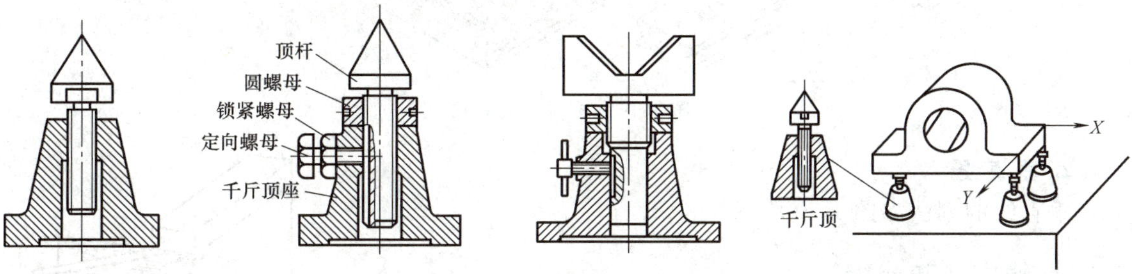

图 1-17　千斤顶

三、划线基准

用划线盘划各种水平线时，应选定某一基准作为依据，并以此来调节每次划针的高度，这个基准称为划线基准。

如图 1-18 所示，一般划线基准与设计基准应一致。常选用重要孔的中心线为划线基准，或零件上尺寸标注基准线为划线基准。若工件上个别平面已加工过，则以加工过的平面为划线基准。常见的划线基准有三种类型：

1）以两个相互垂直的平面（或线）为基准。

2）以一个平面与对称平面（或线）为基准。

3）以两个互相垂直的中心平面（或线）为基准。

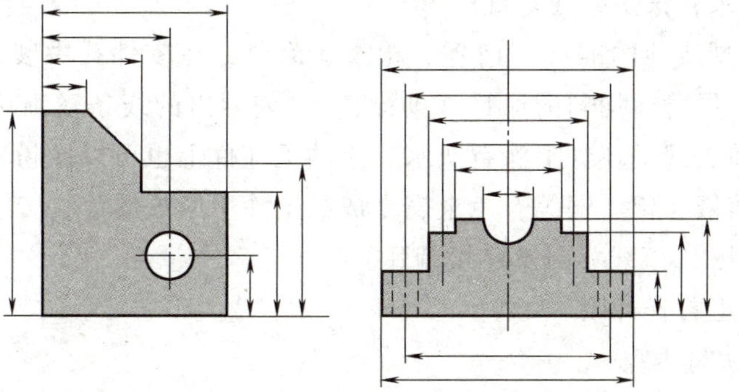

图 1-18　划线基准

四、基本线条的划法

1. 平行线

平行线的划法如图 1-19 所示。

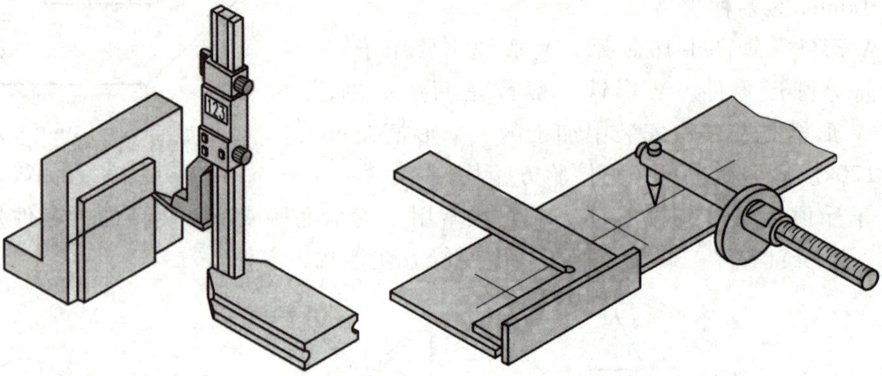

图 1-19 平行线的划法

2. 垂直线

垂直线的划法如图 1-20 所示。

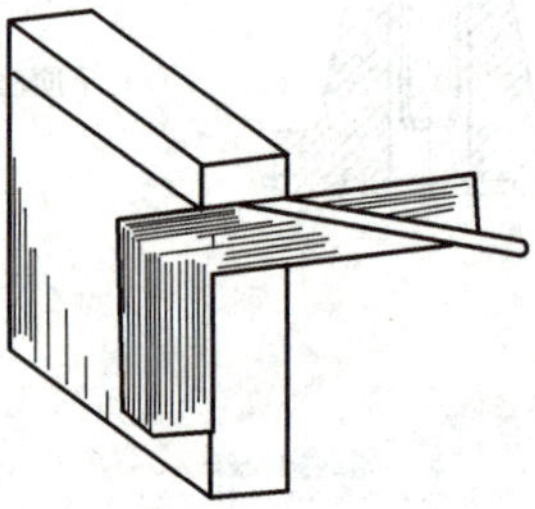

图 1-20 垂直线的划法

五、划线方法与步骤

划线前的准备工作：工件准备包括工件的清理、检查和表面涂色；工具准备按工件图样的要求，选择所需工具，并检查和校验工具。

操作时的注意事项：看懂图样，了解零件的作用，分析零件的加工顺序和加工方法；工件夹持或支承要稳妥，以防滑倒或移动；在一次支承中应将要划出的平行线全部划全，以免再次支承补划，造成误差；正确使用划线工具，划出的线条要准确、清晰；划线完成后，要反复核对尺寸，无误后才能进行机械加工。

1. 平面划线方法与步骤

平面划线的实质是平面几何作图问题。平面划线是用划线工具将图样按实物大小 1∶1 划到零件上去的。

1）根据图样要求，选定划线基准。

2）对零件进行划线前的准备（清理、检查、涂色，在零件孔中装中心塞块等）。在零件的划线部位涂上一层薄而均匀的涂料（即涂色），使划出的线条清晰可见。零件不同，涂料也不同。一般在铸、锻毛坯件上涂石灰水，小的毛坯件上也可以涂粉笔，钢铁半成品上一般涂甲紫或硫酸铜溶液，铝、铜等有色金属半成品上涂甲紫或墨汁。

3）划出加工界限（直线、圆及连接圆弧）。

4）在划出的线上打样冲眼。

2. 立体划线方法与步骤

立体划线是平面划线的复合运用，与平面划线有许多相同之处，如划线基准一经确定，其后的划线步骤大致相同。它们的不同之处在于一般平面划线应选择两个基准，而立体划线要选择三个基准。立体划线方法与步骤见表 1-2。

表 1-2　立体划线方法与步骤

方法与步骤	示意图
1. 看懂轴承座零件图	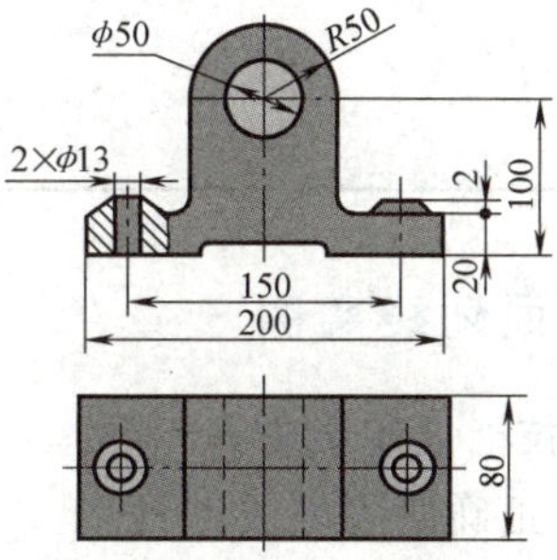
2. 根据孔中心和上平面调节千斤顶，使工件水平	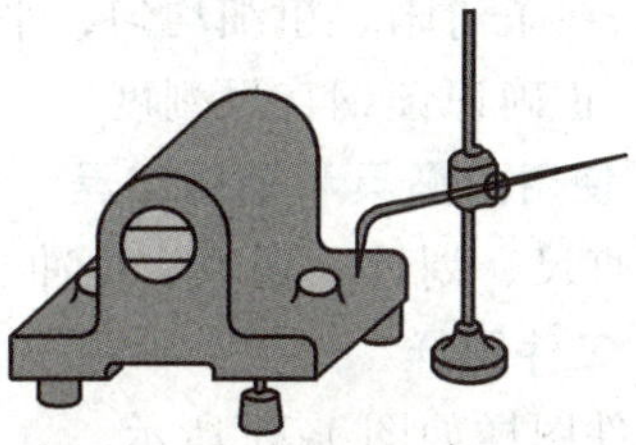
3. 划底面加工线和大孔的水平中心线	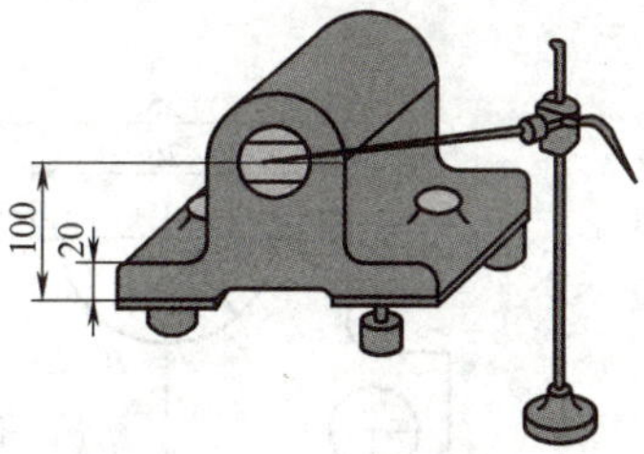
4. 旋转 90°，用直角尺找正，划大孔垂直中心线及螺孔中心线	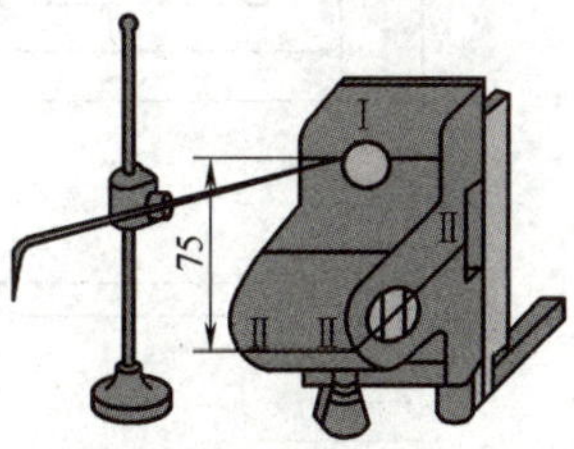
5. 再翻转 90°，用直角尺在两个方向找正，划螺孔另一方向的中心线及端面加工线	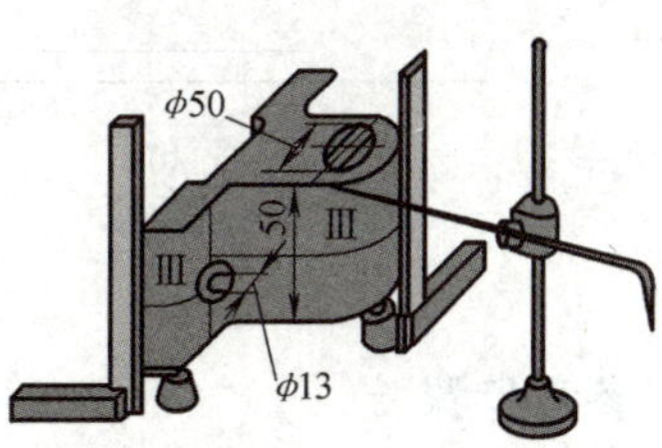

（续）

方法与步骤	示意图
6. 打样冲眼	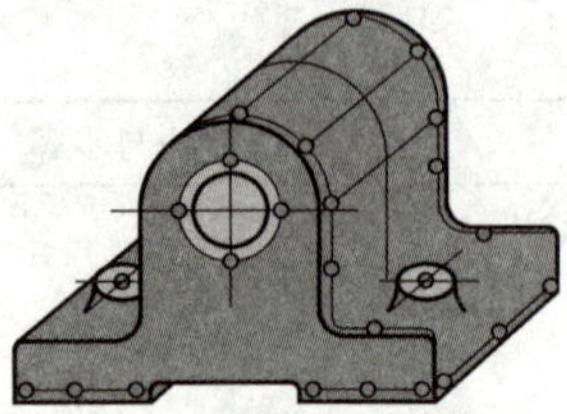

六、平面划线实例

1. 技能训练要求

1）正确使用划线工具。

2）掌握平面划线的基本操作方法。

3）线条清晰、粗细均匀，平面划线尺寸误差不大于±0.3mm。

4）正确识读钢直尺刻度。

2. 使用的量具和辅助工具

钢直尺、划针、划规、样冲、锤子等。

3. 工件图样

工件图样如图 1-21 所示。

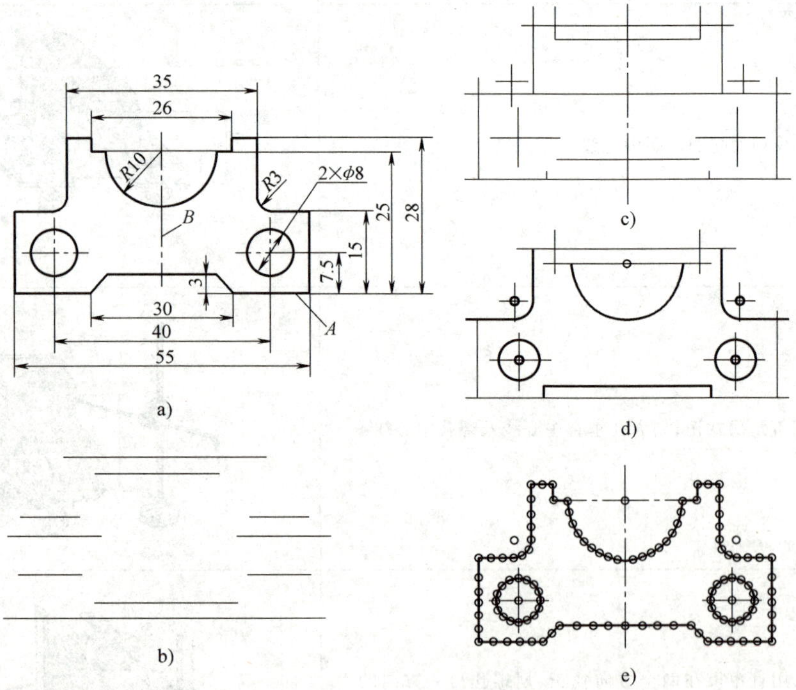

图 1-21　工件图样

4. 参考步骤

1）在划线前，对工件表面进行清理，并涂上涂料。

2）检查待划工件是否有足够的加工余量。

3）分析图样，根据工艺要求，明确划线位置，确定基准（高度方向为 A 面，宽度方向为中心线 B），如图 1-21a 所示。

4）确定待划图样位置，划出高度基准 A 的位置线，如图 1-21b 所示，并相继划出其他要素的高度位置线（即平行于基准 A 的线，仅划交点附近的线条）。

5）划出宽度基准 B 的位置线，同时划出其他要素宽度位置线，如图 1-21c 所示。

6）用样冲打出各圆心的冲孔，并划出各圆和圆弧，如图 1-21d 所示。

7）划出各处的连接线，完成工件的划线工作。

8）检查图样各方向划线基准选择的合理性，各部尺寸的正确性，以及线条是否清晰，有无遗漏和错误。

9）打样冲眼，显示各部尺寸及轮廓，如图 1-21e 所示。至此，工件划线结束。

第三节　锯　　削

【本节要点】

✧ 锯削的作用和意义。

✧ 锯弓及锯条的正确选用。

✧ 锯削的正确操作方法。

利用锯条锯断金属材料（或工件）或在工件上进行切槽的操作称为锯削。虽然当前各种自动化、机械化的切割设备已广泛地使用，但手工锯削还是常见的，它具有方便、简单和灵活的特点，在单件小批生产、在临时工地以及切割异形工件、开槽、修整等场合应用较广。因此手工锯削是钳工需要掌握的基本操作之一。锯削工作范围如图 1-22 所示。

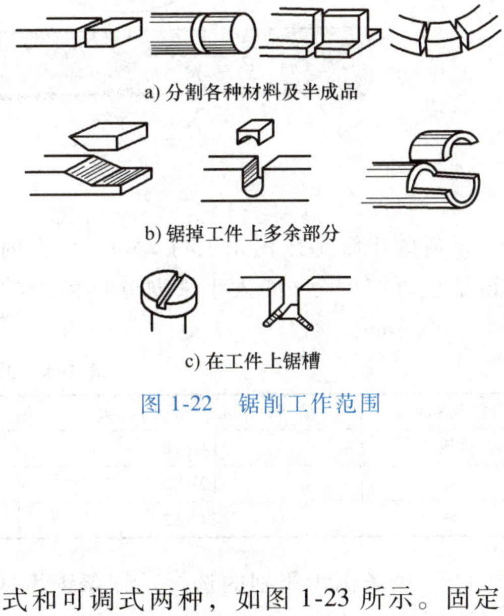

a) 分割各种材料及半成品

b) 锯掉工件上多余部分

c) 在工件上锯槽

图 1-22　锯削工作范围

一、锯削工具——手锯

手锯由锯弓和锯条两部分组成。

1. 锯弓

锯弓是用来夹持和拉紧锯条的工具，有固定式和可调式两种，如图 1-23 所示。固定式锯弓的弓架是整体的，只能装一种长度规格的锯条。可调式锯弓的弓架分成前后两段，由于

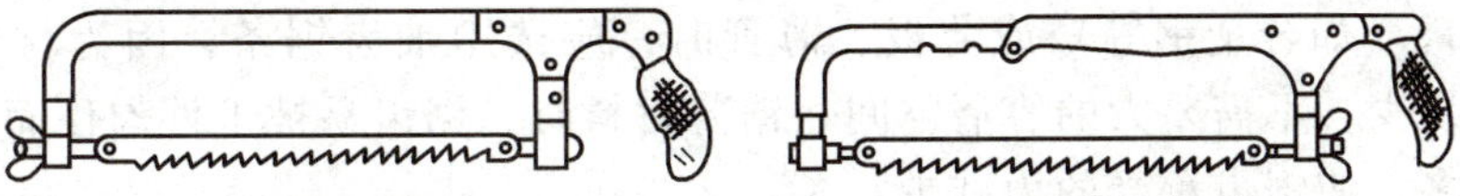

a) 固定式锯弓　　b) 可调式锯弓

图 1-23　固定式锯弓和可调式锯弓

前段在后段套内可以伸缩，因此可以安装多种长度规格的锯条，故目前广泛使用的是可调式锯弓。

2. 锯条

（1）锯条的材料与结构　锯条是用碳素工具钢（如 T10 或 T12）或合金工具钢，并经热处理制成的。锯条的规格以锯条两端安装孔间的距离来表示（长度为 150~400mm）。常用的锯条尺寸为长 300mm、宽 12mm、厚 0.8mm。

如图 1-24 所示，锯条的切削部分由许多锯齿组成，每个齿相当于一把錾子起切割作用。常用锯条的前角 γ 为 0°、后角 α 为 40°~50°、楔角 β 为 45°~50°。

锯条的锯齿按一定形状左右错开，排列成一定形状称为锯路。锯路有交叉、波浪等不同排列形状。锯路的作用是使锯缝宽度大于锯条背部的厚度，防止锯削时锯条卡在锯缝中，并减少锯条与锯缝的摩擦阻力，使排屑顺利，锯削省力。

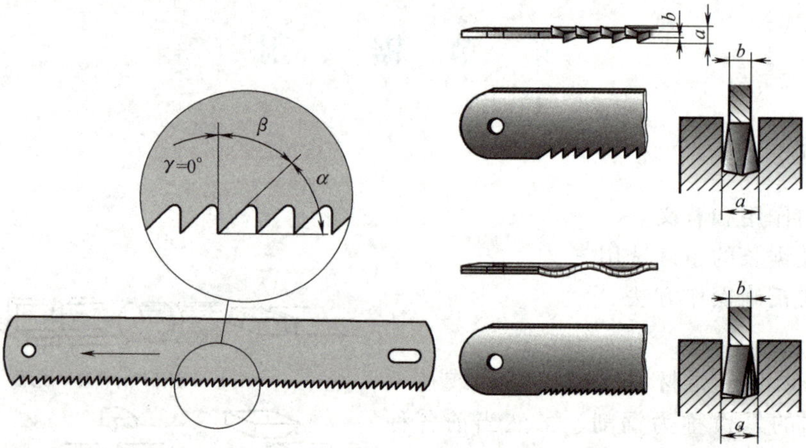

图 1-24　锯齿

锯齿的粗细是按锯条上每 25mm 长度内齿数表示的，锯齿的粗细及应用见表 1-3。锯齿的粗细也可按齿距 t 的大小来划分：粗齿的齿距 $t=1.6$mm，中齿的齿距 $t=1.2$mm，细齿的齿距 $t=0.8$mm。

表 1-3　锯齿的粗细及应用

锯齿粗细	每 25mm 长度内齿数	应　用
粗	14~18	锯削铜、铝等软材料
中	19~23	锯削普通钢、铸铁等中硬材料
细	24~32	锯削硬钢板及薄壁工件

（2）锯条锯齿粗细的选择　锯条锯齿的粗细应根据加工材料的硬度、厚薄来选择。

锯削软的材料（如铜、铝合金等）或厚材料时，应选用粗齿锯条，因为锯屑较多，要求有较大的容屑空间。

锯削硬材料（如合金钢等）或薄板、薄管时，应选用细齿锯条，因为材料硬，锯齿不易切入，锯屑量少，不需要大的容屑空间；锯薄材料时，锯齿易被工件勾住而崩断，需要同时工作的齿数多，使锯齿承受的力减少。

锯削中等硬度材料（如普通钢、铸铁等）和中等硬度的工件时，一般选用中齿锯条。

（3）锯条的安装　手锯是向前推时进行切削的，在向后返回时不起切削作用，因此安装锯条时应将锯齿向前；锯条的松紧要适当，太紧会失去应有的弹性，锯条容易崩断；太松会使锯条扭曲，导致锯缝歪斜，锯条也容易崩断。锯条的安装如图 1-25 所示。

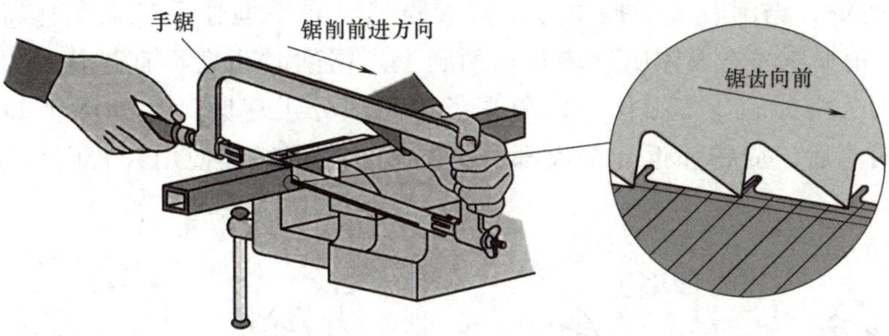

图 1-25　锯条的安装

二、锯削操作

1. 工件的夹持

工件应夹在台虎钳的左边，以便于操作；同时工件伸出钳口的部分不要太长，以免在锯削时引起工件的抖动；工件夹持应该牢固，防止因工件松动而使锯条折断。

2. 起锯

如图 1-26 所示，起锯的方式有远边起锯和近边起锯两种，一般情况采用远边起锯。因为远边起锯时锯齿是逐步切入材料的，不易卡住，起锯比较方便。如果采用近边起锯，掌握不好时，锯齿由于突然锯入且较深，容易被工件棱边卡住，甚至崩断或崩齿。无论采用哪种起锯方式，起锯角 α 都以 15°左右为宜。如图 1-27 所示，如果起锯角太大，则锯齿易被工件棱边卡住；如果起锯角太小，则不易切入材料，锯条还可能打滑，把工件表面锯坏。为了起

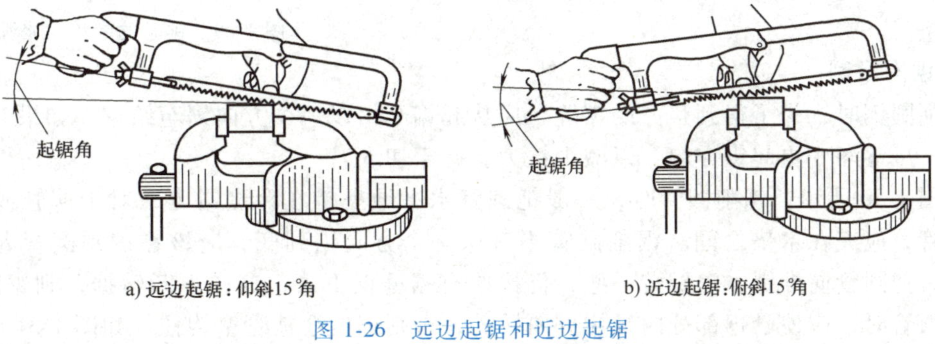

图 1-26　远边起锯和近边起锯

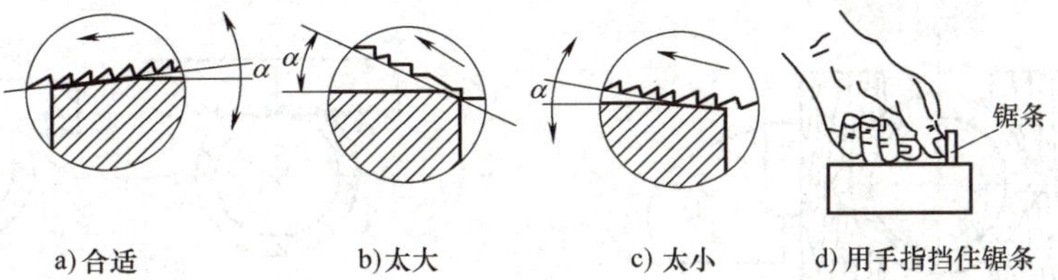

图 1-27　起锯角的大小

锯的位置正确和平稳，可用左手大拇指挡住锯条来定位。起锯时压力要小，往返行程要短，速度要慢，这样可使起锯平稳。

3. 正常锯削

如图 1-28 所示，锯削时，手握锯弓要舒展自然，右手握住手柄向前施加压力，左手轻扶在弓架前端，稍加压力。人体质量均布在两腿上。锯削时速度不宜过快，以 30~60 次/min 为宜，并应用锯条全长的 2/3 工作，以免锯条中间部分迅速磨钝。如图 1-29 所示，在锯削过程中有锯齿崩落后，应将邻近几个齿都磨成圆弧，才可继续使用，否则会连续崩齿直至锯条报废。

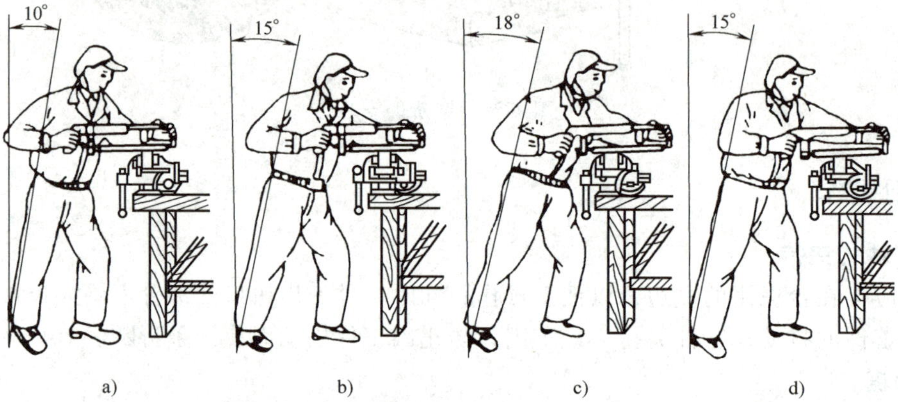

图 1-28　锯削的姿势

推锯时锯弓运动方式有两种：一种是直线运动，适用于锯缝底面要求平直的槽和薄壁工件的锯削；另一种是锯弓上下摆动，这样操作自然，两手不易疲劳。锯削到材料快断时，用力要轻，以防碰伤手臂或折断锯条。

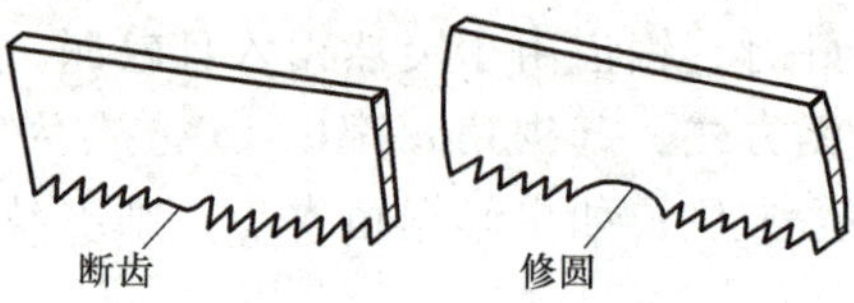

图 1-29　锯条的断齿与修圆

4. 锯削示例

锯削圆钢时，为了得到整齐的锯缝，应从起锯开始以一个方向锯至结束。如果对断面要求不高，可逐渐变更起锯方向，以减少抗力，便于切入。

如图 1-30 所示，锯削圆管时，一般把圆管水平地夹持在台虎钳内，对于薄管或精加工过的圆管，应夹在木垫之间。锯削圆管不宜从一个方向锯到底，应该在锯到圆管内壁时停止，然后把圆管向推锯方向旋转一些，仍按原有锯缝锯下去，这样不断转据，到锯断为止。在转动圆管时，应使已锯部分向推锯方向转动，否则锯齿会被管壁钩住，如图 1-31 所示。

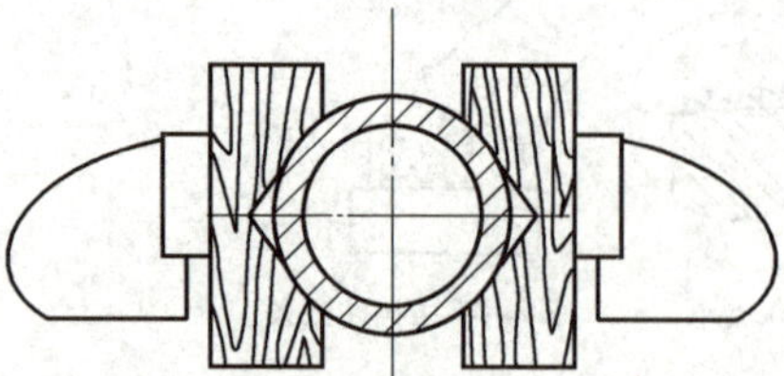

图 1-30　圆管的装夹

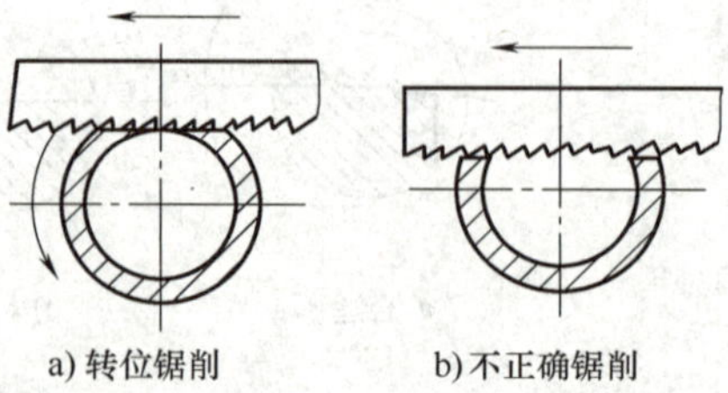

图 1-31　圆管的锯削

锯削薄板料时，可将薄板夹在两木垫或金属垫之间，连同木垫或金属垫一起锯削，这样既可避免锯齿被钩住，又可增加薄板的刚性，如图 1-32 所示。若将薄板料夹在台虎钳上，用手锯做横向斜推，就能使同时参与锯削的齿数增加，避免锯齿被钩住，同时能增加工件的刚性，如图 1-33 所示。

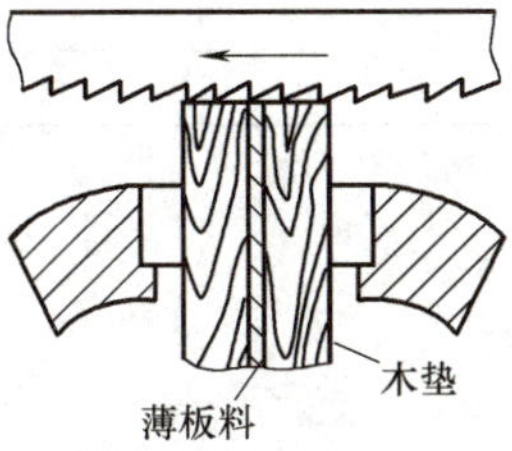

图 1-32　薄板料的装夹

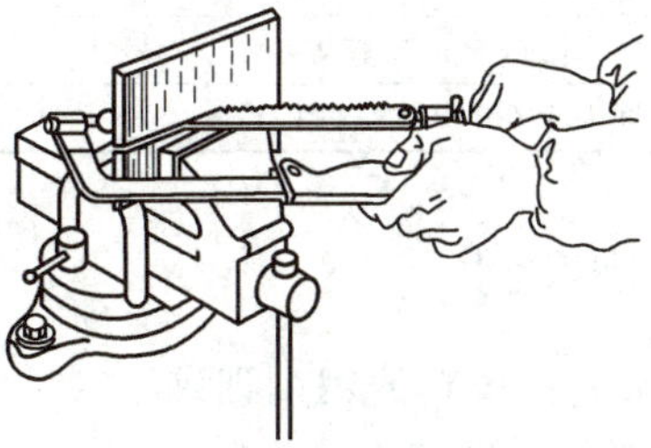

图 1-33　薄板料的锯削

当锯缝的深度超过锯弓高度时，称这种缝为深缝。在正常锯削（图 1-34a）锯弓快要碰到工件时，应将锯条拆出并转过 90°重新安装（图 1-34b），或把锯条的锯齿朝着锯弓背进行锯削（图 1-34c），使锯弓背不与工件相碰。

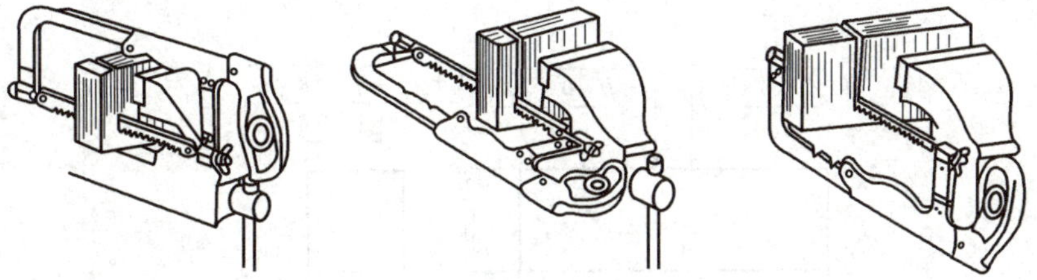

a) 正常锯削　　b) 转90° 安装锯条　　c) 转180° 安装锯条

图 1-34　深缝的锯削

三、锯削操作注意事项

1）锯条要装得松紧适当，锯削时不要突然用力过猛，防止工件中的锯条折断从锯弓上崩出伤人。

2）工件夹持要牢固，以免工件松动、锯缝歪斜、锯条折断。

3）要经常注意锯缝的平直情况，若发现歪斜应及时纠正。歪斜过多后纠正困难，不能保证锯削的质量。

4）工件将被锯断时压力要小，避免压力过大使工件突然断开，手向前冲造成事故。一般工件将锯断时要用左手扶住工件断开部分，以免掉落伤脚。

5）在锯削钢件时，可加些机油，以减少锯条与工件的摩擦，提高锯条的使用寿命。

6）不同材料锯削速度的选择见表 1-4。

表 1-4　不同材料锯削速度的选择

材　　料	锯削速度/(次/min)
铜、铝等软材料	80~90
抗拉强度小于 60MPa 的材料	60

（续）

材　　料	锯削速度/(次/min)
工具钢及薄壁工件	40
壁厚中等管材和型钢	50
薄壁管材	40
塑料、合成纤维、合成橡胶等	40
抗拉强度大于 60MPa 的材料	20

四、锯削实例

实例一：棒料的锯削训练

1. 技能训练要求

掌握深缝锯削的方法，要求锯痕整齐。

2. 使用的刀具、量具和辅助工具

手锯、锯条、游标卡尺、钢直尺和直角尺等。

3. 技能训练内容

工件图样如图 1-35 所示（锤子的备料）。

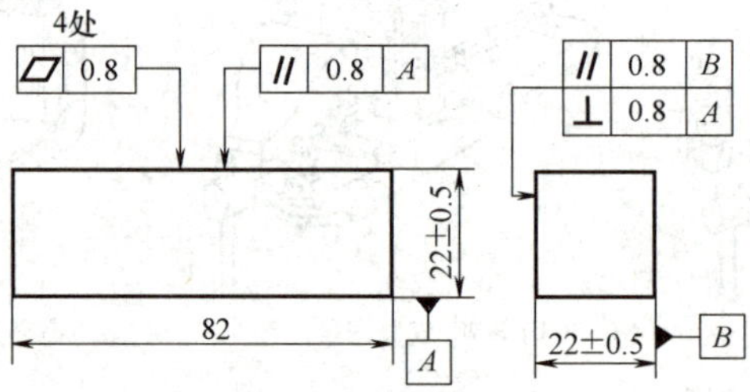

实习件名称	材料	材料尺寸及来源	下道工序	件数	工时/h
深缝锯削	Q235	ϕ36mm×82mm (备料)		1	8

图 1-35　棒料的锯削

4. 参考步骤

1）检查备料尺寸并划出平面加工线 22mm×22mm。

2）锯削 *A* 面，使之达到平面度 0.8mm 及圆柱母线的尺寸要求。

3）锯削 *A* 面相对面，使之达到平面度 0.8mm、平行度 0.8mm、尺寸（22±0.5）mm 的要求。

4）锯削 *B* 面，使之达到平面度 0.8mm 及圆柱母线的尺寸要求。

5）锯削 *B* 面相对面，使之达到平面度 0.8mm、垂直度 0.8mm、尺寸（22±0.5）mm 的要求。

6）去毛刺、送检。

5. 注意事项

1）锯削练习时，必须注意工件的夹持及锯条的安装是否正确。

2）初学锯削时，锯削速度不易掌握，往往推出速度过快，这样容易使锯条很快磨钝。

3）要经常注意锯缝的平直情况，一旦发现锯缝不平直就要及时纠正，否则不能保证锯

削的质量。

4）在锯削钢件时，可加些机油，可起到冷却锯条、提高锯条使用寿命的作用。

5）锯削完毕，应将锯弓上的张紧螺母适当放松。

6）划线时要注意锯条宽度对尺寸的影响，尤其当尺寸公差较小时，特别需要注意。

实例二：锯缝练习

1. 技能训练要求

1）锯条安装合理，锯削姿势正确。

2）初步掌握锯削方法。

2. 使用的刀具、量具和辅助工具

手锯、钢直尺、游标卡尺等。

3. 技能训练内容

工件图样如图 1-36 所示。

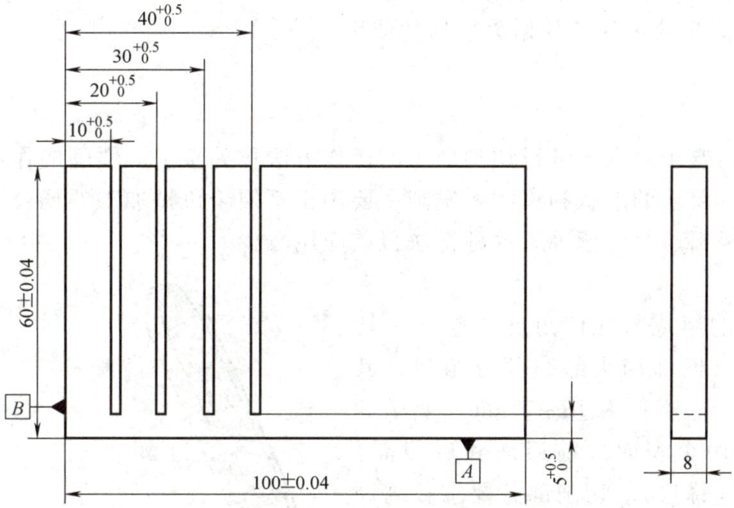

序号	项目与技术要求	配分	检测标准	实测记录	得分
1	尺寸要求$10^{+0.5}_{0}$mm	15	超差全扣		
2	尺寸要求$20^{+0.5}_{0}$mm	15	超差全扣		
3	尺寸要求$30^{+0.5}_{0}$mm	15	超差全扣		
4	尺寸要求$40^{+0.5}_{0}$mm	15	超差全扣		
5	尺寸要求$5^{+0.5}_{0}$mm	10	不符合要求酌情扣分		
6	锯削断面纹路整齐	20	不符合要求酌情扣分		
7	锯条安装正确	5	每折断一根锯条扣3分		
8	锯条姿势正确，锯削速度合理	5	不符合要求酌情扣分		
9	安全文明操作		酌情扣分		

图 1-36　锯缝练习

4. 参考步骤

1）检查备料尺寸，划出加工线。

2）要求每条锯缝之间互相平行且与 *A* 面平行，平行度控制在 0.8mm 以内；与 *B* 面垂直，垂直度控制在 0.8mm 以内。

3）每人练习锯缝不得少于 18 条。

5. 注意事项

1）锯削时，锯条安装松紧要适度，以免锯条折断崩出伤人。

2）锯削时，双手压力要合适，不要突然加大压力，防止工件棱边钩住锯齿而使锯条崩裂。

第四节　錾削与锉削

【本节要点】

✧ 錾削和锉削的作用和意义。

✧ 錾子、锉刀的选用。

✧ 錾削、锉削的正确操作方法。

✧ 平面、圆弧的锉削及其相关量具的使用。

一、錾削

用锤子打击錾子对金属进行切削加工的操作方法称为錾削。錾削的作用就是錾掉或錾断金属，使其达到要求的形状和尺寸。錾削主要用于不便于机械加工的场合，如去除凸缘、除毛刺、分割薄板料、錾油槽等。这种方法目前应用较少。

1. 錾子

（1）錾子的组成与几何角度　錾子由切削部分、斜面、柄部和头部四部分组成，其长度约为 170mm，直径为 18～24mm。錾子的切削部分包括两个表面（前刀面和后刀面）和一条切削刃（锋口）。切削部分要求较高硬度（大于工件材料的硬度），且前刀面和后刀面之间形成一定楔角 β，如图 1-37 所示。

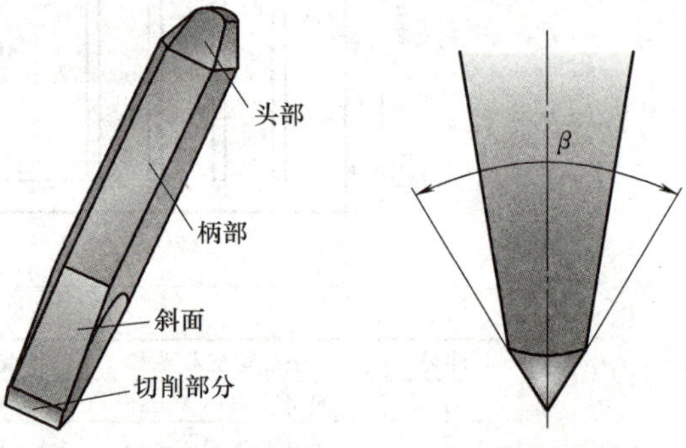

图 1-37　錾子的组成与几何角度

楔角的大小应根据材料的硬度及切削量大小来选择。楔角大，切削部分强度大，但切削阻力大。在保证足够强度下，尽量取小的楔角，一般取楔角 $\beta=60°$。

（2）錾子的种类及用途　根据加工需要，錾子主要有三种，见表 1-5。

表 1-5　錾子的种类及用途

錾子的种类	说明	用途
扁錾	切削部分扁平 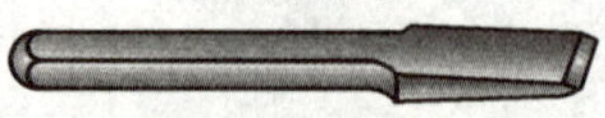	用于錾削大平面、薄板料、清理毛刺等
狭錾	切削刃较窄 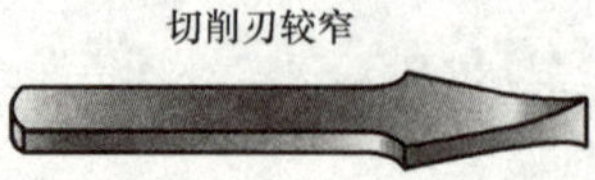	用于錾槽和分割曲线板料

（续）

錾子的种类	说明	用途
油槽錾		用于錾削轴瓦和机床平面上的油槽等

2. 錾削操作

起錾时，錾子尽可能向右斜 45°左右。从工件边缘尖角处开始，并使錾子从尖角处向下倾斜 30°左右，轻打錾子，可较容易切入材料。起錾后按正常方法錾削。当錾削到工件尽头时，要防止工件材料边缘崩裂，脆性材料尤其需要注意。因此，錾到尽头 10mm 左右时，必须掉头錾去其余部分。錾削时，操作者的步位和姿势应便于用力，身体的重心偏于右腿，挥锤要自然，眼睛要正视錾刃，而不是看錾子的头部。錾削步位与姿势如图 1-38 所示。

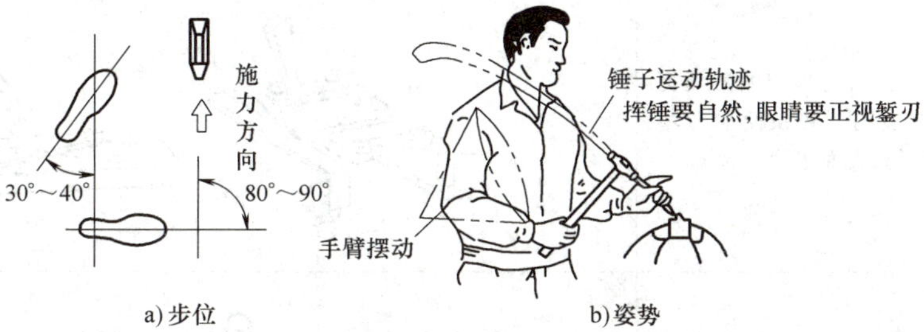

图 1-38　錾削步位与姿势

錾子的握法与挥锤的方法见表 1-6。

表 1-6　錾子的握法与挥锤的方法

	正握法	反握法	立握法
錾子的握法	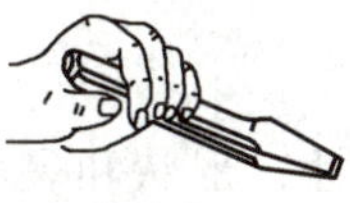	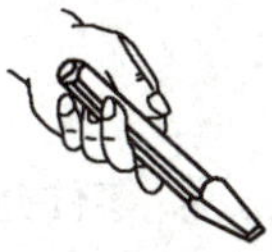	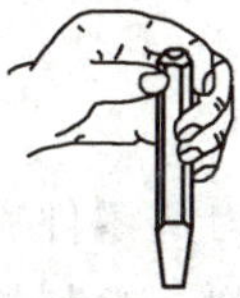
	手心向下，用虎口夹住錾身，拇指和食指自然伸开，其余三指自然弯曲靠拢，握住錾身。这种握法适用于在平面上进行錾削	手心向上，手指自然握住錾柄，手心悬空。这种握法适用于小的平面或侧面錾削	虎口向上，拇指放在錾子的一侧，其余四指放在另一侧捏住錾子。这种握法适用于垂直錾切工件，如在铁砧上錾断材料等
挥锤的方法	腕挥	肘挥	臂挥
	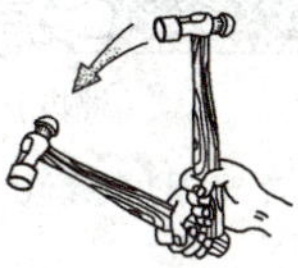		
	只是手腕的运动挥锤，锤击力较小。一般用于錾削的开始和收尾，或油槽、打样冲眼等用力不大的地方	用手腕和肘部一起挥锤，它的运动幅度大，锤击力较大，应用广泛	用手腕、肘部和整个手臂一起挥动，其锤击力大，用于需要大力錾削的场合

3. 錾削的方法

錾削的方法见表 1-7。

表 1-7　錾削的方法

种类	方法	图例
錾平面	较窄的平面可用平錾进行，每次厚度为 0.5~2mm。对于宽平面，应先用窄錾开槽，再用平錾錾平	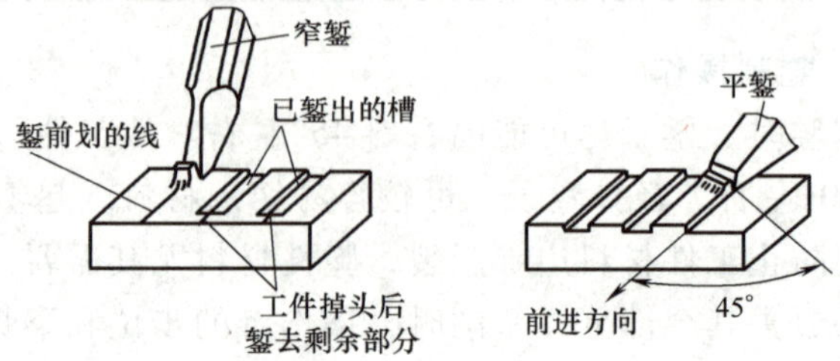
錾油槽	錾油槽时，要先选与油槽同宽的油槽錾錾削。必须使油槽錾得深浅均匀，表面平滑	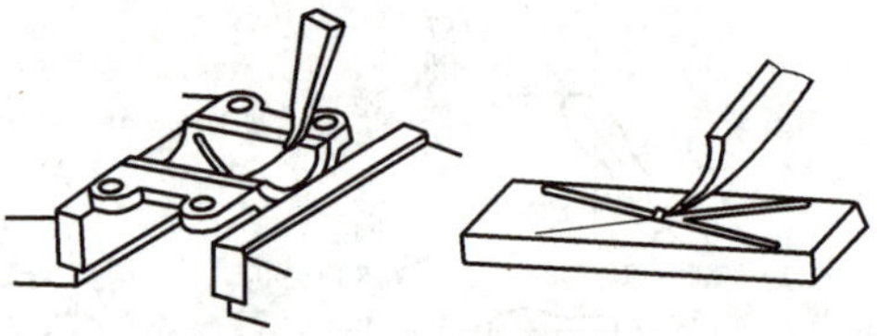
錾断	錾断 4mm 以下的薄板和小直径棒料可以在台虎钳上进行，如图 a 所示。对于较长或较大的板料，可在铁砧上錾断，如图 b 所示	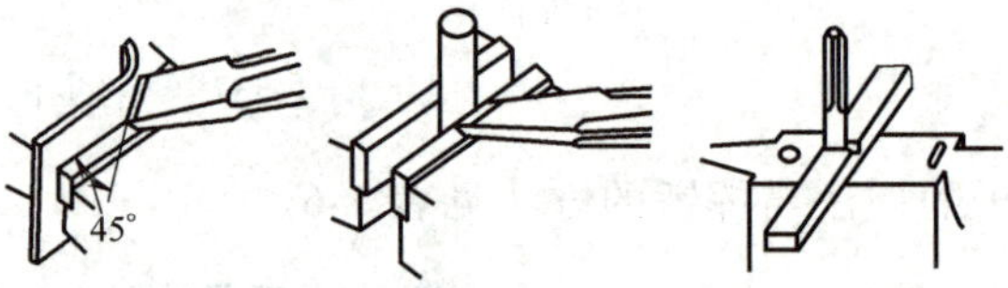 a) 錾薄板和小直径棒料　b) 錾断较长或大型板料

二、锉削

用锉刀从零件表面锉掉多余的金属，使零件达到图样要求的尺寸、形状和表面粗糙度的操作叫锉削。锉削加工简便、工作范围广，多用于錾削、锯削之后，可对工件上的平面、曲面、内外圆弧、沟槽以及其他复杂表面进行加工。锉削的最高精度可达 IT7~IT8，表面粗糙度 Ra 可达 1.6~0.8μm，可用于成形样板、模具型腔以及部件、机器装配时的工件修整，是钳工主要操作方法之一。

1. 锉刀

（1）锉刀的材料及结构　锉刀是锉削的主要工具，锉刀用高碳钢（T12、T13）制成，并经热处理淬硬至 62~67HRC。锉刀的结构如图 1-39 所示。

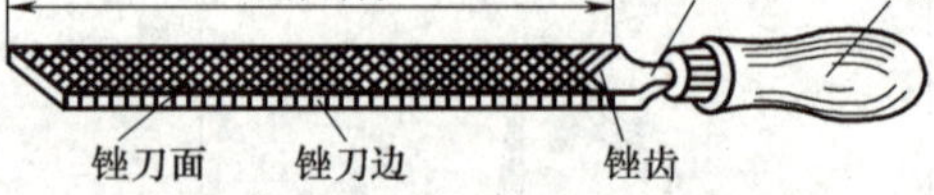

图 1-39　锉刀的结构

（2）锉刀的分类

1）锉刀按锉齿的粗细可分为粗齿锉、中齿锉、细齿锉和油光锉等。按锉齿粗细分类的锉刀及适用场合见表 1-8。

表 1-8 按锉齿粗细分类的锉刀及适用场合

锉纹号	锉刀的种类	适用场合			
		加工余量/mm	尺寸精度/mm	表面粗糙度 $Ra/\mu m$	应用
1	粗齿锉	0.5~1	0.2~0.5	50~12.5	粗加工或有色金属
2	中齿锉	0.2~0.5	0.05~0.2	6.3~1.6	粗锉后加工
3	细齿锉	0.05~0.2	0.01~0.05	1.6~0.8	锉光表面或硬金属
4	油光锉	0.025~0.05	0.005~0.01	0.8~0.2	精加工时表面修光

2）锉刀按齿纹可分为单齿纹锉刀和双齿纹锉刀。按齿纹分类的锉刀、特点及应用见表 1-9。

表 1-9 按齿纹分类的锉刀、特点及应用

锉刀的种类	特点及应用
单齿纹锉刀	齿纹只有一个方向，与锉刀中心线成 70°，一般用于锉软金属，如铜、锡、铅等
双齿纹锉刀	齿纹有两个互相交错的排列方向，底齿纹与锉刀中心线成 45°，齿纹间距较疏；面齿纹与锉刀中心线成 65°，间距较密。因为底齿纹和面齿纹的角度不同、间距疏密不同，所以锉削时锉痕不重叠，锉出来的表面平整且光滑

3）锉刀按断面形状可分为板锉（平锉）、半圆锉、方锉、三角锉、圆锉。按断面形状分类的锉刀、特点及应用见表 1-10。

表 1-10 按断面形状分类的锉刀、特点及应用

锉刀的种类	特点及应用	
平锉 	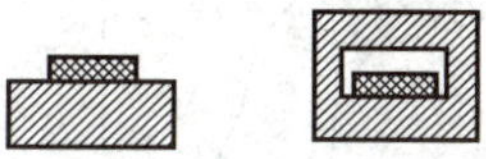	用于锉平面、外圆面和凸圆弧面
半圆锉 	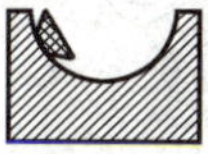	用于锉平面、内弧面和大的圆孔
方锉 		用于锉方形孔、方形槽
三角锉 		用于锉平面、方孔及 60°以上的锐角
圆锉 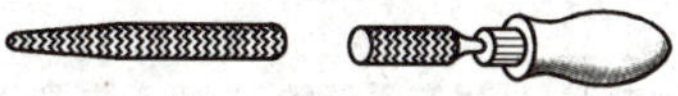	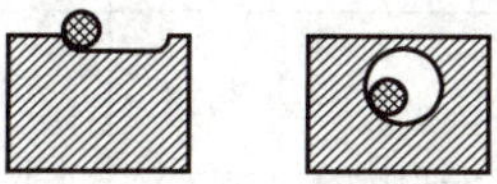	用于锉圆和内弧面

普通锉刀的规格一般是用锉刀的长度、齿纹类别和锉刀断面形状表示的。特种锉刀用于加工各种零件的特殊表面。另外，由多把各种形状的特种锉刀所组成的整形锉，用于修锉小型零件及模具上难以机械加工的部位。

2. 锉削操作要领

（1）握锉　锉刀的种类较多，规格、大小不一，使用场合也不同，故锉刀的握法也应随之改变。不同种类锉刀的握法见表1-11。

表1-11　不同种类锉刀的握法

锉刀种类	图例	方法
大锉刀	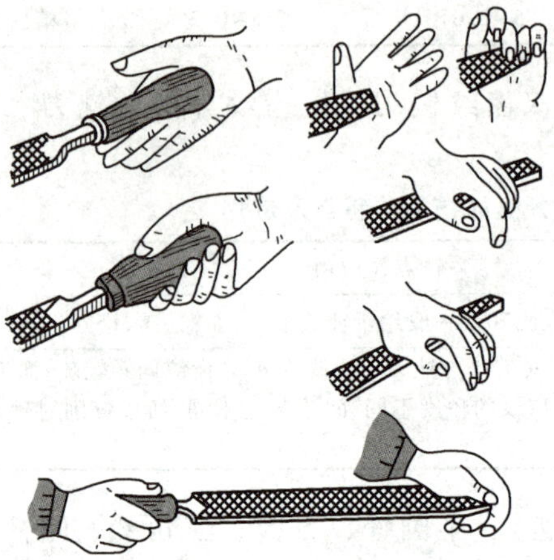	用右手握锉刀柄，柄端顶在拇指根部的手掌上，大拇指放在锉刀柄的侧上方，其余的手指由下而上握着锉刀柄。左手拇指根部的手掌轻压在锉刀头上，手掌自然伸直，中指、无名指弯向掌心捏住锉刀头，其余手指自然弯向掌心
中型锉刀	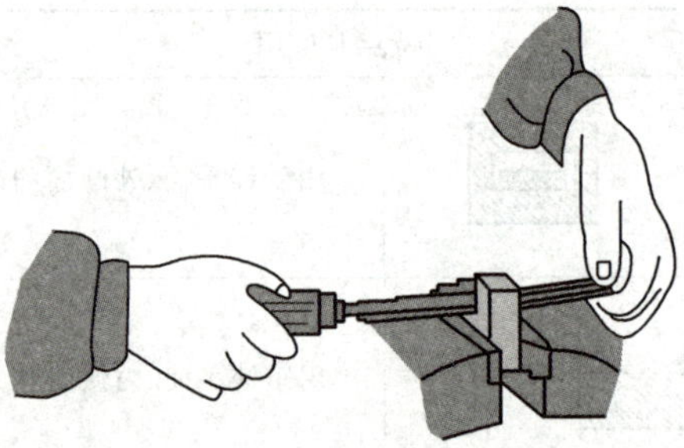	由于锉刀尺寸小、强度不高，锉削时所施加的力不大，因此其右手握法与大锉刀相同，其余四指则从下面托起并用力紧握锉刀柄；左手持锉位置则根据锉削用力轻重而异，重锉时，左手大拇指的根部放在锉尖上，其余四指弯放在下面
小型锉刀	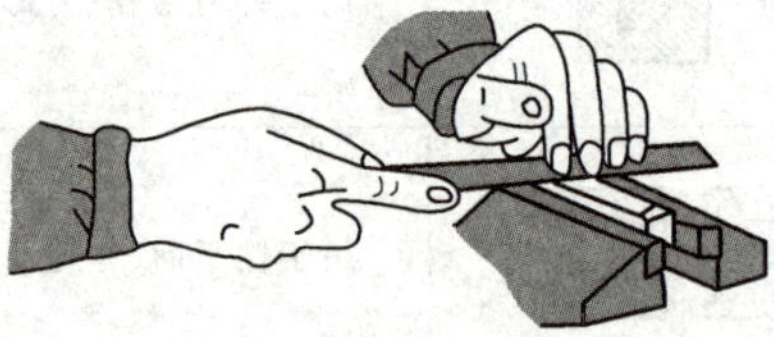	细锉时，右手握锉刀柄，左手除大拇指外将其余四指压在锉刀面上，这种操作较为灵活
整形锉刀	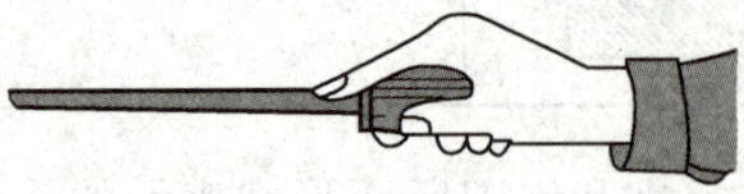	极轻微的锉削时，可用右手持锉刀，将右手食指压在锉刀面上

（2）锉削姿势　锉削时人的站立位置与锯削相似。锉削姿势见表1-12。

表 1-12　锉削姿势

第一步	第二步	第三步	第四步

身体重心放在左脚，右膝要伸直，双脚始终站稳不移动，靠左膝的屈伸而做往复运动。开始时，身体向前倾斜 10°左右，右肘尽可能向后收缩	在最初 1/3 行程时，身体逐渐前倾至 15°左右，左膝稍弯曲	中间 1/3 行程，右肘向前推进，同时身体也逐渐前倾到 18°左右	最后 1/3 行程，用右手腕将锉刀推进，身体随锉刀向前推的同时自然后退到 15°左右的位置上锉削。行程结束后，把锉刀略提起一些，身体姿势恢复到起始位置

特别需要注意的是：锉削过程中，两手的用力也时刻在变化。如图 1-40 所示，开始时，左手压力大、推力小，右手压力小、推力大。随着推锉过程，左手压力逐渐减小，右手压力逐渐增大。锉刀回程时不加压力，以减少锉齿的磨损。锉刀往复运动速度一般为 30~40 次/min，推出时慢，回程时可快些。

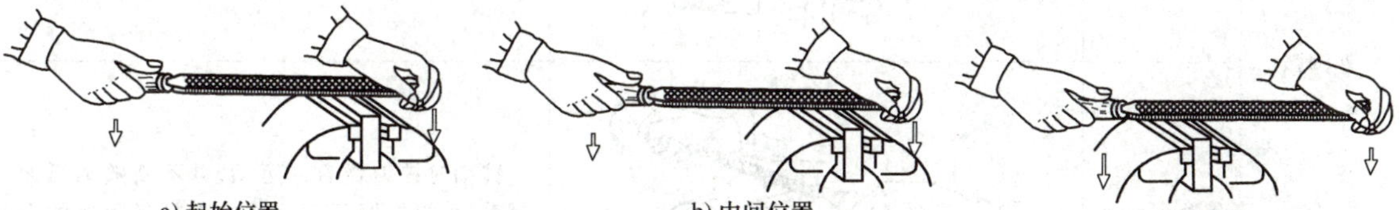

a) 起始位置　　b) 中间位置　　c) 终了位置

图 1-40　锉削时用力的变化

3. 锉削方法

（1）平面锉削　锉削平面的方法有三种：顺向锉法、交叉锉法、推锉法，见表 1-13。锉削平面时，锉刀要按一定方向进行锉削，并在锉削回程时稍做平移，这样逐步将整个面锉平。

表 1-13　锉削平面的方法

锉削平面方法	图例	特点及应用
顺向锉法	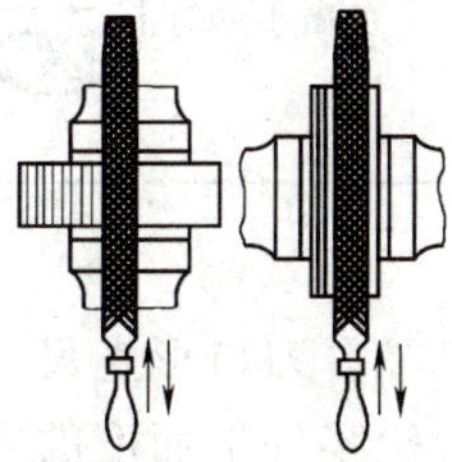	顺向锉法是顺着同一方向对工件锉削的方法。它是锉削的基本方法，其特点是锉纹顺直，较整齐美观，可减小表面粗糙度值

（续）

锉削平面方法	图例	特点及应用
交叉锉法	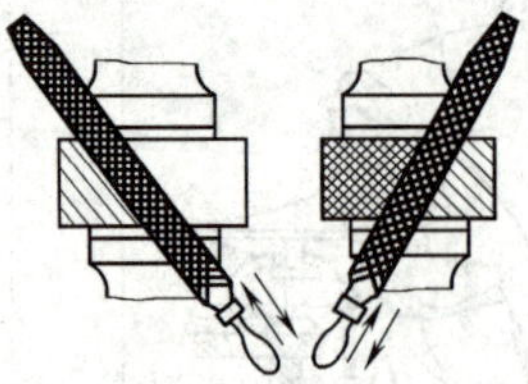	交叉锉法是从两个方向交叉对工件进行锉削，其特点是锉面上能显示出高低不平的痕迹，以便把高处锉去。用此法较容易锉出准确的平面
推锉法	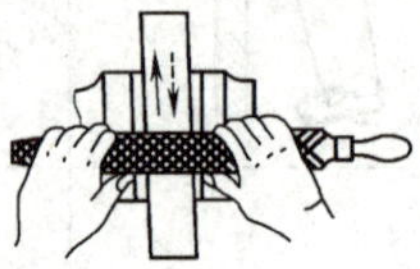	推锉法是两手横握锉刀身，平稳地沿工件表面来回推动进行锉削，其特点是锉削量少，减小了表面粗糙度值，一般用于锉削狭长表面

（2）弧面锉削　弧面锉削的方法见表 1-14。

表 1-14　弧面锉削的方法

圆弧类别	锉削方法	图例	方法说明
外圆弧	顺着圆弧锉	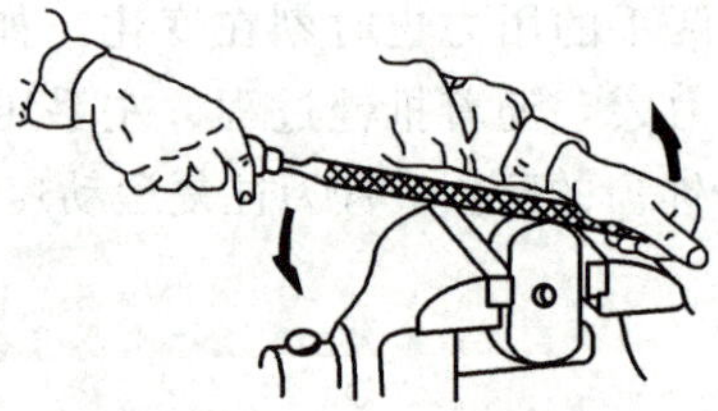	锉削时锉刀要同时完成前进运动和围绕工件圆弧中心的转动，这种锉法锉刀位置不易掌握，效率也不高，但锉出的圆弧面光洁圆滑
	横着圆弧锉	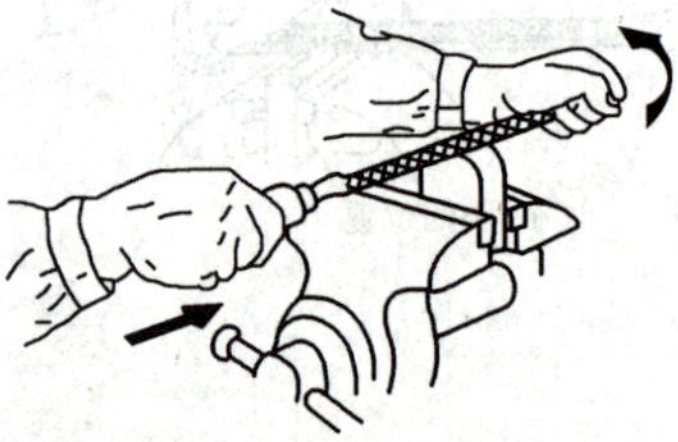	锉削时锉刀做直线运动，并不断随圆弧面摆动，可以把圆弧面锉成非常接近圆弧的多棱面，适用于圆弧面的粗加工
内圆弧	用圆锉、半圆锉锉削	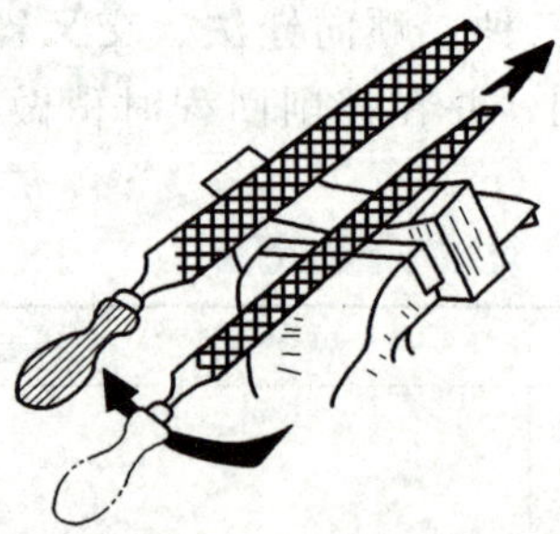	锉削时，锉刀要同时完成三个运动：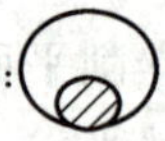 前进运动、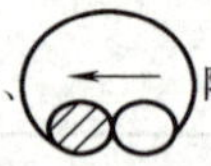 随圆弧面做向左或向右的微小移动、 绕锉刀中心线的移动

4. 检验工具及其使用

检验工具有刀口形直尺、直角尺、游标万能角度尺等。刀口形直尺、直角尺可检验零件的直线度、平面度及垂直度。下面介绍用刀口形直尺检验零件平面度的方法。

1）将刀口形直尺垂直紧靠在零件表面，并在纵向、横向和对角线方向逐次检查，如图 1-41 所示。

2）检验时，如果刀口形直尺与零件平面透光微弱而均匀，则该零件平面度合格；如果透光强弱不一，则说明该零件平面凹凸不平。可在刀口形直尺与零件紧靠处用塞尺插入，根据塞尺的厚度即可确定平面度的误差，如图 1-42 所示。

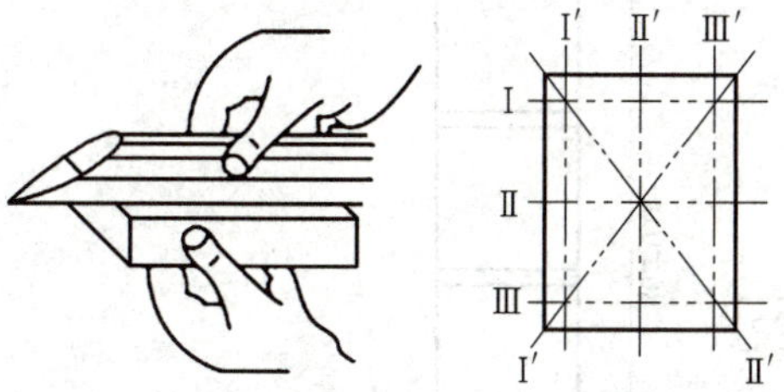

图 1-41 用刀口形直尺检验平面度

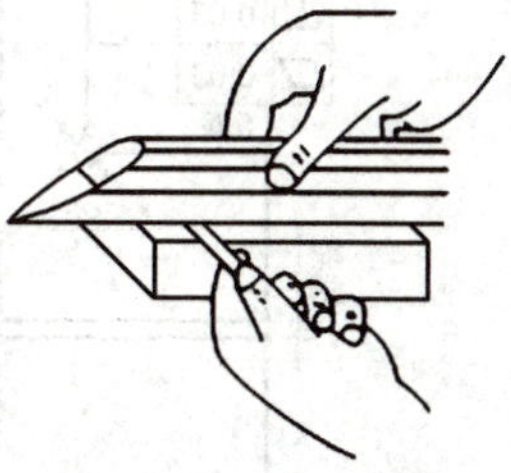

图 1-42 用塞尺测量平面度误差值

5. 锉削质量问题及原因

1）工件平面中凸、塌边和塌角，主要是由于操作不熟练、锉削力运用不当或锉刀选用不当造成的。

2）形状、尺寸不准确，主要是由于划线错误或锉削过程中没有及时检查工件尺寸造成的。

3）表面较粗糙，主要是由于锉刀粗细选择不当或锉屑卡在锉齿间造成的。

4）锉掉了不该锉的部分，主要是由于锉削时锉刀打滑，或者没有注意带锉齿工作边和不带锉齿的光边造成的。

5）工件被夹坏，这是由于在台虎钳上夹持不当造成的。

6. 锉削操作时的注意事项

1）不准使用无柄锉刀锉削，以免被锉刀舌戳伤手。

2）不准用嘴吹锉屑，以防锉屑飞入眼中。

3）锉削时，锉刀柄不要碰撞工件，以免锉刀柄脱落伤人。

4）放置锉刀时，不要把锉刀露出钳台外面，以防锉刀落下砸伤操作者。

5）锉削时，不可用手摸被锉过的工件表面，因手上有油污，会使锉削时锉刀打滑而造成事故。

6）锉刀齿面塞积切屑后，应用钢丝刷顺着锉纹方向刷去锉屑。

三、锉配凹凸体实例

1. 技能训练要求

1）掌握具有对称度要求的工件划线。

2）能正确使用和保养千分尺。

3）掌握具有对称度要求的工件加工和测量方法。

4）掌握锯削、钻削和锉削技能，并达到一定的加工精度要求，为锉配打下扎实基础。

2. 使用的工具、量具

千分尺、游标卡尺、直角尺、划针、刀口形直尺、塞尺、钻头、整形锉、异形锉、钳工锉等。

3. 工件图样

工件图样如图 1-43 所示。

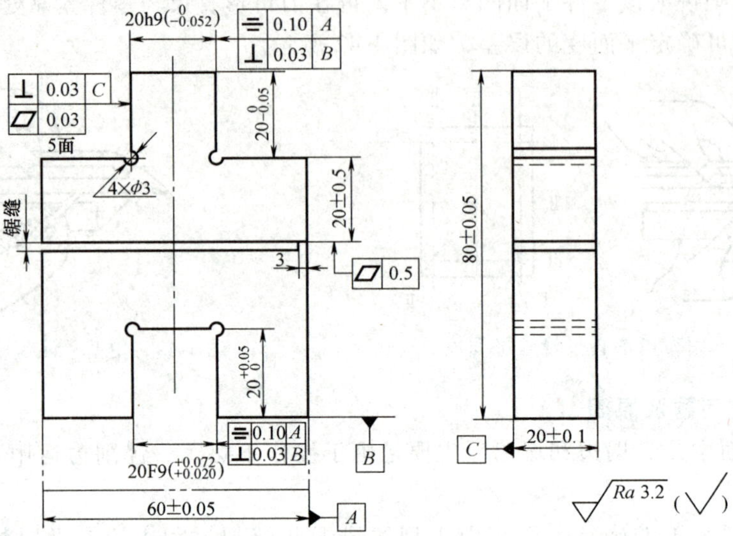

图 1-43 凹、凸体

4. 参考步骤

1）按图样要求锉削好外轮廓基准面，达到外廓尺寸及垂直度和平行度要求。

2）按要求划出凹、凸体加工线，并钻工艺孔 4×ϕ3mm。

3）加工凸形面。

4）加工凹形面。

5）全部锐边倒角，并检查全部尺寸精度。

6）锯削，要求达到尺寸（20±0.5）mm，锯面平面度 0.5mm，不能锯断，留有 3mm 不锯，最后修去锯口毛刺。

5. 注意事项

1）为了能对 20mm 凸、凹形面的对称度进行测量控制，60mm 处的实际尺寸必须测量准确，并应取其各点实测值的平均数值。

2）20mm 凸形面加工时，只能先去掉一垂直角料，待加工至所要求的尺寸公差后，才能去掉另一垂直角料。

3）采用间接测量方法来控制工件的尺寸精度，必须控制好有关的工艺尺寸。

4）当工件不允许直接锉配，而要达到互配件的要求间隙，就必须认真控制凸、凹体的尺寸误差。

5）为达到配合后转位互换精度，在凸、凹形面加工时，必须控制垂直度误差在最小的范围内。

6）在加工垂直面时，要防止锉刀侧面碰坏另一垂直侧面，因此必须将锉刀一侧在砂轮上进行修磨，并使其夹角略小于 90°，刃磨后用磨石磨光。

第五节　孔　加　工

【本节要点】

✧ 钻孔、扩孔、锪孔、铰孔的主要工具。

✧ 标准麻花钻的切削角度。

一、钻孔

钳工加工孔的方法一般指钻孔、扩孔、锪孔和铰孔，常用的钻床有台式钻床、立式钻床和摇臂钻床。

（一）孔加工的运动

一般情况下，孔加工刀具都应同时完成两个运动，如图 1-44 所示。

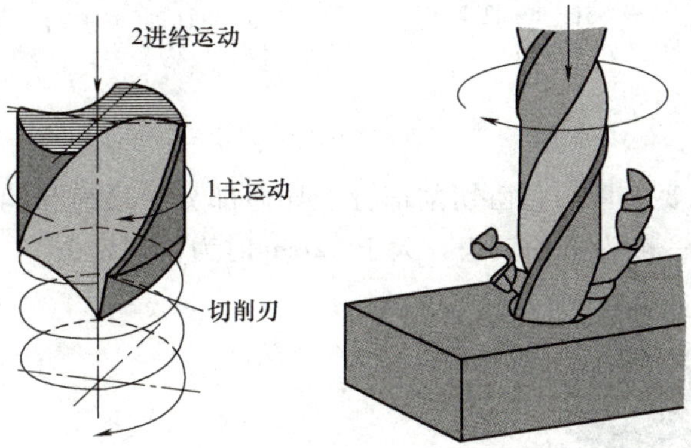

图 1-44　孔加工的运动

1）主运动，即刀具绕轴线的旋转运动，是将切屑切下的基本运动（箭头 1 所指方向）。

2）进给运动，即刀具沿着轴线方向相对零件的直线运动，是将材料不断投入切削的运动（箭头 2 所指方向）。

（二）常用的钻床

1. 台式钻床

台式钻床简称台钻（图 1-45），是一种小型机床，安放在钳工台上使用。台式钻床的钻孔直径一般在 12mm 以下，主要用于加工小型工件上的各种孔，钳工中用得最多。

2. 立式钻床

立式钻床简称立钻（图 1-46），一般用来钻中型工件上的孔，其规格用最大钻孔直径表示，常用的有 25mm、35mm、40mm、50mm 等几种。

3. 摇臂钻床

摇臂钻床（图 1-47）有一个能绕立柱旋转的摇臂。主轴箱可在摇臂上做横向移动，并可随摇臂沿立柱上下做调整运动，因此，操作时能很方便地调整到需钻削的孔的中心，而工件不需要移动。摇臂钻床加工范围广，可用来钻削大型工件的各种螺钉孔、螺纹底孔和油孔等。

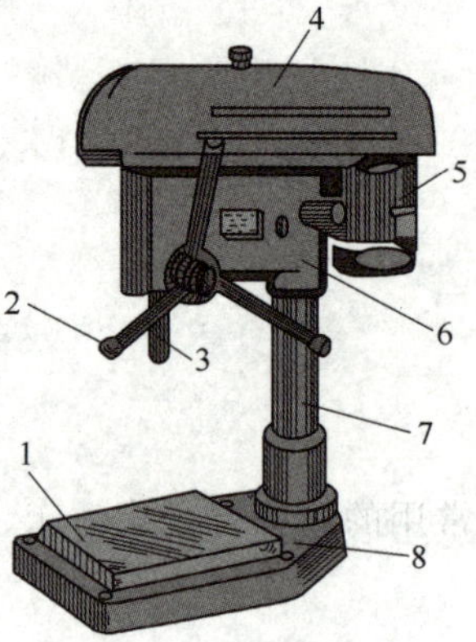

图 1-45　台式钻床

1—工作台　2—进给手柄　3—主轴　4—带罩
5—电动机　6—主轴架　7—立柱　8—机座

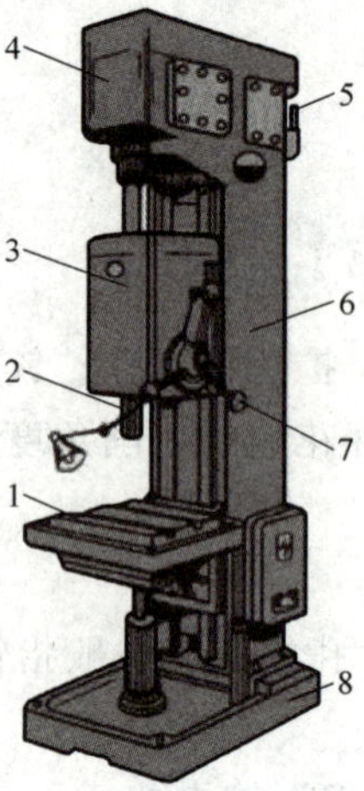

图 1-46　立式钻床

1—工作台　2—主轴　3—进给箱　4—主轴变速箱
5—电动机　6—立柱　7—进给手柄　8—机座

（三）标准麻花钻

1. 麻花钻的结构

麻花钻是钻孔的主要工具，它由切削部分、导向部分、颈部和柄部组成，如图 1-48 所示。直径小于 12mm 时一般为直柄钻头，大于 12mm 时为锥柄钻头。

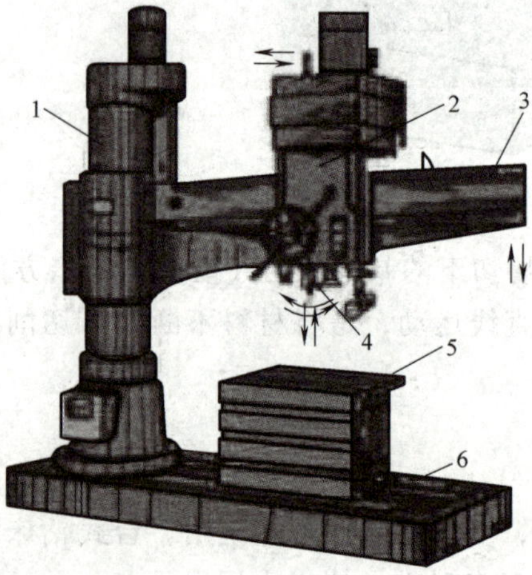

图 1-47　摇臂钻床

1—立柱　2—主轴箱　3—摇臂
4—主轴　5—工作台　6—机座

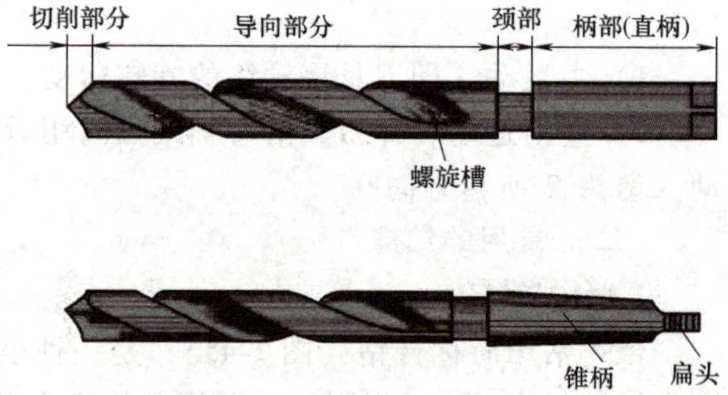

图 1-48　标准麻花钻

2. 麻花钻的切削部分及角度

麻花钻切削部分的形状类似沿钻头轴线对称布置的两把车刀，由两个前刀面、两个后刀面、两条主切削刃及连接两条主切削刃的横刃组成，两条主切削刃的夹角称为顶角，通常为 116°~118°，麻花钻的切削刃及角度如图 1-49 所示；导向部分有两条副切削刃和螺旋槽，副切削刃起修光孔壁和导向作用，螺旋槽的作用是排除切屑和输送切削液。

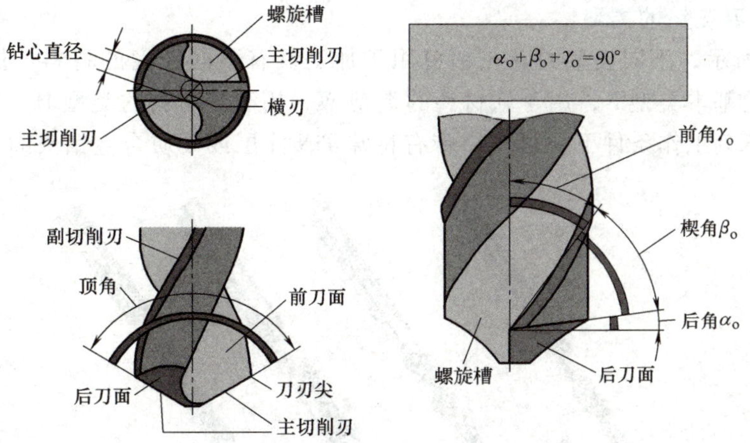

图 1-49　麻花钻的切削刃及角度

3. 麻花钻的柄部

柄部位于钻头的后半部分，起夹持钻头、传递转矩的作用。柄部有直柄（圆柱形）和莫氏锥柄（圆锥形）之分，钻头直径在 ϕ16mm 以下做成直柄，利用钻夹头夹持住钻头；直径在 ϕ3mm 以上即可做成莫氏锥柄，利用莫氏锥套与机床锥孔连接。莫氏锥柄后端有一个扁尾榫，其作用是供楔铁把钻头从莫氏锥套中卸下，在钻削时，扁尾榫可防止钻头与莫氏锥套打滑。

4. 麻花钻的颈部

如图 1-50 所示，颈部是工作部分和柄部的连接处（焊接处）。颈部的直径小于工作部分和柄部的直径，其作用是便于磨削工作部分和柄部时砂轮的退刀；颈部也起标记打印的作用。小直径的直柄钻头没有颈部。

5. 麻花钻切削部分的组成简图

钻头的切削部分由两个前刀面、两个后刀面、两个副后刀面、两条主切削刃、两条副切削刃和一条横刃组成，如图 1-51 所示。

前刀面（A_γ）：靠近主切削刃的螺旋槽表面。

后刀面（A_α）：与工件过渡表面相对的表面。

副后刀面（A'_α）：又称刃带，是钻头外圆上沿螺旋槽凸起的圆柱部分。

主切削刃（S）：前刀面与后刀面的交线。

副切削刃（S'）：前刀面与副后刀面的交线。

横刃：两个后刀面的交线。

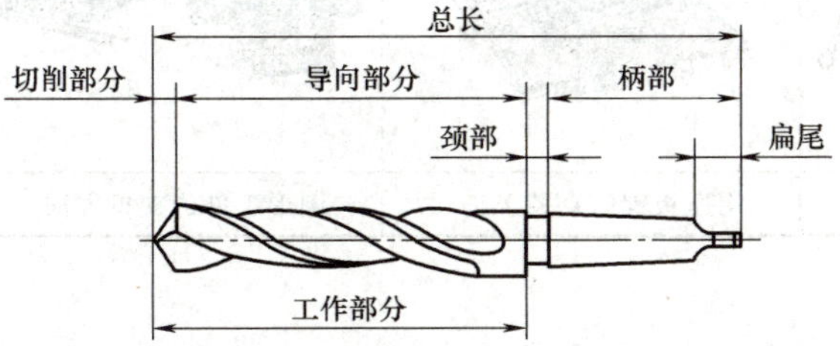

图 1-50　麻花钻的结构

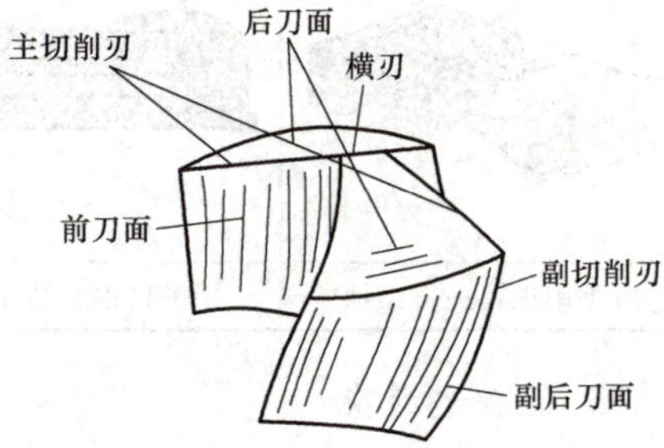

图 1-51　切削部分的组成简图

（四）标准麻花钻的类型

如图 1-52 所示，不同类型的麻花钻可用于加工具有不同强度的材料。据此，存在用于中等强度材料的基本类型 N，用于软材料的类型 W，用于硬材料的类型 H。当加工高合金钢时，在特殊的苛刻工作条件下，可使用带有特殊 TiN 涂层或硬质合金钻头的类型。

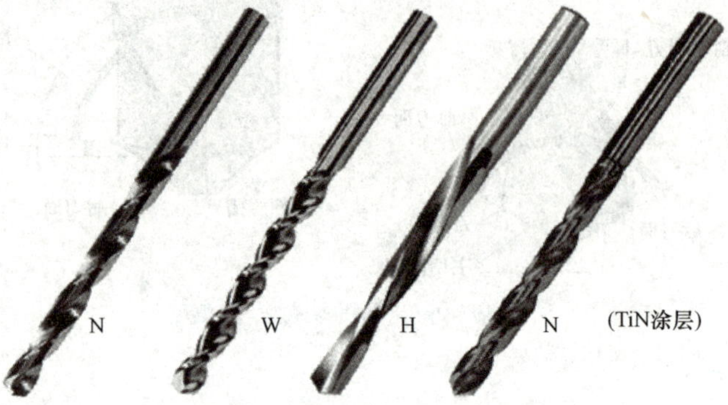

图 1-52　标准麻花钻的类型

（五）钻孔操作

1. 钻孔前的准备

钻孔前，工件要划线定心，在工件孔的位置划出加工圆和检查圆，并在加工圆和中心冲出样冲眼，如图 1-53 所示。

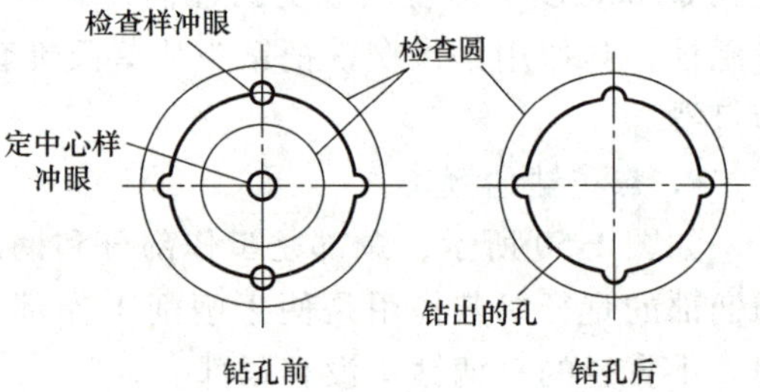

图 1-53　钻孔前划线与打样冲眼

2. 工件的安装

钻孔中的安全事故，大都是由于工件的夹持方法不对造成的。因此，工件的安装应注意工件的夹持，见表 1-15。

表 1-15　工件的安装

小件和薄壁零件钻孔，要用手用虎钳夹持工件	中等零件，可用平口钳夹紧	大型和其他不适合用台虎钳夹紧的工件，可直接用压板螺钉固定在钻床工作台上	在圆轴或套筒上钻孔，须把工件压在 V 形块上
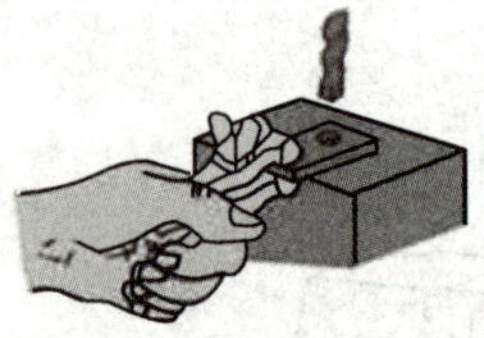	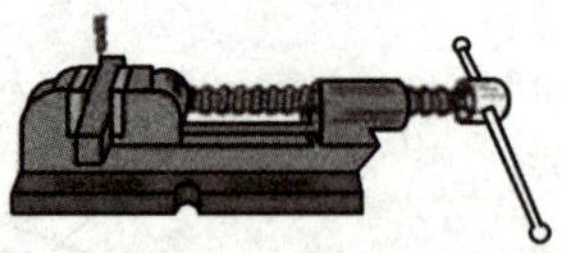		
用手用虎钳夹持工件	用平口钳夹持工件	用压板螺钉夹持工件	圆形工件的夹持方法

3. 钻头的装夹

钻头的装夹方法，按其柄部的形状不同而异，见表 1-16。

表 1-16　钻头的装夹方法

锥柄钻头可以直接装入钻床主轴孔内,较小的钻头可用过渡套筒安装	直柄钻头一般用钻夹头安装	钻夹头或过渡套筒的拆卸方法是将楔铁带圆弧的边向上插入钻床主轴侧边的锥形孔内,左手握住钻夹头,右手用锤子敲击楔铁卸下钻夹头	在成批和大量生产中,钻孔时广泛应用钻模夹具
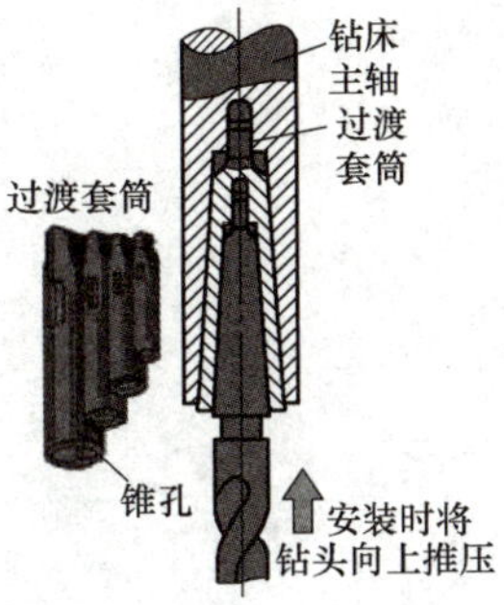	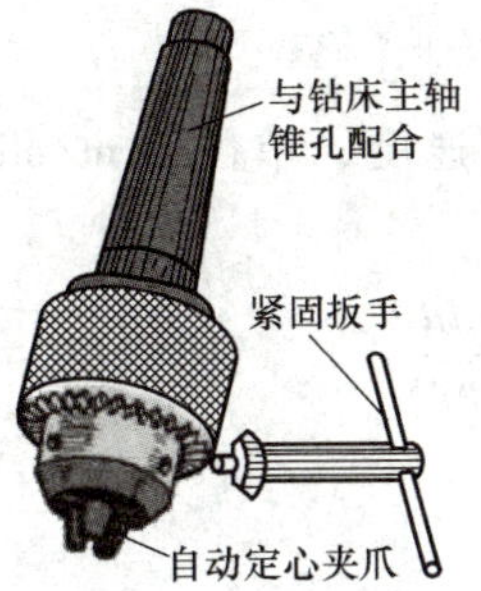	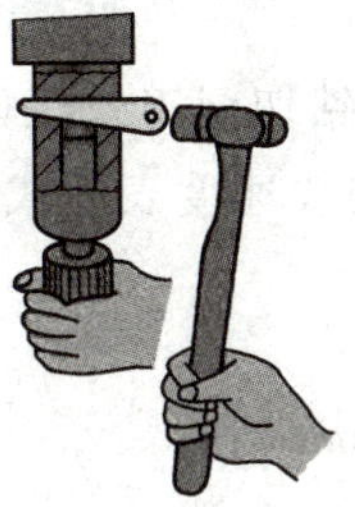	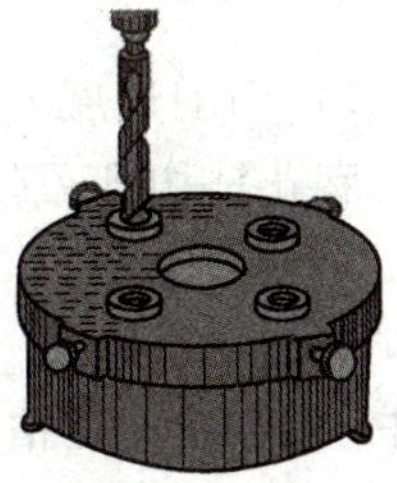
安装锥柄钻头	钻夹头装夹	拆卸钻夹头	钻模

4. 钻孔方法

钻孔前先用样冲在孔中心线上打出样冲眼，用钻尖对准样冲眼锪一个小坑，检查小坑与所划孔的圆周线是否同心（称试钻）。若稍有偏离，可移动零件找正；若偏离较多，可用尖錾或样冲在偏离的相反方向錾几条槽，如图 1-54 所示。对较小直径的孔也可在偏离的方向用垫铁垫高些再钻。直到钻出的小坑完整，与所划孔的圆周线同心或重合时才可正式钻孔。

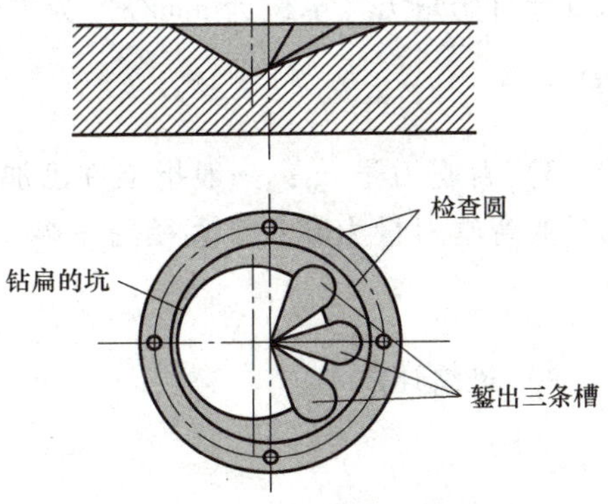

图 1-54　钻偏时錾槽找正

1）钻通孔：工件下面应放垫铁，或把钻头对准工作台空槽；在孔将被钻透时，进给量要小，变自动进给为手动进给，避免钻头在钻穿的瞬间抖动，出现“啃刀”现象，从而影响加工质量，损坏钻头，甚至发生事故。

2）钻盲孔：要注意掌握钻孔深度。控制钻孔深度的方法有：调整好钻床上深度标尺挡块，安置控制长度量具，或用划线做记号。

3）钻深孔：钻深孔时要经常退出钻头及时排屑和冷却，否则易造成切屑堵塞或使钻头切削部分过热而磨损、折断。

4）钻大孔：直径 D 超过 30mm 的孔应分两次钻。第一次用（0.5～0.7）D 的钻头先钻，再用所需直径的钻头将孔扩大。这样，既利于钻头负荷分担，也有利于提高钻孔质量。

5）斜面钻孔：对此一般采取如图 1-55a 所示的平顶钻头，由钻心部分先切入工件，而后逐渐钻进。图 1-55b 所示为一种多级平顶钻头。

（六）钻孔的钻削用量

钻削用量主要包括钻削速度、进给量和背吃刀量等。

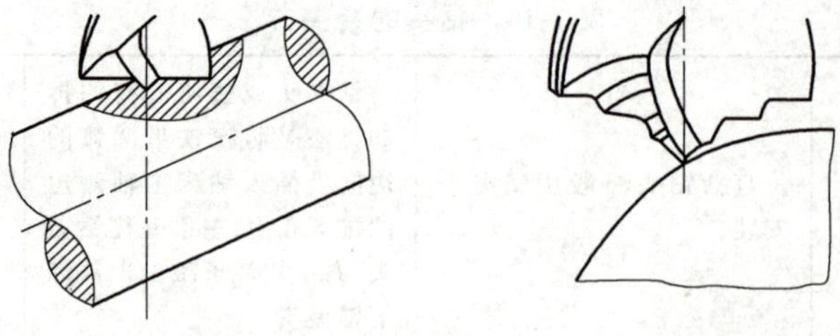

a) 平顶钻头　　b) 多级平顶钻头

图 1-55　在斜面上钻孔

1）切削速度 v_c：麻花钻切削刃外缘处的线速度，单位为 m/min。

麻花钻切削刃外缘处的线速度表达式为

$$v_c=\frac{\pi dn}{1000}$$

式中　d——麻花钻直径（mm）；

　　　n——麻花钻转速（r/min）。

2）进给量 f：钻削时麻花钻每回转一转钻头与工件在进给运动方向（麻花钻轴向）上的相对位移为进给量，单位为 mm/r。麻花钻为多齿刀具，它有两条切削刃（两个刀齿），其每齿进给量 f_z（单位为 mm/z）为进给量的一半，即

$$f_z=\frac{f}{2}$$

3）背吃刀量 a_p：一般指工件已加工表面与待加工表面间的垂直距离，单位为 mm。钻孔时的背吃刀量为麻花钻直径的一半，即

$$a_p=\frac{d}{2}$$

4）进给速度 v_f：

$$v_f=nf$$

二、扩孔

1. 扩孔概述

用扩孔钻对工件上已有的孔（铸孔、锻孔、钻孔）进行扩大加工的方法，称为扩孔，如图 1-56 所示。

由图 1-56 可知，扩孔时背吃刀量 a_p 为

$$a_p=\frac{D-d}{2}$$

式中　D——扩孔后的直径（mm）；

　　　d——扩孔前的直径（mm）。

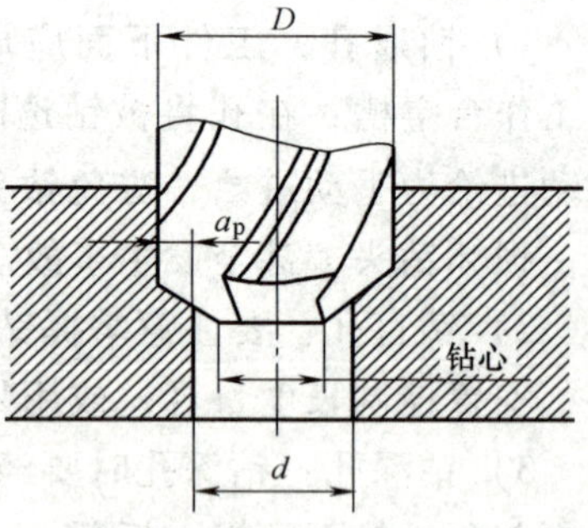

图 1-56　扩孔

2. 扩孔钻

扩孔所用的刀具是扩孔钻，如图 1-57 所示。扩孔钻的结构与麻花钻相似，但切削刃有 3~4 个，前端是平的，无横刃，螺旋槽较浅，钻体粗大结实，切削时刚性好，不易弯曲，扩孔尺寸公差等级可达 IT9~IT10，表面粗糙度 Ra 值可达 3.2μm。扩孔可作为终加工，也可作为铰孔前的预加工。

3. 扩孔的特点

1）扩孔常用于已铸出、锻出或钻出孔的扩大。

2）扩孔常作为孔的半精加工，铰孔、磨孔前的预加工，也可以作为精度要求不高的孔的最终加工。

3）扩孔比钻孔的质量好，生产率高。

4）扩孔对铸孔、钻孔等预加工孔的轴线的偏斜，有一定的找正作用。

5）扩孔精度一般为 IT9～IT10，表面粗糙度 Ra 值可达 3.2μm。

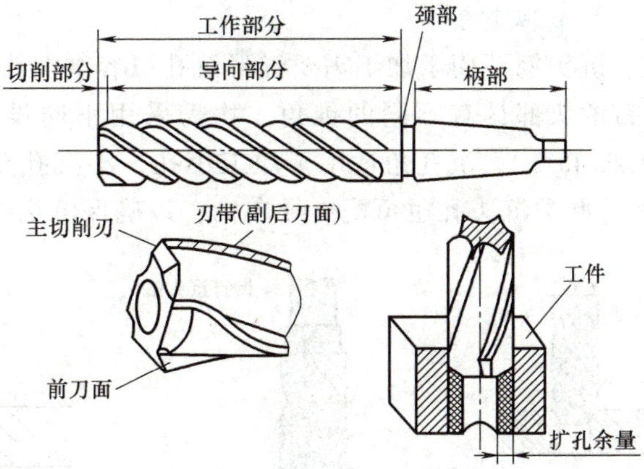

图 1-57　扩孔钻

6）当钻削直径 d>30mm 的孔时，为了减小钻削力及转矩，提高孔的质量，一般先用（0.5～0.7）d 大小的钻头钻出底孔，再用扩孔钻进行扩孔。这种操作可较好地保证孔的精度和控制表面粗糙度值，且生产率比直接用大钻头一次钻出时还要高。

4. 扩孔的注意事项

1）扩孔前钻孔直径的确定。用扩孔钻扩孔时，预钻孔直径为要求孔径的 90%；用麻花钻扩孔时，预钻孔直径为要求孔径的 50%～70%。

2）孔钻直径的确定。作为终加工使用的扩孔钻，其直径应等于扩孔后孔的公称尺寸；铰孔前使用的扩孔钻直径应等于铰孔后孔的公称尺寸减去铰削余量。

确定扩孔钻直径用的铰孔余量见表 1-17。

表 1-17　确定扩孔钻直径用的铰孔余量

扩孔钻直径 d/mm	<10	10～18	18～30	30～50	50～100
铰孔余量/mm	0.2	0.25	0.3	0.4	0.5

3）扩孔的切削用量。扩孔的进给量为钻孔的 1.5～2 倍，切削速度为钻孔的 50%。

4）除铸铁和青铜外，其他材料的工件扩孔时，都要使用切削液。

三、锪孔

在孔口表面用锪钻加工出一定形状的孔或凸台的平面，称为锪孔。锪出的孔可用于容纳螺钉、铆钉、销等连接元件。锪孔时，为了使底部获得光滑的表面，必须以较低的切削速度加工，在相同条件下，切削用量应约为钻孔尺寸的一半。

1. 倒角锪钻

对具有尖锐边缘的孔口进行去毛刺，大部分使用单刃倒角锪钻（锥形锪钻），此外，具有 5～12 个切削刃的多刃倒角锪钻用于更深的倒角锪孔。倒角锪钻顶角一般有 45°和 60°两种，其中 45°最常用，如图 1-58 所示。

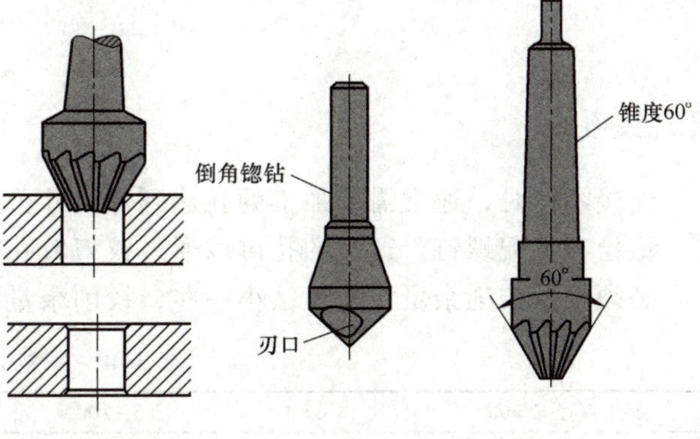

图 1-58　倒角锪钻

2. 沉头锪钻

沉头锪钻用于加工需要锥形沉孔以容纳沉头铆钉和沉头螺钉头部的孔。沉头铆钉和沉头螺钉的头部具有不同的锥角，均需采用不同设计的沉头孔。铆钉沉头孔的沉头角为 75°、60°或 45°。大沉孔角适用于加工小孔，小沉孔角适用于加工大孔。螺钉沉头孔的沉头角为 90°。此类沉头孔也可配有导向销，以确保沉头孔恰好位于孔的中心，如图 1-59 所示。

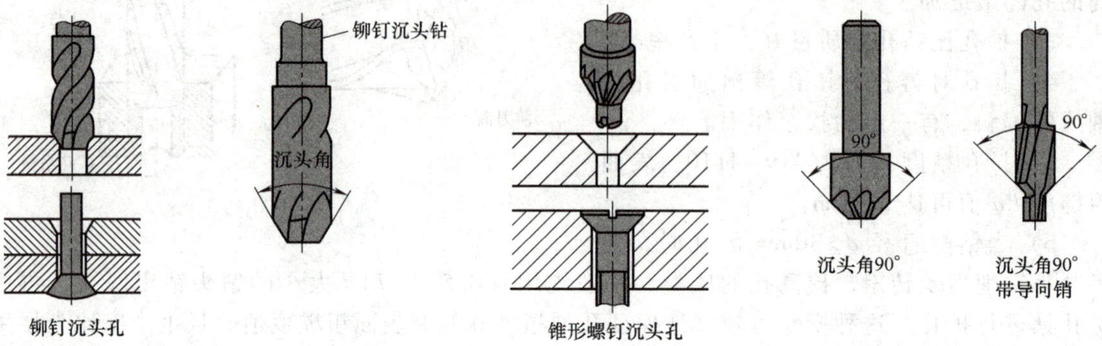

图 1-59　沉头锪钻

3. 圆柱形锪钻

圆柱形锪钻用于加工圆柱形沉头孔，以容纳内六角螺钉或圆柱头螺钉的圆柱形螺钉头。圆柱形锪钻具有导向销。导向销分为固定导向销和可互换导向销两种，以用于加工不同的孔径。圆柱形锪钻是多刃刀具，最多有四个切削刃，如图 1-60 所示。

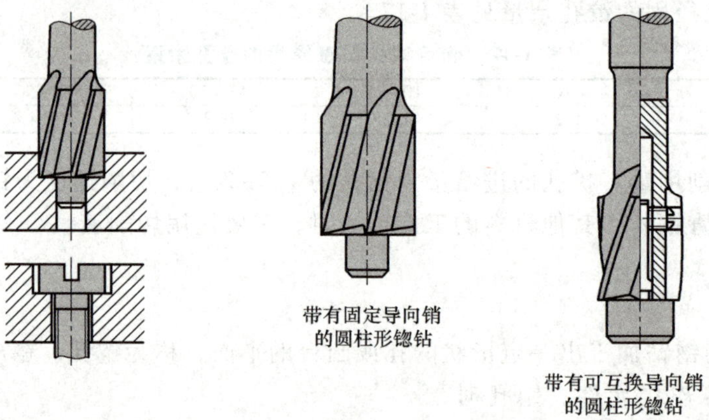

图 1-60　圆柱形锪钻

四、铰孔

连接零件时，通常需要加工的孔达到低尺寸公差、高尺寸精度和高表面质量，以容纳销钉、螺栓和装配螺钉。这样的孔可以通过铰刀铰孔来完成，如图 1-61 所示。

必须根据铰削余量将孔预钻小一些，铰削余量取决于铰孔直径，见表 1-18。

表 1-18　铰削余量

铰孔直径 d/mm	<5	5~20	21~32	33~50	51~70
铰削余量/mm	0.1~0.2	0.2~0.3	0.3	0.5	0.8

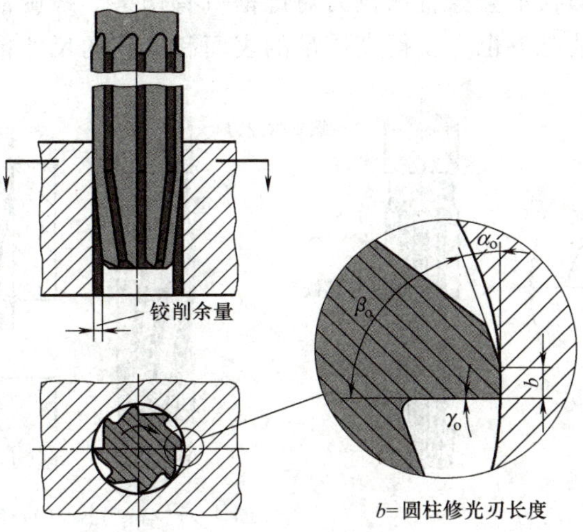

图 1-61 铰孔

1. 铰刀的结构

铰刀由工作部分、颈部和柄部三部分组成。铰刀刀头开始部分称为刀头倒角或“引导锥”，方便刀具进入一个没有倒角的孔。一些铰刀在刀头设计一段锥形切削刃，为刀具切削部分，承担主要的切削工作，其切削半锥角较小，一般为 1°~15°，因此，铰削时定心好，切屑薄。后面是切削部分，这部分是承担主要切削工作的锥体。再后面是校准部分，机用铰刀有圆柱部分和倒锥部分，圆柱部分起导向和修光孔壁的作用，也是铰刀的备磨部分，倒锥部分只起导向作用。柄部起传递转矩作用，颈部起连接作用。铰刀的种类如图 1-62 所示。

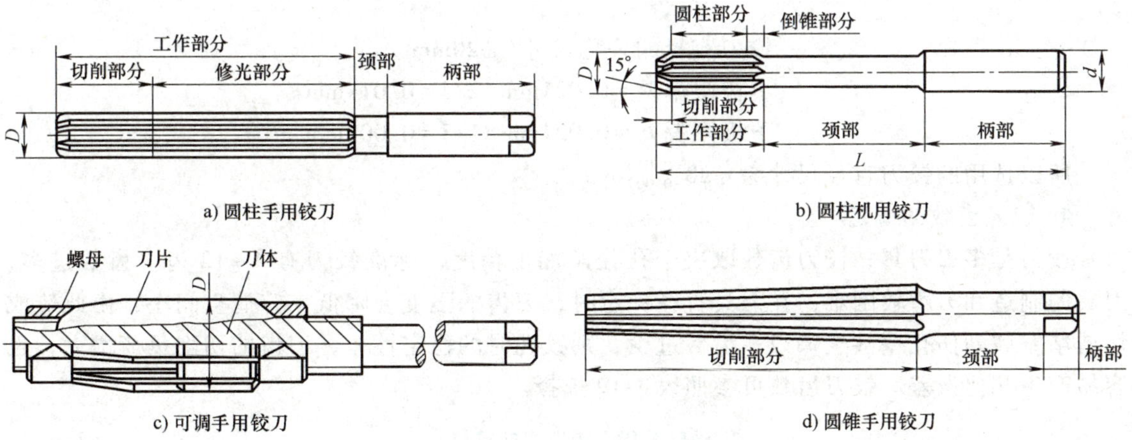

图 1-62 铰刀的种类

2. 铰刀的切削刃

铰刀的切削刃间距不均匀，如图 1-63 所示。两两切削刃在圆周上彼此对称，这样铰刀的直径可以使用卡尺或千分尺等测量设备精确测量。不均匀的切割分区可以使得切屑在不同的位置断裂。从而，在铰削时没有震刀刀痕，可获得较小的表面粗糙度值。

加工图 1-64 所示的带键槽孔，一般需要使用螺旋槽铰刀。由于螺旋槽铰刀的切削刃不会以轴向平行的方式接合，不会像直槽铰刀对键槽口有伤害。螺旋槽铰刀可防止出现震颤痕迹，即使在铰孔中断的情况下也可获得高质量的表面和较高的尺寸精度。

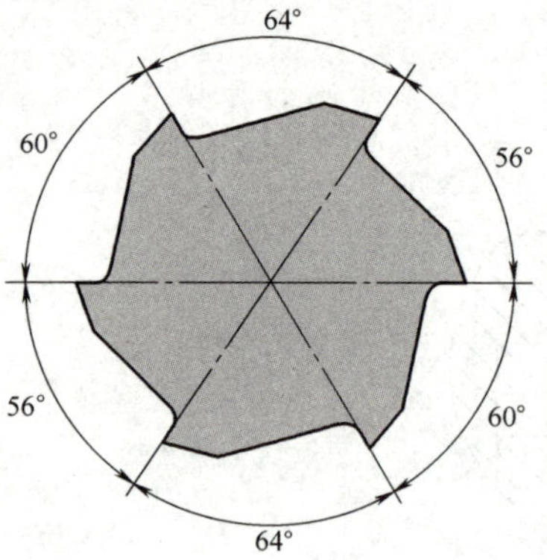

图 1-63　铰刀的切削刃间距不均匀

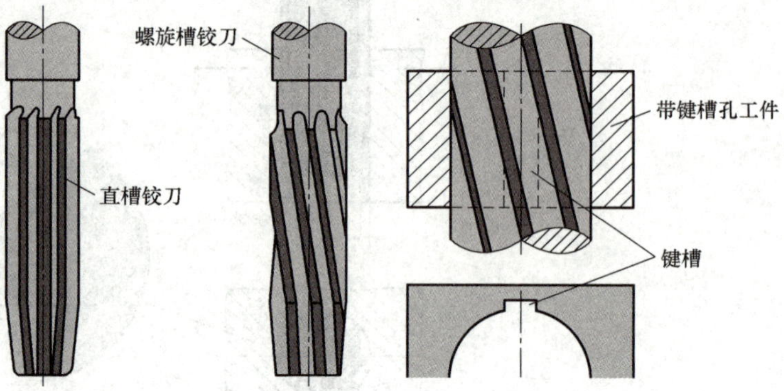

图 1-64　直槽铰刀与螺旋槽铰刀

3. 铰刀直径尺寸的确定

由于新的标准圆柱铰刀在直径上留在研磨余量，且其表面粗糙度也较大，所以在铰削尺寸公差等级在 IT8 以上的孔时，应先将铰刀的直径研磨到所需的尺寸精度。

由于铰孔后，孔径会扩张或缩小，目前对孔的扩张或缩小量尚无统一规定，一般铰刀的直径多采用以下经验数值：

铰刀直径的公称尺寸=孔的公称尺寸

上极限偏差=被加工孔的直径公差的 2/3

下极限偏差=被加工孔的直径公差的 1/3

案例： 铰削 ϕ20H7（$^{+0.021}_{0}$）的孔，如何选用铰刀直径？

解：

铰刀直径的公称尺寸=ϕ20mm

上极限偏差=0.021mm×2/3=0.014mm

下极限偏差=0.021mm×1/3=0.007mm

所以选用的铰刀直径尺寸为 $\phi20^{+0.014}_{+0.007}$mm。

4. 铰刀齿数的确定

铰刀是多刃刀具，铰刀齿数取决于孔径及加工精度，标准铰刀有 4~12 齿。齿数过多，刀具的制造和刃磨较困难，在刀具直径一定时，刀齿的强度会降低，容屑空间小，由此造成切屑堵塞和划伤孔壁甚至蹦刃；齿数过少，则铰孔时的稳定性差，刀齿的切削负荷增大，且容易产生几何误差。铰刀齿数可参照表 1-19 选择。

表 1-19　铰刀齿数选择

铰刀直径/mm		1.5~3	3~14	14~40	>40
齿数	一般加工精度	4	4	6	8
	高加工精度	—	6	8	10~12

5. 铰刀材料的确定

铰刀材料通常是高速钢、钴合金或带焊接硬质合金刀尖的硬质合金刀具。硬质合金铰刀耐磨性较好；高速钢铰刀较经济实用，但耐磨性较差。

6. 铰孔时切削液的选择

铰孔时切削液的选择见表 1-20。

表 1-20　铰孔时切削液的选择

加工材料	切削液
钢	1. 10%~20%乳化液 2. 铰孔要求高时，可采用 30%菜油加 70%肥皂水 3. 铰孔要求更高时，可采用茶油、柴油、猪油等
铸铁	1. 煤油(但会引起孔径缩小，最大收缩量 0.02~0.4mm) 2. 低浓度乳化液 3. 也可以不用
铝	煤油
铜	乳化液

第六节　攻螺纹和套螺纹

【本节要点】

✧ 攻螺纹和套螺纹工具的选用。

✧ 攻螺纹和套螺纹的正确操作方法。

✧ 常用的三角形螺纹零件，除采用机械加工外，还可以用钳工攻螺纹和套螺纹的方法获得。

一、攻螺纹

攻螺纹是用丝锥加工出内螺纹。

1. 丝锥

(1) 丝锥的结构　丝锥是加工小直径内螺纹的成形工具，由切削部分、校准部分和柄部组成，如图 1-65 所示。切削部分磨出锥角，以便将切削负荷分配在几个刀齿上。校准部分有完整的齿形，用于校准已切出的螺纹，并引导丝锥沿轴向运动。柄部有方榫，便于传递转矩。丝锥切削部分和校准部分一般沿轴向开有 3~4 条容屑槽以容纳切屑，并形成切削刃和前角 γ，切削部分的锥面上铲磨出后角 α。为了减少丝锥的校准部分对零件材料的摩擦和挤压，它的外径和中径均有倒锥度。

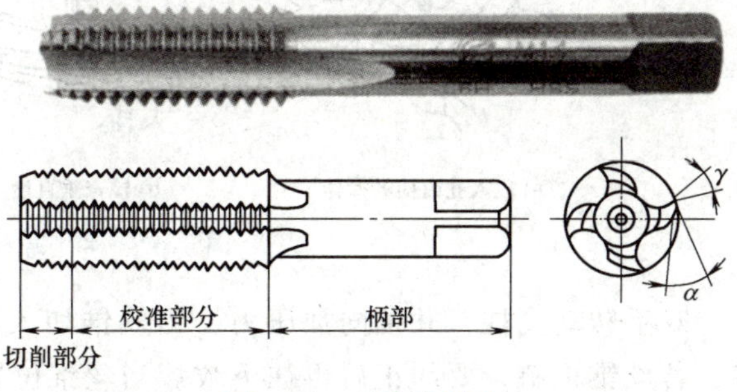

图 1-65　丝锥的结构

(2) 成组丝锥　由于螺纹的精度、螺距大小不同，丝锥一般为 1 支、2 支、3 支成组使用。使用成组丝锥攻螺纹孔时，要顺序使用来完成螺纹孔的加工。

（3）丝锥的材料　丝锥常用高碳优质工具钢或高速钢制造，手用丝锥一般用 T12A 或 9SiCr 制造。

2. 手用丝锥铰杠

手用丝锥铰杠是扳转丝锥的工具，如图 1-66 所示。常用的铰杠有固定式和可调节式，以便夹持各种不同尺寸的丝锥。

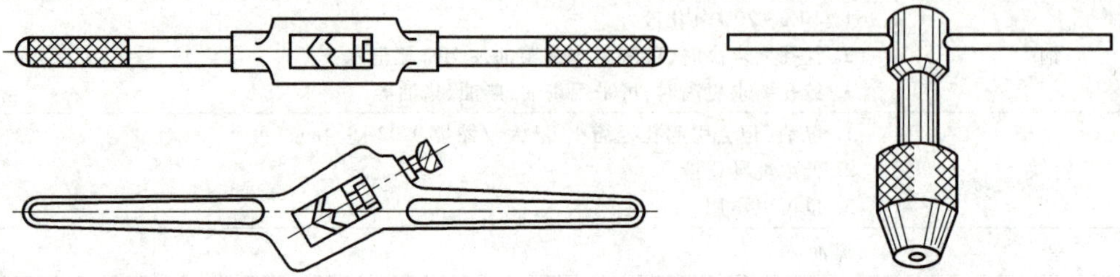

图 1-66　手用丝锥铰杠

3. 攻螺纹方法

1）攻螺纹前的孔径 d（钻头直径）应略大于螺纹底径。其选用丝锥尺寸可查表，也可按以下经验公式计算。

对于攻普通螺纹，加工钢料及塑性金属时

$$d=D-P$$

加工铸铁及脆性金属时

$$d=D-1.1P$$

式中　D——螺纹大径（mm）；

P——螺距（mm）。

若孔为盲孔，由于丝锥不能攻到底，所以钻孔深度要大于螺纹长度，其尺寸计算公式为

$$孔的深度=螺纹长度+0.7D$$

2）手工攻螺纹的方法如图 1-67 所示。

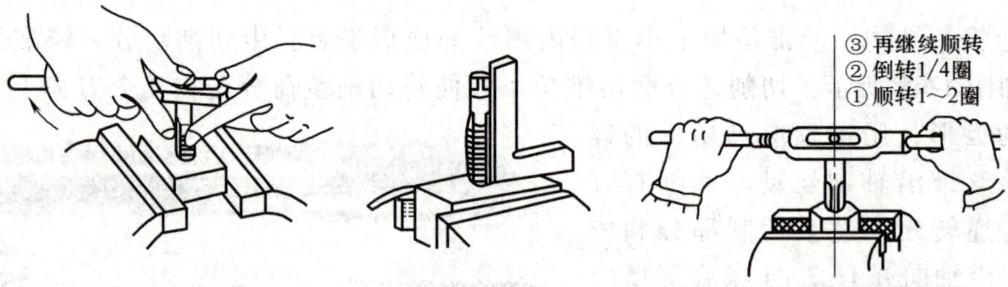

图 1-67　手工攻螺纹的方法

双手转动铰杠，并轴向加压力，当丝锥切入零件 1~2 牙时，用直角尺检查丝锥是否歪斜，若丝锥歪斜，要纠正后再往下攻。当丝锥位置与螺纹底孔端面垂直后，轴向就不再加压力。两手均匀用力，为避免切屑堵塞，要经常倒转 1/4~1/2 圈，以断屑。头锥、二锥应依次攻入。攻铸铁材料螺纹时加煤油而不加切削液；攻钢件材料螺纹时加切削液，以保证螺纹的表面粗糙度要求。

二、套螺纹

套螺纹是用板牙在圆杆上加工出外螺纹。

1. 套螺纹的工具

（1）圆板牙　圆板牙是加工外螺纹的工具，如图 1-68 所示，其形状与圆螺母相似。圆板牙上钻有几个屑孔并形成切削刃。圆板牙两端带 2ϕ 的锥角部分是切削部分，它是铲磨出来的阿基米德螺旋面，有一定的后角。中间一段是校准部分，也是套螺纹时的导向部分。圆板牙一端的切削部分磨损后可掉头使用。

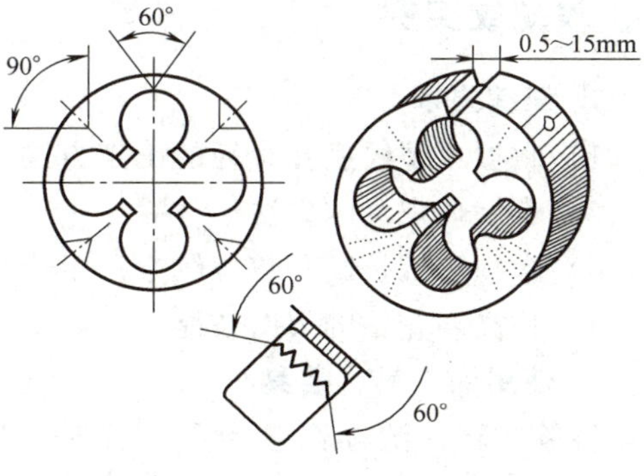

图 1-68　圆板牙

用圆板牙套螺纹的精度比较低，可用它加工公差带为 8g、表面粗糙度 Ra 值为 3. 2~6. 3μm 的螺纹。圆板牙一般用合金工具钢 9SiCr 或高速钢 W18Cr4V 制造。

（2）圆锥管螺纹板牙　圆锥管螺纹板牙的基本结构与普通圆板牙一样，因为管螺纹有锥度，所以只在单面制成切削锥。这种板牙所有切削刃都参加切削，板牙在零件上的切削长度影响圆锥管与相配件的配合尺寸，套螺纹时要用相配件旋入圆锥管来检查是否满足配合要求。

（3）铰杠　手工套螺纹时需要用圆板牙铰杠，如图 1-69 所示。

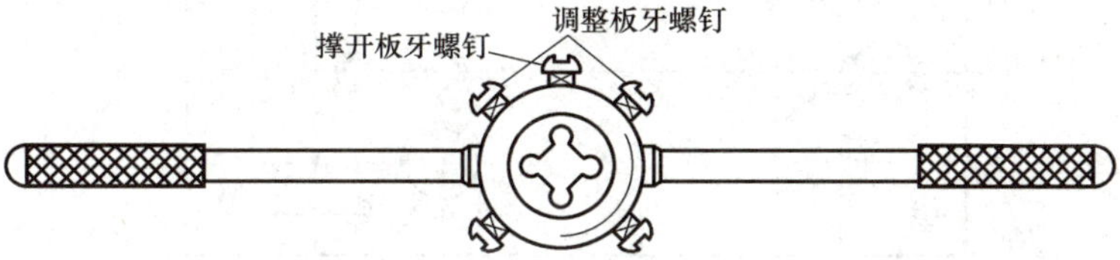

图 1-69　圆板牙铰杠

2. 套螺纹方法

（1）套螺纹前零件直径的确定　确定螺杆的直径可直接查表，也可按螺杆直径 $d_0=d-0.13P$ 的经验公式计算。其中，d 为螺纹外径，P 为螺距。

螺杆端部要合成与轴线成 15°~20°锥台，锥台的最小直径可略小于螺纹小径，使套出的螺纹端部不会出现“锋口”和“卷边”。

（2）套螺纹操作　套螺纹方法如图 1-70 所示，将板牙套在圆杆头部倒角处，并保持板牙与圆杆垂直，右手握住铰杠的中间部分，加适当压力，左手将铰杠的手柄沿顺时针方向转动。在板牙切入圆杆 2~3 牙时，应检查板牙是否歪斜，若发现歪斜，应纠正后再套；若板牙位置正确，往下套时就不再加压力。套螺纹和攻螺纹一样，应经常倒转以切断切屑。套螺纹时应加切削液，以保证螺纹的表面粗糙度要求。

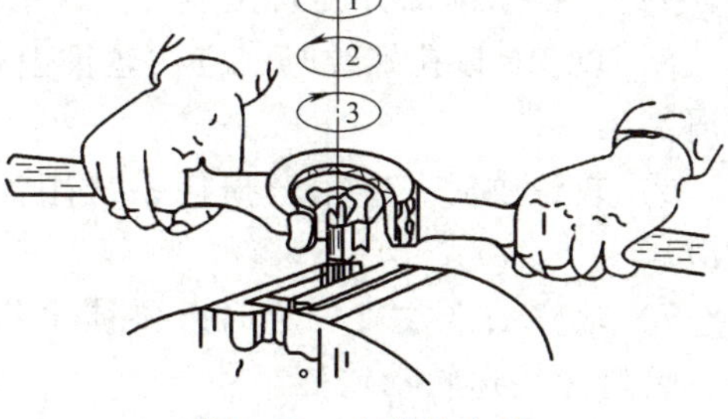

图 1-70　套螺纹方法

三、攻螺纹实例

1. 训练要求

1）掌握攻螺纹底孔直径的确定方法。

2）掌握攻螺纹的方法。

3）掌握丝锥折断和攻螺纹中产生废品的原因和防止方法。

4）提高麻花钻的刃磨技能。

2. 使用的工具、量具

检验方箱、游标高度卡尺、样冲、麻花钻、90°圆锥锪钻、直角尺、钢直尺、丝锥、铰杠。

3. 工件图样

攻 M20 以下螺纹，如图 1-71 所示。

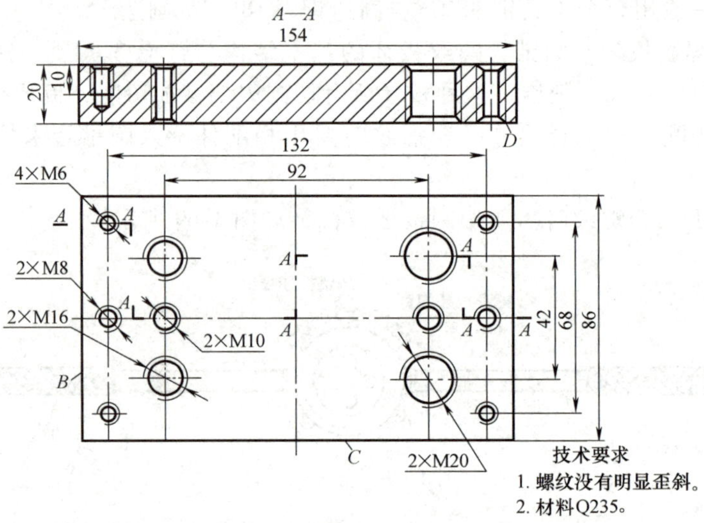

图 1-71 攻螺纹

4. 参考步骤

1）螺纹底孔直径要倒角，通孔倒两端，倒角直径要稍大于螺纹直径。

2）工件的装夹位置要正确，使上、下两面处于水平位置。

3）开始攻螺纹时，要尽量把丝锥放正，然后对丝锥施加轴向压力，并转动铰杠。

4）丝锥切削部分旋入孔中后，就不要再施加轴向力，而是靠丝锥旋进切削。

5）攻 M6 盲孔螺纹时，应在丝锥上做好深度标记，并适当退出丝锥，清除留在孔内的切屑。

6）攻螺纹时，应用全损耗系统用油或浓度大的乳化液（攻铸铁螺纹时用煤油）冷却润滑。

7）攻完头锥改攻二锥时，要徒手将丝锥旋入已攻过的螺孔中，再套上铰杠攻，退出时，要避免快速转动铰杠。

8）铰杠的长短和所攻螺纹的规格应相适应，不准攻小规格螺纹而选用长铰杠。

9）丝锥用完后，应用防锈油将其擦拭干净，妥善保管。

10）攻螺纹时常会出现螺纹烂牙、滑牙、螺纹歪斜、螺纹高度不够、丝锥崩牙或折断的问题，要会分析产生的原因，掌握相应处理方法。

11）严格执行企业安全文明生产规定，做到工作场地整洁，工具、工件、量具摆放整齐。

攻螺纹评分表见表 1-21。

表 1-21　攻螺纹评分表

序号	项目	考核要求	配分	评分标准	检测结果	得分
1	4×M6	1）螺纹轴线不能有明显的偏斜 2）不能烂牙 3）不能滑牙 4）螺纹表面粗糙度值 $Ra\leqslant25\mu m$	90	1）螺纹轴线有明显的偏斜不得分 2）烂牙不得分 3）滑牙不得分 4）螺纹表面粗糙度超差不得分		
2	2×M8					
3	2×M10					
4	2×M16					
5	2×M20					
6	安全文明生产	遵守安全操作规程，正确使用工、量具，操作现场整洁	10	按达到规定的标准程度评定，一项不符合要求从总分中扣去 2~5 分，总扣分不得超过 10 分		
		安全用电、防火，无人身、设备事故		因违规操作发生重大人身事故或设备故障者，总分按零分计		
	总分		100			

第七节　装　　配

【本节要点】

✧ 装配的作用及过程。
✧ 常用的装配方法。
✧ 常用典型螺纹连接，轴承、齿轮等的装配。

装配是机器制造中的最后一道工序，因此，它是保证机器达到各项技术要求的关键。装配工作的好坏，对产品质量起着决定性的作用。装配是钳工中一项非常重要的工作。

一、装配概述

按照规定的技术要求，将零件组装成机器，并经过调整、试验，使之成为合格产品的工艺过程称为装配。

1. 装配类型与装配过程

（1）装配类型　装配类型一般可分为组件装配、部件装配和总装配。

组件装配是将两个以上的零件连接组合成为组件的过程，例如，曲轴、齿轮等零件组成的一根传动轴系的装配。

部件装配是将组件、零件连接组合成独立机构（部件）的过程，例如，车床主轴箱、进给箱等的装配。

总装配是将部件、组件和零件连接组合成为整台机器的过程。

（2）装配过程　机器的装配过程一般由三个阶段组成：一是装配前的准备阶段，二是装配阶段（部件装配和总装配），三是调整、检验和试车阶段。

装配过程一般是先下后上，先内后外，先难后易，先装配保证机器精度的部分，后装配一般部分。

2. 零、部件连接形式

组成机器的零、部件的连接形式很多，基本上可归纳成两类：固定连接和活动连接。每类连接中，按照零件结合后能否拆卸又分为可拆连接和不可拆连接。机器零、部件连接形式见表 1-22。

表 1-22　机器零、部件连接形式

固定连接		活动连接	
可拆连接	不可拆连接	可拆连接	不可拆连接
螺纹连接、键连接、销连接等	铆接、焊接、压合、胶接等	轴与轴承连接、丝杠与螺母连接、柱塞与套筒连接等	活动连接的铆合接头

3. 装配方法

（1）完全互换法　装配时，在各类零件中任意取出要装配的零件，不需任何修配就可以装配，并能完全符合质量要求。其装配精度由零件的制造精度保证。

（2）选配法（不完全互换法）　按选配法装配的零件，在设计时其制造公差可适当放大。装配前，按照严格的尺寸范围将零件分成若干组，然后将对应的各组配合件装配在一起，以达到所要求的装配精度。

（3）修配法　当装配精度要求较高，采用完全互换不够经济时，常用修正某个配合零件的方法来达到规定的装配精度。例如，车床两顶尖不等高，装配时可刮尾座底座来达到精度要求。

（4）调整法　调整法比修配法方便，也能达到很高的装配精度，在大批生产或单件生产中都可采用此法。但调整法增设了调整用的零件，会使部件结构显得复杂，且降低了部件刚性。

4. 装配前的准备工作

装配是机器制造的重要阶段，装配质量的好坏对机器的性能和使用寿命影响很大。装配不良的机器，其性能降低，消耗的功率增加，使用寿命减短。因此，装配前必须认真做好以下几点准备工作。

1）研究和熟悉产品图样，了解产品结构以及零件作用和相互连接关系，掌握其技术要求。

2）确定装配方法、程序和所需的工具。

3）备齐零件，并进行清洗、涂防护润滑油。

二、典型连接件装配方法

装配的形式很多，下面着重介绍螺纹、滚动轴承和齿轮等典型连接件的装配方法。

1. 螺纹连接

如图 1-72 所示，螺纹连接常用零件有螺钉、螺母、双头螺栓及各种专用螺纹等。螺纹连接是现代机械制造中用得最广泛的一种连接形式，它具有紧固可靠、装拆简便、调整和更换方便、宜于多次拆装等优点。

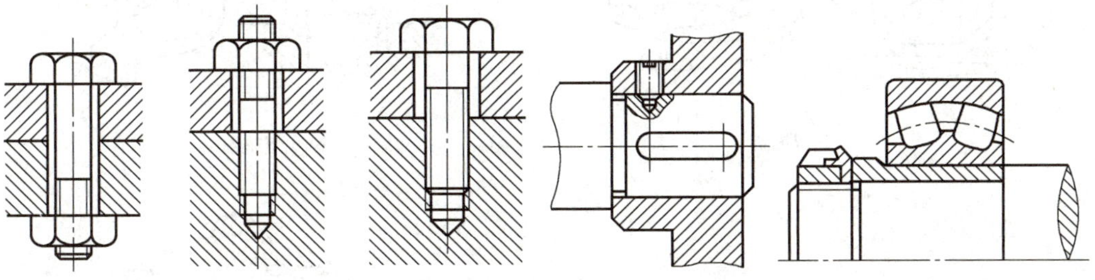

a) 螺栓连接　b) 双头螺栓连接　c) 螺钉连接　d) 螺钉固定连接　e) 圆螺母固定连接

图 1-72　常见的螺纹连接类型

对于一般的螺纹连接可用普通扳手拧紧；而对于有规定预紧力要求的螺纹连接，为了保证规定的预紧力，常用测力扳手或其他限力扳手以控制扭矩，如图 1-73 所示。

在紧固成组螺钉、螺母时，为使紧固件的配合面上受力均匀，应按一定的顺序拧紧。图 1-74 所示为两种成组螺母的拧紧顺序，按图中数字顺序拧紧，可避免被连接件的偏斜、翘曲和受力不均。拧紧过程中每个螺钉或螺母不能一次就完全拧紧，应按顺序分 2~3 次才全部拧紧。

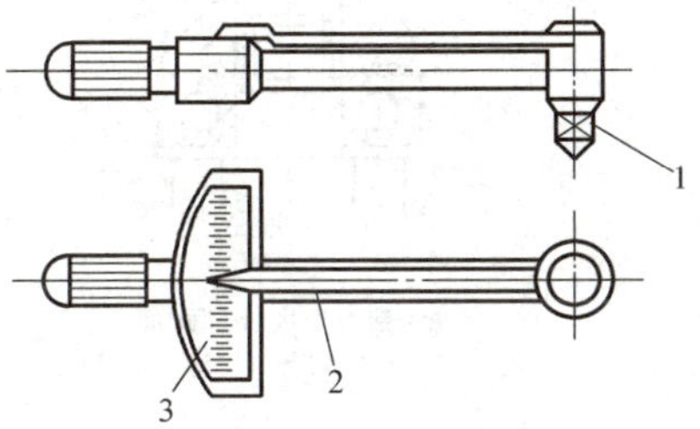

图 1-73　测力扳手

1—扳手头　2—指示针　3—读数板

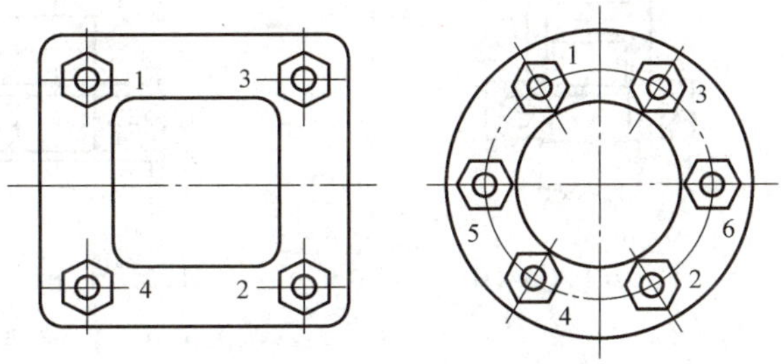

图 1-74　两种成组螺母的拧紧顺序

零件与螺母的贴合面应平整光洁，否则螺纹容易松动。为提高贴合面质量，可加垫圈。在交变载荷和振动条件下工作的螺纹连接，有逐渐自动松开的可能。为防止螺纹连接的松动，可用弹簧垫圈、止退垫圈、开口销和止动螺钉等防松装置，如图 1-75 所示。

2. 滚动轴承的装配

滚动轴承的配合多数为较小的过盈配合，常用锤子或压力机采用压入法装配，为了使轴承圈受力均匀，可采用垫套加压。轴承压到轴颈上时应施力于内圈端面，如图 1-76a 所示；轴承压到座孔中时，要施力于外环端面上，如图 1-76b 所示；若同时压到轴颈和座孔中时，整套应能同时对轴承内外环端面施力，如图 1-76c 所示。

当轴承的装配是较大的过盈配合时，应采用加热装配，即将轴承吊在 80~90℃ 的热油中加热，使轴承膨胀后趁热装入。注意，轴承不能与油槽底接触，以防过热。如果是装入座孔的轴承，需将轴承冷却后装入。轴承安装后要检查滚珠是否被咬住，以及是否有合理的间隙。

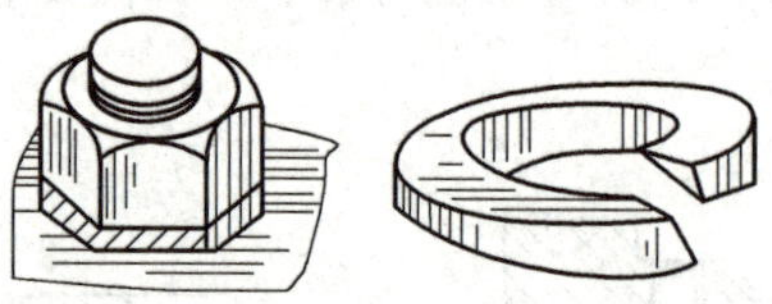

a) 弹簧垫圈

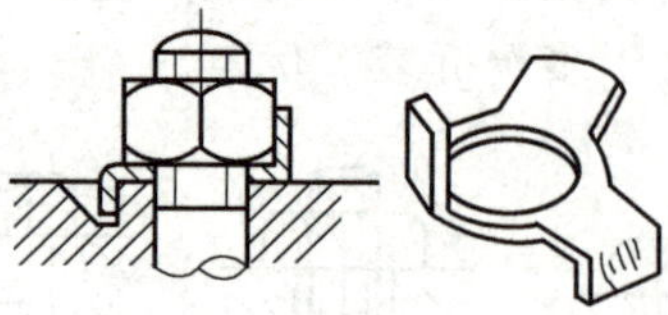

b) 止退垫圈

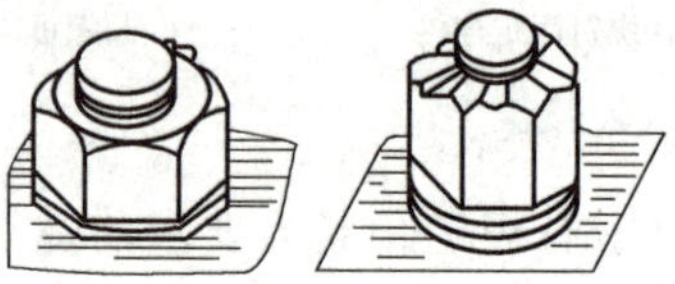

c) 开口销

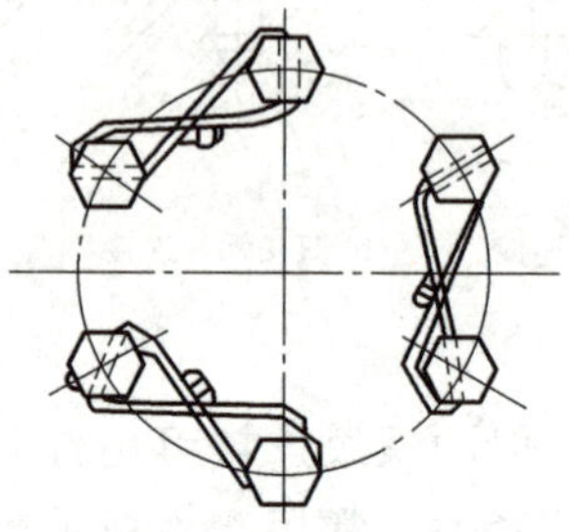

d) 止动螺钉

图 1-75 各种螺母防松装置

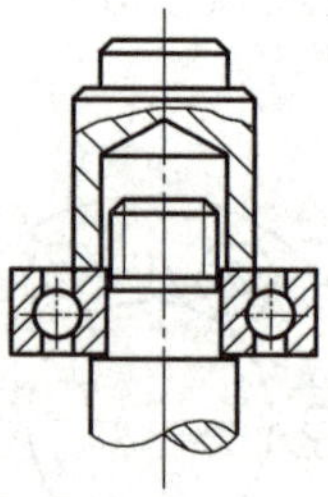

a) 施力于内圈端面

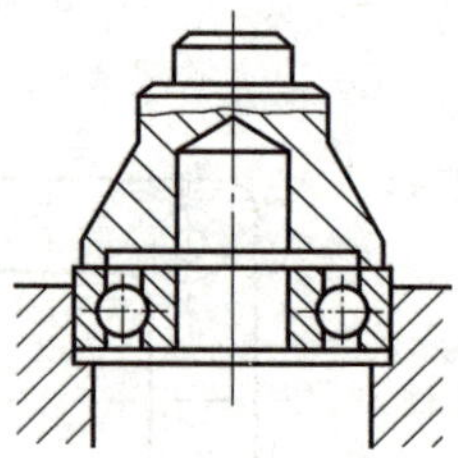

b) 施力于外环端面

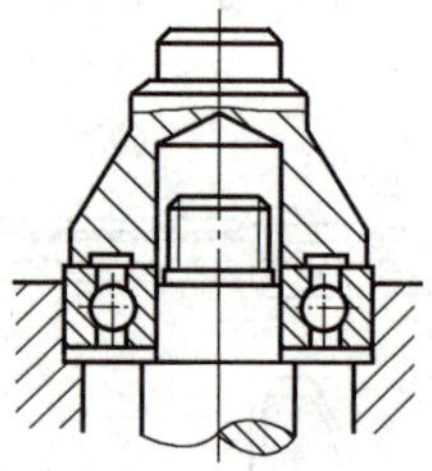

c) 施力于内外环端面

图 1-76 滚动轴承的装配

3. 齿轮的装配

齿轮装配的主要技术要求是保证齿轮传递运动的准确性、平稳性，轮齿表面接触斑点和齿侧间隙合乎要求等。

轮齿表面接触斑点可用涂色法检验。先在主动轮的工作齿面上涂上红丹，使相啮合的齿轮在轻微制动下运转，然后观察从动轮啮合齿面上接触斑点的位置和大小，如图 1-77 所示。

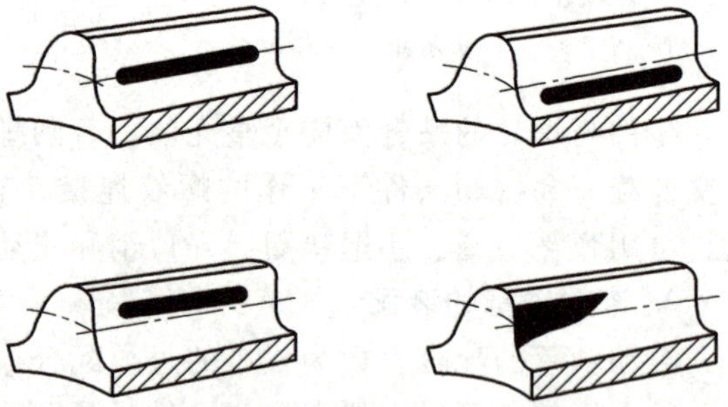

图 1-77 用涂色法检验轮齿表面接触斑点

齿侧间隙一般可用塞尺插入齿侧间隙中检查。塞尺是一套厚薄不同的钢片，每片的厚度都标在其表面上。

三、部件装配和总装配

完成整台机器装配，必须经过部件装配和总装配过程。

1. 部件装配

部件装配通常是在装配车间的各个工段（或小组）进行的。部件装配是总装配的基础，这一工序进行得好与坏，会直接影响到总装配和产品的质量。

部件装配的过程包括以下四个阶段。

1）装配前按图样检查零件的加工情况，根据需要进行补充加工。

2）组合件的装配和零件相互试配。在这个阶段内可用选配法或修配法来消除各种配合缺陷。组合件装好后不再分开，以便一起装入部件内。互相试配的零件，当缺陷消除后，仍要加以分开（因为它们不是属于同一个组合件），分开后必须做好标记，以便重新装配时不会调错。

3）部件的装配及调整，即按一定的次序将所有的组合件及零件互相连接起来，同时对某些零件通过调整正确地加以定位。通过这一阶段，对部件所提出的技术要求都应达到。

4）部件的检验，即根据部件的专门用途做工作检验。如水泵要检验每分钟出水量及水头高度；齿轮箱要进行空载检验及负荷检验；有密封性要求的部件要进行水压（或气压）检验；高速转动部件还要进行动平衡检验等。只有通过检验确定合格的部件，才能进行总装配。

2. 总装配

总装配就是把预先装好的部件、组合件、其他零件，以及从市场采购来的配套装置或功能部件装配成机器。总装配过程及注意事项如下：

1）总装配前，必须了解所装机器的用途、构造、工作原理以及与此有关的技术要求。接着确定它的装配程序和必须检查的项目，最后对总装配后的机器进行检查、调整、试验，直至机器合格。

2）总装配执行装配工艺规程所规定的操作步骤，采用工艺规程所规定的装配工具。应按从里到外、从下到上，以不影响下道装配工序为原则的次序进行。操作中不能损伤零件的精度和表面粗糙度，对重要的、复杂的部分要反复检查，以免搞错或多装、漏装零件。在任何情况下都应保证污物不进入机器的部件、组合件或零件内。机器总装配后，要在滑动和旋转部分加润滑油，以防运转时出现拉毛、咬住或烧损现象。最后要严格按照技术要求，逐项进行检查。

3）装配好的机器必须加以调整和检验。调整的目的在于查明机器各部分的相互作用及各个机构工作的协调性。检验的目的是确定机器工作的正确性和可靠性，发现由于零件制造的质量、装配或调整的质量问题所造成的缺陷。小的缺陷可以在检验台上加以消除；大的缺陷应将机器送到原装配处返修。修理后再进行第二次检验，直至检验合格为止。

4）检验结束后应对机器进行清洗，随后送修饰部门上防锈漆、涂装。

四、平口钳装配实例

1. 装配图样

平口钳装配图样如图 1-78 所示。

2. 使用的刀具、量具和辅助工具

直角刮研模板、百分表、等高垫铁、装配工具等。

3. 装配的技术要求

1）固定钳身上导轨的下滑面及底平面、底盘上表面和下表面的平行度误差小于

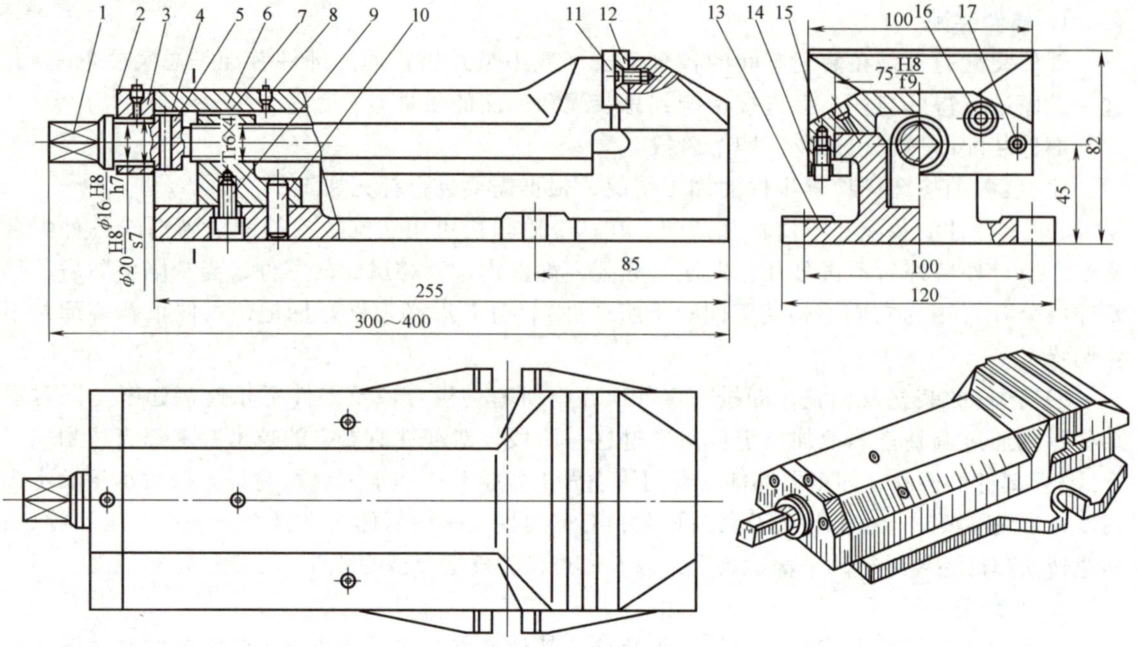

图 1-78　平口钳装配图样

1—螺杆　2—轴衬　3—挡板　4—锥销（$\phi4\times25$）　5—挡圈　6—活动钳身　7—螺母
8—油杯　9—螺钉（M8×6）　10—锥销（$\phi8\times28$）　11—螺钉（M6×12）　12—钳口板
13—钳座　14—压板　15—螺钉（M6×16）　16—螺钉（M8×20）　17—锥销（$\phi6\times25$）

0.01mm，表面粗糙度值 $Ra<6.3\mu m$。导轨两侧面平行度误差小于 0.01mm，表面粗糙度值 $Ra<1.6\mu m$。

2）活动钳身上凹面表面粗糙度值 $Ra<1.6\mu m$。活动钳身两侧面表面粗糙度值 $Ra<3.2\mu m$。

3）两钳口装配后的间隙要求达 0.02mm。

4）零件和组件必须按装配图要求安装在规定的位置，各轴线之间应该有正确的相对位置。

5）固定连接件（螺钉、螺母等）必须保证零件或组件牢固地连接在一起。

6）活动钳身与滑板装配后滑动要轻快、无松动感。

4. 参考步骤

平口钳在装配时，带有一定的加工工作量，即固定钳身及活动钳身的刮削工作，所以在装配前先要做此工作。

（1）刮削固定钳身　使用直角刮研模板，刮削要求是每 25mm×25mm 面积上有 16~18 研点。然后以上平面为基准，刮导轨下滑面及底平面，达到平行度误差小于 0.01mm，在每 25mm×25mm 面积上有 6~8 研点即可。再刮导轨两侧面，达到相互平行度误差小于 0.01mm（只许钳口处大），在每 25mm×25mm 面积上有 12~16 研点。

（2）底盘加工　刮研底盘上、下表面，达到研点和平行度误差要求后，安装定位块，可用等高垫铁和百分表测量，达到定位块与孔的对称度要求即可。

（3）活动钳身加工和配刮

1）检查来料尺寸，进行倒角、倒棱。

2）按尺寸划线，钻铰 $\phi3\sim\phi6$ 油杯孔。

3）与压板配钻 M6 螺孔，要求压板与活动钳身外形平齐。

4）按图开油槽。

5）用刮研模板刮研凹面，达到每 25mm×25mm 面积上有 12~16 研点。

6）刮研活动钳身两侧面，达到配入钳座内滑动轻便均匀，用 0.04mm 塞尺在端部检查，其塞入深度不超过 10mm，且要求接触点在每 25mm×25mm 面积上有 8~12 研点。

（4）试装　以钳口铁、滑板配作各连接孔，试装活动钳身与滑板，达到滑动轻快，无向上或左右的松动感。试装钳口铁，以一块钳口铁为基准，修整另一块钳口铁与钳身的接触面，达到两钳口铁装配后的间隙要求。

（5）装配的顺序　以上准备工作做好后，可以进入总装配，其顺序为：装传动螺母→装螺杆→装活动钳身→装滑板→装垫圈→装钳口铁→将钳口铁重合配作挡圈锥销孔。装入锥销→摇动螺杆，达到活动钳身滑动轻快→精修两钳口间隙，达到活动钳身移动任意位置时两钳口保持平行→全部拆卸清洗、涂油后，再重新组装→以定位块为基准靠紧工作台 T 形槽内一侧，用百分表找正钳口铁，打零线。

平口钳装配顺序如图 1-79 所示。

装配结束后，整理并擦干净工具和量具，然后清洁装配平台和场地。

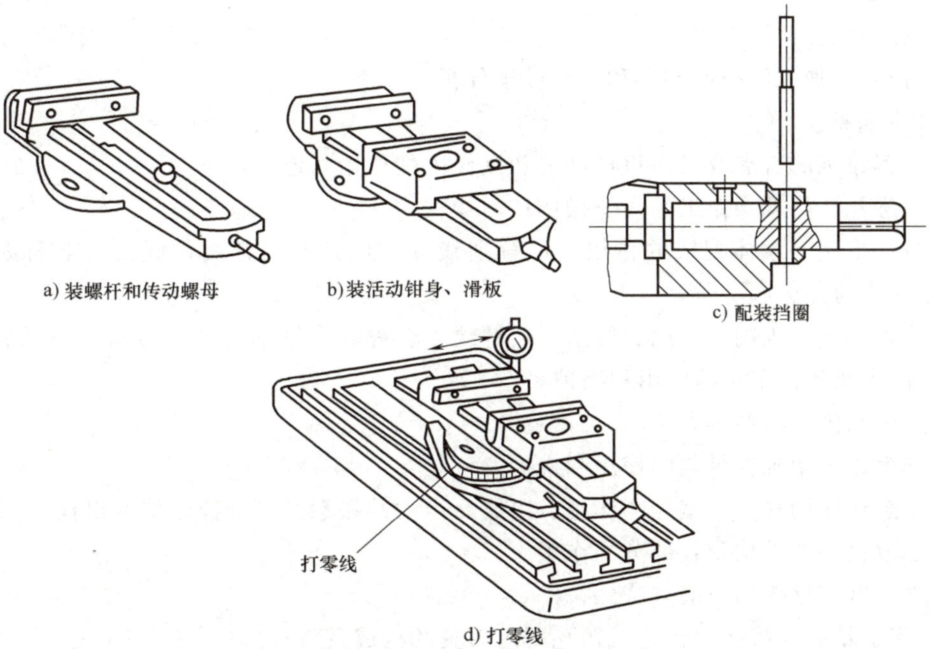

图 1-79　平口钳装配顺序

第八节　钳 工 实 训

一、钳工实训的基本内容

1. 实训的目的和作用

钳工是主要依靠手工工具对金属进行切削的一个重要工种。学生通过对钳工的实训可以掌握一些基本的手工加工方法、模具修磨等钳工工艺、钻床的使用方法及简单的装配工艺和装配方法。增加学生对手工加工金属的感性认识，并能根据图样利用钳工知识加工出工件。

2. 实训教学内容

1）钳工安全操作规程。

2）钳工工作特点及作用，钳工工作在机械制造及维修中的作用。

3）划线的基本知识和方法，包括划线基准和常用工具、量具等。

4）平面及立体划线的方法和步骤。

5）锯削的基本知识和方法，包括锯条锯削的方法等。

6）錾削和锉削的基本知识和方法，包括錾子和锉刀的使用等。

7）钻床的种类及型号、基本构成及特点，以及麻花钻的结构。

8）钻孔、扩孔、锪孔和铰孔的加工特点，相互联系及区别；与麻花钻相对照，扩孔的特点。

9）板牙的结构和套螺纹的操作方法，丝锥的结构和攻螺纹的操作方法，底孔直径、圆杆直径的确定。

10）孔加工安全操作规程。

11）作业件加工的技术要求和工艺过程分析。

3. 实训目标

1）了解钳工的特点及其在机械制造和维修中的作用和地位。

2）熟悉并严格遵守钳工的安全操作技术规程。

3）掌握平面、立体划线的作用，了解划线基准的选择，常用划线工具名称及使用方法，立体划线的方法和步骤。

4）了解划线、锯削、錾削、锉削、攻螺纹、套螺纹、钻削等加工方法各自的特点，掌握其基本操作及各自工具的使用和维护。

5）了解刮削和研磨等方法。

6）熟悉钳工中各种量具的使用和维护。

7）了解钻床的种类、编号、作用、组成、运动并熟悉其安全操作技术规程。

8）了解钻头的结构及各部分的作用。

9）掌握常用钻头的刃磨方法。

10）了解钻孔、扩孔、锪孔、铰孔所用刀具的构成及特点。

11）丝锥、板牙的特点及使用方法。

12）掌握钻削和攻螺纹、套螺纹的操作方法。

13）掌握机械部件（或机器）装配的基本知识。

14）进行錾削、锯削、锉削、攻螺纹、套螺纹、钻削操作实习，正确使用各种工具、量具和刃具并完成各种作业工件的制作。

二、钳工实训案例

钳工实训案例如图 1-80 和图 1-81 所示。

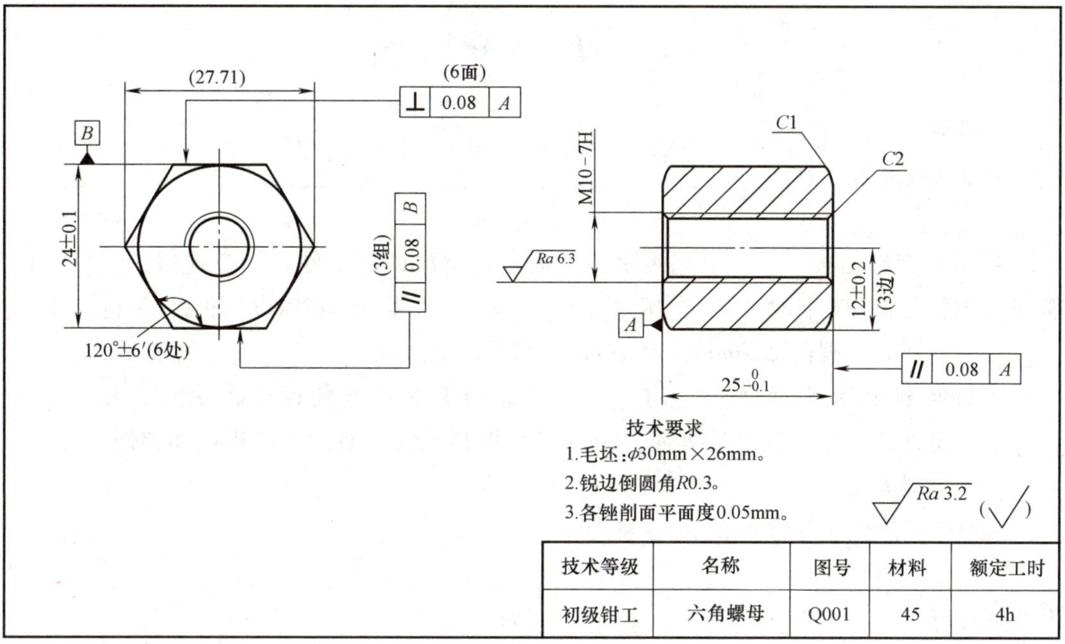

图 1-80　钳工实训案例一

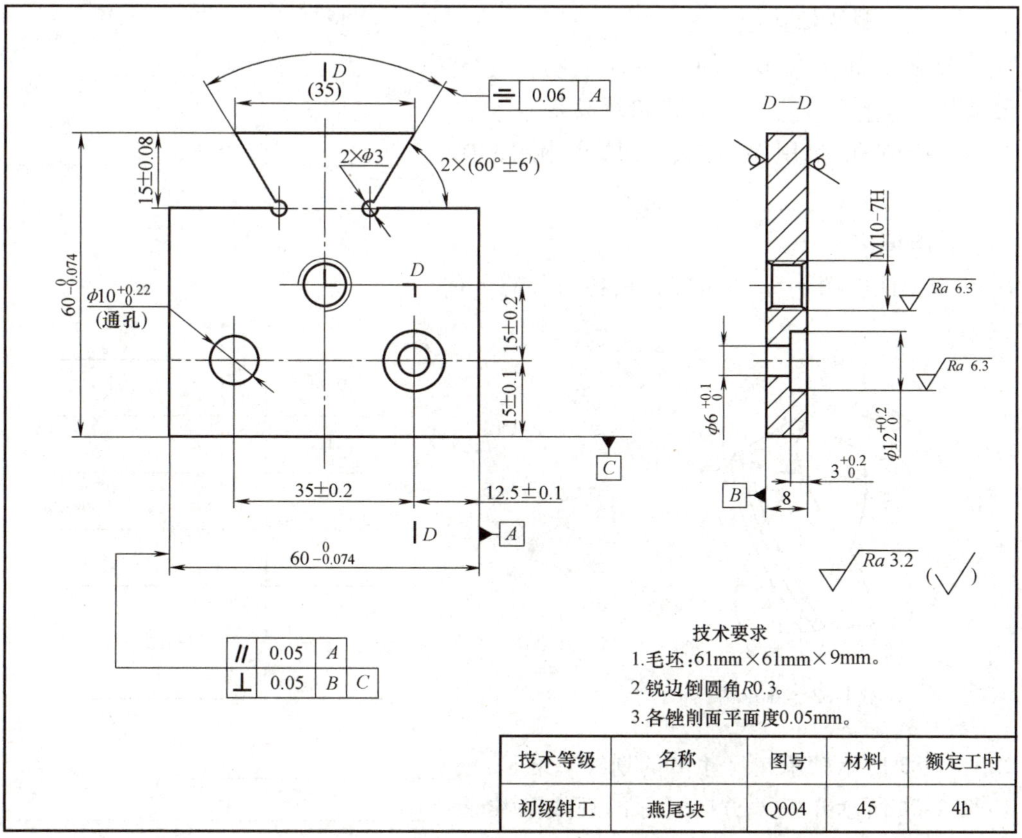

图 1-81　钳工实训案例二

习　　题

一、填空。

1. 钳工的基本操作有________、________、________、________、________、________、________、________等。

2. 锯齿的粗细是按________来表示的。锯削软材料或厚工件时，应选用________锯条。锯削硬材料或薄工件时，应选用________锯条。锯削 ϕ20mm 的铝棒料，应选用____________锯条，锯削 ϕ20mm、厚 1mm 的钢管，应选用____________锯条。

3. 开始粗锉较大平面时，应用________锉削方法；锉削锤子的表面，精锉时应用________锉削方法；锉削锤子的表面，最后用来提高工件表面的光滑程度和整修尺寸时，应用________锉削方法。

4. 钳工工作场地内常用的设备有__________、__________、__________、________、________，工具有________、________、________、________、________、________。钳工常用的量具有________、________、________等。

5. 常用的钻床有______________钻床、______________钻床和______________钻床；小型工件上直径小于 12mm 的孔多在____________钻床上加工。你实训操作的钻床是____________，型号是____________。

6. 在钻床上加工孔常用的刀具有____________、____________、____________。钻床的主运动是________________，进给运动是________________。

7. 钳工钻孔常用的装夹工件的附件有________________、________________、________________、________________。

二、看图填空。

1. 在表中注明图 1-82 所示麻花钻各部分的名称。

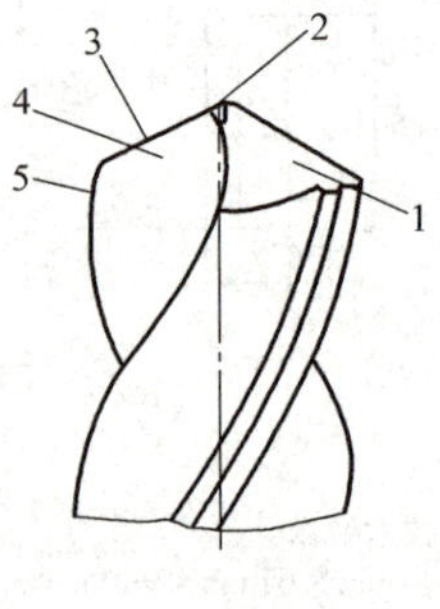

图 1-82　麻花钻

序号	名　称
1	
2	
3	
4	
5	

2. 图 1-83 所示轴承座尺寸 Y 的划线基准是：____________________。

3. 图 1-84 所示样板 X 方向尺寸的划线基准是：______________________________；样板 Y 方向尺寸的划线基准是：____________________。

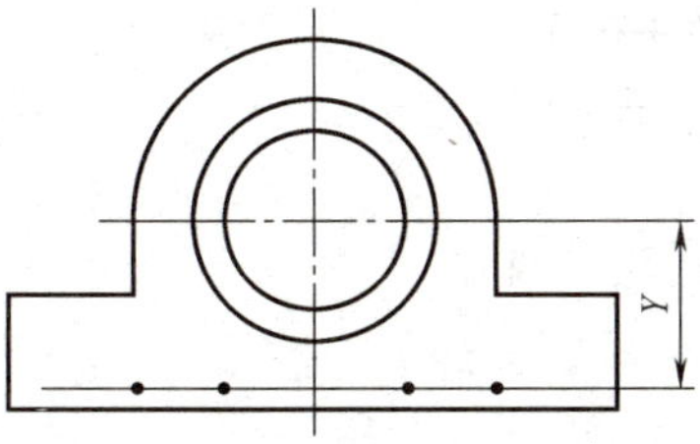

图 1-83　轴承座

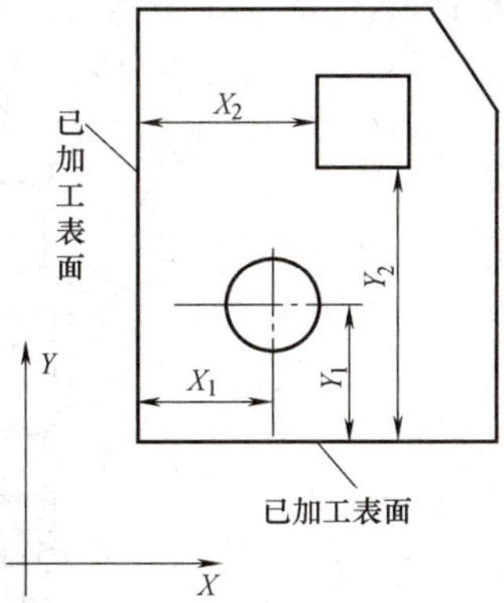

图 1-84　样板

三、现要锉削下列零件上有阴影的表面，试选择合适的锉刀和锉削方法。

示例 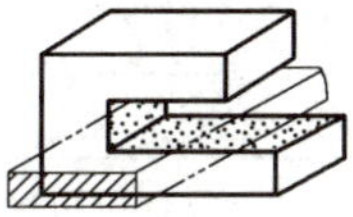	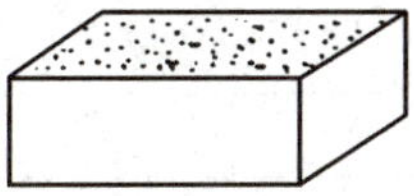	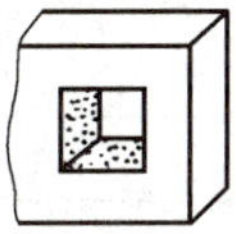	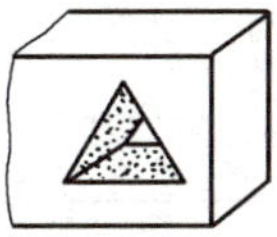
扁锉			
顺锉法			
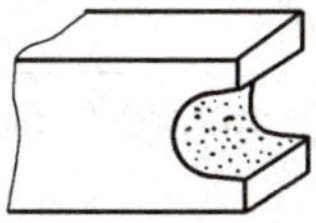	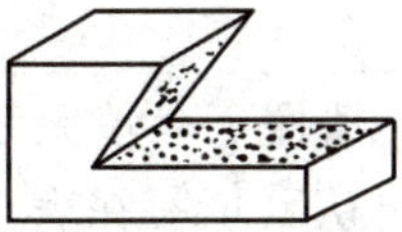	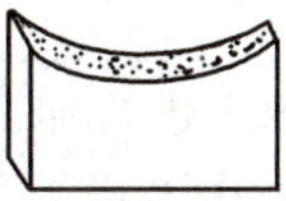	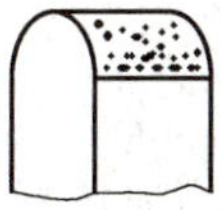

四、攻螺纹是用______加工________的操作，套螺纹是用______加工________的操作。说出下列螺纹的螺距，并算出其攻螺纹前的螺纹底孔直径。

螺纹规格	材料	螺距	螺纹底孔直径
M10	HT200		
M8	45 钢		

五、试比较麻花钻、扩孔钻、铰刀的结构和加工特点。

比较内容	刀具种类		
	麻花钻	扩孔钻	铰刀
刀齿数			
排屑槽的深度			
相同尺寸刀具的心部粗细			
刀具刚度			
背吃刀量范围			
加工孔的尺寸公差等级			
加工孔的表面粗糙度 *Ra* 值			

六、根据图 1-85 写出钻床各组成部分的名称，并简要说明其作用。

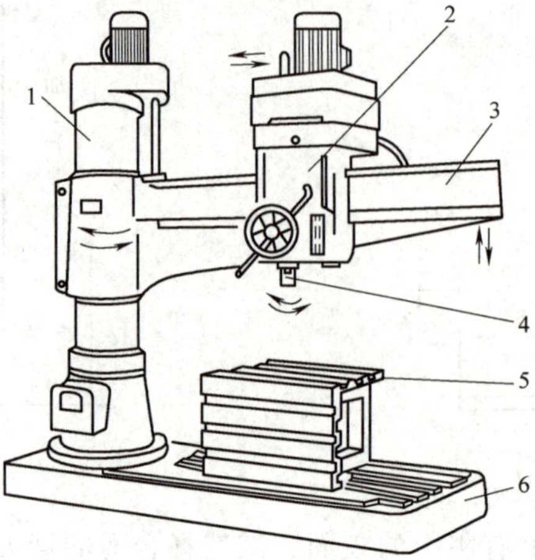

图 1-85　钻床

1. ______
2. ______
3. ______
4. ______
5. ______
6. ______

七、要求对下图所示轴承座进行加工前划线，请按下表填完划线步骤，并在操作内容栏内说明如何选择划线基准（操作内容编写好后，再认真填写在表里面）。

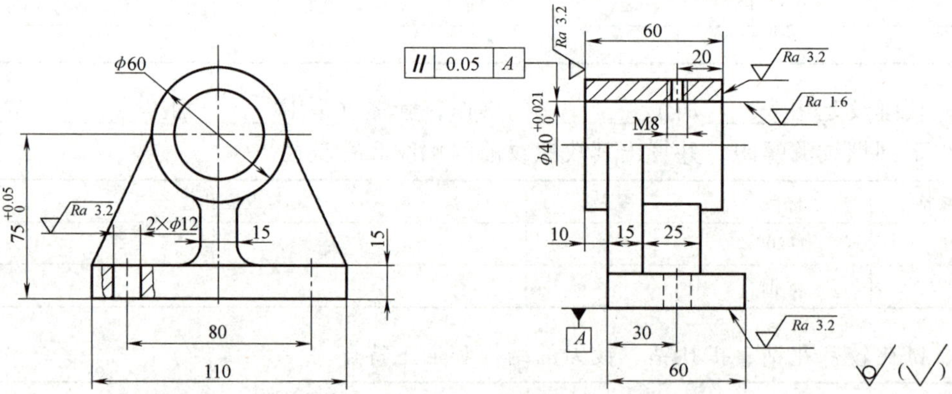

<table>
<tr><td>图号</td><td>JX-Q-0010</td><td>零件名称</td><td>轴承座</td><td>工件材料</td><td>HT200</td></tr>
<tr><td colspan="6">钳工工序卡</td></tr>
<tr><td>序号</td><td colspan="2">工步简图</td><td colspan="2">操作内容</td><td>工、量具</td></tr>
<tr><td>1</td><td colspan="2"></td><td colspan="2">清理毛坯，ϕ40mm 孔用木块或铅块堵上，在划线部位涂上涂料</td><td></td></tr>
</table>

（续）

序号	工步简图	操 作 内 容	工、量具
2	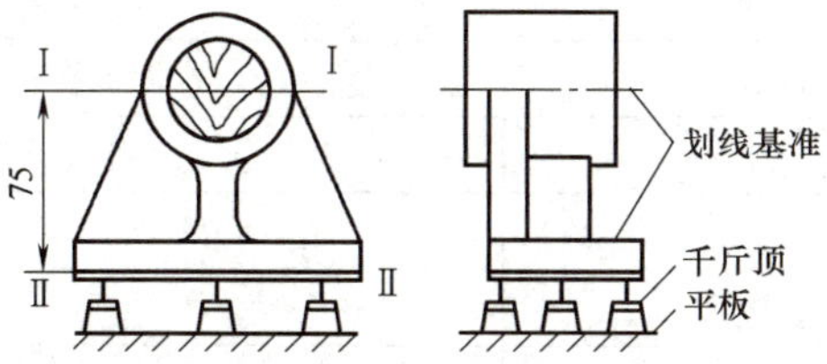	在平板上，用千斤顶支承工件，以两端 ϕ40mm 孔中心及厚 15mm 底板顶面为划线基准，调好水平位置，用划线盘划出Ⅰ-Ⅰ、Ⅱ-Ⅱ水平线，并引至两侧面	划线平板、千斤顶、直角尺、钢直尺、划线盘
3	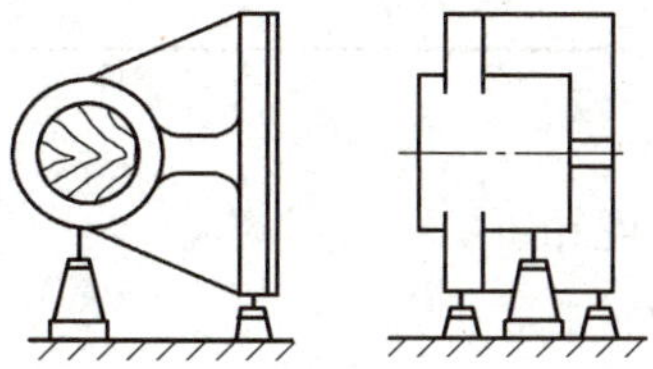		
4	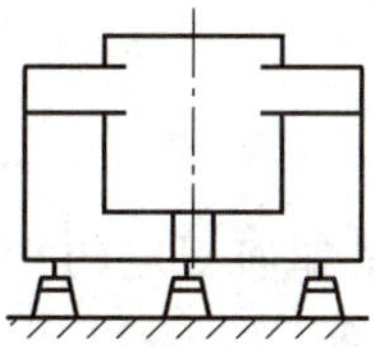		

八、制订角度块的钳工工序卡。

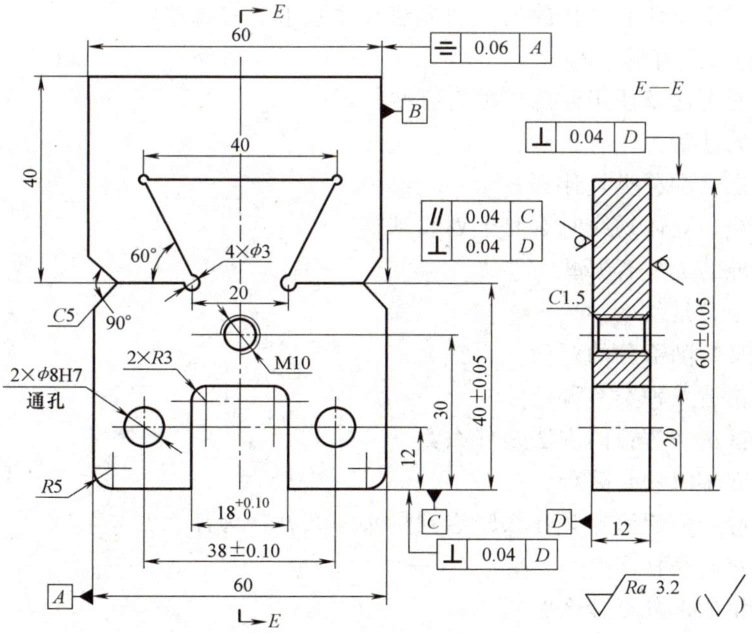

（续）

图号	JX-Q-020	零件名称	角度块	工件材料	45 钢
钳工工序卡					
序号	工步简图		加工内容	工、量具	
1					
2					
3					
4					
5					

九、问答题

1. 钳台的高度是如何规定的？怎样正确使用台虎钳？
2. 台虎钳的用途、规格、常用规格类型有哪些？
3. 怎样合理地选择钳工的工作场地？
4. 划线的定义、作用、要求分别是什么？
5. 划线的分类及各自的定义是什么？
6. 划线平台的用途及正确使用和保养的方法有哪些？
7. 划针有什么用途？划针的直径、长度、尖端角度是如何规定的？
8. 划针的使用方法及使用注意事项有哪些？
9. 划规的种类及各自的用途有哪些？
10. 划线盘的用途及注意事项有哪些？
11. 游标高度卡尺的精度及使用时的注意事项有哪些？
12. 样冲的作用是什么？样冲的使用方法和注意事项有哪些？
13. V 形架的用途有哪些？
14. 千斤顶的用途及使用注意事项有哪些？
15. 划线前的准备工作有哪些？
16. 基准的定义和分类是什么？
17. 平面划线、立体划线时有几个划线基准？
18. 划线基准的类型有哪些？
19. 錾削的定义是什么？
20. 如何定义錾削部分的两面一刃？
21. 錾子的构造及种类有哪些？
22. 錾子的握法和挥锤的方法是什么？
23. 常用的起錾方法是哪种？
24. 錾平面应如何起錾？为什么？錾到尽头怎么办？为什么？
25. 锯削的定义是什么？
26. 手锯的组成部分是什么？
27. 锯弓的用途及类型有哪些？
28. 锯条的规格及常用规格有哪些？

29. 常用锯齿的角度是多少？

30. 锯齿的粗细用什么来表示？选用锯齿的原则是什么？粗齿锯条和细齿锯条如何选择？为什么？

31. 锯条安装应注意什么？

32. 锯削时应如何夹持工件？

33. 锯削速度、行程是如何规定的？

34. 锯削时的运动形式有哪些？常用的是哪种？

35. 起锯方法有几种？常用的是哪种？

36. 起锯角度一般不大于多少？为什么？

37. 试举例几种常见工件的锯削方法？

38. 锉刀的类型、规格有哪些？如何选择锉刀？

39. 平面锉削的种类及各自的特点是什么？

40. 成组丝锥中，对每支丝锥切削用量有哪两种分配方式？各有何优缺点？

41. 螺纹底孔直径为什么要略大于螺纹小径？

42. 套螺纹前，圆杆直径为什么要略小于螺纹大径？

43. 装配的重要性是什么？装配的常用方法有哪几种？

第二章

车削加工技能训练

【学习目标】

✧ 车床的结构及基本操作。
✧ 车床的加工方法及范围，车工基本工艺。
✧ 一般回转体零件的车削加工方法。

第一节　车工基础知识

【本节要点】

✧ 车床的结构及主要部件的名称和作用。
✧ 主轴转速和进给速度的调整方法。
✧ 车床床鞍（大拖板）、横滑板（中拖板）、刀架溜板（小拖板）的进退刀操作方法。
✧ 车床的基本操作。

车床是最常见的金属切削机床，占机床总数的一半左右，在机械加工行业中占有重要的地位和作用。车床的种类很多，有卧式车床、仪表车床、立式车床、转塔车床等，其中卧式车床应用最为广泛。

一、车床的组成

C6232A 型卧式车床的主要组成部分如图 2-1 所示。

1. 主轴箱

主轴箱又称床头箱，内部装有主轴和变速机构。通过改变设在主轴箱外面的手柄位置，可使主轴得到不同的转速。主轴是空心结构，能通过长棒料，其右端有外螺纹，用以连接卡盘、拨盘等附件。主轴右端的内表面是莫氏锥孔，可插入锥套和顶尖。主轴箱的另一重要作用是将运动传递给进给箱，并可改变进给方向。

2. 进给箱

进给箱又称走刀箱，是进给运动的变速机构，固定在主轴箱下部的床身前侧面。变换进给箱外面的手柄位置，可将主轴箱内主轴传递下来的运动，转换为进给箱输出的光杠或丝杠获得不同的转速，以改变进给量的大小或车削不同螺距的螺纹。

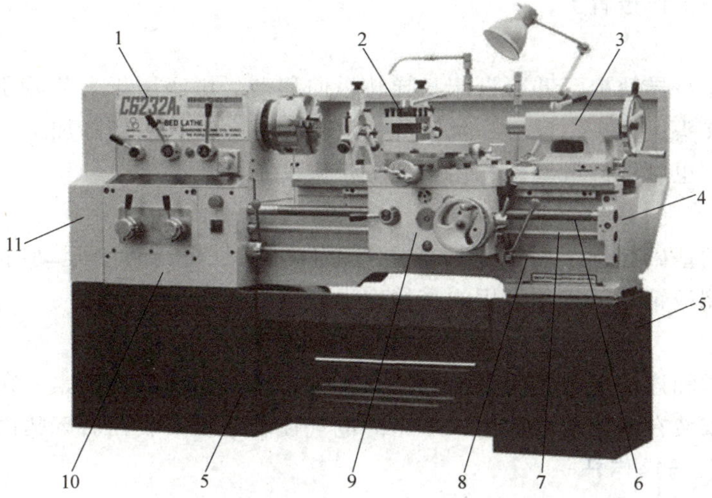

图 2-1 C6232A 型卧式车床的主要组成部分

1—主轴箱 2—方刀架 3—尾座 4—床身 5—床腿 6—丝杠 7—光杠
8—操作杆 9—溜板箱 10—进给箱 11—交换齿轮箱

3. 交换齿轮箱

交换齿轮箱用于将主轴的运动传递给进给箱。与进给箱组合后，调换箱内的交换齿轮，可得到不同的进给量与螺距。

4. 溜板箱

溜板箱又称拖板箱，是进给运动的操纵机构。溜板箱可以使光杠或丝杠的旋转运动，通过齿轮、齿条或丝杠、开合螺母，推动车刀做进给运动。溜板箱上有三层滑板，当接通光杠时，可使床鞍带动中滑板、小滑板及刀架沿床身导轨做纵向移动；中滑板可带动小滑板及刀架沿床鞍上的导轨做横向移动，故刀架可做纵向或横向直线进给运动。当接通丝杠并闭合开合螺母时，可车削螺纹。溜板箱内设有互锁机构，使光杠、丝杠两者不能同时使用。

5. 刀架

刀架用来装夹车刀，并可做纵向、横向及斜向运动。刀架是多层结构，刀架的组成如图 2-2 所示。

(1) 大刀架　大刀架与溜板箱牢固相连，可沿床身导轨做纵向移动。

(2) 中刀架　中刀架装置在大刀架顶面的横向导轨上，可做横向移动。

(3) 转盘　转盘固定在中刀架上。松开锁紧螺母后，可转动转盘，与床身导轨成一个所需要的角度，而后再拧紧螺母，以加工圆锥面等。

(4) 小刀架　小刀架装在转盘上面的燕尾槽内，可做短距离的进给移动。

(5) 方刀架　方刀架固定在小刀架上，可同时装夹四把车刀。松开锁紧手柄，即可转动方刀架，把所

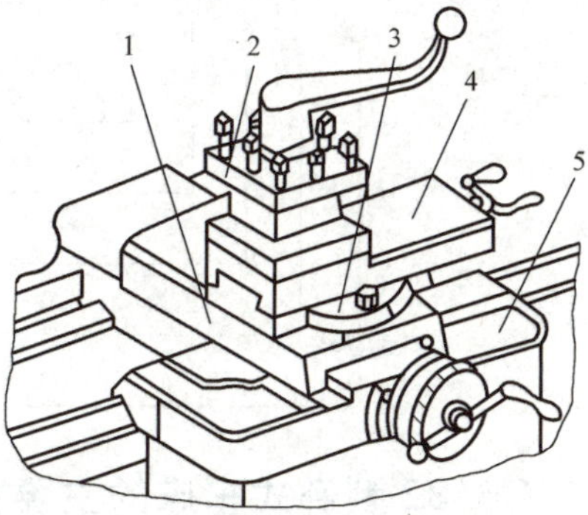

图 2-2 刀架的组成

1—中刀架（中滑板、横滑板） 2—方刀架
3—转盘 4—小刀架（小滑板）
5—大刀架（床鞍）

需要的车刀更换到工作位置上。

6. 尾座

尾座安装在床身导轨上，并可沿床身导轨纵向移动。尾座用于安装后顶尖，支承较长工件；也可安装钻夹头、钻头、铰刀、丝锥等，进行孔、螺纹等的切削加工。尾座在水平面内的横向轴线位置，也可做微量调整，用来加工带锥度工件。

7. 床身

床身是车床的基础部件，用来连接各主要部件并保证各部件在运动时有正确的相对位置。床身上有供溜板箱和尾座移动用的高精度导轨。

8. 床腿

床腿用来支承和连接车床各零部件的基础构件，床腿用地脚螺栓紧固在地基上。车床的变速箱与电动机安装在前床腿内腔中，车床的电气控制系统安装在后床腿内腔中。

9. 光杠、丝杠与操作杆

光杠用于一般车削，丝杠用于车螺纹，操纵杆用于控制车床的起动和停止。

10. 冷却装置

冷却装置主要通过冷却泵将箱中的切削液加压后喷射到切削区域，起到降低切削温度、冲走切屑、润滑加工表面、提高刀具使用寿命和工件表面加工质量的作用。

二、车床的型号

车床依据类型和规格，可按类、组、系三级编成不同的型号，如 C6232、CA6140，其字母与数字的含义如下：

“C” 为 “车” 字的汉语拼音的第一个字母，直接读音为 “车”。

C 6 2 32

- 32——主参数代号（最大车削直径的 1/10，即 320mm）
- 2——机床型别代号（马鞍车床系）
- 6——机床组别代号（落地及卧式车床组）
- C——机床类别代号（车床类）

C A 6 1 40

- 40——主参数代号（最大车削直径的 1/10，即 400mm）
- 1——机床型别代号（卧式车床系）
- 6——机床组别代号（落地及卧式车床组）
- A——改进序号（第一次改进）
- C——机床类别代号（车床系）

三、C6132 型卧式车床的主要技术参数

床身上最大工件回转直径	ϕ320mm
最大中心距	750mm
主轴孔孔径	ϕ52mm

主轴转速范围	30~2000r/min
主轴转速级数	12 级
主电动机功率	4.5kW
横刀架行程	240mm
小刀架行程	140mm
尾座套筒/顶尖行程	130mm
每转进给范围	纵向 0.013~2.761mm，横向 0.0066~1.24mm
螺纹车削（米制）	0.45~20mm（30 种）
螺纹车削（模数制）	(0.25~12)m（25 种）（m 为模数）
机床质量（净质量）	1400kg
主轴内孔莫氏锥度	6 号
尾座内孔莫氏锥度	4 号
冷却泵电动机功率	0.125kW
加工精度，圆度	0.005mm
圆柱度	0.008mm/300mm
精车平面度	0.008mm/300mm
表面粗糙度 Ra	≥1.6μm

四、车床加工范围

车削加工是机械加工中最基本、最常用的加工方法。车削加工是指在车床上应用刀具与工件做相对切削运动，用以改变毛坯的尺寸和形状，使之成为零件的加工过程。

在车床上所使用的刀具主要是车刀，还有钻头、铰刀、丝锥和滚花刀等。车床主要用来加工各种回转表面，如内、外圆柱面，内、外圆锥面，端面，内、外沟槽，内、外螺纹，内、外成形表面，还可用来钻孔、扩孔、铰孔、镗孔、攻螺纹、套螺纹、滚花等。车床加工范围如图 2-3 所示。

五、车床的基本操作

不同型号、不同厂家生产的车床，操作方法也不相同，可参考相关的车床操作说明书。下面介绍 C6132 型卧式车床的操作方法。

1. 车床的起动操作

在操作车床之前必须检查车床各变速手柄是否处于空挡位置，离合器是否处于正确位置，操纵杆是否处于停止状态等，在确定无误后，方可合上车床电源总开关，开始操纵车床。

打开电源，按下床鞍上的起动按钮，使电动机起动。接着将溜板箱右侧操纵杆手柄向上提起，主轴便逆时针方向旋转（即正转）。操纵杆手柄有向上、中间、向下三个挡位，可分别实现主轴的正转、停止和反转。若需较长时间停止主轴转动，必须按下床鞍上的停止按钮，使电动机停止转动。若下班，则需关闭车床电源总开关，并断开本车床电源刀开关。

2. 主轴箱的操作

如图 2-4 所示，CA6132 型车床主轴变速可通过改变主轴箱正面右侧两个手柄 A、B 的位

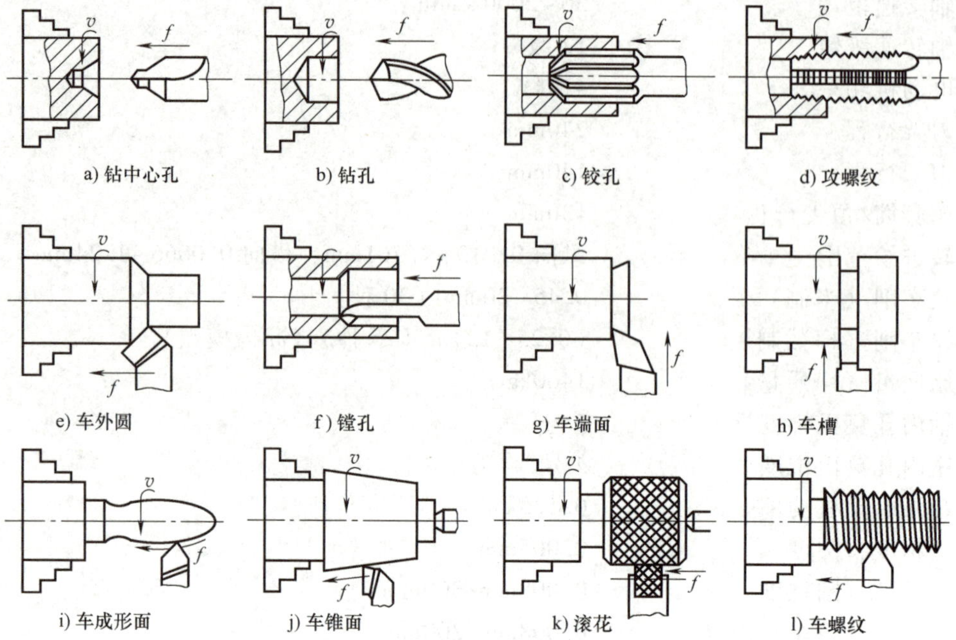

图 2-3 车床加工范围

置来控制。前面的手柄有六个挡位，每个挡位上有四级转速，若要选择其中某一个转速可通过后面的手柄来控制。后面的手柄除有两个空挡外，尚有四个挡位，只要将手柄位置拔到其所显示的颜色与前面手柄所处挡位上转速数字所标示的颜色相同的挡位即可。

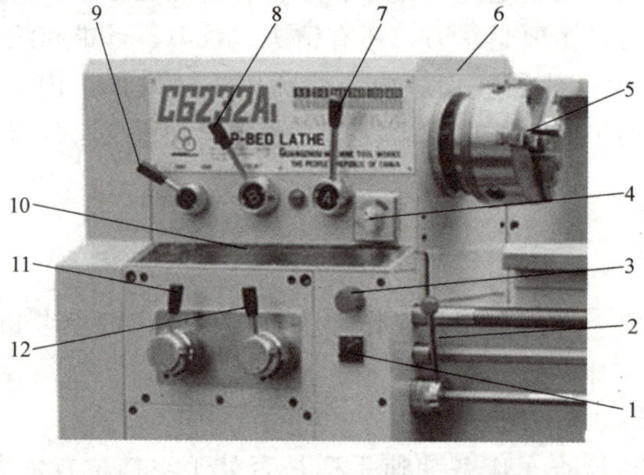

图 2-4 主轴箱和进给箱

1—水泵起动开关 2—操纵杆手柄 3—紧急停止按钮 4—高、低速开关 5—自定心卡盘 6—主轴箱 7—主轴变速手柄 A 8—主轴变速手柄 B 9—左、右旋向螺纹变换手柄 10—螺距、进给量调配表 11—进给量调节手柄 12—光杠、丝杠变换手柄

C6132 型车床主轴箱正面左侧的手柄是左、右旋向螺纹变换的操纵机构手柄，它有两个挡位：左上挡位为车削右旋螺纹挡，右上挡位为车削左旋螺纹挡。

C6140 型车床此处有四个挡位，除左上挡位和右上挡位外，还有左下挡位，可车削右旋加大螺距螺纹；右下挡位，可车削左旋加大螺距螺纹。

3. 进给箱的操作

如图 2-4 所示，C6132 型车床进给正面左、右侧各有一个手柄，右侧的手柄有 A、B、C、D 及Ⅰ、Ⅱ、Ⅲ、Ⅳ四个挡位，是光杠、丝杠变换手柄；左侧的手柄用以调整螺距及进给量。

实际操作时，根据加工要求，查找进给箱油池盖上的螺纹和进给量调配表来确定手柄应处挡位。车削螺纹时，齿轮箱的运动经进给箱变速与丝杠直接相连，车削其他类型工件时，使用光杠传动。

4. 溜板箱的操作

如图 2-5 所示，床鞍的纵向移动由溜板箱正面左侧的大手轮控制。当大手轮顺时针转动时，床鞍向尾座方向运动；逆时针转动时，床鞍向卡盘方向运动。

中滑板手柄 7 控制中滑板的横向移动和横向进给量。当顺时针转动该手柄时，中滑板向远离操作者的方向（即横向进刀）；逆时针转动该手柄时，中滑板向靠近操作者的方向移动（即横向退刀）。

小滑板可做短距离的纵向移动，小滑板手柄顺时针转动时，小滑板向卡盘方向移动；逆时针转动时，小滑板向尾座方向移动。

图 2-5 溜板箱和刀架

1—刀架锁紧、定位手柄 2—小滑板手柄 3—机动进给操作手柄 4—操纵杆手柄 5—大手轮 6—开合螺母操作手柄 7—中滑板手柄 8—小滑板锁紧螺母 9—车刀锁紧螺钉

5. 自动进给的操作

如图 2-5 所示，溜板箱右侧的机动进给操作手柄 3，是刀架实现纵、横向机动进给的集中操作机构。

C6132 型卧式车床没有快速进给功能。

C6140 型卧式车床的机动进给操作手柄为一个带十字槽的扳动手柄，是刀架实现纵、横向机动进给和快速移动的集中操作机构。该手柄的顶部有一个快进按钮，按下此按钮，快速电动机工作；松开此按钮时，快速电动机停止转动。

机动进给操作手柄的扳动方向与刀架运动方向一致，操作方便。当将手柄扳至纵向进给位置，且按下快进按钮时，床鞍做快速纵向移动；当将手柄扳至横向进给位置，且按下快速按钮时，中滑板带动小滑板和刀架做横向快速进给。

操作时应特别注意，当床鞍快速行进到离主轴或尾座一定距离时要停止快进，避免床鞍撞击主轴箱或尾座。当中滑板前、后伸出床鞍足够远时，应立即松开快进按钮，停止快进，避免因中滑板悬伸太长而使燕尾导轨受损，影响设备精度。

6. 开合螺母操作手柄的操作

如图 2-5 所示，在溜板箱正面的左侧有一个开合螺母操作手柄 6，用以专门控制丝杠与溜板箱之间的联系，该手柄位于上方时，开合螺母处于开启状态。当需要车削螺母时，扳下开合螺母操作手柄，将丝杠的运动通过开合螺母的闭合而传递给溜板箱，并使溜板箱按一定的螺距（或导程）做纵向进给。

操作时应特别注意，螺纹加工完毕后，一定要提起开合螺母手柄，将该手柄扳回原位。

开合螺母操作手柄和机动进给操作手柄互锁，不能同时扳下。

7. 刀架的操作

可操作刀架锁紧手柄 1 来控制刀架的紧锁和定位，逆时针转动该手柄时，刀架可以逆时针转动、松开，以调换车刀；顺时针转动该手柄时，刀架则被锁紧。

刀架上可同时安装四把刀，由车刀锁紧螺钉锁紧车刀。

8. 尾座的操作

尾座如图 2-6 所示，可在床身内侧的山形导轨和平导轨上沿纵向移动，并可依靠尾座架上的锁紧螺母使尾座固定在床身的任一位置。

尾座架上有左、右两个手柄。左边为尾座套筒固定手柄 2，顺时针扳动此手柄，可将尾座套筒固定在某一位置。右边的长手柄为尾座快速紧固手柄 3，逆时针扳动此手柄，可将尾座快速地固定于床身的某一位置。

尾座后部的手轮为尾座套筒进退手轮，锁紧尾座后，顺、逆时针转动该手轮，可使尾座套筒进、退移动。

尾座底部的前、后两端有两个尾座偏移螺钉 5，松开尾座锁紧螺母 6 后，转动尾座偏移螺钉 5，可使尾座左、右偏移。

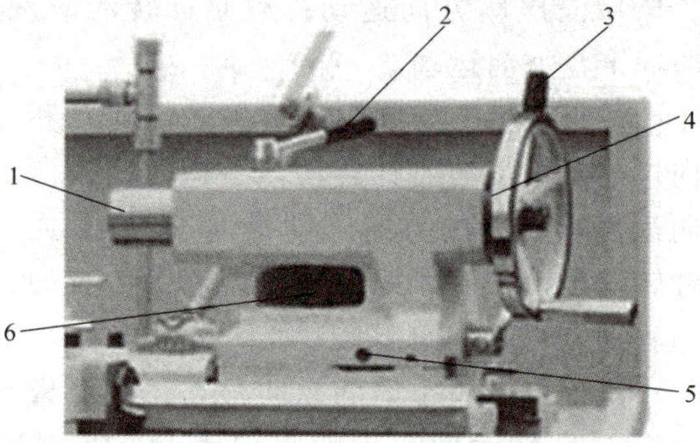

图 2-6 尾座

1—尾座套筒 2—尾座套筒固定手柄 3—尾座快速紧固手柄 4—尾座套筒进退手轮 5—尾座偏移螺钉 6—尾座锁紧螺母

六、刻度盘及刻度盘手柄的使用

车削时，为了正确和迅速掌握背吃刀量，必须熟练地使用大手轮、中刀架和小刀架上的刻度盘。

1）大手轮上的刻度盘。溜板箱正面大手轮上的刻度盘分为 300 格，每转过一格，表示床鞍纵向移动 1mm。

2）中刀架上的刻度盘。中刀架上的刻度盘是紧固在中刀架丝杠轴上，丝杠螺母固定在中刀架上，当中刀架上的手柄带着刻度盘转一周时，中刀架丝杠也转一周，这时丝杠螺母带动中刀架移动一个螺距。所以中刀架横向进给的距离（即背吃刀量），可按刻度盘的格数计算。

刻度盘每转一格横向进给的距离 = 丝杠螺距 ÷ 刻度盘格数

中刀架丝杠上的刻度盘分为 100 格，每转过一格，表示刀架纵向移动 0. 05mm（切削加工时每转过一格，工作直径减少 0. 10mm）。

例如，C6132 车床中刀架丝杠螺距为 4mm，中刀架刻度盘等分为 200 格，当手柄带动刻度盘每转一格时，中刀架移动的距离为 4mm ÷ 200 = 0. 02mm，即进刀背吃刀量为 0. 02mm。由于工件是旋转的，所以工件上被切下的部分是进刀背吃刀量的两倍，即工件直径改变了 0.04mm。

必须注意：进刻度时，如果刻度盘手柄过了头，或试切后发现尺寸不对而需将车刀退回时，由于丝杠与螺母之间有间隙存在，绝不能将刻度盘直接退回到所要的刻度，应反转约一周后再转至所需刻度，如图 2-7 所示。

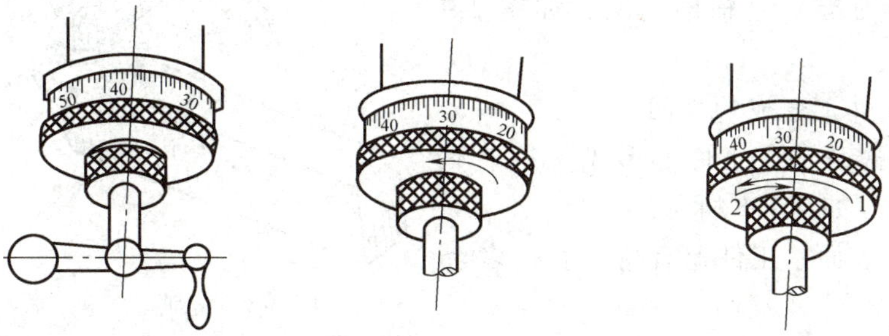

a) 要求手柄转至30但摇过头成40　　b) 错误：直接退至30　　c) 正确：反转约一周后，再转至30

图 2-7　手柄摇过头后的纠正方法

3）小刀架上的刻度盘的使用方法与中刀架上的刻度盘相同，应注意下列问题：

① C6132 车床刻度盘每转一格，带动小刀架移动的距离为 0.05mm。

② 小刀架上的刻度盘主要用于控制工件长度方向的尺寸，与加工圆柱面不同的是小刀架移动了多少，工件的长度就改变了多少。

小刀架丝杠上的刻度盘分为 100 格，每转一格，表示刀架纵向移动 0.05mm。

③ 在刀架需斜向进刀加工短锥体时，小刀架上的分度盘可在 90°范围内顺时针或逆时针地转过某一个角度。使用时，先松开锁紧螺母，转动小刀架至所需要角度后，再锁紧螺母以固定小刀架。

④ 小刀架操作完毕后，应保持在与小刀架底座平齐的位置上，避免小刀架底座与卡爪相撞。

第二节　车削加工基本常识

【本节要点】

✧ 车削加工三个要素。

✧ 切削用量的选择原则。

✧ 车床加工所能达到的精度及表面粗糙度。

一、车削表面及切削用量

1. 车削运动

为了从工件上切去多余的金属，刀具与工件之间必须有相对运动。根据其在切削过程中的作用，车削运动可分为主运动和进给运动。

（1）主运动　主运动是形成车床切削速度与工件新的表面的运动，是车削的最基本运动。主运动是车削加工中运动速度最高、消耗功率最多的切削运动。车削时，工件的旋转运动为主运动，如图 2-8 所示。

（2）进给运动　进给运动是使新的金属层不断投入切削的运动。车削时，车刀沿工件纵向或横向的运动为进给运动。车削时的吃刀与引刀（退刀、换刀等）是辅助运动，如图 2-9 中的 f。

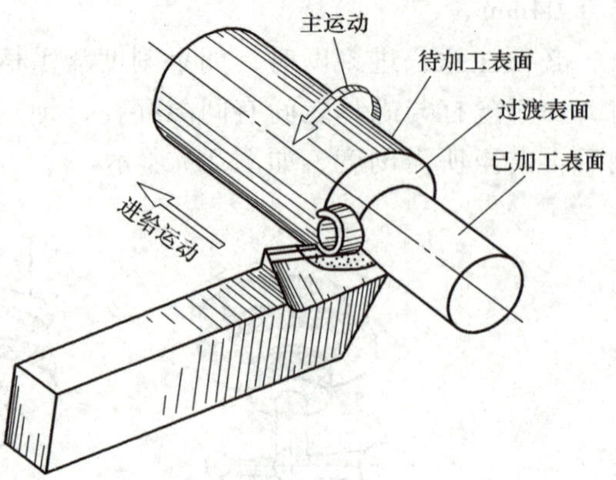

图 2-8　车削运动和工件上的表面

2. 车削时工件上形成的表面

在整个切削过程中，工件上形成了三个不断变化着的表面，如图 2-8 所示。

（1）待加工表面　工件上有待被切去多余金属层的表面。

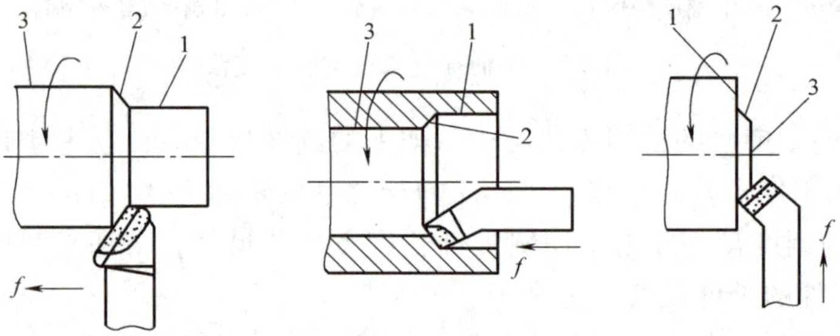
图 2-9　车削加工时形成的表面

1—已加工表面　2—过渡表面　3—待加工表面

（2）过渡表面　其工件上切削刃正在切削的表面，它将在工件的下一转里被切除。

（3）已加工表面　工件上已被刀具切削后形成的表面。

3. 切削用量

切削用量是衡量切削运动大小的参数，包括切削速度、进给量与背吃刀量（切削深度）三要素。它们是表示主运动和进给运动最基本的物理量，是切削加工前调整机床运动的依据，并对加工质量、生产率及加工成本都有很大影响。合理选择切削用量能有效地提高生产率与加工质量。

（1）切削速度 v_c　切削速度即主运动的线速度。车削时切削速度的计算公式为

$$v_c = \frac{\pi n d_w}{1000} \tag{2-1}$$

式中　v_c——切削速度（m/min）；

d_w——工件待加工表面的直径（mm）；

n——主轴的转速（r/min）。

切削速度的选用原则：粗车时，为提高生产率，在保证较大的背吃刀量和进给量的情况下，一般选用中等或中等偏低的切削速度，如 50～70m/min（车钢件），或 40～60m/min（车铸铁件）；精车时，为避免切削刃上出现积屑瘤而破坏已加工表面质量，切削速度取较高（100m/min 以上）或较低（6m/min 以下）值。但采用低速切削的生产率低，只有在

精车小直径的工件时采用，一般用硬质合金车刀高速精车时，切削速度为 100~200m/min（车钢件）或 60~100m/min（车铸铁件）。所以在对车床的操作不熟练时，不宜采用高速切削。

（2）进给量 f　进给量是指工件每旋转一转，车刀沿进给方向移动的距离，单位为 mm/r，如图 2-10 所示。车削时，进给运动可分为沿车床主轴平行的纵向进给运动和垂直于床身导轨方向的横向进给运动。

进给量的选用原则：粗加工时可选取适当大的进给量，一般取 0.15~0.4mm/r；精加工时，采用较小的进给量可使已加工表面的残留面积减少，有利于提高表面质量，一般取 0.05~0.2mm/r。

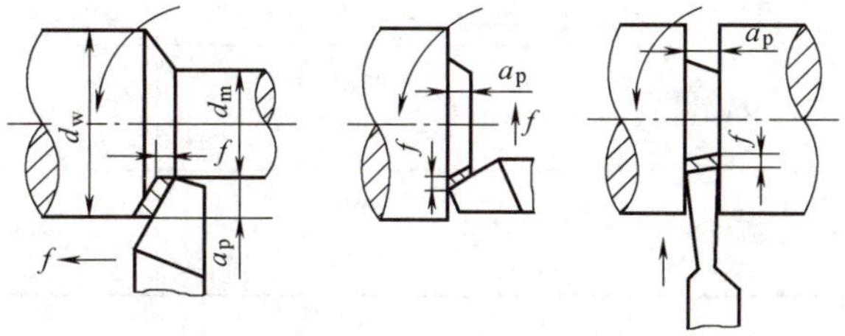

图 2-10　背吃刀量和进给量

（3）背吃刀量 a_p　背吃刀量是指车削时，待加工表面与已加工表面之间的垂直距离，又称切削深度，单位为 mm。车削外圆时背吃刀量的计算公式为

$$a_p = \frac{d_w - d_m}{2} \tag{2-2}$$

式中　a_p——背吃刀量（mm）；

d_w——工件待加工表面的直径（mm）；

d_m——工件已加工表面的直径（mm）。

背吃刀量的选用原则：粗加工应优先选用较大的背吃刀量，一般可取 2~4mm；精加工时，选择较小的背吃刀量对提高表面质量有利，但过小又可能使工件上原来凸凹不平的表面没有被完全切除掉而达不到满意的效果，一般取 0.3~0.5mm（高速精车）或 0.05~0.10mm（低速精车）。切削用量选择参考见表 2-1。

表 2-1　切削用量选择参考

加工类型		参数				
		v_c/(m/min)	a_p/mm	f/(mm/r)	尺寸公差等级	表面粗糙度值 Ra/μm
粗加工(钢件)	高速	50~70	2~5	0.15~0.4	IT10~IT12	12.5~6.3
	低速	12~40	1.5~3			
精加工(钢件)	高速	100~120	0.3~0.5	0.05~0.2	IT7~IT9	1.6~0.8
	低速	3~5	0.05~0.1			

二、车削加工的尺寸公差等级及表面粗糙度

车削加工的尺寸公差等级较宽，一般可达 IT7~IT12，精车时可达 IT5~IT6；表面粗糙度值 Ra（轮廓算术平均高度）的范围一般为 6.3~0.8μm。常用车削加工的尺寸公差等级与相应表面粗糙度见表 2-2。

表 2-2 常用车削加工的尺寸公差等级与相应表面粗糙度

加工类别	尺寸公差等级	相应表面粗糙度 $Ra/\mu m$	表面特征
粗车	IT12 IT11	25~50 12.5	可见明显刀痕 可见刀痕
半精车	IT10 IT9	6.3 3.2	可见加工痕迹 微见加工痕迹
精车	IT8 IT7	1.6 0.8	不见加工痕迹 可辨加工痕迹方向
精细车	IT6 IT5	0.4 0.2	微辨加工痕迹方向 不辨加工痕迹

三、粗车和精车

在车床上加工一个零件，往往要经过许多车削步骤才能完成。为了提高生产率，保证加工质量，生产中把车削加工分为粗车和精车。如果零件精度要求高还需要磨削时，车削又可分为粗车和半精车。

粗车的目的是尽快地从工件上切去大部分加工余量，使工件接近最后的形状和尺寸。粗车要给精车留有合适的加工余量，所以粗车精度要求较低。实践证明，加大背吃刀量不仅可以提高生产率，而且对车刀的寿命影响不大。因此，粗车时要优先选用较大的背吃刀量，其次根据可能适当加大进给量，最后选用中等偏低的切削速度。

粗车和精车（或半精车）的加工余量一般为 0.5~2mm，加大背吃刀量对精车来说并不重要。精车的目的是保证零件的尺寸精度和表面粗糙度等技术要求，精加工的尺寸公差等级可达 IT7~IT9，表面粗糙度 Ra 达 1.6~0.8μm。精车的切削用量见表 2-3，其尺寸精度主要是依靠准确地度量、准确地进刻度并加以试切来保证的。

精车时，保证表面粗糙度值要求的主要措施是：采用较小的主偏角、副偏角或刀尖磨有小圆弧，这些措施都会减少残留面积，可使 Ra 值减小；选用较大的前角，并用磨石把车刀的前刀面和后刀面打磨得光一些，也可使 Ra 值减小；合理选择切削用量，当选用高的切削速度、较小的背吃刀量以及较小的进给量，都有利于减少残留面积，从而提高表面质量。

表 2-3 精车的切削用量

加工类型		切削用量		
		a_p/mm	f/(mm/r)	v_c/(m/min)
车削铸铁件		0.1~0.15	0.05~0.2	60~70
车削钢件	高速	0.3~0.5		100~120
	低速	0.05~0.1		3~5

四、切削液的选用

切削液又称冷却润滑液，是在车削过程中为了改善切削效果而使用的液体。在车削过程中，金属切削层发生了变形，在切屑与刀具间、刀具与加工表面间存在着剧烈的摩擦，这些都会产生很大的切削力和大量的切削热。在车削过程中合理地使用切削液，不仅能减小表面粗糙度值、减小切削力、降低切削温度，而且还能提高刀具的使用寿命、劳动生产率和产品质量。

1. 切削液的作用

（1）冷却作用　切削液能吸收并带走切削区域大量的切削热，能有效地改善散热条件、降低刀具和工件的温度，从而延长了刀具的使用寿命，防止工件因热变形而产生误差，为提高加工质量和生产率创造了极为有利的条件。

（2）润滑作用　由于切削液能渗透到切屑、刀具与工件的接触面之间，并黏附在金属表面上，从而形成一层极薄的润滑膜，这可减少切屑、刀具与工件间的摩擦，降低切削力和切削热，减缓刀具的磨损，因此有利保持车刀刃口锋利，提高工件表面加工质量。对于精加工，加注切削液显得尤为重要。

（3）清洗作用　在车削过程中，加注有一定压力和充足流量的切削液，能有效地冲走黏附在加工表面和刀具上的微小切屑及杂质，减少刀具磨损，减小工件表面粗糙度值。

2. 切削液的种类

（1）乳化液　乳化液由乳化油加 15~20 倍的水稀释而成，主要起冷却作用。乳化液的特点是黏度小，流动性好，比热容大，能吸收大量的切削热，但因其中水分较多，故润滑、防锈能力差，若加入一定量的硫、氯等添加剂，可提高其润滑效果和防锈能力。

（2）切削油　切削油的主要成分是矿物油，少数采用动物油或植物油。这类切削液的比热容小，黏度较大，散热效果稍差，流动性差，但润滑效果比乳化液好，主要起润滑作用。

常用的切削油是黏度较低的矿物油，如 10 号、20 号机油和轻柴油、煤油等。由于纯矿物油的润滑效果不理想，所以通常在其中加入一定量的添加剂和防锈剂，以提高其润滑性能和防锈性能。动、植物油用作切削油虽然能形成较牢固的润滑膜，润滑效果较好，但是容易变质，应用范围受到限制。

3. 切削液的选用

切削液的种类繁多，性能各异，在车削过程中应根据加工性质、工艺特点、工件和刀具材料等具体条件来合理选用。

（1）根据加工性质选用

1）粗加工时，为了降低切削温度、延长刀具使用寿命，应选择以冷却作用为主的乳化液。

2）精加工时，为了减少切屑、工件与刀具间的摩擦，保证工件的加工精度和表面质量，应选用润滑性能较好的极压切削油或高浓度极压乳化液。

3）半封闭式加工，如钻孔、铰孔和深孔加工时，刀具处于半封闭状态，排屑、散热条件均非常差。这样不仅使刀具容易产生退火，造成切削刃硬度下降，切削刃磨损严重，而且会严重拉毛加工表面。为此，须选用黏度较小的极压乳化液或极压切削油，并加大切削液的压力和流量，这样，一方面进行冷却、润滑，另一方面可将部分切屑冲刷出来。

（2）根据工件材料选用

1）一般钢件，粗车时选乳化液；精车时，选硫化油。

2）车削铸铁、铸铝等脆性金属，为了避免细小切屑堵塞冷却系统或黏附在机床上难以清除，一般不用切削液。但在精车时，为提高工件表面加工质量，可选用润滑性好、黏度小的煤油或7%~10%的乳化液。

（3）根据刀具材料选用

1）高速钢刀具。粗加工时选用乳化液；精加工钢件时，选用极压切削油或浓度较高的极压乳化液。

2）硬质合金刀具。为避免刀片因骤冷或骤热而产生崩裂，一般不使用切削液。

4. 使用切削液的注意事项

1）切削一开始，就应该给切削液，并要求连续使用。

2）加注切削液的量应充分。

3）切削液应浇注在过渡表面、切屑和前刀面接触的区域，因为此处产生的热量最多，最需要冷却润滑。

第三节　车刀及刃磨

【本节要点】

✧ 车刀的分类及应用范围。

✧ 车刀的安装方法。

✧ 常用车刀的刃磨方法及注意事项。

在车削过程中，由于零件的形状、大小和加工要求不同，采用的车刀也不相同。如何正确地选择车刀、刃磨车刀、使用车刀是车工必须掌握的关键技术之一。

一、车刀的材料

车削过程中，车刀的切削部位是在较大的切削抗力、较高的切削温度和剧烈的摩擦条件下工作的。车刀切削部分的材料应具备如下的条件：

1）高硬度。

2）高耐磨性。

3）高耐热性。

4）足够的抗弯强度和冲击韧性。

目前常用的车刀材料有高速钢和硬质合金两大类。

1. 高速钢

高速钢具有良好的可磨削性能和综合性能，适合制造各种复杂的车刀或成形刀具，应用广泛。

2. 硬质合金

切削工具用硬质合金牌号按使用领域的不同分成P、M、K、N、S、H六类。

P类，用于长切屑材料的加工，如钢、铸钢、长切削可锻铸铁等的加工。

M类，用于通用合金，用于不锈钢、铸钢、锰钢、可锻铸铁、合金钢、合金铸铁等的加工。

K 类，用于短切屑材料的加工，如铸铁、冷硬铸铁、短切屑可锻铸铁、灰口铸铁等的加工。

N 类，用于有色金属、非金属材料的加工，如铝、镁、塑料、木材等的加工。

S 类，用于耐热和优质合金材料的加工，如耐热钢，含镍、钴、钛的各类合金材料的加工。

H 类，用于硬切削材料的加工，如淬硬钢、冷硬铸铁等材料的加工。

二、车刀的结构及种类

1. 车刀的结构

车刀按结构不同可分为整体式、焊接式、机夹重磨式和机夹可转位式等。

1）整体式车刀是将车刀的切削部分与夹持部分用同一种材料制成，如尺寸不大的高速钢车刀常用这种结构，如图 2-11a 所示。

2）焊接式车刀是在碳素钢刀杆（常用 45 钢）上根据刀片的形状和尺寸铣出刀槽后将硬质合金刀片钎焊在刀槽中，然后刃磨出所需的几何参数，如图 2-11b 所示。

焊接式车刀结构简单、紧凑、刚性好、灵活性大，可根据切削要求较方便地刃磨出所需角度，故应用广泛。但经高温钎焊的硬质合金刀片，易产生应力和裂纹，切削性能有所下降，并且刀杆不能重复使用，浪费较大。

3）机夹重磨式车刀的刀片与刀杆是两个可拆的独立元件，切削时靠夹紧元件将它们紧固在一起，避免了因焊接产生的缺陷，可提高刀具的切削性能，并且刀杆可多次使用。

4）机夹可转位式车刀是将压制有合理几何参数、断屑槽，并有多个切削刃的多边形刀片，用机械夹固的方法，装夹在标准刀杆上，以实现切削的一种刀具结构，如图 2-11c 所示。当刀片的一个切削刃磨钝后，松开夹紧元件，把刀片转位换成另一个新切削刃，便可继续使用。与焊接式车刀相比，机夹可转位式车刀具有切削效率高、刀片使用寿命长、刀具消耗费用低等优点。可转位车刀的刀杆可重复使用，节省了刀杆材料，刀杆和刀片可实现标准化、系列化生产，有利于刀具的管理工作。

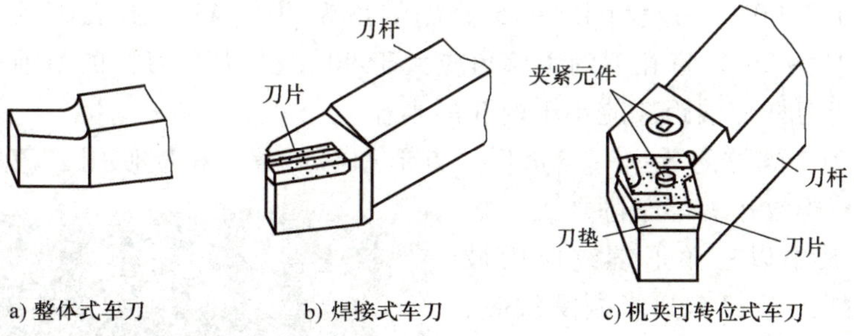

图 2-11　常用车刀的结构

2. 车刀的种类

车刀的种类很多，用途各异，现介绍几种常用车刀的种类和用途，如图 2-12 所示。

（1）外圆车刀　外圆车刀又称尖刀，主要用于车削外圆、平面和倒角。外圆车刀一般有直头车刀、45°弯头车刀和 75°强力车刀三种形式。

1）直头车刀的主偏角与副偏角基本对称，一般在 45°左右，前角可在 5°~30°之间选用，后角一般为 6°~12°。

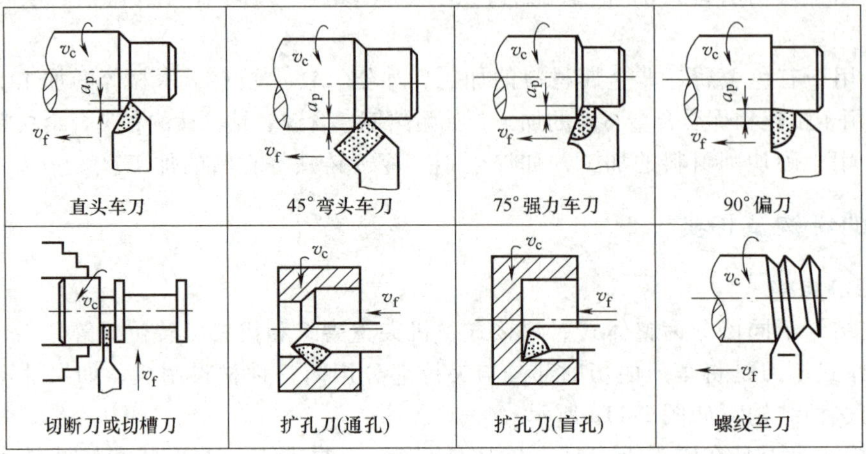

图 2-12 常用车刀的种类和用途

2）45°弯头车刀主要用于车削不带台阶的光轴，它可以车外圆、端面和倒角，使用比较方便，刀头和刀尖部分强度高。

3）75°强力车刀的主偏角为 75°，适用于粗车加工余量大、表面粗糙、有硬皮或形状不规则的零件，它能承受较大的冲击力，刀头强度高，寿命长。

（2）偏刀 偏刀的主偏角为 90°，用来车削工件的端面和台阶，有时也用来车外圆，特别是用来车削细长工件的外圆，可以避免把工件顶弯。偏刀分为左偏刀和右偏刀两种，常用的是右偏刀，它的切削刃向左。

（3）切断刀和切槽刀 切断刀的刀头较长，切削刃也较长，这是为了减少工件材料消耗和切断时能切到中心。因此，切断刀的刀头长度必须大于工件的半径。

切槽刀与切断刀基本相似，只不过其形状应与槽间形状一致。

（4）扩孔刀 扩孔刀又称镗孔刀，用来加工内孔。它可以分为通孔刀和盲孔刀两种。通孔刀的主偏角小于 90°，一般为 45°~75°，副偏角为 20°~45°，扩孔刀的后角应比外圆车刀稍大，一般为 10°~20°。盲孔刀的主偏角应大于 90°，刀尖在刀杆的最前端，为了使内孔底面车平，刀尖与刀杆外端距离应小于内孔的半径。

（5）螺纹车刀 螺纹的牙型有三角形、方形和梯形等，相应使用三角形螺纹车刀、方形螺纹车刀和梯形螺纹车刀等车削加工。螺纹的种类很多，其中以三角形螺纹应用最广。采用三角形螺纹车刀车削米制螺纹时，其刀尖角必须为 60°，前角为 0°。

各式车刀的实物如图 2-13 所示。

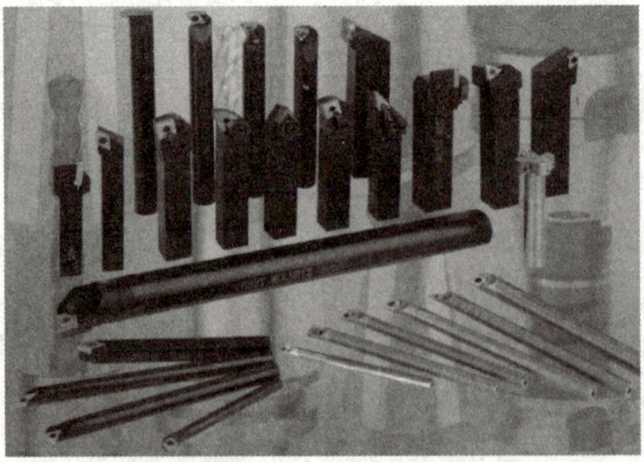

图 2-13 各式车刀的实物

三、车刀的安装

车削前必须把选好的车刀正确安装在方刀架上，如图 2-14 所示。车刀安装的好坏，对操作顺利与加工质量都有很大关系。安装车刀时应注意下列几点。

1）车刀刀尖应与工件轴线等高。如果车刀装得太高，则车刀的后刀面会与工件产生强烈的摩擦；如果装得太低，切削就不顺利，甚至工件会被抬起来，使工件从卡盘上掉下去，或把车刀折断。为了使车刀对准工件轴线，可按床尾座顶尖的高低进行调整。

2）车刀不能伸出太长。车刀伸得太长，切削起来容易发生振动，使车出来的工件表面粗糙，甚至会把车刀折断。但车刀也不宜伸出太短，太短会使车削不方便，容易使刀架与卡盘碰撞。车刀一般伸出长度不超过刀杆高度的1.5倍。

3）每把车刀安装在刀架上时，不可能刚好对准工件轴线，一般会偏低，因此可用一些厚薄不同的垫片来调整车刀的高低。垫片必须平整，其宽度应与刀杆一样，长度应与刀杆被夹持部分一样，同时应尽可能用少数厚垫片来代替多数薄垫片的使用，将车刀的高低位置调整合适，垫片用得过多会造成车刀在车削时接触刚度变差从而影响加工质量。

4）车刀刀杆应与车床主轴轴线垂直。

5）车刀位置装正后，应交替拧紧刀架螺钉。

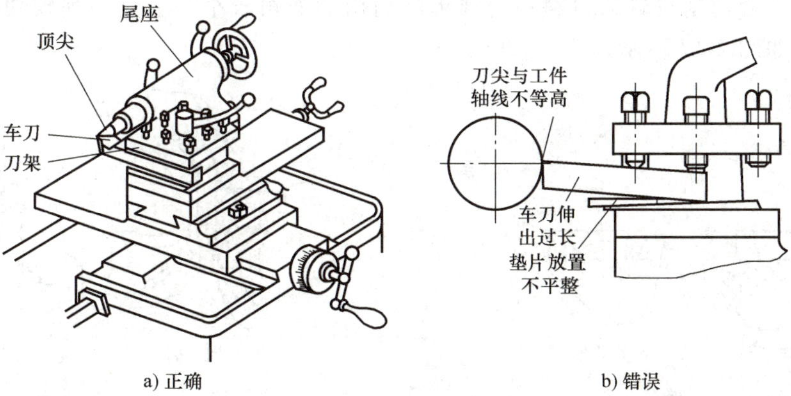

图 2-14　车刀的安装

四、车刀的刃磨

无论硬质合金车刀还是高速钢车刀，在使用之前都要根据切削条件所选择的合理切削角度进行刃磨。一把用钝了的车刀，为恢复原有的几何形状和角度，也必须重新刃磨。

1. 砂轮的选用

目前，常用的砂轮有氧化铝砂轮和碳化硅砂轮两类，刃磨车刀时，必须根据刀具的材料进行选择。

（1）氧化铝砂轮　氧化铝砂轮多呈白色，砂粒韧度好，比较锋利，但硬度稍低，适于刃磨高速钢车刀和碳素工具钢刀具。氧化铝砂轮也称刚玉砂轮。

（2）碳化硅砂轮　碳化硅砂轮多呈绿色，砂粒硬度高，切削性能好，但较脆，适于刃磨硬质合金刀具。

砂轮的粗细以粒度表示，一般分为 F36、F60、F80、F120 等级别。粒度越大，则表示砂轮越细。粗磨车刀时应选择粗砂轮，精磨车刀时应选择细砂轮。

2. 刃磨的步骤和方法

（1）粗磨前刀面　把前角和刃倾角磨正确，如图 2-15a 所示。

（2）粗磨主、副后刀面　把后角和副后角磨正确，如图 2-15b、c 所示。

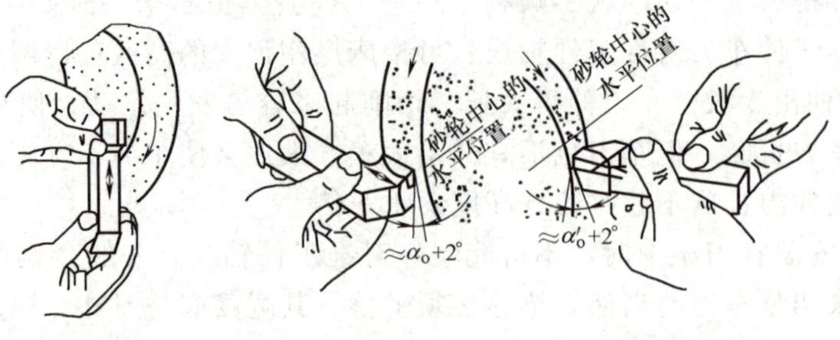

a) 粗磨前刀面　b) 粗磨主后刀面　c) 粗磨副后刀面

图 2-15　粗磨前刀面和主、副后刀面

（3）磨断屑槽　常见的断屑槽有圆弧形和直线形两种，如图 2-16 所示。圆弧形断屑槽的前角较大，适合切削较软的材料；直线形断屑槽的前角较小，适合切削较硬的材料。刃磨断屑槽的方法如图 2-17 所示。

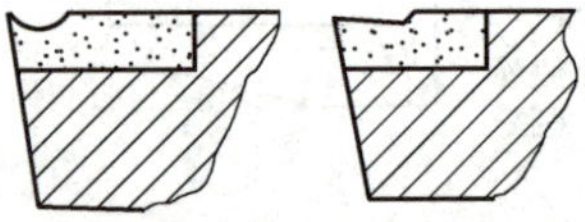

a) 圆弧形　b) 直线形

图 2-16　断屑槽的形式

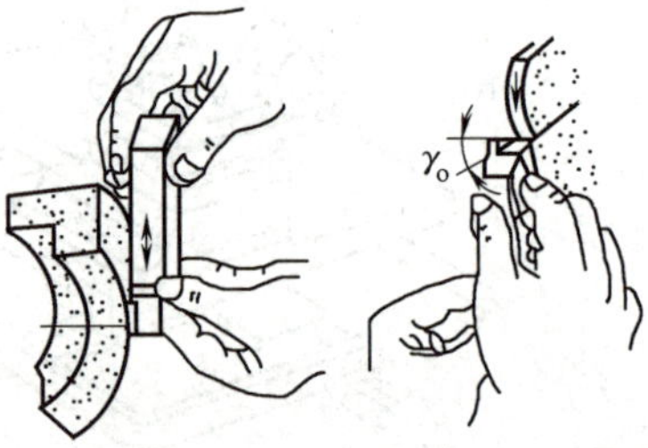

a) 向下磨　b) 向上磨

图 2-17　刃磨断屑槽的方法

（4）精磨主、副后刀面　如图 2-18 所示，将车刀的底平面靠在调整好角度的托架上，使切削刃轻轻地靠在砂轮的端面上并沿砂轮的端面缓慢左右移动，使砂轮磨损均匀、车刀刃口平直，将主偏角、副偏角、后角和副后角磨正确。

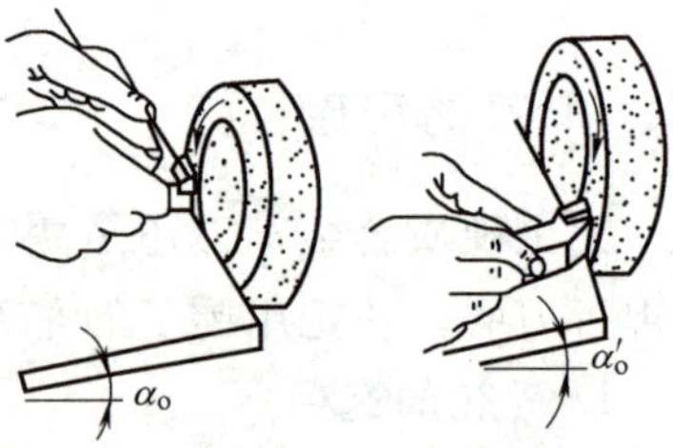

图 2-18　精磨主、副后刀面

（5）磨刀尖圆弧　刀尖圆弧半径为 0.5～2mm。

（6）研磨切削刃　车刀在砂轮上磨好以后，再用磨石加些机油研磨车刀的前刀面及后刀面，使切削刃锐利和光洁。这样可延长车刀的使用寿命。车刀用钝程度不大时，也可用磨石在刀架上修磨。硬质合金车刀可用碳化硅磨石修磨。

3. 刃磨注意事项

1）刃磨时，人应站在砂轮的侧前方，以防砂轮碎裂时，碎片飞出伤人。

2）两手握刀的距离放开，两肘夹紧腰部，减小刃磨时的抖动，用力要均匀。

3）刃磨时，尽量在砂轮的端面上刃磨。将车刀左右移动着磨，否则会使砂轮产生凹槽。

4）磨硬质合金车刀时，不可把刀头放入水中，以免刀片突然受冷收缩而碎裂。

5）磨高速钢车刀时，要经常冷却，以免失去硬度。

6）车刀高度必须控制在砂轮水平中心，刀头略向上翘，否则会出现后角过大或负后角等弊端。

7）在平形砂轮上刃磨时，尽可能避免磨砂轮侧面。

8）砂轮磨削表面须经常修整，使砂轮没有明显的跳动。

4. 检查车刀角度的方法

（1）目测法　观察车刀角度是否合乎切削要求，切削刃是否锋利，表面是否有裂痕和其他不符合切削要求的缺陷。

（2）量角器和样板测量法　对于角度精度要求高的车刀，可用此法检查，如图 2-19 所示。

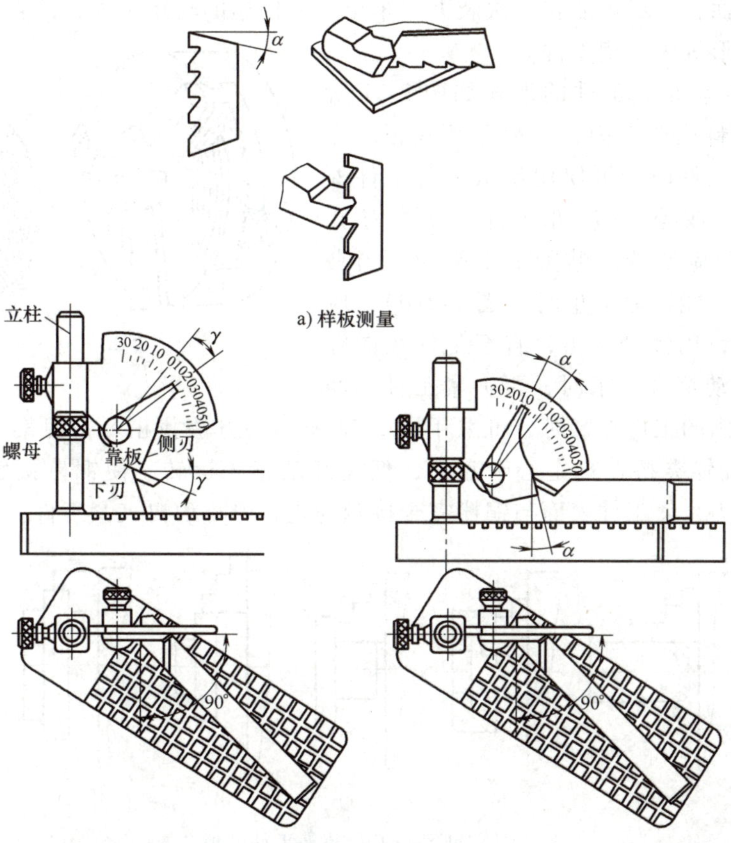

a) 样板测量

b) 量角器测量

图 2-19　用样板和量角器测量车刀的角度

第四节　车床工件的装夹与找正

【本节要点】

✧ 自定心卡盘、单动卡盘的应用范围及安装方法。

✧ 工件在自定心卡盘、单动卡盘上的找正方法及注意事项。

✧ 使用顶尖安装工件的方法及应用范围。

✧ 中心架和跟刀架的使用。

工件的安装主要任务是使工件准确定位及夹持牢固。车削加工时，工件必须在机床的夹具中定位和夹紧。由于各种工件的形状和大小不同，所以有各种不同的安装方法。

一、工件在自定心卡盘上的安装

1）自定心卡盘是车床最常用的附件，如图 2-20 所示。自定心卡盘上的三个卡爪是同时动作的，可以达到自动定心兼夹紧的目的，其装夹工作方便，但定心精度不高，工件上同轴度要求较高的表面，应尽可能在一次装夹中车出。因传递的转矩不大，故自定心卡盘适于夹持圆柱形、六角形等中小型工件。

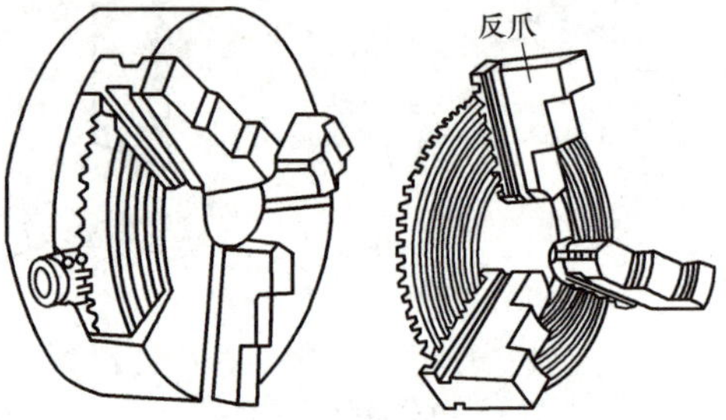

图 2-20　自定心卡盘

2）自定心卡盘装夹工件的形式如图 2-21 所示，它夹持圆棒料比较牢固，一般无须找正。当安装直径较大的工件时，可使用反爪夹持工件外圆（图 2-21e），或利用反爪反向支承内孔（图 2-21b），一般应使端面贴紧卡爪端面。当夹持外圆而左端又不能贴紧卡爪时（图 2-21d），应对工件进行找正，用锤子轻击，直至工件径向圆跳动和轴向圆跳动符合要求时，再夹紧工件。经过粗车端面和外圆的工件夹紧时，可采用图 2-22 所示的方法找正。在刀架上夹一铜棒（或铝棒），将工件轻轻夹持在自定心卡盘上，低速开动车床运转，使铜棒接触工件端面或外圆，并略施加压力，使工件表面与铜棒完全接触为止，停车后再夹紧工件。

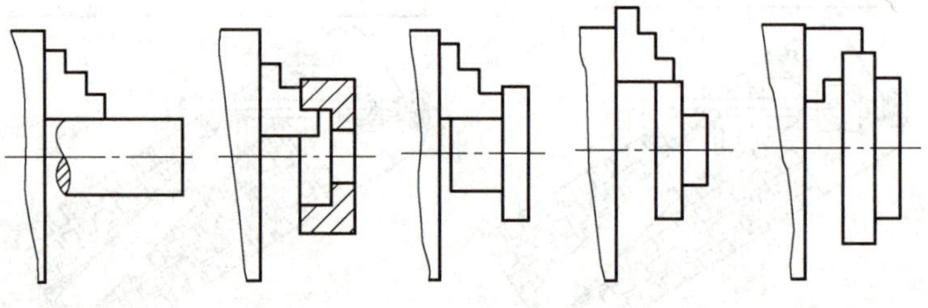

a)　b)　c)　d)　e)

图 2-21　自定心卡盘装夹工件的形式

3）零件数量较多时，为减少找正时间，可在工件与卡盘之间加一个平行垫块。加工盘形或套类零件时，在车削一端面和内孔之后车削另一端面时，为保证两端面的平行度要求或内孔与端面的垂直度要求，可采用端面挡块找正。

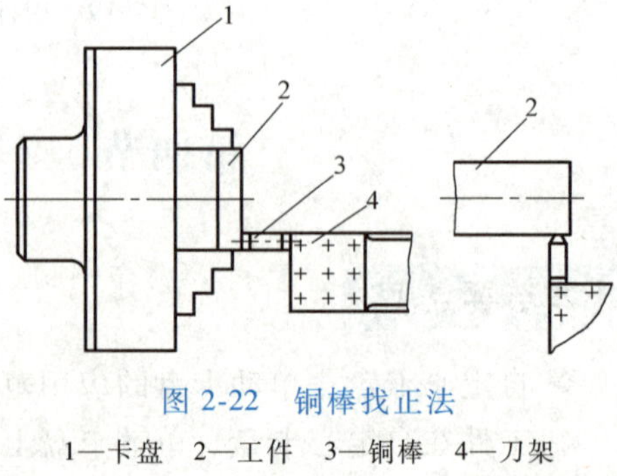

图 2-22　铜棒找正法

1—卡盘　2—工件　3—铜棒　4—刀架

4）图 2-23a 所示为整体端面挡块，带有圆锥体的一端插入车床主轴孔中，另一端与轴线的垂直度偏差小于 0.01mm。必要时，可将其插入主轴锥孔之后再精车端面，并以此端面作为工件端面的定位元件。使用时，将工件端面贴紧挡块端面，再夹紧工件。图 2-23b 所示为可调端面挡块，其特点是支承块 3 的位置可根据需要进行调整。图 2-23c 所示为挡块的装夹方法，装夹时，工件 4 的左端面与支承块 3 贴紧，再夹紧工件。

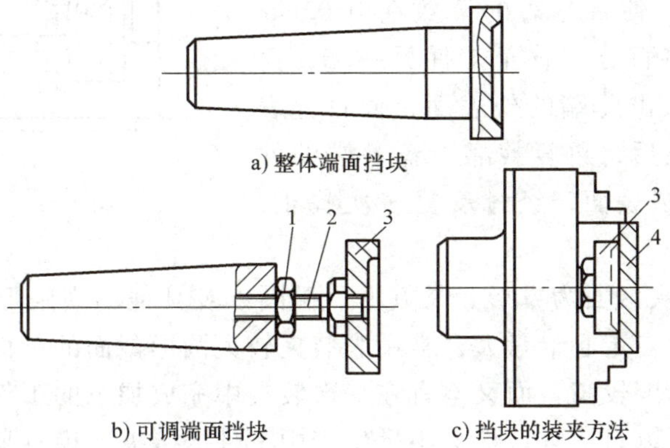

图 2-23　端面挡块

1—螺母　2—螺杆　3—支承块　4—工件

二、工件在单动卡盘上的安装

1. 单动卡盘的外形

单动卡盘也是车床常用的附件，如图 2-24 所示。单动卡盘上的四个卡爪分别通过转动螺杆而实现单动。根据加工的要求，利用划线盘找正后，安装精度比自定心卡盘高，单动卡盘的夹紧力大，适用于夹持较大的圆柱形工件或形状不规则的工件。将卡爪调转 180°安装，即成反爪，也可根据需要使用一个或两个反爪，而其余的仍用正爪。

2. 单动卡盘的应用

把被加工的工件安装在单动卡盘上，使工件的中心与车床主轴的旋转中心取得一致，这一过程就称为找正工件。

单动卡盘不能自动定心，用其装夹工件时，为了使定位基面的轴线对准主轴旋转中心线，必须进行找正。找正的精度取决于找正工具和找正方法。

1）用划线盘按工件外圆表面或已划的加工线找正，这种找正方法的定心精度较低，为 0.2~0.5mm，如图 2-25 所示。

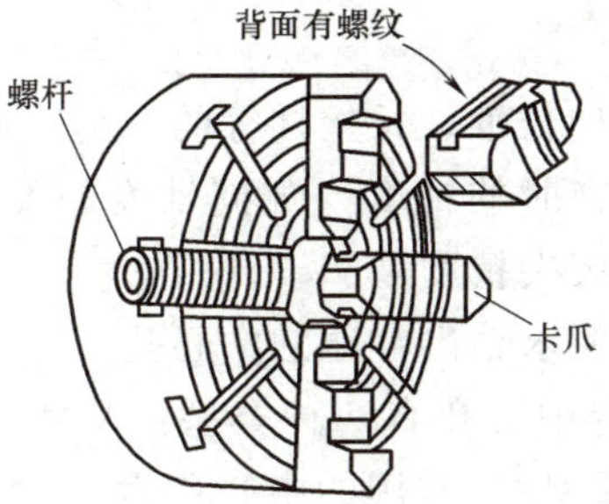

图 2-24　单动卡盘的外形

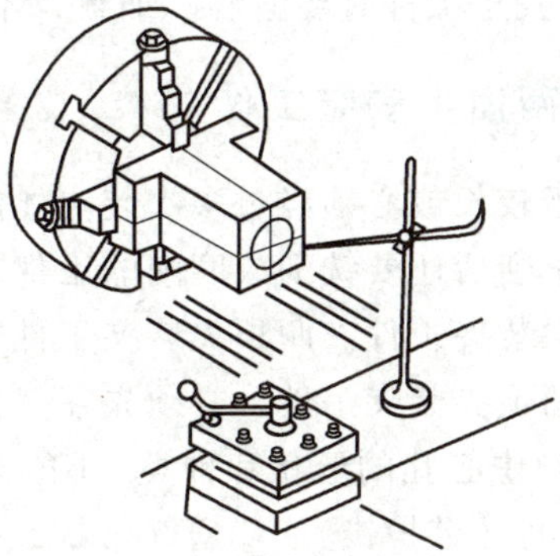

图 2-25　用划线盘找正

2）用百分表按工件已精加工过的表面找正。如图2-26所示，其定心精度可达0.01~0.02mm。用百分表找正轴类工件，先找靠近卡盘一端的外圆表面，旋转卡盘并调整卡爪，使百分表的读数在0.02mm内；然后移动床鞍，将百分表移至工件另一端，再旋转卡盘，并用铜锤敲击此端的外表面，使百分表读数在0.02mm内；最后，再复找靠卡盘一端的外圆表面和另一端的外圆表面，经过反复多次找正，直至符合要求为止。

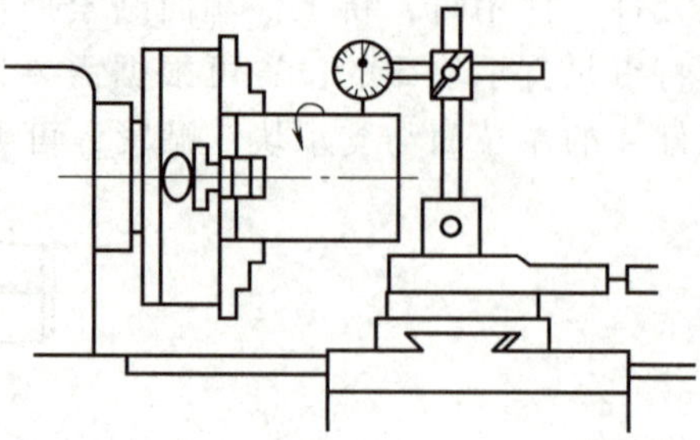

图2-26 用百分表找正

3）单动卡盘可装夹截面为方形、长方形、椭圆以及其他不规则形状的工件，如图2-27所示。由于其夹紧力比自定心卡盘大，常用来装夹较大圆形截面的工件。由于其找正精度较高，常用来夹紧位置精度较高，而又不宜在一次装夹中完成加工的工件。因为单动卡盘找正费时，找正效率低，所以只适宜单件、小批生产中工件的装夹。模具加工中，常用于不规则旋转类模具型芯的车削加工。

3. 注意事项

1）为了防止工件被夹毛，装夹时应垫铜皮。

2）在工件与导轨面之间垫防护木板，以防工件掉落，损坏床面。

3）找正工件时，不能同时松开两只卡爪，以防工件掉落。

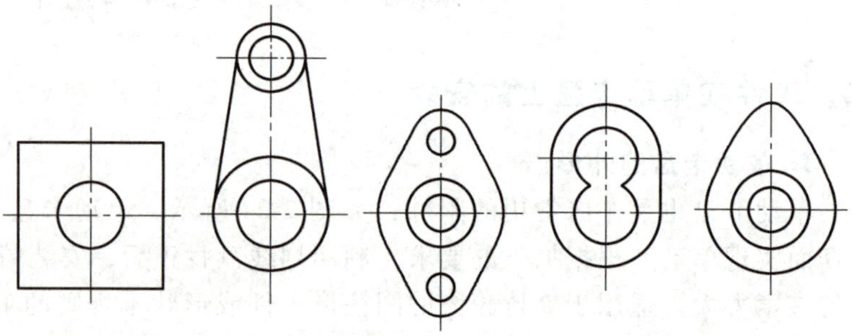

图2-27 单动卡盘可装夹工件类型

4）找正工件时，灯光、针尖与视线角度要配合好，否则会增大目测误差。

5）找正工件时，主轴应放在空挡位置，否则会给卡盘转动带来困难。

6）工件找正后，四个卡爪的紧固力要基本一致，否则车削时工件容易发生移位。

7）在找正近卡爪处的外圆时，若发现有极小的径向跳动，不要盲目地去松开卡爪，可将离旋转中心较远的那个卡爪再夹紧一些来做微小的调整。

8）找正工件时要耐心、细致，不可急躁，并注意安全。

三、用两顶尖安装工件

对于较长或必须经过多次装夹才能加工好的工件，如长轴、长丝杠等的车削，或工序较多，在车削后还要铣削或磨削的工件，为了保证每次装夹时的精度（如同轴度的要求），可用两顶尖装夹工件。两顶尖装夹工件方便，不需找正，装夹精度高。

用两顶尖装夹工件，必须先在工件端面上根据技术要求钻出合适的中心孔。

（1）中心孔的形状和种类　GB/T 145—2001中规定中心孔有四种类型：A型（不带护锥）、B型（带护锥）、C型（带螺纹孔）和R型（带弧型）。常用的中心孔为A型和B型，如图2-28所示。60°锥孔部分与顶尖贴合，起定心作用，圆柱孔可防止顶尖接触工件，以保证顶尖与圆锥孔之间的配合。护锥面可以保护 60°的锥面，使它不致被碰伤而影响定心精度。精度要求较高，且需多次使用中心孔的工件，一般都采用带有护锥的中心孔。

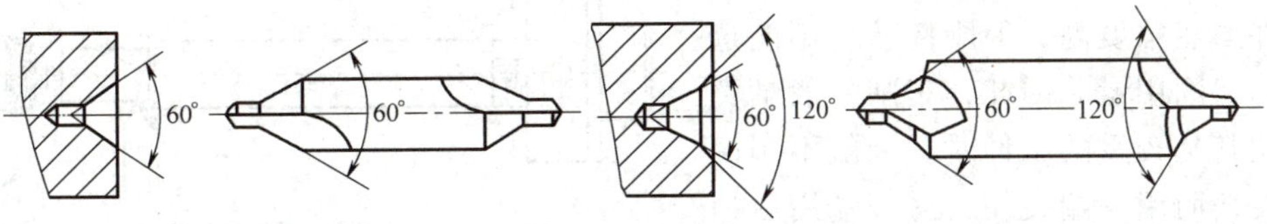

a) A型中心孔及中心钻　　b) B型中心孔及中心钻

图 2-28　中心孔及中心钻

（2）顶尖的种类　常用的顶尖有固定顶尖和回转顶尖两种，如图 2-29 所示。回转顶尖结构复杂，旋转精度较低，多用于粗车和半精车。高速车削时，为防止顶尖与中心孔磨损、发热或烧损，常使用回转顶尖。

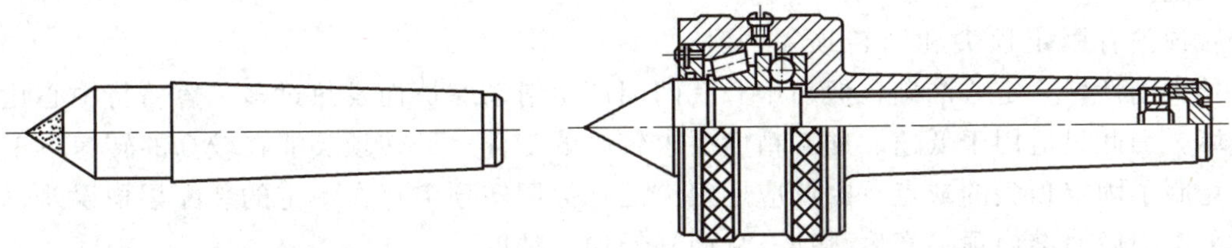

a) 固定顶尖　　b) 回转顶尖

图 2-29　顶尖的种类

（3）用两顶尖装夹工件　两顶尖装夹工件的方法如图 2-30 所示。工件支承在前后两顶尖间，由卡箍、拨盘带动旋转。前顶尖装在主轴锥孔内，与主轴一起旋转。后顶尖装在尾座

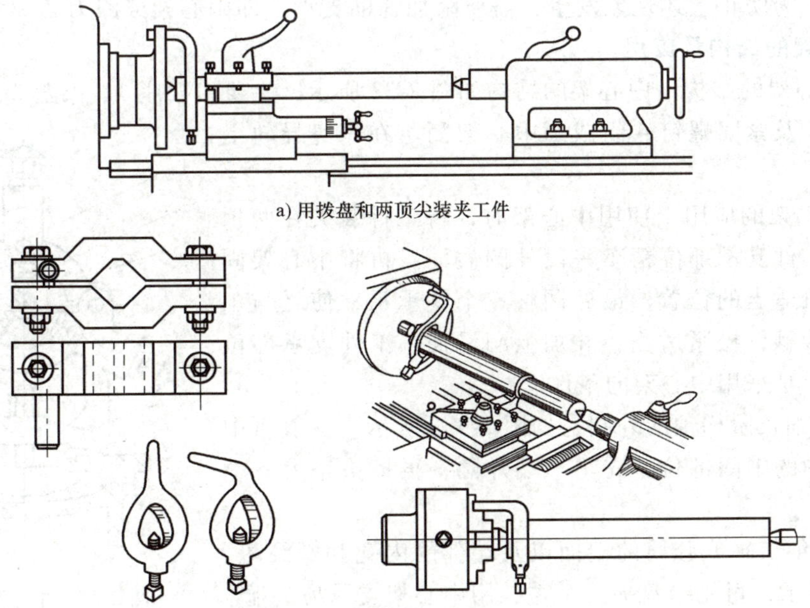

a) 用拨盘和两顶尖装夹工件

b) 用自定心卡盘代替拨盘装夹工件

图 2-30　两顶尖装夹工件的方法

锥孔内固定不转，如图 2-30a 所示。有时也可用自定心卡盘代替拨盘（图 2-30b），此时前顶尖用一段钢棒车成，夹在自定心卡盘上，卡盘的卡爪通过鸡心夹头带动工件旋转。

（4）一夹一顶装夹工件　用两顶尖装夹工件虽然精度高，但刚性差，不能选用较大的切削用量。因此，车削一般轴类工件，尤其是较重的工件时，一般不用两顶尖装夹，而用一端夹住，另一端用后顶尖顶住的装夹方法，如图 2-31 所示。为防止工件由于切削力作用而产生轴向位移，必须在卡盘内安装一限位支承，或利用工件的台阶做限位。这种装夹方法比较安全，能承受较大的轴向切削力，因此应用很广泛。

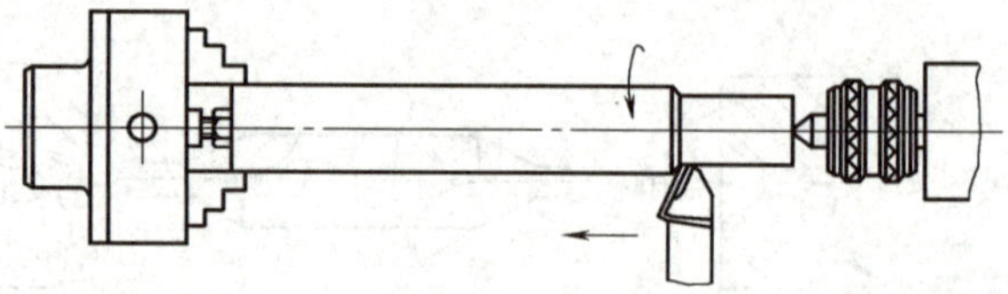

a) 用专用限位支承限位

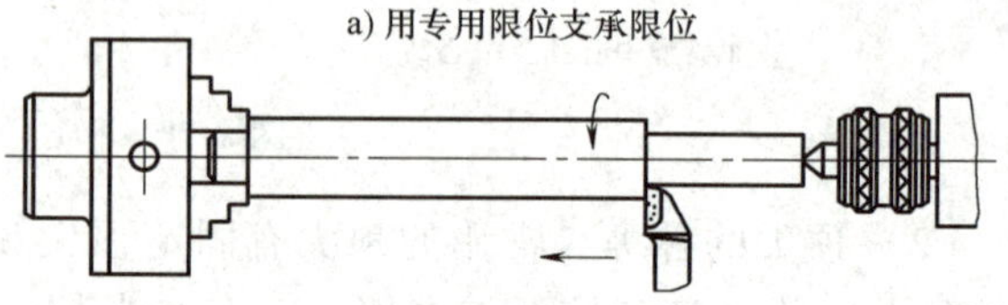

b) 用工件台阶限位

图 2-31　一夹一顶装夹工件的方法

后顶尖有固定顶尖和回转顶尖两种。固定顶尖刚性好，定心准确，但与中心孔间因产生滑动摩擦而发热过多，容易将中心孔或顶尖损坏，因此只适用于低速、加工精度要求较高的工件。回转顶尖能在较高的转速下正常工作，克服了固定顶尖的缺点，因此应用很广泛。但回转顶尖存在一定的装配累积误差，且滚动轴承磨损后，会使顶尖产生跳动，从而降低加工精度。

四、中心架和跟刀架的使用

当车削长度为直径 20 倍以上的细长轴或端面带有深孔的细长工件时，由于工件本身的刚性很差，当受切削力的作用，往往容易产生弯曲变形和振动，容易把工件车成两头细中间粗的腰鼓形。为防止上述现象发生，需要附加辅助支承，即中心架或跟刀架。

1. 中心架的结构及应用

（1）中心架的结构　中心架的结构如图 2-32 所示，主要由架座 1、架盖 2、三个独立移动的支承爪 3 及紧固螺钉 4 组成。中心架固定在床身导轨上使用。

（2）中心架的应用　使用中心架时，将工件装夹在两顶尖上，先在工件支承部位精车一段外圆表面，再将中心架固定在机床导轨适当的位置，最后调整三个支承爪，使之与工件的支承面接触，松紧适当，并加上润滑油。工件支承部位的圆度准确，是采用中心架的条件。

1）加工细长阶梯轴的外圆，如图 2-33a 所示，一般将中心架支承在轴的中间部位，先车一端外圆，再掉头车另一端外圆。

2）加工细长轴或套筒的端面以及端部的内孔和螺纹等，如图 2-33b 所示，可用卡盘夹持一端，用中心架支承另一端。

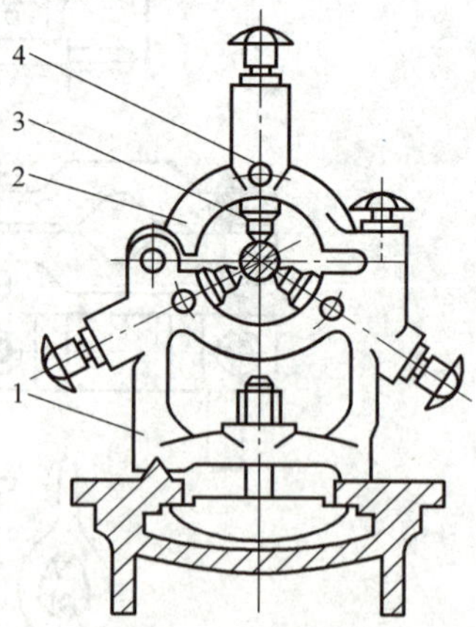

图 2-32　中心架的结构

1—架座　2—架盖　3—支承爪　4—紧固螺钉

2. 跟刀架的结构及应用

（1）跟刀架的结构　跟刀架的结构如图 2-34 所示，主要

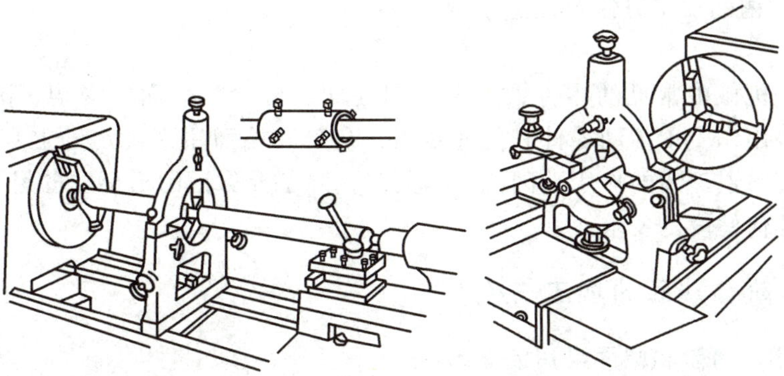

a) 中心架支承车阶梯轴外圆　　b) 中心架支承车端面

图 2-33　中心架的应用

由架座、两个独立移动的支承爪（支承架互成 90°）及垂直方向和侧面各一个的紧固螺钉组成。跟刀架固定在床鞍上，跟随床鞍做纵向移动，支承爪紧贴已加工的光轴外圆表面，起辅助支承作用，它可以跟随车刀移动，抵消径向切削力。

（2）跟刀架的应用　跟刀架主要用于不适宜掉头车削的细长轴及不能用中心架支承时的工件的车削。使用跟刀架时，需先在工件右端车削一段外圆，根据外圆调整两个支承爪的位置和松紧，然后即可车削光轴的全长，如图 2-35 所示。

精车光轴时，跟刀架一般应放在刀具的前面，以防止支承爪擦伤精车后的外圆表面。

使用跟刀架（中心架）时，工件的转速不宜太高，并需对支承爪加注机油润滑，防止工件与支承爪之间摩擦发热，使支承爪磨坏或烧损。

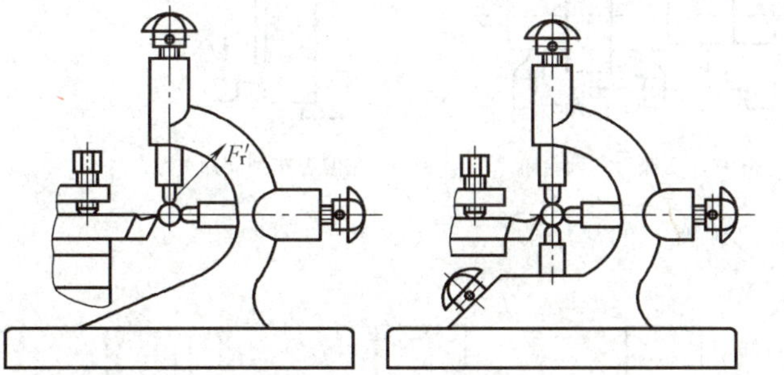

a) 两爪支承跟刀架　　b) 三爪支承跟刀架

图 2-34　跟刀架的结构

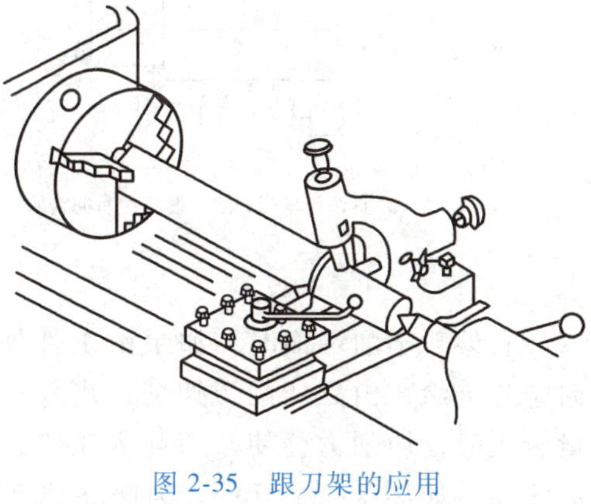

图 2-35　跟刀架的应用

第五节　轴类零件的车削

【本节要点】

✧ 车削外圆、台阶、端面及切断、切槽的常用车刀。

✧ 车削外圆、台阶和端面的方法。

✧ 外圆及长度尺寸的测量和加工控制的方法。

✧ 切断和切槽的加工方法及注意事项。

轴类零件是机械中常见的零件，一般由圆柱面、台阶、端面、沟槽、圆锥面和螺纹组成。圆柱面一般用作支承传动零件和传递转矩，台阶和端面用来确定轴上零件的轴向位置，沟槽一般起加工时退刀槽的作用。因此，车削时，除了要保证图样标注的尺寸和表面粗糙度外，还要注意几何精度的要求。

一、外圆、台阶和端面的加工与检测

1. 车削外圆、台阶和端面常用的车刀

（1）90°车刀及使用　90°车刀又称偏刀，按进给方向可分为左偏刀和右偏刀两种，如图 2-36 所示。

右偏刀一般用来车削工件的外圆、端面和右向台阶，如图 2-37a 所示。因为右偏刀的主偏角较大，所以车外圆时作用于工件半径方向的径向切削力较小，不易将工件顶弯。

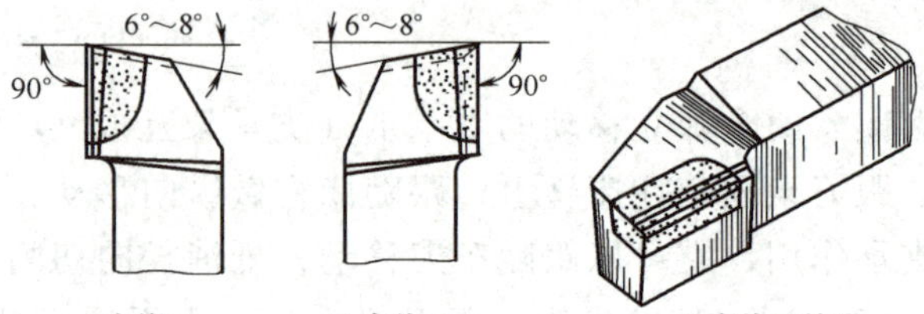

a) 右偏刀　b) 左偏刀　c) 右偏刀外形

图 2-36　90°车刀

左偏刀一般用来车削左向台阶和工件的外圆，也适用于车削直径较大和长度较短工件的端面，如图 2-37b、c 所示。

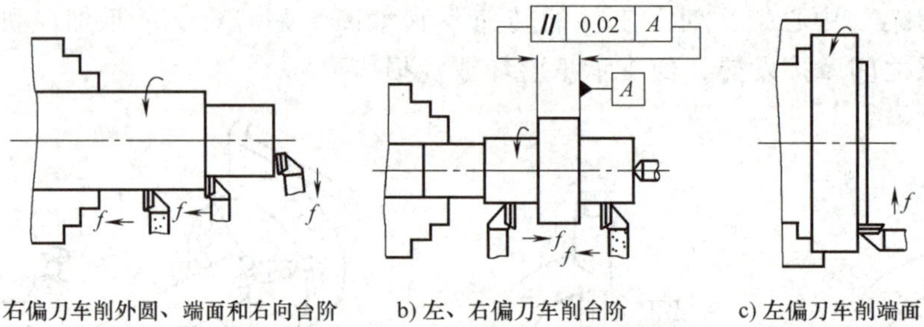

a) 右偏刀车削外圆、端面和右向台阶　b) 左、右偏刀车削台阶　c) 左偏刀车削端面

图 2-37　90°车刀的使用

右偏刀车削端面时，如果由工件外缘向中心进给，由副切削刃切削，当背吃刀量较大时，切削力会使车刀扎入工件，形成凹面，如图 2-38a 所示。为防止产生凹面，可改成由中心向外缘进给，用主切削刃切削的方法，如图 2-38b 所示，但这种方法的背吃刀量较小。切削余量较大时也可用如图 2-38c 所示的端面车刀车削。

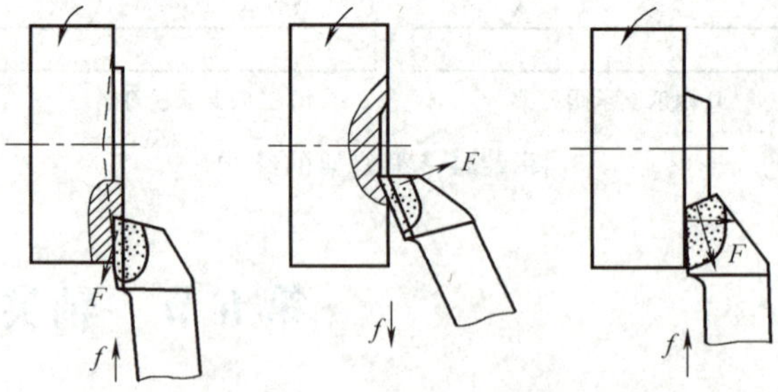

a)　b)　c)

图 2-38　右偏刀车削端面

（2）45°车刀及使用　45°车刀的刀头强度和散热条件都比 90°车刀好，常用于车削工件的端面和进行 45°倒角，也可用来车削外圆，如图 2-39 所示。

（3）75°车刀及使用　75°车刀的刀头强度好，耐用，适合轴类零件外圆的粗加工及加

工余量较大的铸、锻件的粗加工，如图 2-40a 所示。75°车刀车削铸、锻件端面如图 2-40b 所示。

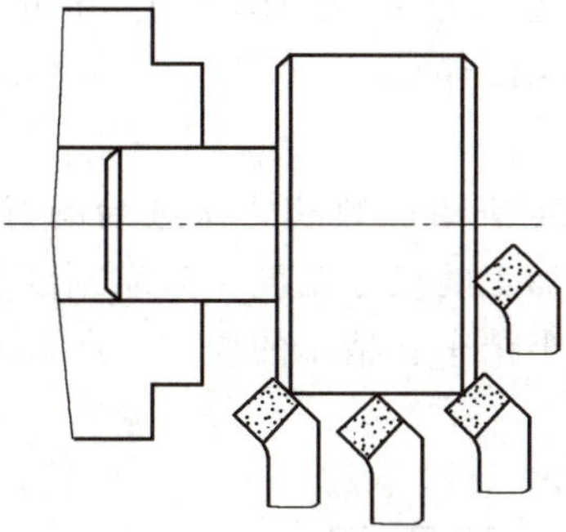

图 2-39　45°车刀的使用

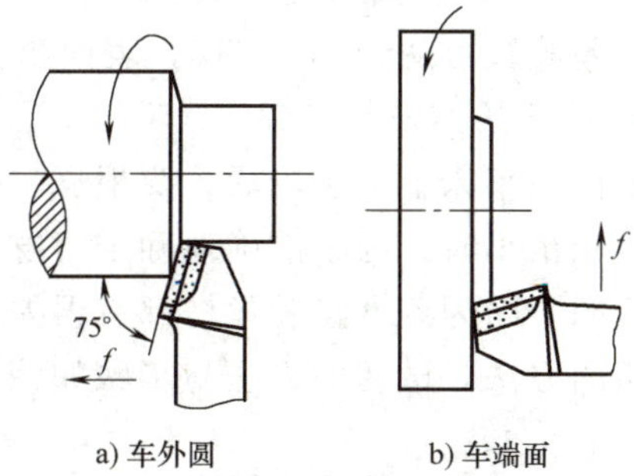

图 2-40　75°车刀的使用

2. 外圆及台阶的车削

车削台阶时，不仅要车削外圆，还要车削台阶端面。因此，车削时既要保证外圆及台阶面的长度尺寸，又要保证台阶端面与工件轴线的垂直度要求。一般要经过粗车、半精车、精车等工序才能完成零件的车削加工达到图样要求。外圆及台阶的车削如图 2-41 所示。台阶的长度可通过大拖板的刻度或量具的测量来保证，如图 2-42 所示。为使台阶长度符合要求，可用刀尖预先刻出线痕，以此作为加工界限。

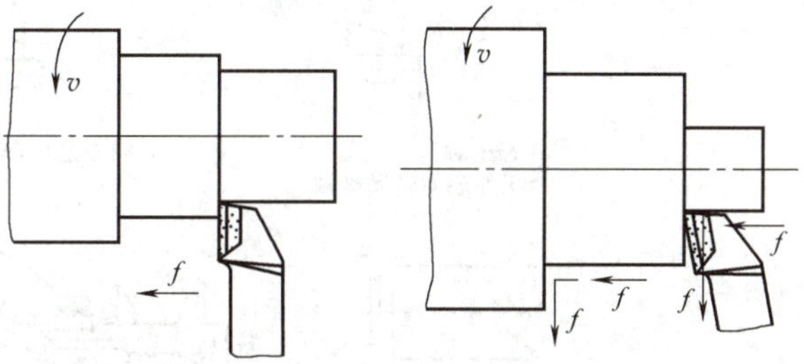

图 2-41　外圆及台阶的车削

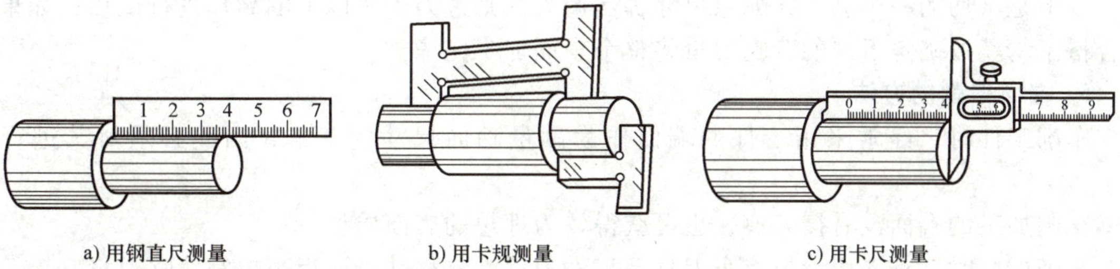

图 2-42　台阶的长度测量

3. 外圆车削的方法

根据尺寸精度和表面粗糙度的要求，外圆的车削分为粗车和精车。粗车时，在充分发挥刀具和机床性能的情况下，背吃刀量应尽可能大一些。通常背吃刀量取 3~12mm，进给量取 0.3~1.5mm/r。加工中碳钢时，切削速度 v_c 为 50~70m/min；加工铸铁时，切削速度 v_c 为 40~60m/min。粗车时，尺寸公差等级可达到 IT12，表面粗糙度值 Ra 为 40~20μm。半精车时，尺寸公差等级可达到 IT9~IT11，表面粗糙度值 Ra 为 3.2~1.6μm。

精车可分为高速精车和低速精车。高速精车时采用硬质合金车刀，高的切削速度（v_c>

120m/min）和小的进给量（f<0.2mm/r）；低速精车则采用高速钢宽刃车刀，低的切削速度（v_c<5m/min）和大的进给量（f=4mm/r）。表面粗糙度值 Ra 为 6.3～12.5μm 时，背吃刀量 a_p 为 1～3mm；表面粗糙度值 Ra 为 1.6～3.2μm 时，背吃刀量 a_p 取 0.05～0.8mm。精车时尺寸公差等级可达到 IT7～IT8，表面粗糙度值 Ra 为 1.8～1.6μm。

4. 试切的方法与步骤

工件在车床上安装以后，要根据工件的加工余量决定进给次数和每次进给的背吃刀量。半精车和精车时，为了准确地确定背吃刀量，保证工件加工的尺寸精度，只靠刻度盘来进刀是不行的。因为刻度盘和丝杠都有误差，往往不能满足半精车和精车的要求，所以就需要采用试切的方法。试切的方法与步骤如图 2-43 所示。

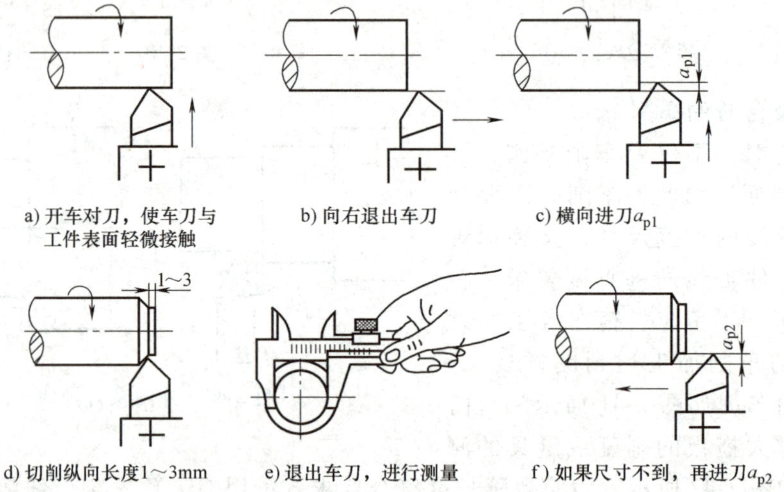

图 2-43 试切的方法与步骤

以上是试切的一个循环，如果尺寸仍然偏大，则进刀仍按以上的循环进行试切；如果尺寸合格了，就按确定下来的背吃刀量将整个表面加工完毕。

5. 端面车削的方法

车削工件时，经常采用工件的端面作为测量轴向尺寸的基准，因此必须对其进行精加工。

车削加工的端面没有接刀痕，也可获得较为理想的表面质量。

车削端面时，首先用滑板将车刀移至工件附近，靠移动小滑板来控制背吃刀量，摇动中滑板手柄做横向进给运动。端面车削的方法如图 2-44 所示。

车削大的端面时，要防止车刀因受力使刀架移动，在加工面上产生凹凸不平的现象，可按图 2-45 所示的方法将床鞍紧固在床身上。

车削端面时，切削速度由外向中心逐渐减小，会影响端面的表面粗糙度，因此切削速度应比车外圆时略高，精度要求高时，可在车削一半时调整转速。

车端面时，一般采用如下的背吃刀量和进给量：

粗车时，a_p=2～5mm，f=0.3～0.7mm/r；精车时，a_p=0.7～1mm，f=0.1～0.3mm/r。

6. 注意事项

1）工件、刀具必须装夹牢固，注意安全。

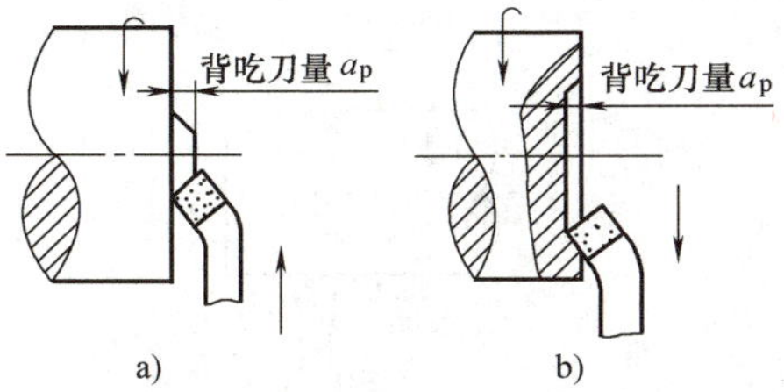

图 2-44　端面车削的方法

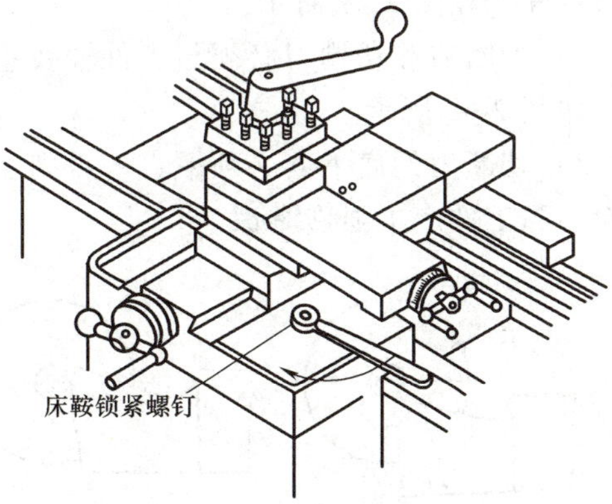

图 2-45　车大端面时锁紧床鞍

2）使用后顶尖时，松紧要适当，并注意经常润滑。

3）注意检查加工质量，每一批产品的首件必须送检，防止出现成批废品。

4）要及时排除切屑，高速车削时，要注意使用断屑车刀。

5）车端面或高台阶面时，一定要将床鞍固定，然后再横向进给。

6）车削台阶时，如果不用挡铁控制台阶长度，一定要注意提前断开自动进给，然后用手动进给车削到所需的尺寸。

二、切断和切槽

在车削加工中，经常需要把过长的原材料切成一段段的毛坯，然后再进行加工。也有一些工件在车削完成以后，再从原材料上切下来，这种加工方法叫切断。

有时工件为了车螺纹或磨削时退刀的需要，要在靠近台阶处车削出各种不同的沟槽，这种加工方法叫切槽。

1. 切槽刀与切断刀

切槽刀与切断刀的形状和角度基本相同，如图 2-46 所示，刀头窄而长。为使切削顺利，一般在切断刀的前刀面磨出一个较浅的卷屑槽，槽深通常为 0.75~1.5mm，长度要超过切入的深度。

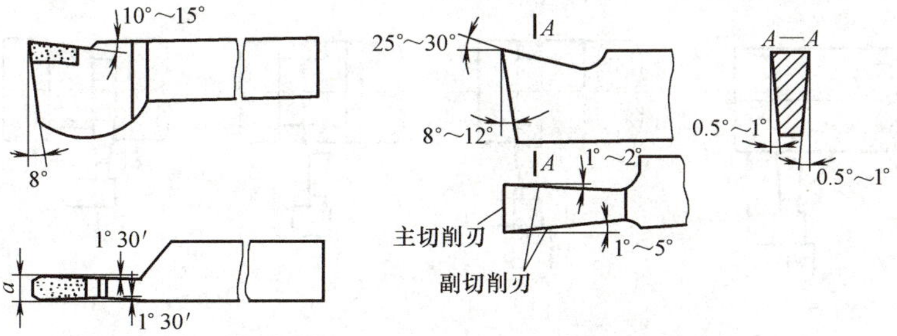

图 2-46　切槽刀和切断刀

2. 刀具的安装

1）切断刀的刀尖必须与工件轴线等高，否则不仅不能把工件切下来，而且很容易使切断刀折断，如图 2-47 所示。

2）切断刀和切槽刀必须与工件轴线垂直，否则车刀的副切削刃与工件两侧面会产生摩擦，如图 2-48 所示。

3）切断刀的底平面必须平直，否则会引起副后角的变化，在切断时切断刀的某一副后刀面会与工件产生强烈摩擦。

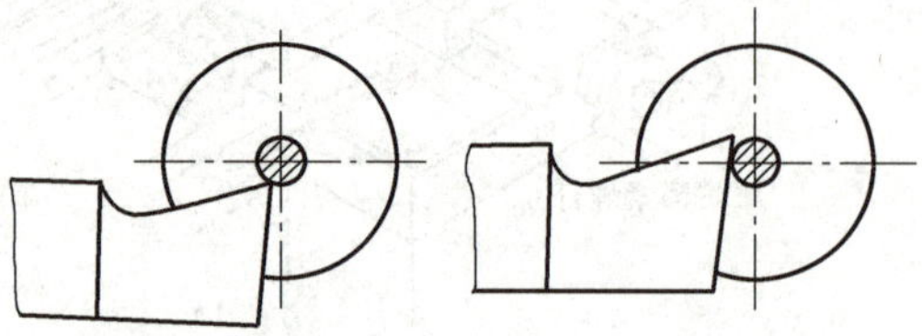

a) 刀尖过低切断刀易被压断　　b) 刀尖过高不易切削

图 2-47　切断刀刀尖须与工件轴线等高

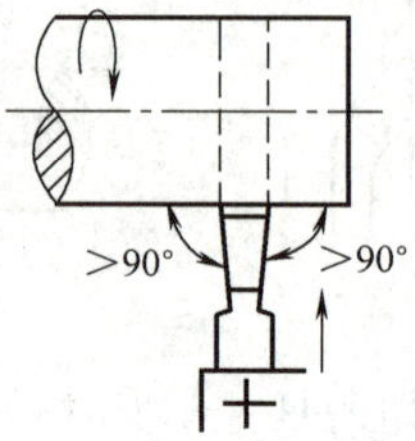

图 2-48　切槽刀的正确位置

3. 切槽

车床上可切外沟槽、内沟槽和端面槽，如图 2-49 所示。切内、外沟槽时，刀具横向进给，切端面槽时，刀具纵向进给。

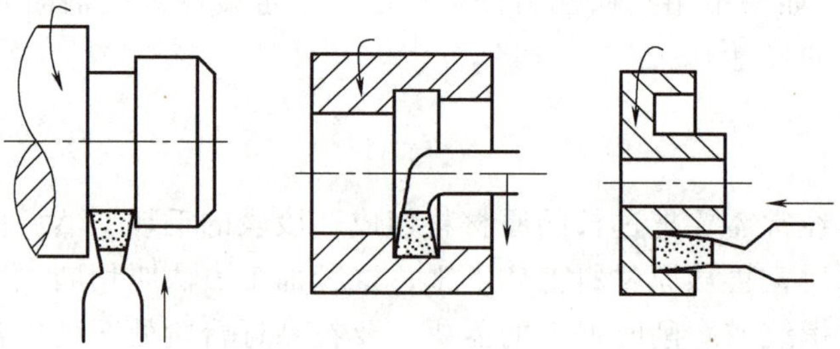

a) 切外沟槽　　b) 切内沟槽　　c) 切端面槽

图 2-49　切槽的种类

对于宽度在 5mm 以下的窄槽，可采用主切削刃与槽宽度相等的切槽刀在一次横向进给中切出；对与宽度大于 5mm 的宽槽，可按图 2-50 所示的方法切削，最后一次横向进给粗车后，再按图 2-50d 中 1、2、3 的顺序精车槽的底部。

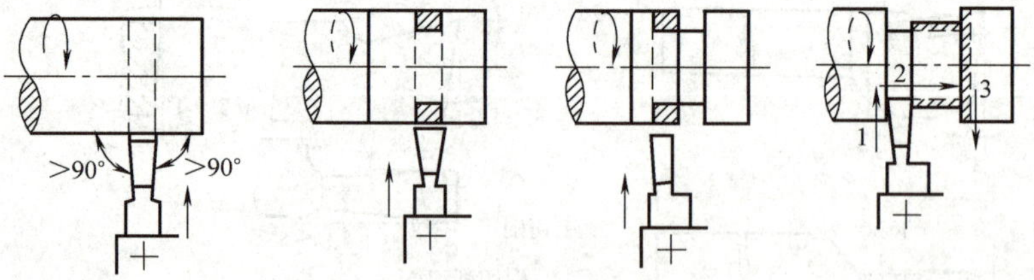

a)　　b)　　c)　　d)

图 2-50　切宽槽的方法

4. 切断

（1）切断方法　切断工件的方法有直进法、左右借刀法和反切法。

1）直进法切断工件是指在垂直于工件轴线方向进给切断，如图 2-51a 所示。这种方法切断效率高，但对车床和切断刀的刃磨、装夹都有较高的要求，否则容易造成刀头折断。

2）左右借刀法切断工件。在切削系统（刀具、工件、车床）刚性等不足的情况下，可采用左右借刀法切断工件，如图 2-51b 所示。这种方法是指切断刀在轴线方向反复地往返移动，随着两侧径向进给，直至工件切断。

3）反切法切断工件是指工件反转、车刀反向装夹将工件切断的方法，如图 2-51c 所示。这种切断方法适用于较大直径工件的切断，其优点如下：

① 反转切削时，作用在工件上的切削力与主轴重力方向一致（向下），因此主轴不容易产生上下跳动，所以切断工件比较平稳。

② 切屑从下面流出，不会堵塞在切割槽中，因而能比较顺利地切削。

但必须指出，在采用反切法切断工件时，卡盘与主轴的连接部分必须有保险装置，否则卡盘会因倒车而脱离主轴，发生事故。

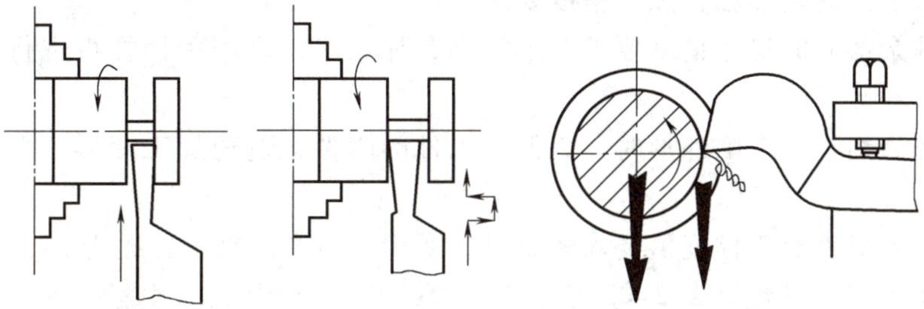

a) 直进法　　b) 左右借刀法　　c) 反切法

图 2-51　切断工件的三种方法

（2）注意事项　切断时应注意以下事项：

1）切断直径小于主轴孔的棒料时，切断刀离卡盘的距离应小于工件的直径，否则容易引起振动或将工件抬起来而损坏车刀，如图 2-52 所示。

2）切断在两顶尖或一端卡盘夹住、另一端用顶尖顶住的工件时，不可将工件完全切断。

3）在刀头的底部采用鱼肚形，装夹刀具时尽量减少刀具的悬伸量，增加刀头的刚度。

4）切断时应采用较低的切削速度和较小的进给量。

5）切断时要调整好车床主轴和刀架滑动部分的间隙。

6）切断时要充分使用切削液，使排屑顺利。

7）快切断时必须放慢进给速度。

8）切断和切槽时容易产生振动，会折断刀头。主切削刃的宽度越大，振动会越强烈，若宽度过窄，刀头的强度又太弱，所以要选择适当的主切削刃宽度。

9）尽可能增加刀具的前角，减少切削力。

10）可在主切削刃的中间磨出 $R0.5$mm 的凹槽，不仅能起减振的作用，同时也对刀具的横向进给起导向作用。

三、轴类零件车削实例

1. 手柄的车削加工

零件图样如图 2-53 所示。

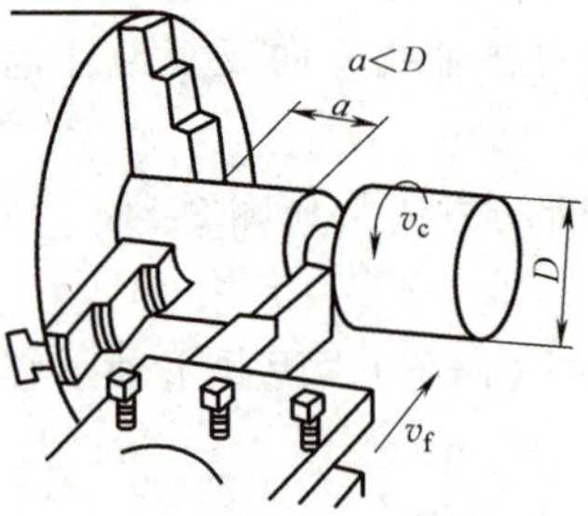

图 2-52　切断

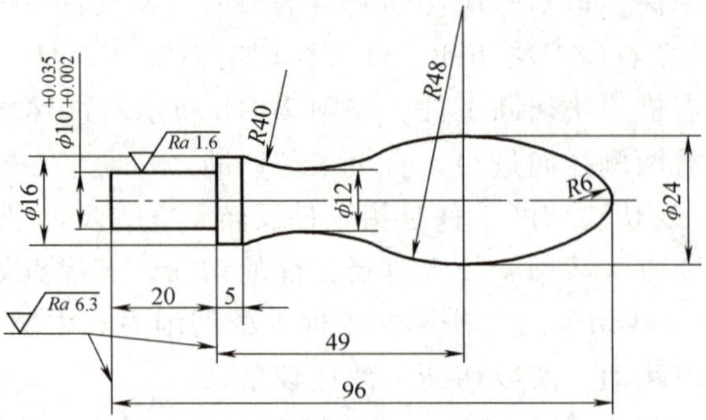

图 2-53　手柄

工艺及图样分析如下。

1）手柄为工件的基准轴，加工精度要求高。

2）手柄其余部分的尺寸精度要求并不算高，加工时，多用手柄样板进行检测，保证手柄的外形要求。

3）工件较为细长，车削外形时，为保证工件的刚性，避免加工变形，采用一夹一顶方式装夹。

4）手柄的外形表面粗糙度值要求较小时，要用锉刀及砂纸进行抛光。

5）手柄加工工艺过程见表 2-4。

表 2-4　手柄加工工艺过程

<table>
<tr><td colspan="4">加工工艺卡片</td><td>产品名称</td><td></td><td>产品数量</td><td>1000</td></tr>
<tr><td>图号</td><td colspan="3"></td><td>零件名称</td><td>手柄</td><td>第　页</td><td>共　页</td></tr>
<tr><td>材料种类</td><td colspan="2">锻钢</td><td>材料牌号</td><td>45 钢</td><td>毛坯尺寸</td><td colspan="2">φ25mm×100mm</td></tr>
<tr><td>加工简图</td><td>工序</td><td>工种</td><td>工步</td><td>加工内容</td><td>刀具</td><td colspan="2">量具</td></tr>
<tr><td rowspan="3">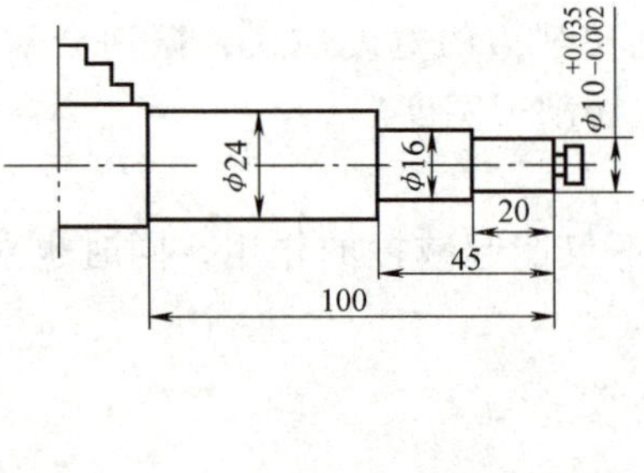</td><td rowspan="3">1</td><td rowspan="3">车削</td><td>（1）</td><td>自定心卡盘装夹工件，粗、精车端面至辅助工具的外圆边处</td><td>90°车刀</td><td colspan="2">卡尺</td></tr>
<tr><td>（2）</td><td>钻中心孔 φ4mm</td><td>φ4mm 中心钻</td><td colspan="2"></td></tr>
<tr><td>（3）</td><td>一夹一顶装夹工件伸出长度为 110mm，粗车 φ24mm 长 100mm、φ16mm 长 45mm、φ10mm 长 20mm，各留 0.1mm 精车余量</td><td>90°车刀</td><td colspan="2">卡尺</td></tr>
</table>

（续）

加工简图	工序	工种	工步	加工内容	刀具	量具
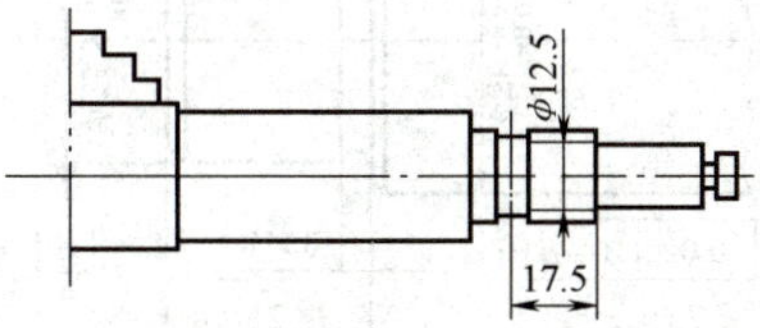	2	车削	(1)	以 ϕ16mm 外圆的端面起，长 17.5mm 处为中心线，用小圆头车刀车削 ϕ12.5mm 的定位槽	小圆头车刀	卡尺
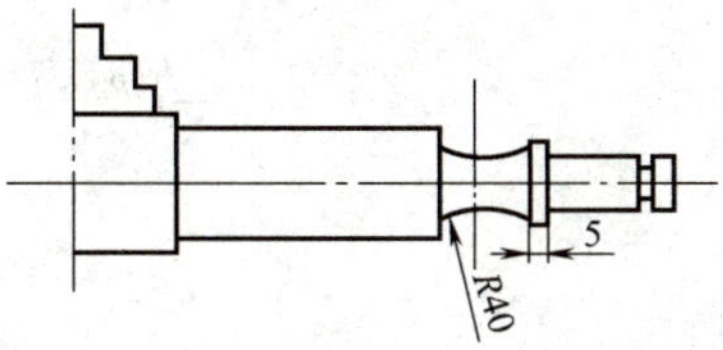	3	车削	(2)	从 ϕ16mm 外圆的端面起，长大于 5mm 处开始切削，向 ϕ12.5mm 定位槽处移动，车削 R40mm 的圆弧面	小圆头车刀	卡尺
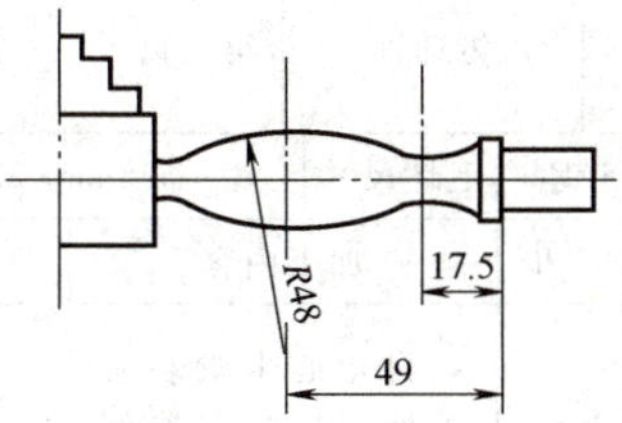	4	车削、抛光	(1)	以 ϕ16mm 外圆的端面起，长 49mm 处为中心线，在 ϕ24mm 外圆上向左、右方向车 R48mm 的圆弧面	小圆头车刀	卡尺 手柄样板
			(2)	精车 ϕ10mm 长 20mm 至尺寸要求，精车 ϕ16mm 的外圆至尺寸要求	90°车刀	千分尺
			(3)	修整工件	锉刀、砂纸	手柄样板
			(4)	松开顶尖，车 R6 圆弧面，保证 96mm 尺寸要求	小圆头车刀	手柄样板
			(5)	切断工件	切断刀	卡尺
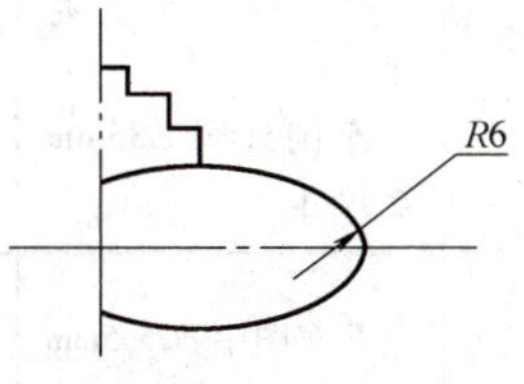	5	车削、抛光	(1)	掉头，软卡爪夹持工件的 ϕ24mm 外圆，百分表找正，修整 R6mm 圆弧面，并用砂纸抛光	小圆头车刀、锉刀、砂纸	手柄样板

2. 传动轴的车削加工

零件图样如图 2-54 所示。

工艺及图样分析如下。

1）为提高生产率，粗车时采用一夹一顶方法装夹。

2）外圆 ϕ30mm 对外圆 A、B 轴线的径向圆跳动为 0.02mm，为达到这一要求，精车时应将工件装夹在两回转顶尖之间，用鸡心夹头带动车削。

3）未标注倒角 C1。

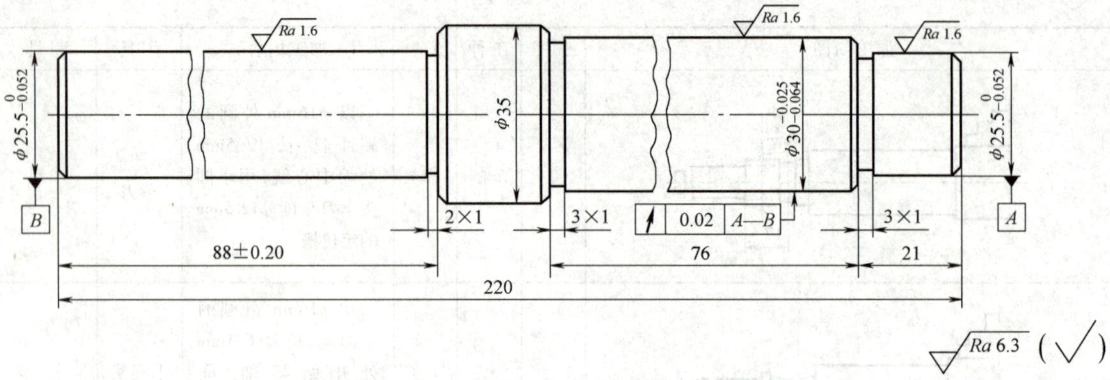

图 2-54 传动轴

4）保证轴的各尺寸公差，并注意各长度尺寸的控制。

5）传动轴加工工艺过程见表 2-5。

表 2-5 传动轴加工工艺过程

<table>
<tr><td colspan="3">加工工艺卡片</td><td>产品名称</td><td></td><td colspan="2">产品数量</td><td colspan="2">100</td></tr>
<tr><td>图号</td><td colspan="2"></td><td>零件名称</td><td>传动轴</td><td colspan="2">第　页</td><td colspan="2">共　页</td></tr>
<tr><td>材料种类</td><td>热轧圆钢</td><td>材料牌号</td><td>45 钢</td><td>毛坯尺寸</td><td colspan="4">φ38mm×225mm</td></tr>
<tr><td colspan="2">加工简图</td><td>工序</td><td>工种</td><td>工步</td><td colspan="2">加工内容</td><td>刀具</td><td>量具</td></tr>
<tr><td colspan="2" rowspan="2">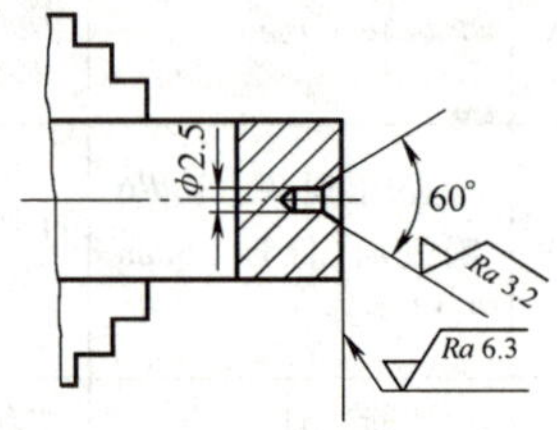</td><td rowspan="2">1</td><td rowspan="2">车削</td><td>(1)</td><td colspan="2">自定心卡盘装夹工件，粗、精车工件端面</td><td>45°车刀</td><td></td></tr>
<tr><td>(2)</td><td colspan="2">钻中心孔 φ4mm</td><td>φ4mm 中心钻</td><td></td></tr>
<tr><td colspan="2" rowspan="5">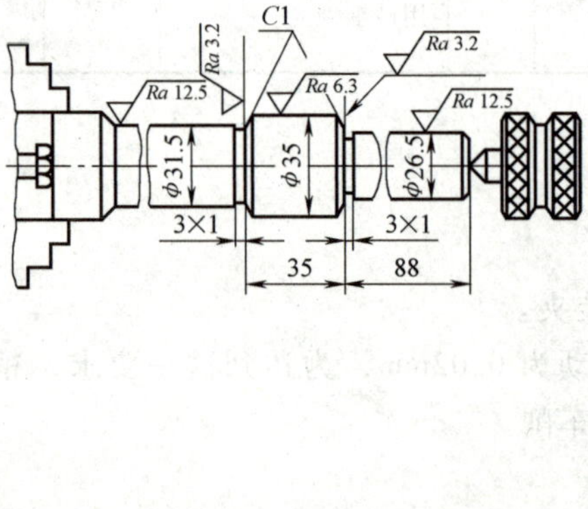</td><td rowspan="5">2</td><td rowspan="5">车削</td><td>(1)</td><td colspan="2">一夹一顶装夹工件
车削外圆 φ35mm 至尺寸</td><td>90°车刀</td><td>卡尺</td></tr>
<tr><td>(2)</td><td colspan="2">粗车图中 φ25.5mm 的外圆，尺寸要求至 φ26.5mm，长 88mm</td><td>90°车刀</td><td>卡尺</td></tr>
<tr><td>(3)</td><td colspan="2">粗车图中 φ30mm 的外圆至 φ31.5mm</td><td>90°车刀</td><td>卡尺</td></tr>
<tr><td>(4)</td><td colspan="2">车削油槽 3mm × 1mm、控制长度为 35mm</td><td>切槽刀</td><td>卡尺</td></tr>
<tr><td>(5)</td><td colspan="2">倒角 C1</td><td>45°车刀</td><td></td></tr>
</table>

（续）

加工简图	工序	工种	工步	加工内容	刀具	量具
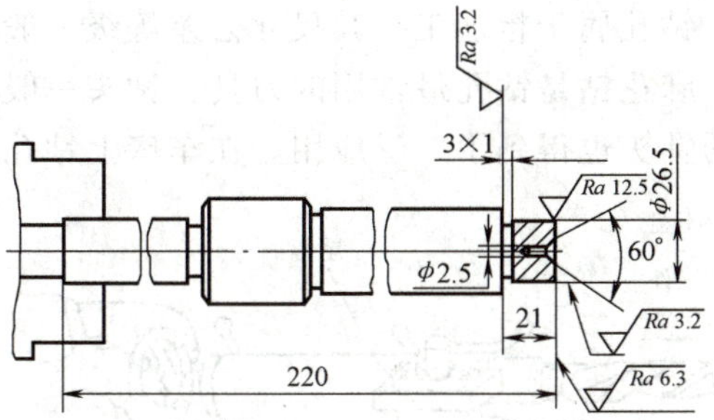	3	车削	（1）	掉头，自定心卡盘装夹工件 ϕ26.5mm 外圆车端面、保证总长 220mm	45°车刀	卡尺
			（2）	钻中心孔 ϕ4mm	ϕ4mm 中心钻	
			（3）	一夹一顶装夹工件，粗车图中 ϕ25.5mm 的外圆至 ϕ26.5mm、长 21mm	90°车刀	卡尺
			（4）	车削沟槽 3mm×1mm 至尺寸，控制长度为 21mm	切槽刀	卡尺
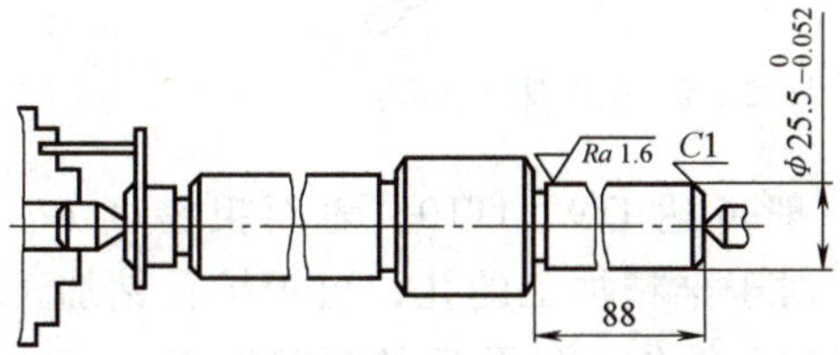	4	车削	（1）	将工件装夹在两回转顶尖之间，精车 $\phi25.5_{-0.052}^{0}$mm 至尺寸	90°车刀	千分尺
			（2）	倒角 C1	45°车刀	
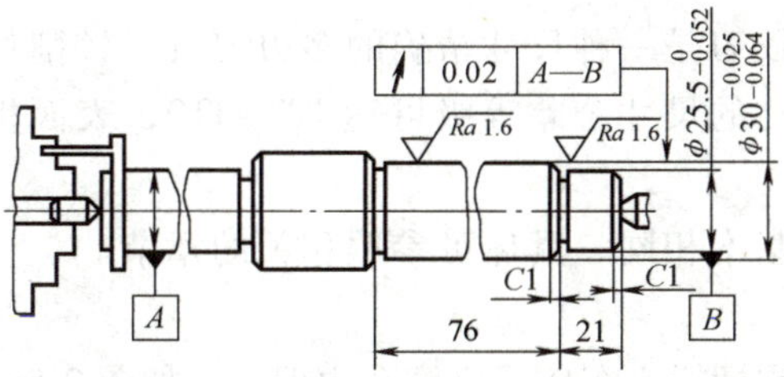	5	车削		掉头，将工件装夹在两回转顶尖之间。精车 $\phi30_{-0.064}^{-0.025}$mm 外圆至尺寸	90°车刀	千分尺
				精车 $\phi25.5_{-0.052}^{0}$mm 至尺寸	90°车刀	千分尺
				倒角 C1	45°车刀	

第六节　套类零件的车削与测量

【本节要点】

- ✧ 车床上钻孔、扩孔、铰孔的方法。
- ✧ 镗孔的方法及注意事项。
- ✧ 保证套类零件技术要求的常用方法。
- ✧ 套类零件的测量工具及方法。

套类零件一般由外圆、内孔、端面、台阶和内外沟槽等表面组成。加工表面主要是孔、外圆和端面。加工方法主要包括钻孔、扩孔、铰孔和镗孔等。孔的加工不仅要达到图样的尺寸精度和表面粗糙度，而且要保证设计的各项几何公差要求。

一、钻孔、扩孔和铰孔

1. 钻孔

用麻花钻在实体材料上加工孔的方法叫钻孔。钻孔属于粗加工，其尺寸公差等级一般可达 IT11、IT12，表面粗糙度 *Ra* 值为 12.5~25μm。麻花钻是钻孔最常用的刀具，钻头一般用高速钢制成。由于高速切削的发展，镶硬质合金的钻头也得到了广泛应用。在车床上钻孔如图 2-55 所示。

2. 扩孔

对于精度要求不高的内孔，可用麻花钻直接钻出内孔。对于精度要求较高的内孔，钻孔后还要经过切削加工或扩孔、铰孔加工才能完成。用扩孔刀具扩大工件孔径的加工方法称为扩孔。常用的扩孔刀具有麻花钻、扩孔钻等。扩孔的尺寸公差等级一般可达 IT9、IT10，表面粗糙度 *Ra* 值为 6.3μm 左右。一般工件的扩孔，可用麻花钻加工；对于半精加工的孔，可用扩孔钻加工。

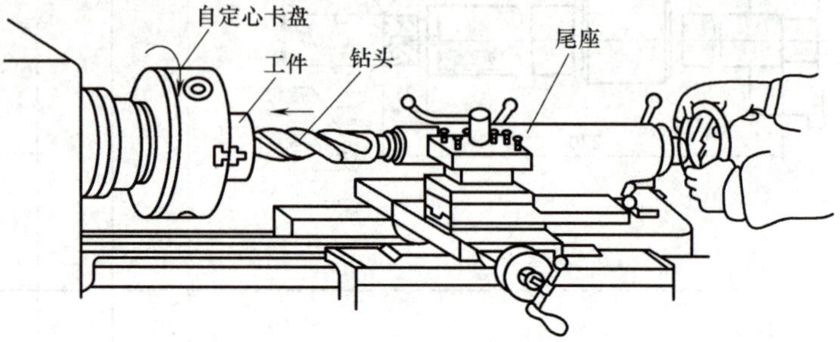

图 2-55 在车床上钻孔

扩孔常用于铰孔前或磨孔前的预加工，常使用扩孔钻作为钻孔后的预精加工。

3. 铰孔

铰孔是用铰刀对孔进行精加工的一种方法。铰刀是一种尺寸精确的多刃刀具，铰削加工的孔质量好，铰削加工的效率高，操作简单。铰孔的尺寸公差等级可达 IT7~IT9，表面粗糙度 *Ra* 值为 1.6~3.2μm，甚至更低。

车床上铰削加工的相关技术与在钻床上铰孔基本相同，具体可参照相关的章节。

4. 麻花钻的安装

直柄麻花钻一般用钻夹头装夹，再将钻夹头的锥柄插入车床尾座锥孔内即可，如图 2-56a 所示。锥柄麻花钻可直接或用莫氏过渡套连接后插入车床尾座锥孔内，如图 2-56b 所示。

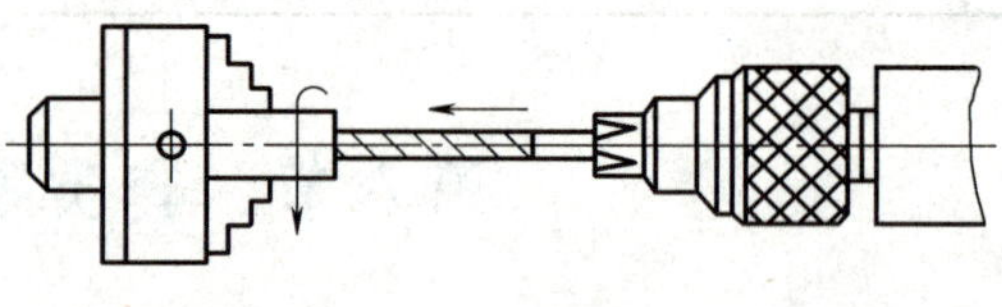
a) 钻夹头安装直柄麻花钻

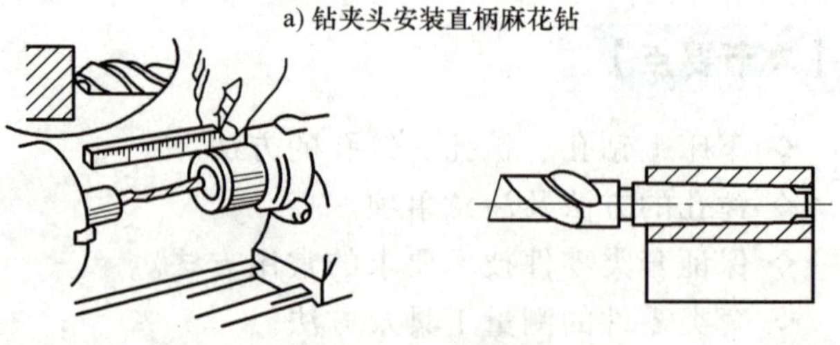
b) 尾座上安装锥柄麻花钻

图 2-56 麻花钻的安装

5. 钻孔、扩孔、铰孔的方法

1）在车床上加工孔时，通常将工件装夹在卡盘上，钻头安装在尾座套筒锥孔内。钻孔前先车平端面，并用中心钻加工出一个中心凹坑，调整好尾座位置并紧固于床身上，然后开动车床，摇动尾座手柄使钻头慢慢进给，注意经常退出钻头，排出切屑。

2）因为在车床上钻孔时，切削液

很难深入切削区，所以在加工过程中应经常退出钻头，以利排屑和冷却。

3）钻孔时进给不能过猛，以免折断钻头。一般钻头越小，进给量也越小，但切削速度可加大。钻大孔时，进给量可大些，但切削速度应放慢。

4）当孔将钻穿时，因横刃不参加切削，应减小进给量，否则容易损坏钻头。孔钻通后应把钻头退出后再停车。钻孔的精度较低，表面粗糙，多用于对孔的粗加工。

5）用麻花钻钻孔时的切削用量选择一般为：用高速钢麻花钻钻钢料工件时，v_c 为 15~30m/min；直径为 15~25mm 的麻花钻常取 f 为 0.15~0.4mm/r。

6. 锪孔

用锪削方法加工平底孔或锥形沉孔，叫作锪孔。车削加工中常用的是圆锥形锪钻。有些零件钻孔后需要在孔口倒角，有些零件要用顶尖顶住孔口加工外圆，这时可用锥形锪钻在孔口锪出内圆锥，如图 2-57 所示。锪内圆锥时，孔的表面粗糙度值一般要求较小，进给量应控制在 0.05mm/r 以下。

7. 钻孔的注意事项

1）钻孔前，必须车平端面，工件中心处不允许留有凸台，否则钻头不能定心，甚至折断钻头。

2）使用细长钻头钻孔时，为避免将孔钻歪，应先用中心钻钻出中心孔。

3）钻较深孔时，要经常把钻头退出排屑。

4）钻通孔快要钻穿时，要减少进给量，避免折断钻头。

5）钻钢料时，要充分浇注切削液，钻铸铁时可不用切削液。

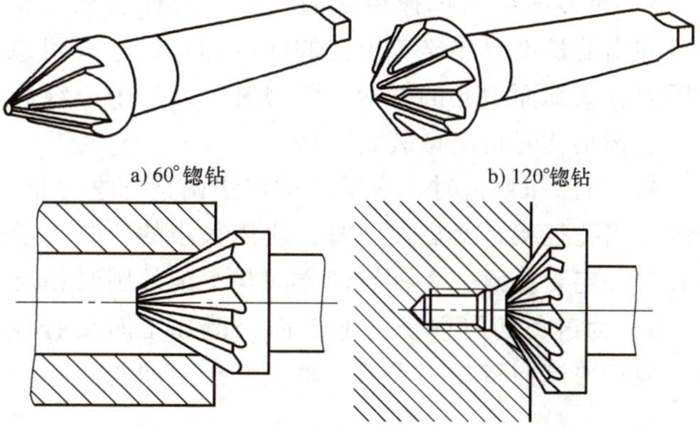

a) 60°锪钻　b) 120°锪钻

c) 在孔口锪出内圆锥

图 2-57　锪孔

6）钻长度较长但要求不高的通孔时，可以进行掉头钻孔。

二、镗孔

镗孔是对钻出、铸出或锻出的孔的进一步加工，以达到图样上的精度等技术要求。镗孔是常用的孔加工方法之一，可以作为粗加工，也可以作为精加工，加工范围很广。镗孔的尺寸公差等级一般可达 IT7、IT8，表面粗糙度 Ra 值为 1.6~3.2μm，精细镗削时表面粗糙度 Ra 值可达 0.8μm。

根据不同的加工情况，镗刀可分为通孔车刀和盲孔车刀两种，分别用来镗通孔和镗盲孔，如图 2-58 所示。

为了节约刀具材料和增加刀杆强度，可以把高速钢或硬质合金做成很小的刀头，装在碳素钢或合金钢制成的刀杆上，在顶端用螺钉紧固。镗刀刀杆有镗通孔的通孔刀杆（图 2-59a）和镗盲孔的盲孔刀杆（图 2-59b）。镗盲孔的刀杆应做成斜的，并根据孔径的大小及孔的深

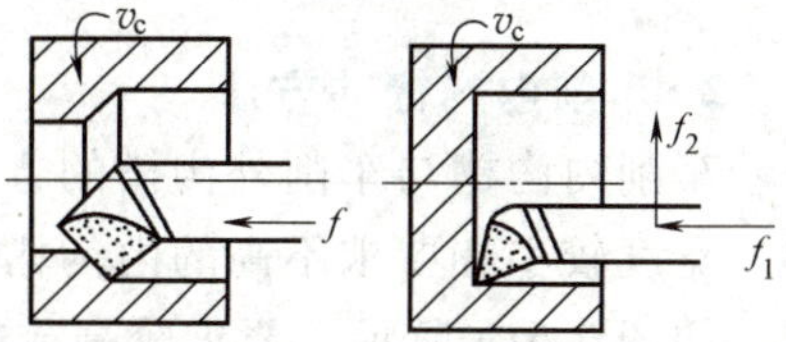

a) 镗通孔　b) 镗盲孔

图 2-58　镗孔

浅将刀杆做成几组，以便加工时选择。

镗孔的注意事项如下：

1）在车床上镗孔要比车外圆困难，因为镗刀的刀杆直径比外圆车刀细得多，而且伸出很长，加工时往往会因刀杆刚性不足而引起振动，所以背吃刀量和进给量都要比车外圆时小些，切削速度也要小 10%～20%。镗盲孔时，由于排屑困难，所以进给量应更小些。

2）镗盲孔时，刀尖在刀杆的最前端，刀尖与刀杆外端间的距离应小于内孔半径，否则孔的底平面就无法镗平。镗内孔台阶时，刀尖与刀杆不接触即可，如图 2-59b 所示。

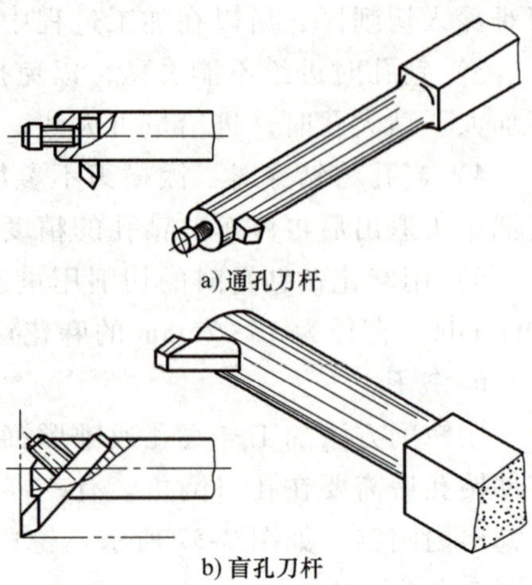

a) 通孔刀杆

b) 盲孔刀杆

图 2-59　镗刀刀杆

3）镗刀尽可能选择粗壮的刀杆，刀杆装在刀架上时伸出的长度只要略等于孔的深度即可，这样可减少因刀杆太细而引起的振动。装刀时，刀杆中心线必须与进给方向平行，刀尖应对准中心，精镗或镗小孔时可略微装高一些。

4）粗镗和精镗时，应采用试切法调整背吃刀量。为了防止因刀杆细长而让刀所造成的锥度，当孔径接近最后尺寸时，应用很小的背吃刀量重复镗削几次，以消除锥度。另外，在镗孔时一定要注意，手柄转动方向与车削外圆时相反。

5）为避免切屑损伤已加工面，精加工时要控制切屑的流出方向，采用正刃倾角的镗刀，使切屑流向待加工表面，解决好排屑问题。

三、车削内沟槽

1. 内沟槽车刀

内沟槽车刀与切断刀的几何形状相似，如图 2-60 所示，只是装夹方向相反，且在内孔中车槽。装夹内沟槽车刀时，应使主切削刃等高或略高于内孔中心线，两侧副偏角必须对称。

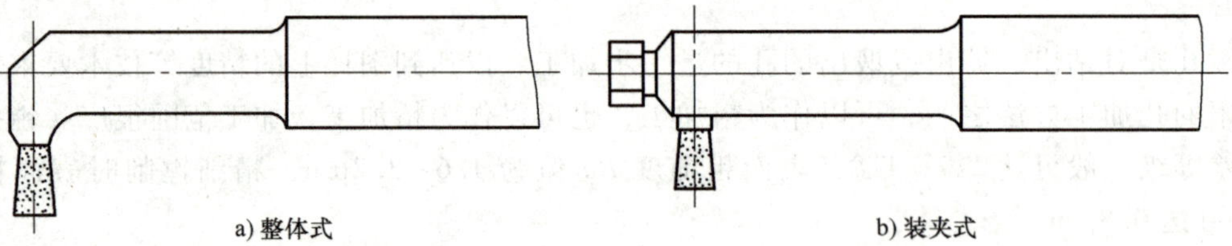

a) 整体式　　b) 装夹式

图 2-60　内沟槽车刀

2. 车削内沟槽的方法

车削内沟槽与车削外沟槽的方法相似，具体车削方法如图 2-61 所示。

宽度较小和要求不高的内沟槽，可用主切削刃宽等于槽宽的内沟槽车刀用直进法一次车出，如图 2-61a 所示。要求较高或较宽的内沟槽，可采用直进法分几次粗车，粗车时，槽壁和槽底留精车余量，然后根据槽宽、槽深进行精车，如图 2-61b 所示。若内沟槽深度较浅、

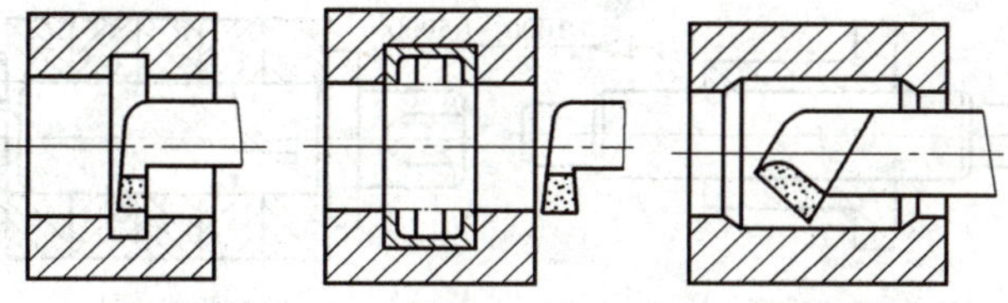

图 2-61　车削内沟槽的方法

宽度较大，可用内圆粗车刀先车削出凹槽，最后用内沟槽车刀车削沟槽两端垂直面，如图 2-61c 所示。

四、保证套类零件技术要求的常用方法

1. 在一次装夹中完成零件加工

单件生产套类零件时，可以在一次装夹中把零件的全部或大部分加工完毕。这种方法没有重复定位误差。如果车床的精度较高，可获得较高的几何精度。

但是采用这种方法需要转换刀架，如图 2-62 所示的工件需轮流使用外圆车刀、45°车刀、钻头（包括钻孔或扩孔）、铰刀和切断刀等刀具进行加工。如果刀架定位精度较差，则尺寸较难掌握，切削用量也要根据不同加工内容时常改变。

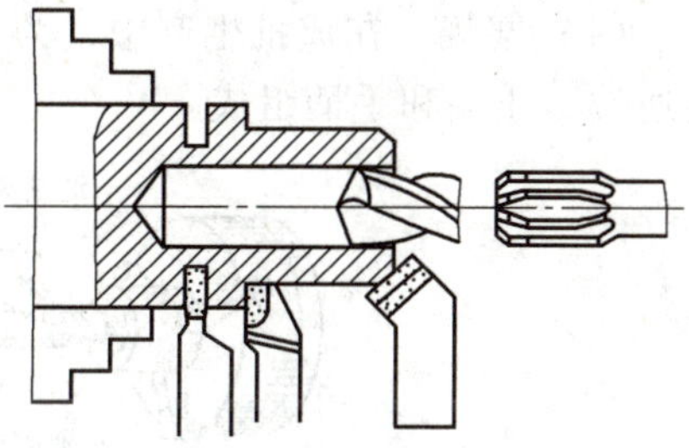

图 2-62　一次装夹中加工工件

数控车床大多采用在一次装夹中完成主要表面的加工，这样可保证加工质量并提高生产率。

2. 以外圆为基准保证位置精度

套类零件以外圆为基准保证位置精度时，一般应用软爪装夹工件。这种软爪用未淬火的 45 钢制成，是在本车床上车削成形的，因此可确保装夹已加工表面或软金属时，不易夹伤工件表面。

3. 以内孔为基准保证位置精度

车削中小型轴套、带轮、齿轮等工件时，一般可用已加工好的内孔作为定位基准，并根据内孔配制一根合适的心轴，再将安装好工件的心轴支顶在车床上，用心轴来保证工件的同轴度和垂直度。常用的心轴有以下几种：

（1）实体心轴　实体心轴有 1∶1000～1∶5000 的锥度，如图 2-63a 所示。这种心轴的特点是制造容易，加工精度高；缺点是长度无法定位，承受切削力小，装卸不太方便。图 2-63b 所示为台阶式心轴，这种心轴的优点是一次可以装夹多个零件，缺点是精度低。如果装上快换垫圈，装卸方便。

（2）胀力心轴　胀力心轴依靠材料的弹性变形所产生的胀力来固定工件，装卸方便，加工精度高，使用广泛。可装在机床主轴孔中的胀力心轴如图 2-63c 所示，为使胀力保持均匀，可将槽做成三等分，如图 2-63d 所示的三等分心轴。

心轴制造简单，装卸方便。若须加工的外圆很大，而内孔很小时，由于定位长度短，应该以外圆为基准定位。

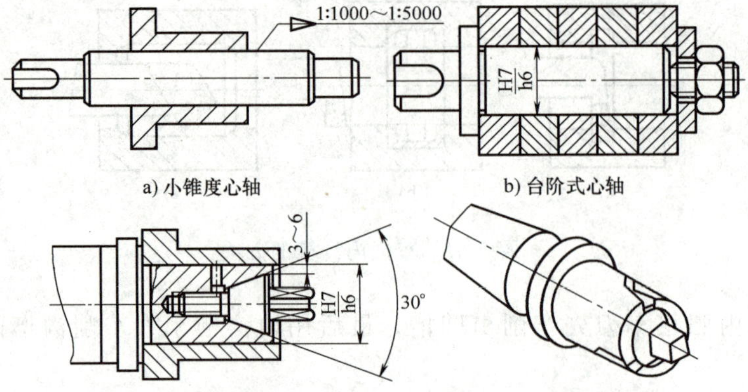

图 2-63　各种常用心轴

五、套类零件的测量

1. 孔径的测量

测量孔径尺寸时，应根据工件的尺寸、数量及精度要求，使用相应的量具进行。如果孔的精度要求不高，可用钢直尺、游标卡尺测量；精度要求较高时可用以下几种量具测量。

（1）塞规　在成批生产中，为了测量方便，常用塞规测量孔径，如图 2-64 所示。塞规由通端、止端和手柄组成。

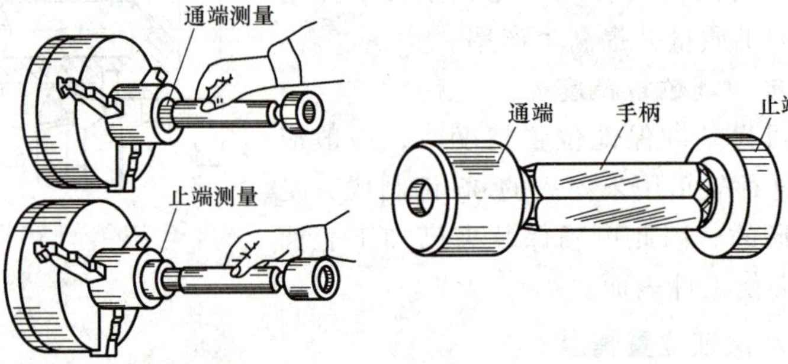

图 2-64　塞规及使用

通端的尺寸等于孔的下极限尺寸，止端的尺寸等于孔的上极限尺寸。为了明显区别通端与止端，塞规止端长度比通端长度要小一些。测量时，若通端通过，而止端不能通过，说明尺寸合格。测量内孔时，不可硬塞强行使之通过，一般只能靠塞规自身重力自由通过。测量时塞规轴线应与孔轴线一致，不可歪斜。

（2）内径千分尺　用内径千分尺可测量孔径。内径千分尺的外形如图 2-65a 所示，它由测微头和各种尺寸的接长杆组成。内径千分尺的读数方法和外径千分尺相同，但由于内径千分尺无测力装置，因此有一定的测量误差。

内径千分尺的使用方法如图 2-65b 所示。测量时，内径千分尺应在孔内轻微摆动，在直径方向找出最大尺寸，在轴向找出最小尺寸，当这两个尺寸重合时，就是孔的实际尺寸。

（3）内测千分尺　内测千分尺的使用方法如图 2-66 所示。这种千分尺的刻线方向与外

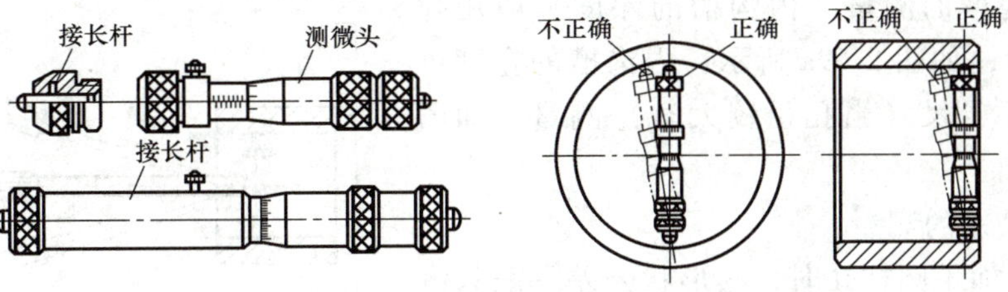

a) 外形　　b) 使用方法

图 2-65　内径千分尺及使用

径千分尺相反，当顺时针旋转微分筒时，活动爪向右移动，测量值增大。

内测千分尺常用于孔深度不大零件的测量。

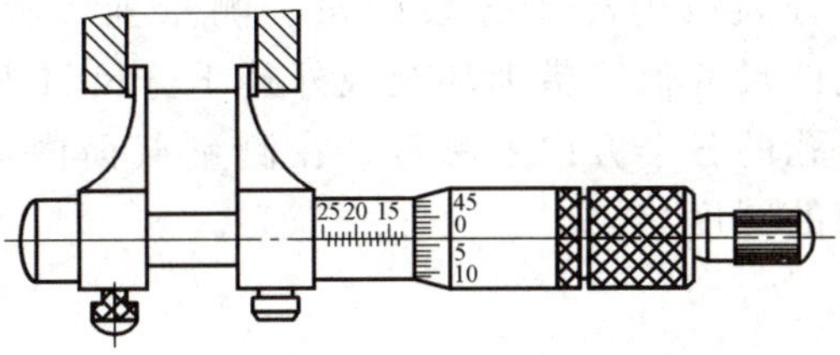

图 2-66　内测千分尺及使用

（4）内径百分表　内径百分表如图 2-67 所示。在测量前，应使百分表指针对准零位。测量时为得到准确的尺寸，活动测量头应在孔的直径方向摆动并找出最大值，在孔的轴线方向摆动找出最小值，这两个尺寸重合就是孔径的实际尺寸，如图 2-68 所示。内径百分表主要用于测量精度要求较高而且又较深的孔。在规模生产测量中，内径百分表的使用最广泛。

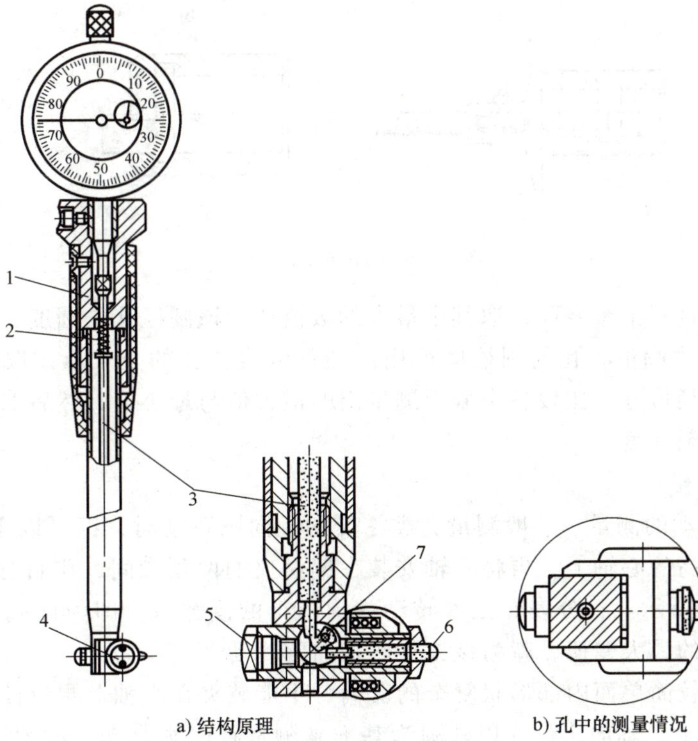

a) 结构原理　　b) 孔中的测量情况

图 2-67　内径百分表

1—测量支架　2—弹簧　3—杆　4—定心器　5—测量头　6—触头　7—摆动块

(5) 内沟槽的测量　内沟槽的深度一般用弹簧内卡钳测量，如图 2-69a 所示；内沟槽的宽度可用样板或游标卡尺（当孔径较大时）测量，如图 2-69b ~ d 所示。

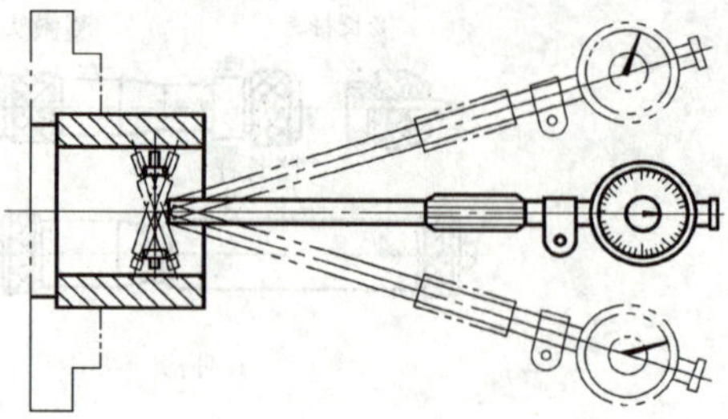

图 2-68　内径百分表的测量方法

2. 形状公差的测量

在车床上加工圆柱孔时，其形状公差一般只测量圆度和圆柱度。

(1) 孔的圆度测量　孔的圆度一般可用内径百分表或内径千分表测量。测量前，根据被测孔的尺寸值，借助环规或外径千分尺将内径百分表调到零位，然后将测量头放入孔内，在孔的各个方向上测量，在测量截面内读取的最大值与最小值之差的一半即为单个截面的圆度。

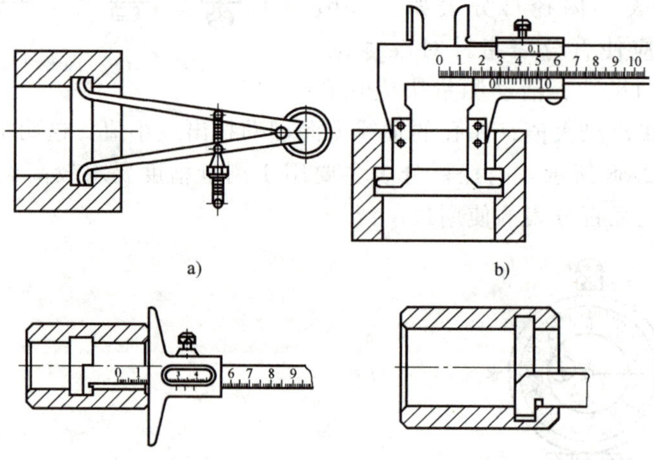

a)　b)　c)　d)

图 2-69　内沟槽的测量

按上述方法测量若干个截面，取其中最大的数值作为该圆柱孔的圆度，如图 2-68 所示。

(2) 孔的圆柱度测量　孔的圆柱度可用内径百分表在孔的全长上，取前、中、后各段测量几个截面的孔径尺寸。比较各个截面测量出的最大值与最小值，然后取其最大值之差的一半即为孔全长的圆柱度。

3. 位置公差测量

(1) 径向圆跳动的测量　一般测量套类零件的径向圆跳动时，都可以用内孔作为基准，把工件套在精度很高的心轴上，再将心轴安装在偏摆仪的两顶尖间，用百分表（或千分表）来测量，如图 2-70 所示。百分表在工件转动一周所得的读数差，即为该截面的圆跳动，取各截面上测量得到的最大差值，就为该工件的径向圆跳动。

对某些外形比较简单而内部形状复杂的套筒，不能装夹在心轴上测量径向圆跳动时，可将工件放在 V 形架上，轴向定位，以外圆为基准来测量径向圆跳动，如图 2-71 所示。测量时，将杠杆百分表的测量杆插入孔内，使测量杆圆头接触内孔表面，转动工件，观察百分表指针跳动情况。百分表在工件旋转一周中的读数差，即为工件的径向圆跳动。

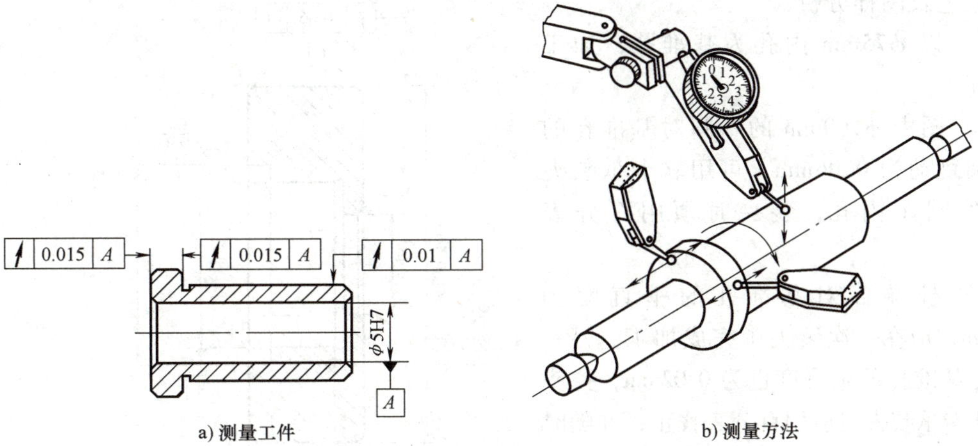

图 2-70 用百分表测量径向圆跳动

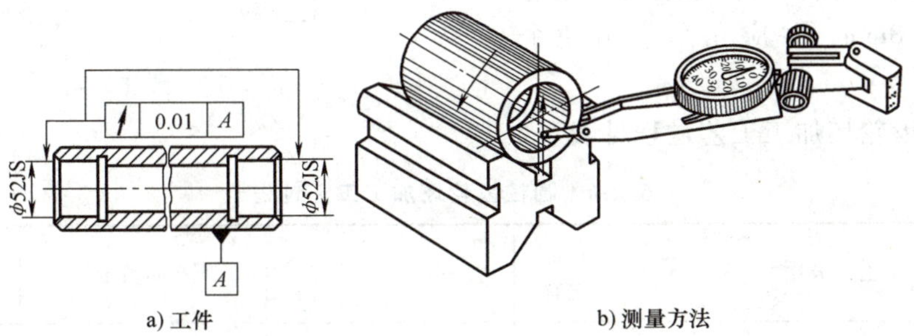

图 2-71 工件在 V 形架上测量径向圆跳动

（2）轴向圆跳动的测量 套类零件轴向圆跳动的测量方法如图 2-71b 所示。先将工件装夹在精度很高的心轴上，利用心轴上极小的锥度使工件轴向定位，然后将杠杆式百分表的测量头靠在所须测量的端面上，转动心轴，测得百分表的读数差，即为轴向圆跳动。

4. 端面对轴线垂直度的测量

测量端面对轴线的垂直度，首先必须测量轴向圆跳动是否合格，若合格，才可继续测量。对于精度要求较低的工件，可用刀口形直尺从侧面透光测量。对于精度要求较高的工件，当轴向圆跳动合格后，再将工件安装在 V 形架 1 的小锥度心轴 3 上，并放在精度很高的平板上。测量时，将杠杆百分表 4 的测量头从端面的最内侧一点沿径向向外拉出，如图 2-72 所示。百分表的读数差就是端面对轴线的垂直度。

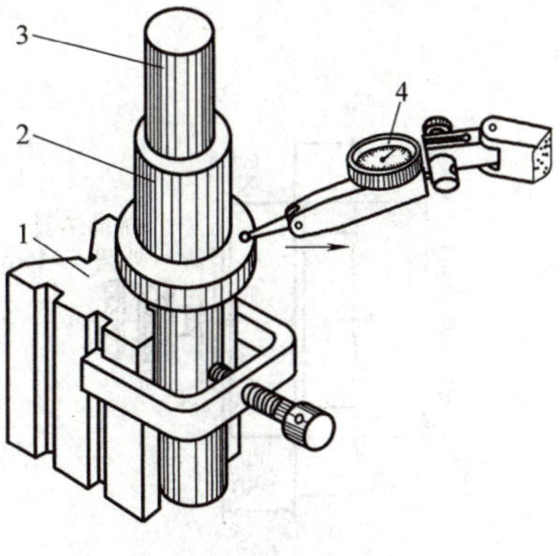

图 2-72 端面对轴线垂直度的测量

1—V 形架 2—工件 3—小锥度心轴 4—杠杆百分表

六、套类零件车削实例

1. 圆柱齿轮坯的车削

零件图样如图 2-73 所示。

工艺及图样分析：

1）以 ϕ75mm 内孔为基准孔，加工要求高。

2）图中 ϕ160mm 的外圆对基准孔的径向圆跳动为 0.06mm，可用软卡爪装夹工件外圆车内孔，装夹时须用百分表找正。

3）外端面对基准孔的垂直度为 0.02mm，应在一次装夹中完成加工。另一端面对基准孔的垂直度也为 0.02mm，掉头后用软卡爪装夹时应用百分表找正，并随时用量具检测（检测两平面的平行度）。

4）为使加工时工件装夹牢靠，并不使工件的外圆产生接刀痕，毛坯的长度应比工件长 7~8mm，并应先车削出一个台阶。

5）圆柱齿轮坯加工工艺过程见表 2-6。

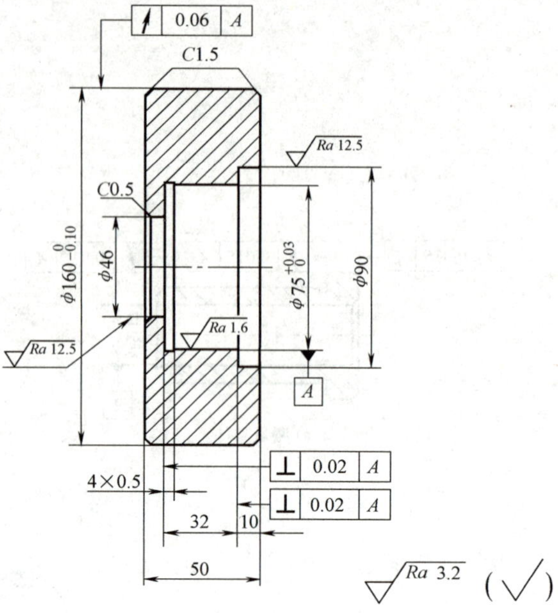

图 2-73 圆柱齿轮坯

表 2-6 圆柱齿轮坯加工工艺过程

加工工艺卡片		产品名称		产品数量	1000
图号		零件名称	定位套	第 页	共 页
材料种类	锻钢	材料牌号	45 钢	毛坯尺寸	ϕ165mm×58mm

加工简图	工序	工种	工步	加工内容	刀具	量具
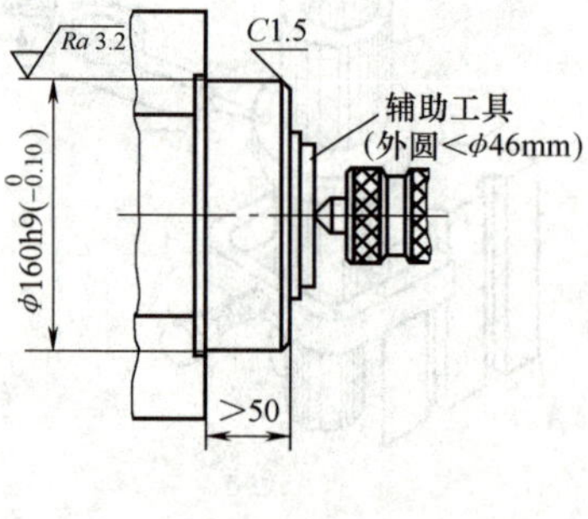	1	车削	(1)	自定心卡盘装夹工件，夹持长度 5~7mm，一端用回转顶尖配合辅助工具顶住平面，粗、精车端面至辅助工具的外圆处	90°车刀	卡尺
			(2)	粗、精车 $\phi42_{-0.025}^{0}$mm 外圆至尺寸要求，长度大于 50mm	90°车刀	卡尺
			(3)	外圆倒角 C1	45°车刀	

（续）

加工简图	工序	工种	工步	加工内容	刀具	量具
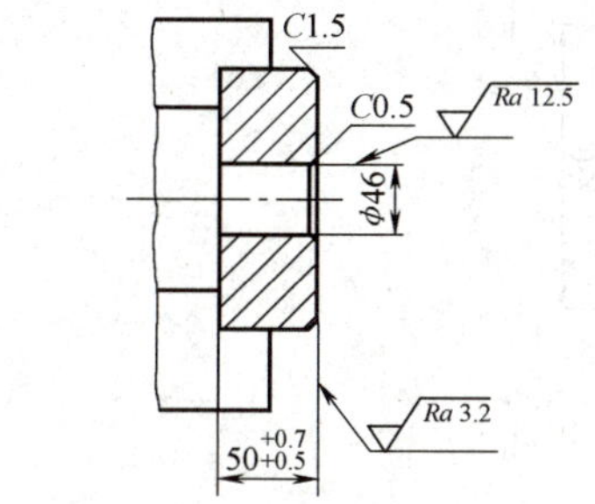	2	车削	(1)	软卡爪夹持工件的外圆，车端面并留有余量	90°车刀	卡尺
			(2)	钻孔、扩孔至 ϕ40mm	ϕ18mm、ϕ40mm钻头	卡尺
			(3)	镗内孔 ϕ46mm 至尺寸要求，镗穿工件	90°车刀	卡尺
			(4)	内、外圆倒角	45°车刀	
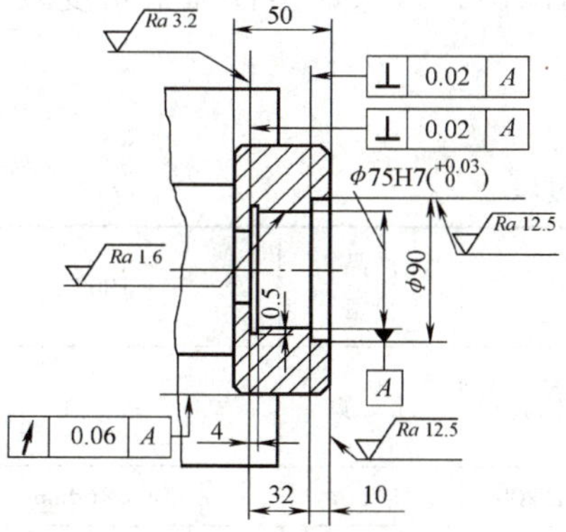	3	钻削、镗削	(1)	掉头，自定心卡盘装夹工件大外圆，百分表找正，确保外圆与内孔的径向圆跳动在 0.06mm 之内	ϕ18mm钻头	卡尺
			(2)	车端面至尺寸要求	45°车刀	卡尺
			(3)	精镗内孔至尺寸要求，长度为 42mm	内孔镗刀	千分尺
			(4)	车台阶孔 ϕ90mm 至尺寸要求，深度为 10mm	内孔镗刀	千分尺
			(5)	车内沟槽 4mm×0.5mm	内沟槽刀	卡尺
			(6)	各部分倒角	45°车刀	

2. 定位套的车削

零件图样如图 2-74 所示。

工艺及图样分析：

1）图中 $\phi20^{+0.021}_{0}$mm 的两内孔应在一次装夹中完成，以保证同轴度。为提高生产率，采用铰孔工艺保证孔的质量。

2）图中 $\phi42^{0}_{-0.025}$mm 的外圆对两处 $\phi20^{+0.021}_{0}$mm 内孔中心线连线的径向圆跳动为 0.03mm，若单件加工，应在一次装夹中完工。此例要加工 1000 件，批量大，要提高生产率，以内孔为基准孔，采用心轴定位夹紧，将心轴装夹在两回转顶尖之间，用鸡心夹头带动进行车削。

3）ϕ68mm 轴肩的端面对两内孔中心线连线的垂直度为 0.02mm，应在一次装夹中完成加工。

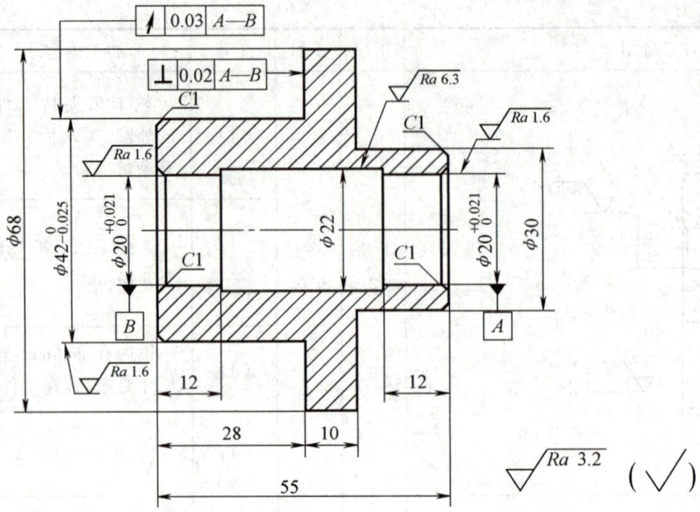

图 2-74　定位套

4）心轴的外圆尺寸与基准孔留有 0.01mm 左右的间隙，以保证零件加工精度及装卸方便。

定位套加工工艺过程见表 2-7。

表 2-7　定位套加工工艺过程

加工工艺卡片		产品名称		产品数量	1000	
图号		零件名称	定位套	第　页	共　页	
材料种类	铸铁	材料牌号	HT200	毛坯尺寸	ϕ75mm×60mm	
加工简图	工序	工种	工步	加工内容	刀具	量具
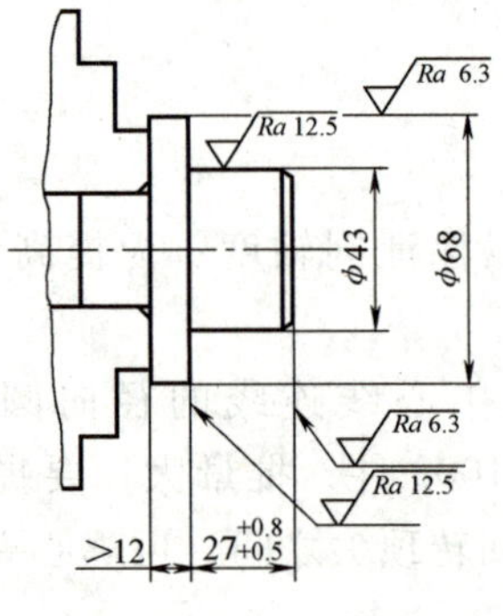	1	车削	(1)	自定心卡盘装夹工件，粗、精车端面，粗车外端圆至 ϕ32mm	90°车刀	卡尺
			(2)	自定心卡盘装夹小端外圆，车另一端面	90°车刀	卡尺
			(3)	粗、精车外圆 ϕ68mm 至尺寸要求	90°车刀	卡尺
			(4)	粗车 $\phi42_{-0.025}^{0}$mm 外圆至 ϕ43mm，长度至 27mm	90°车刀	卡尺
			(5)	外圆倒角 C1	45°车刀	

（续）

加工简图	工序	工种	工步	加工内容	刀具	量具
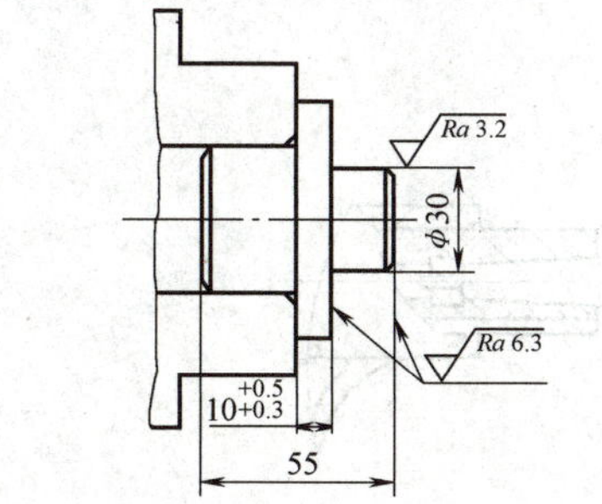	2	车削	(1)	装夹 ϕ43mm 外圆，车削端面，控制总长为 55mm	90°车刀	卡尺
			(2)	车削外圆 ϕ30mm 至尺寸要求，长度 17mm	90°车刀	卡尺
			(3)	外圆倒角	45°车刀	
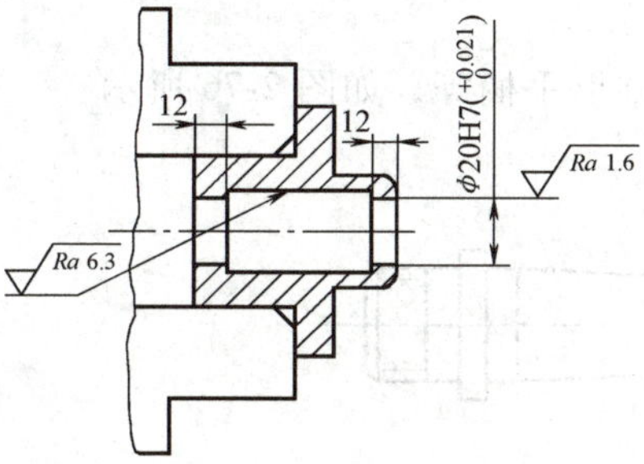	3	钻削、镗削、铰削	(1)	自定心卡盘装夹工件，钻 ϕ18mm 孔	ϕ18mm 钻头	卡尺
			(2)	镗孔至 ϕ19.7mm	内孔镗刀	卡尺
			(3)	镗内沟槽至 ϕ22mm，控制两端长度为 12mm	内孔镗刀	内测千分尺
			(4)	孔口倒角	45°车刀	
			(5)	铰孔至 $\phi20^{+0.021}_{0}$mm	ϕ20mm 铰刀	内测千分尺
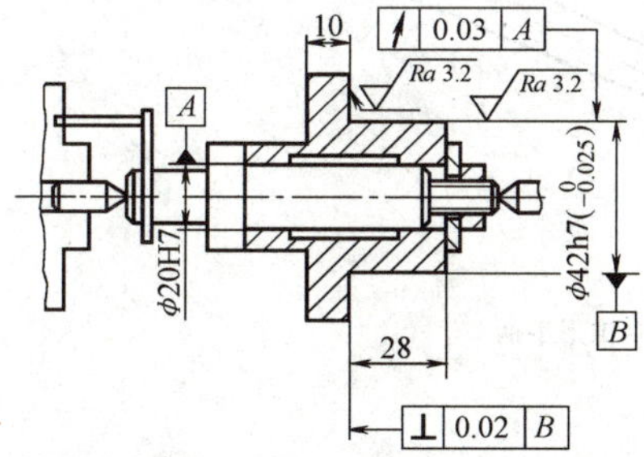	4	车削	(1)	将工件装入心轴并装夹在两顶尖内。精车外圆至 $\phi42^{0}_{-0.025}$mm，并控制长度为 28mm	90°车刀	千分尺
			(2)	外圆倒角	45°车刀	

第七节　圆锥面的车削与测量

【本节要点】

◇ 圆锥的基本知识。
◇ 车削圆锥的常用方法。
◇ 用转动小滑板法车削圆锥。
◇ 圆锥的检测及尺寸控制的方法。

在机械制造业中，圆锥配合应用很广泛，例如主轴锥孔与顶尖的配合，车床尾座锥孔与麻花钻锥柄的配合等，如图 2-75 所示。

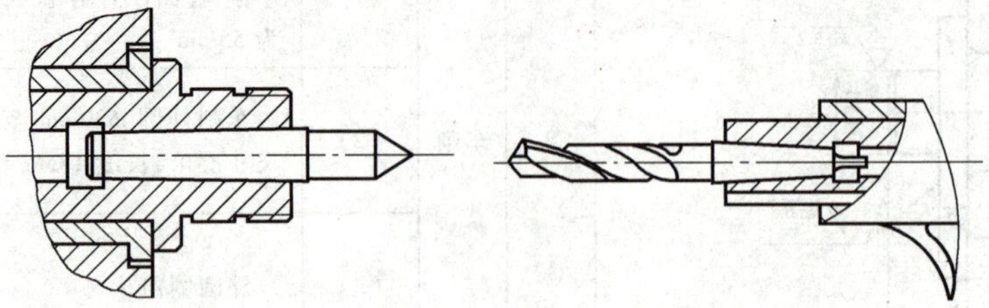

图 2-75　圆锥面零件的配合

一、圆锥的基本知识

1. 常见圆锥面零件

常见圆锥面零件有锥齿轮、锥形主轴、锥孔齿轮、锥形手柄等，如图 2-76 所示。

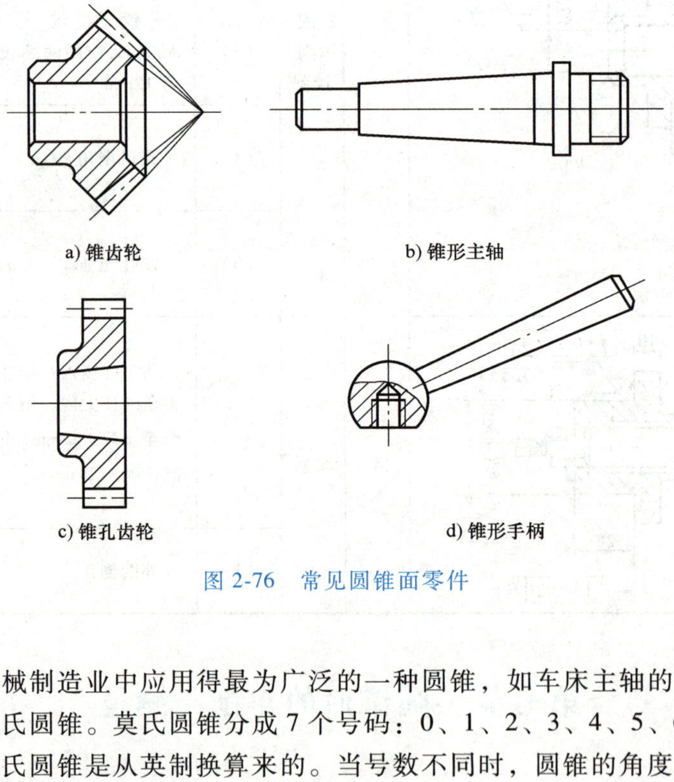

a) 锥齿轮　b) 锥形主轴　c) 锥孔齿轮　d) 锥形手柄

图 2-76　常见圆锥面零件

2. 莫氏圆锥

莫氏圆锥是机械制造业中应用得最为广泛的一种圆锥，如车床主轴的锥孔、顶尖、钻头柄等，都用的是莫氏圆锥。莫氏圆锥分成 7 个号码：0、1、2、3、4、5、6，最小的是 0 号，最大的是 6 号。莫氏圆锥是从英制换算来的。当号数不同时，圆锥的角度和尺寸都不同。莫氏圆锥的各部分尺寸可从机械设计手册中查出。

3. 圆锥面配合的主要特点

1）当圆锥角较小（在 3°以下）时，可传递很大的转矩。

2）装卸方便，虽经多次装卸，仍能保证精确的定心作用。

3）圆锥面配合轴度较高，并能做到无间隙配合。

加工圆锥面时，除了对尺寸公差、几何公差有较高要求以及表面粗糙度值要求以外，还有角度（或锥度）的精度要求。角度的精度用角度分或秒的正负值来表示。对于要求较高的圆锥面，常用涂色法检验，其精度以接触面积的大小来评定。

二、圆锥的各部分名称及相关尺寸计算

1. 圆锥表面及圆锥

圆锥表面是由与轴线成一定角度，且一端相交于轴线的一条直线段（母线），围绕着该轴线旋转一周所形成的表面。

圆锥可分为外圆锥和内圆锥两种，如图 2-77 所示。

2. 圆锥的基本参数（图 2-78）

1）圆锥角 α，指在通过圆锥轴线的截面内，两条素线间的夹角。车削时经常用到的是圆锥半角 $\alpha/2$。

2）最大圆锥直径 D，简称大端直径。

3）最小圆锥直径 d，简称小端直径。

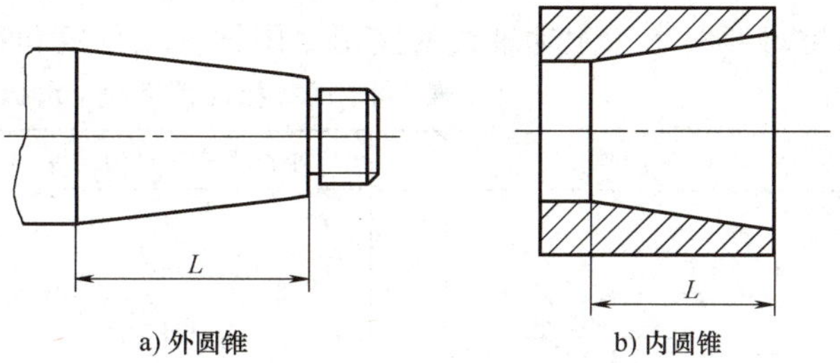

图 2-77　圆锥

4）圆锥长度 L，指最大圆锥直径与最小圆锥直径之间的轴向距离。

5）锥度 C，是指最大圆锥直径与最小圆锥直径之差与圆锥长度的比值。

锥度确定后，圆锥角就能计算出来。因此，圆锥角与锥度属于同一基本参数。锥度和圆锥角的计算公式如下

$$C=\frac{D-d}{L} \tag{2-3}$$

$$\tan\alpha/2=\frac{D-d}{2L} \tag{2-4}$$

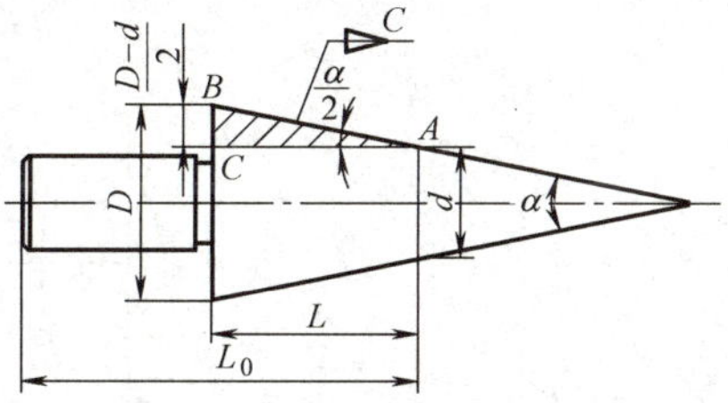

图 2-78　圆锥的基本参数

三、车削圆锥的方法

车削圆锥的方法主要有：转动小滑板法、偏移尾座法、宽刃刀车削法、铰内圆锥法和仿形法（靠模法）。

1. 转动小滑板法

车削不长的圆锥时，可采用转动小滑板法。车削时，将小滑板转盘上的螺母松开，把小滑板按工件的圆锥半角转动一个相应的角度，使车刀的运动轨迹与所要加工的圆锥素线平行。然后固定转盘上的螺母，摇动小刀架手柄开始车削，使车刀沿着锥面母线移动，即可车削出所需要的圆锥面。

转动小滑板法车削圆锥操作简单，适用范围广，能车削出整锥体和圆锥孔，可车削各种角度的内、外圆锥。因为车削过程中一般只能用双手交替转动小滑板进给车削圆锥，所以零件表面粗糙度较难控制。另外，受小滑板的行程限制，该方法只能车削圆锥长度不大的零件。转动小滑板法车削外圆锥如图 2-79 所示。转动小滑板法车削内圆锥如图 2-80 所示。

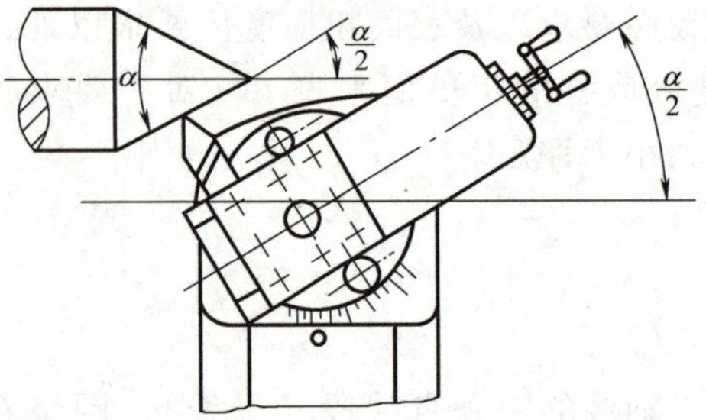

图 2-79　转动小滑板法车削外圆锥

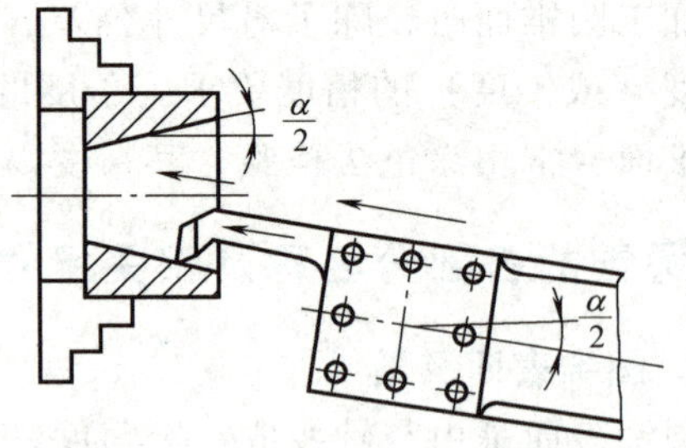

图 2-80　转动小滑板法车削内圆锥

由于圆锥角度的标注方法不同，小滑板转动的角度是根据图样上所标注的角度换算出的圆锥母线与车床主轴轴线的夹角。图样标注角度和小滑板应转过的角度转换见表 2-8。

表 2-8　图样标注角度和小滑板应转过的角度转换

图样	小滑板应转过的角度	车削示意图
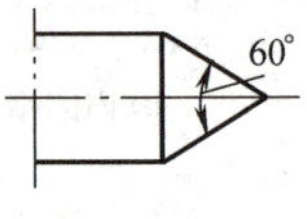	逆时针 30°	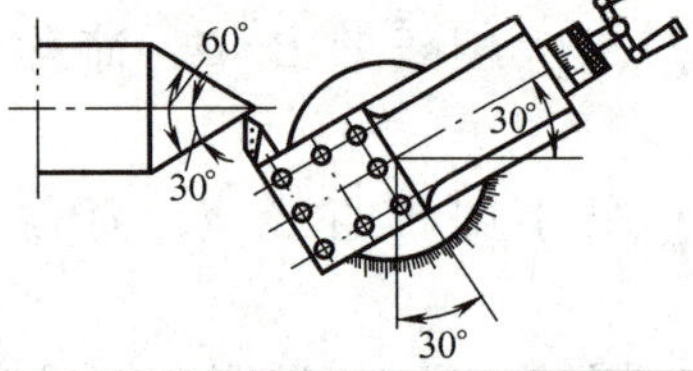
	A 面逆时针 43°32′	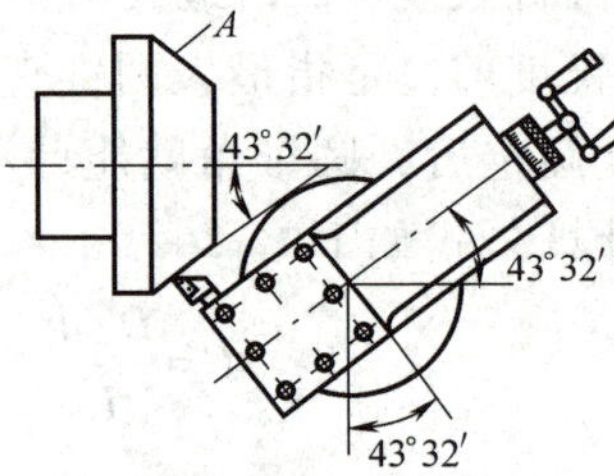
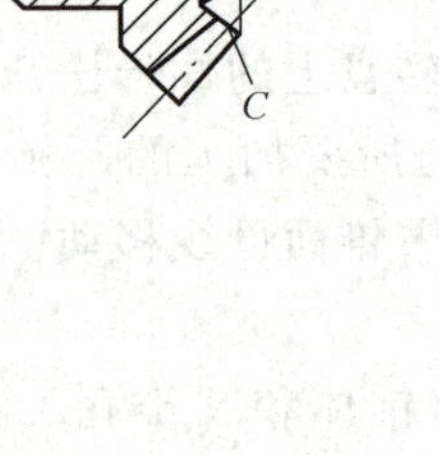	*B* 面顺时针 50°	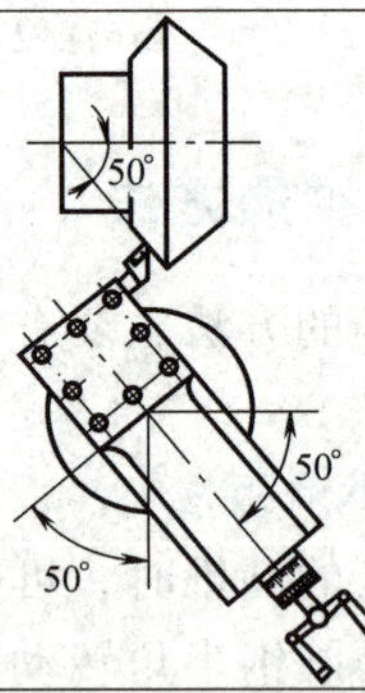
	C 面顺时针 50°	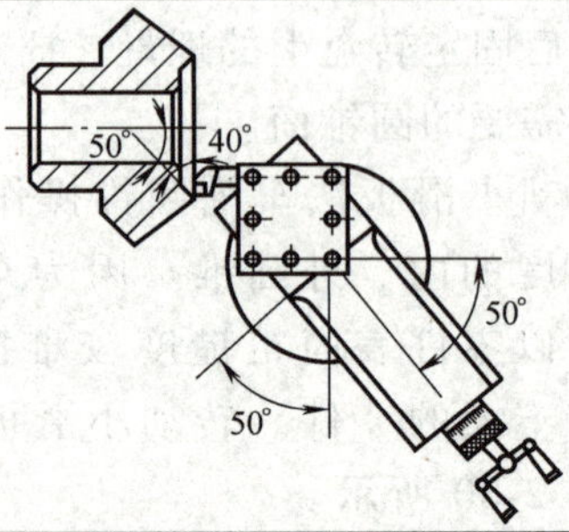

2. 偏移尾座法

在两顶尖间车削圆锥时，床鞍平行于主轴的轴线移动，但尾座横向偏移一段距离 S 后，工件的旋转中心与纵向进给的方向相交成一个角度 $\alpha/2$，如图 2-81 所示。当刀架自动或手动纵向进给时，即可车削出所须的圆锥面。用此方法加工的圆锥表面粗糙度 Ra 值为 1.6~6.3μm。

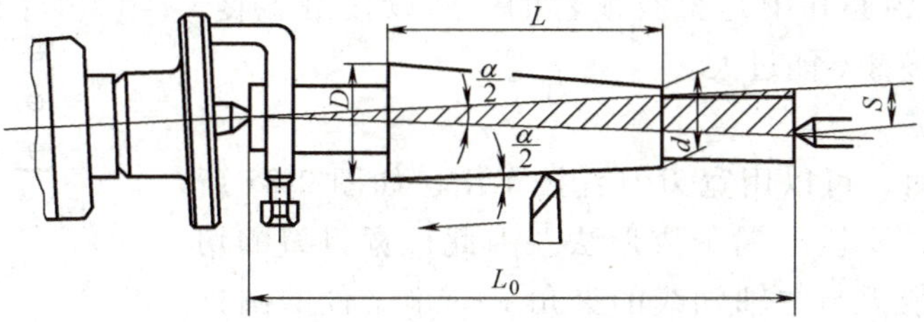

图 2-81　偏移尾座法车削圆锥

$$S=\frac{D-d}{2L}L_0=\frac{C}{2}L_0 \tag{2-5}$$

尾座偏移量 S 的计算公式为：

式中　S——尾座偏移量（mm）；

D——最大圆锥直径（mm）；

d——最小圆锥直径（mm）；

L——工件圆锥部分长度（mm）；

L_0——工件总长（mm）；

C——锥度。

例 2-1： 如图 2-82 所示的锥形心轴，其中，$D=40\text{mm}$，$C=1:20$，$L=70\text{mm}$，$L_0=100\text{mm}$，求尾座偏移量 S。

解： 根据式（2-5）得

$$S=\frac{C}{2}L_0=\frac{1/20}{2}\times100\text{mm}=2.5\text{mm}$$

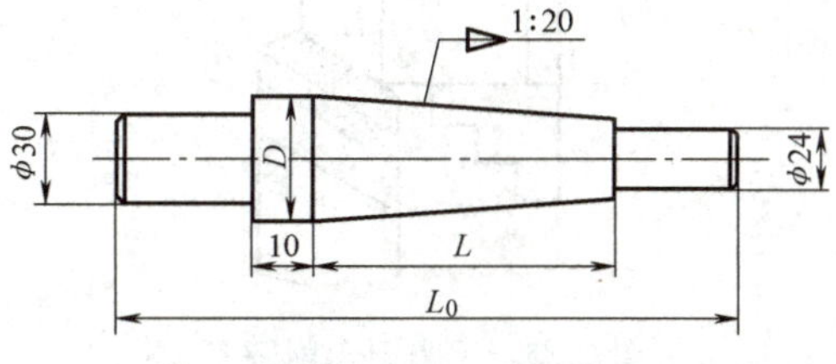

图 2-82　锥形心轴

1）后顶尖偏移尾座车削圆锥如图 2-83 所示。松开固定螺钉 5 和调节螺钉 3，再拧紧调节螺钉 6，尾座即可沿尾座导轨向右移动；反之，则向左移动。

2）尾座偏移量的调整方法很多，可以应用尾座的刻度进行调整，也可以应用划线的方法进行调整，这两种方法相对精度较低。

如图 2-84 所示的方法可精确调整尾座的偏移量。使用刀架夹持百分表，使其测头与尾座上的精表面接触，指针对“零”位。转动尾座的调节螺钉，使指针的摆动量等于计算所得的尾座偏移量，然后紧固尾座。为确保尾座偏移量的准确调整，可在加工零件之前进行试验。

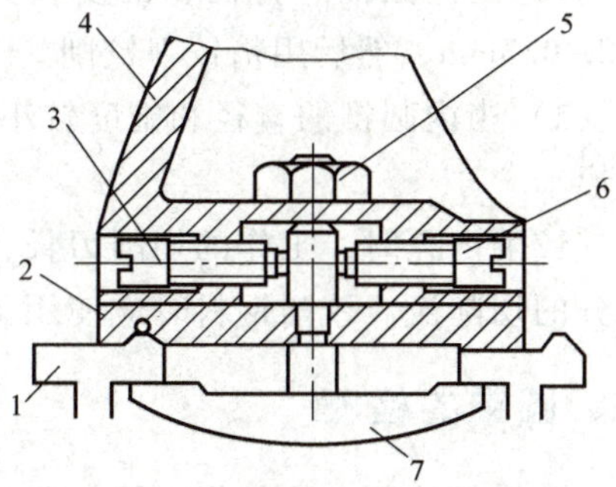

图 2-83　后顶尖偏移尾座车削圆锥

1—床身　2—底座　3、6—调节螺钉　4—尾座体　5—固定螺钉　7—压板

3）偏移尾座法车削圆锥要注意以下几点：

① 适用于加工锥度小、锥体较长的工件。

② 一般采用纵向机动进给车削加工，工件表面质量较好。

③ 由于受尾座偏移量的限制，不能车削锥度较大的工件。

④ 不能车削圆锥孔和整锥体。

⑤ 由于顶尖在中心孔中是歪斜顶着的，所以接触不良，车削锥体时尾座偏移量不能过大。

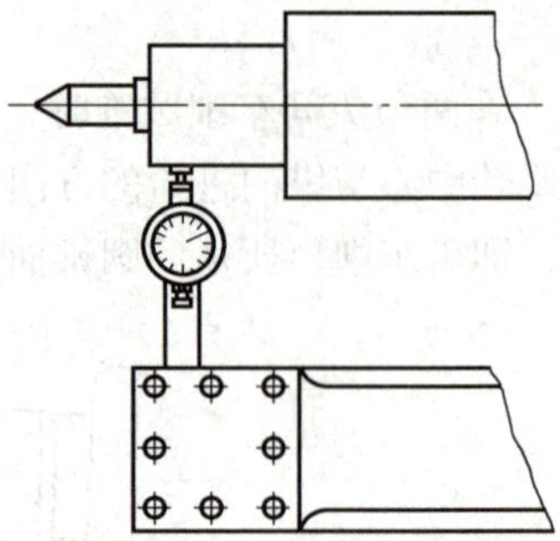
图 2-84 用百分表调节尾座偏移量

3. 宽刃刀车削法

在车削短圆锥时，可以用宽刃刀直接车出，如图 2-85 所示。宽刃刀车削法，实质上属于成形法。因此，宽刃刀的切削刃必须平直，切削刃与主轴轴线的夹角应等于工件的圆锥半角 $\alpha/2$。使用宽刃刀车削圆锥时，车床必须有良好的刚性，否则容易引起振动。当工件的圆锥斜面长度大于切削刃的长度时，也可以多次接刀加工，但接刀处必须平整。

4. 铰内圆锥法

加工直径较小的内圆锥时，因刀杆强度较差，难以达到较高的精度和较小的表面粗糙度值，这时可以用锥度铰刀来加工，表面粗糙度 Ra 值可达 1.6μm。

（1）锥度铰刀　锥度铰刀分粗铰刀和精铰刀两种，如图 2-86 所示。粗铰刀的切削刃上有一条螺旋分屑槽，精铰刀则为锥度很精确的直线刀齿。

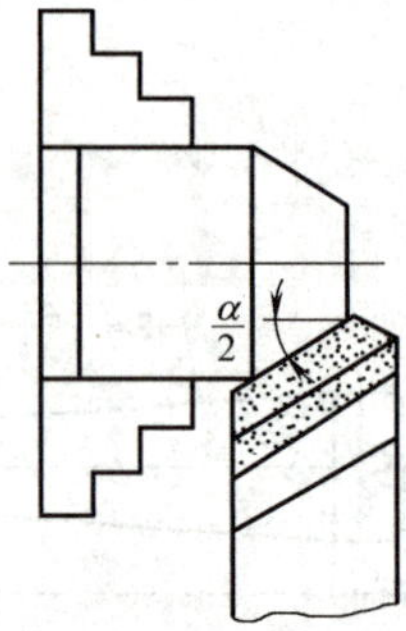

图 2-85 宽刃刀车削圆锥

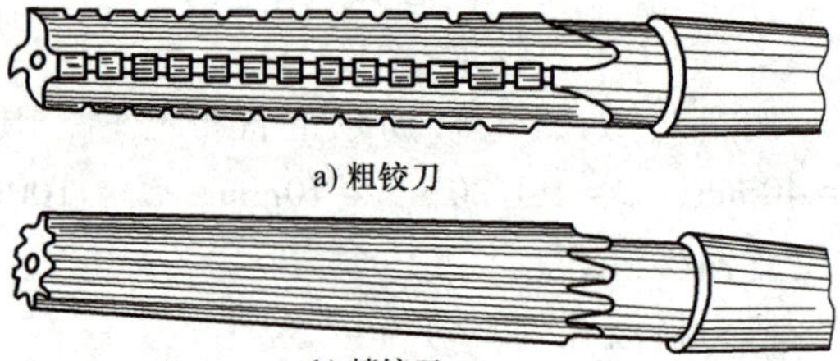
a) 粗铰刀

b) 精铰刀

图 2-86 锥度铰刀

（2）铰内圆锥的方法

1）当内圆锥的直径和锥度较大时，钻孔后，先粗车成锥孔，并在直径上留铰削余量 0.2~0.3mm，然后用精铰刀铰削。

2）当内圆锥的直径和锥度较小时，钻孔后，可直接用粗铰刀粗铰，然后用精铰刀铰削成形。

铰削内孔时，工作的切削刃长，切削面积大，排屑困难，切削用量应选择小些，并加注充分的切削液。铰削钢料时应使用乳化液或切削油作为切削液，铰削铸铁时可使用煤油。

四、圆锥的检测

圆锥的检测主要是指对圆锥角度和尺寸公差等级的检测。常用万能角度尺、角度样板检测圆锥角度。对于配合精度要求较高的锥度零件，在工厂中一般采用涂色法检测，通过接触面积的大小来评定圆锥的精度。3°以下的角度采用正弦规测量，能达到很高的测量精度。

1. 角度和锥度的检测

角度和锥度的检测方法有以下几种：

（1）用万能角度尺检测　万能角度尺可测量 0°~320°范围内的任何角度。

用万能角度尺检测外圆锥角度时，应根据工件角度的大小，选择不同的测量方法，如图 2-87 所示。

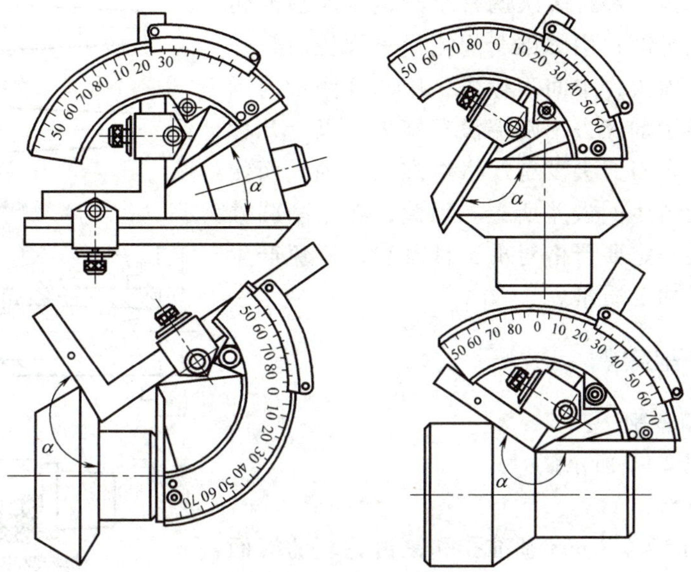

图 2-87　用万能角度尺测量外圆锥

（2）用角度样板检测　角度样板主要用在成批和大量生产时的检测。图 2-88 所示为用角度样板测量圆锥齿轮坯的角度。

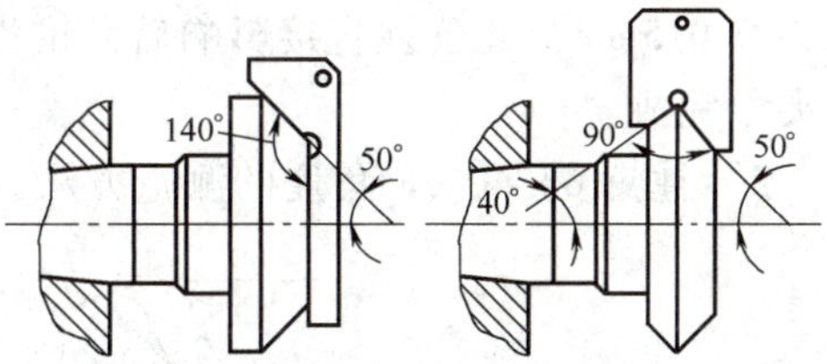

图 2-88　用角度样板测量圆锥齿轮坯的角度

（3）用涂色法检测　检测标准圆锥或配合精度要求高的工件时（如莫氏锥度和其他标准锥度），可用标准圆锥塞规或圆锥套规来测量。图 2-89a 所示为圆锥套规，图 2-89b 所示为圆锥塞规，用圆锥塞规和圆锥套规检测圆锥如图 2-89c 所示。

用圆锥塞规检验内圆锥时，要先在塞规表面顺着圆锥素线方向均匀地涂上三条显示剂（显示剂为印油、红丹粉、机油的混合物等，线与线相隔 120°），然后把塞规放入内圆锥中转动约半周，最后取下塞规，观察显示剂擦去的情况。如果显示剂擦去均匀，则说明圆锥接触良好，锥度正确。如果小端擦去而大端没擦去，则说明圆锥角大了，反之，则说明圆锥角小了。

2. 圆锥尺寸的检测

圆锥的大、小端直径可用圆锥量规来测量，圆锥量规如图 2-89a、b 所示。在圆锥塞规和圆锥套规的端面上分别有一个台阶（或刻线），台阶长度 m（或刻线之间的距离）就是圆锥大小端直径的尺寸公差范围。检测工件时，当工件的端面位于圆锥量规台阶（两刻线）之间才算合格，如图 2-89c 所示。

测量外圆锥时，如果锥体的小端平面在缺口之间，说明其小端直径尺寸合格；若锥体未能进入缺口，说明其小端直径大了；若锥体小端平面超过了止端缺口，说明其小端直径小了。

3. 车削圆锥时的质量分析

车削圆锥时，虽然经过多次调整小滑板或靠板的转角，但仍不能校正锥度；用圆锥套规测量外圆锥时，发现两端处的显示剂擦去，中间不擦去；用塞规测量内圆锥时，发现中间显示剂擦去，两端没有擦去。以上几种情况，一般是由于车刀刀尖没有严格对准工件轴线而使圆锥面成了双曲面产生的误差所致。因此，在车削圆锥装刀时，车刀刀尖一定要严格对准工件轴线，避免产生双曲线误差，保证加工质量。

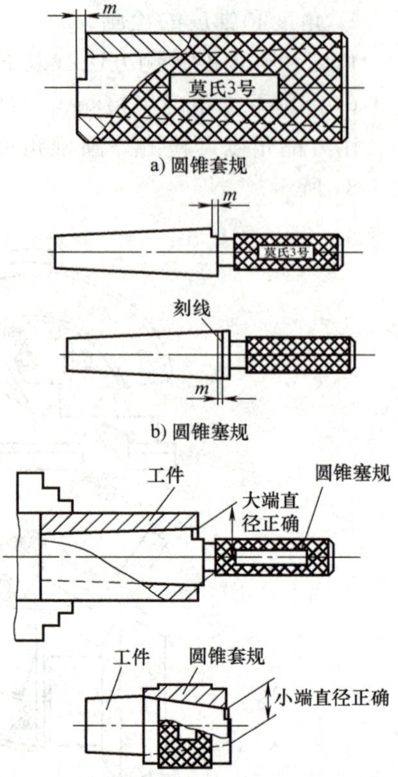

图 2-89 圆锥量规及用圆锥量规测量

五、套类零件车削实例

1. 锥齿轮坯的车削

零件图样如图 2-90 所示。

工艺及图样分析：

1）图样中，$\phi24^{+0.033}_{0}$mm 基准孔和锥齿轮坯的端面是零件的关键部位，工艺上必须重点保证。

2）顶锥面对 $\phi24^{+0.033}_{0}$mm 基准孔的斜向圆跳动公差为 0.015mm，此公差直接影响后面锥齿轮的加工精度，必须与 $\phi24^{+0.033}_{0}$mm 的内孔在一次装夹中完成。

3）注意 63°40′±8″角度的测量方法，角度尺寸必须符合图样要求。

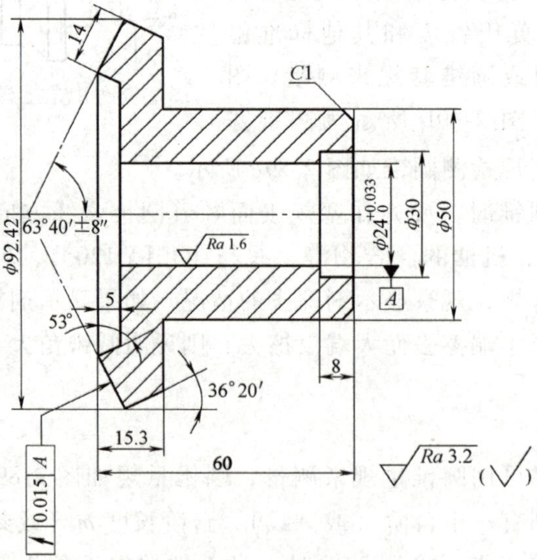

图 2-90 锥齿轮

4）采用自定心卡盘装夹工件。

锥齿轮坯加工工艺过程见表 2-9。

表 2-9　锥齿轮坯加工工艺过程

加工工艺卡片		产品名称		产品数量	100
图号		零件名称	锥齿轮坯	第　页	共　页
材料种类	铸铁	材料牌号	HT150	毛坯尺寸	ϕ97mm×70mm

加工简图	工序	工种	工步	加工内容	刀具	量具
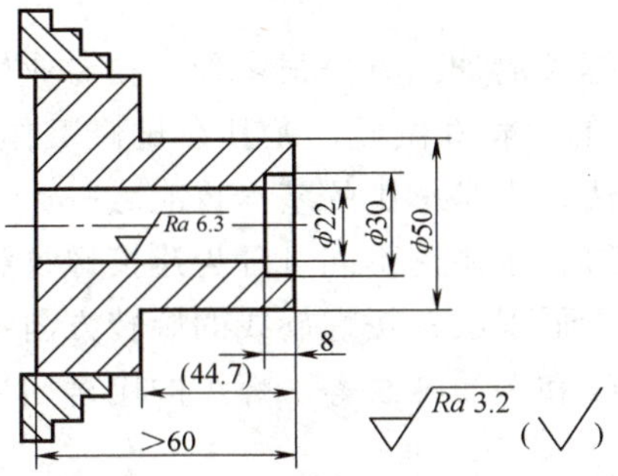	1	车削、钻削、镗削	(1)	自定心卡盘装夹工件的大端面外圆，粗、精车端面，总长大于 60mm	90°车刀	卡尺
			(2)	粗、精车小外圆至 ϕ50mm，控制阶台的长度为 44.7±0.1mm	90°车刀	卡尺
			(3)	钻孔 ϕ22mm	ϕ22mm 钻头	卡尺
			(4)	镗 ϕ30mm 内孔，台阶的深度为 8mm	内孔台阶镗刀	卡尺
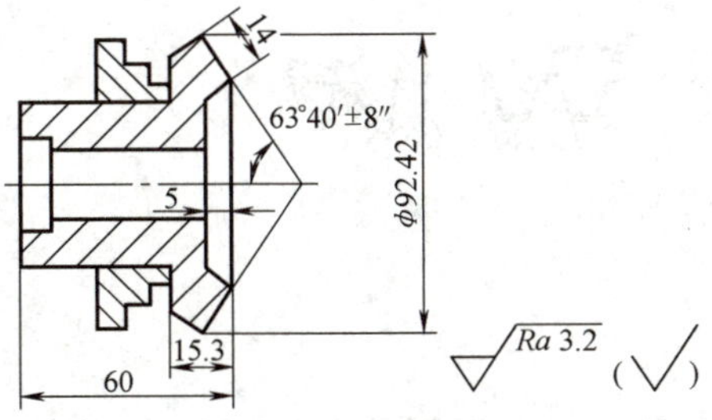	2	车削	(1)	掉头夹小端外圆，车端面，控制长度 15.3mm 及总长 60mm，车大外圆至 ϕ92.42mm	90°车刀	卡尺
			(2)	小滑板逆时针方向旋转 63°40′车锥面至图样要求，并控制顶锥面长度为 14mm	90°车刀	角度尺
			(3)	小滑板顺时针方向转到 36°20′(90°-63°40′)车背锥角及内锥角，并控制深度为 5mm	90°车刀	角度尺
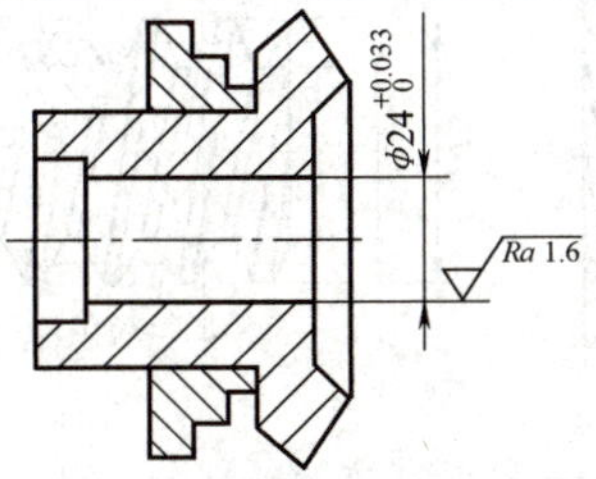	3	镗削	(1)	镗内孔 $\phi24^{+0.033}_{0}$mm	内孔镗刀	内测千分尺
			(2)	去毛刺	锉刀	

第八节　螺纹的车削与测量

【本节要点】

✧ 了解常用螺纹的种类。
✧ 熟悉普通螺纹的基本知识，并能进行尺寸的计算。
✧ 了解螺纹车刀的刃磨及安装方法。
✧ 掌握三角形螺纹的车削加工方法。
✧ 熟悉三角形螺纹的测量方法。

在各种机械产品中，带有螺纹的零件应用很广泛。螺纹的加工方法很多种，在专业生产中，广泛采用滚丝、轧丝及搓丝等一系列先进工艺，但在一般机械厂，尤其在机修工作中，通常采用车削方法加工。车削螺纹是螺纹加工的常用方法，也是车工的基本技能之一。

螺纹的种类很多，按形状可分为圆柱螺纹和圆锥螺纹；按用途不同可分为连接螺纹和传动螺纹；按牙型特征可分为三角形螺纹、矩形螺纹和锯齿形螺纹；按螺旋线的旋转方向可分为右旋螺纹和左旋螺纹；按螺旋线的线数可分为单线螺纹和多线螺纹等。螺纹的用途和牙型分类如图 2-91 所示。

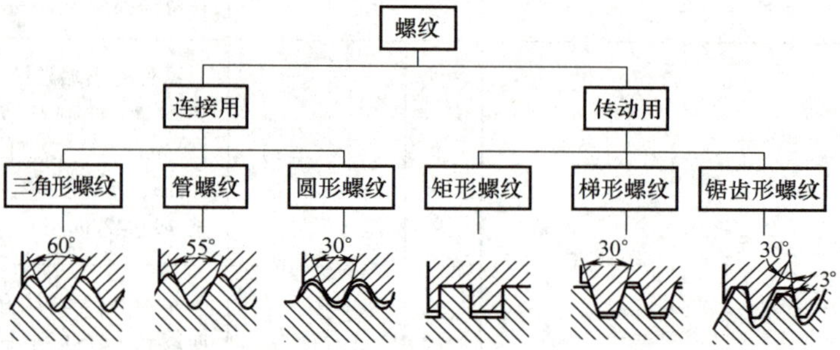

图 2-91　螺纹的用途和牙型分类

一、三角形螺纹

三角形螺纹可分为普通螺纹、寸制螺纹和管螺纹三种。三角形螺纹常用于固定、连接、调节或测量等。

1. 普通螺纹要素及各部分名称

螺纹要素由牙型、公称直径、螺距（或导程）、线数、旋向和精度等组成。螺纹的形成、尺寸和配合性能取决于螺纹要素，只有当内、外螺纹的各要素相同才能互相配合。

三角形螺纹的各部分名称如图 2-92 所示。

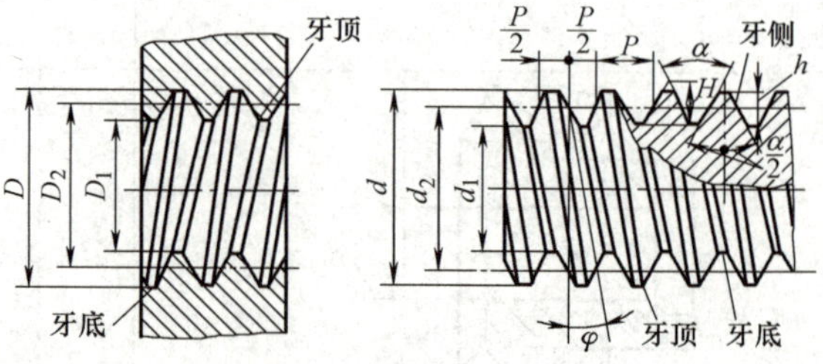

图 2-92　三角形螺纹的各部分名称

1）牙型角 α：指在螺纹牙型上，两相邻牙侧间的夹角。

2）螺距 P：指相邻两牙在中径线上对应两点间的轴向距离。

3）导程 Ph：指同一条螺旋线上相邻两牙在中径线上对应两点间的轴向距离。

4）螺纹大径 $d(D)$：指与外螺纹牙顶或内螺纹牙底相切的假想圆柱或圆锥的直径。外螺纹大径用 d 表示，内螺纹大径用 D 表示。国家标准规定，螺纹大径的公称尺寸称为螺纹的公称直径。

5）中径 d_2（D_2）：中径是一个假想圆柱或圆锥的直径，该圆柱或圆锥的素线通过牙型上沟槽和凸起宽度相等的地方，该假想圆柱或圆锥称为中径圆柱或中径圆锥。同规格的外螺纹中径 d_2 和内螺纹中径 D_2 相等。

6）螺纹小径 d_1（D_1）：它是与外螺纹牙底或内螺纹牙顶相切的假想圆柱或圆锥的直径，外螺纹小径用 d_1 表示，内螺纹小径用 D_1 表示。

7）顶径：与外螺纹或内螺纹牙顶相切的假想圆柱或圆锥的直径，即外螺纹的大径或内螺纹的小径。

8）底径：与外螺纹或内螺纹牙底相切的假想圆柱或圆锥的直径，即外螺纹的小径或内螺纹的大径。

9）原始三角形高度 H：指由原始三角形顶点沿垂直于螺纹轴线方向到底边的距离。

10）螺纹升角：指在中径圆柱或圆锥上，螺旋线的切线与垂直于螺纹轴线的平面的夹角。

2. 普通螺纹的尺寸计算

普通螺纹是我国应用得最广泛的一种三角形螺纹，牙型角为 60°。普通螺纹分粗牙普通螺纹和细牙普通螺纹，粗牙普通螺纹代号用字母“M”及公称直径表示，如 M12、M16 等。细牙普通螺纹代号用字母“M”及公称直径×螺距表示，如 M20×1.5、M10×1 等。细牙普通螺纹与粗牙普通螺纹的不同点是：当公称直径相同时，细牙螺纹螺距较小。

左旋螺纹在代号的末尾加注“LH”，如 M6-LH、M16×1.5-LH 等。未注明的为右旋螺纹。

普通螺纹的基本牙型及主要参数的标注如图 2-93 所示，相关计算公式见表 2-10。

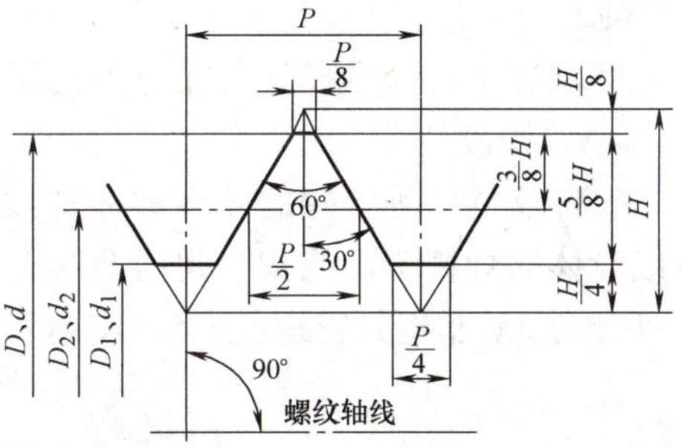

图 2-93　普通螺纹的基本牙型及主要参数的标注

表 2-10　普通螺纹的相关计算公式

名　　称		代号	计 算 公 式
外螺纹	牙型角	α	60°
	原始三角形高度	H	$H=0.866P$
	牙型高度	h	$h=5H/8=5\times0.866P/8=0.5413P$
	中径	d_2	$d_2=d-2\times3H/8=d-0.6495P$
	小径	d_1	$d_1=d-2h=d-1.0825P$
	大径	d	d=公称直径

（续）

名　称		代号	计算公式
内螺纹	中径	D_2	$D_2=D-2\times\frac{3}{8}H=D-0.6495P$
	小径	D_1	$D_1=D-2h=D-1.0825P$
	大径	D	D=公称直径

例 2-2： 计算 M24×2 螺纹的基本尺寸 d_2、h、d_1。

解： 已知 $d=24\text{mm}$，$P=2\text{mm}$，则

中径 $d_2=D_2=d-0.6495P=(24-0.6495\times2)\text{mm}=22.701\text{mm}$

牙型高度 $h=0.5413P=0.5413\times2\text{mm}=1.083\text{mm}$

螺纹小径 $d_1=D_1=d-1.0825P=(24-1.0825\times2)\text{mm}=21.835\text{mm}$

3. 寸制螺纹的牙型计算

寸制螺纹在我国应用较少，只在某些进口设备和维修旧设备时用到。

寸制螺纹的牙型角为 55°，公称直径是指内螺纹大径，用英寸（in）表示。螺距 P 与 1in(25.4mm）长度中的牙数 n 相关，如一个 1in(25.4mm）12 牙的螺纹，其螺距为 1/12in。

寸制与米制螺纹螺距的换算如下：

$$P=1\text{in}/n=25.4\text{mm}/n$$

例 2-3： 已知一个 1in（25.4mm）12 牙的螺纹，其螺距为多少？

解： 已知 $n=12$，根据公式

$$P=1\text{in}/n=25.4\text{mm}/n$$

则

$$P=25.4\text{mm}/12=2.12\text{mm}$$

寸制螺纹各基本尺寸可在有关机械手册中查找。

4. 管螺纹

管螺纹是一种特殊的寸制细牙螺纹，其牙型角有 55°和 60°两种。管螺纹常用于流通气体或液体的管接头、旋塞、阀门及其他附件中。根据螺纹副的密封状态和螺纹牙型角，管螺纹可分为 55°非密封管螺纹、55°密封管螺纹和 60°密封管螺纹，如图 2-94 所示。

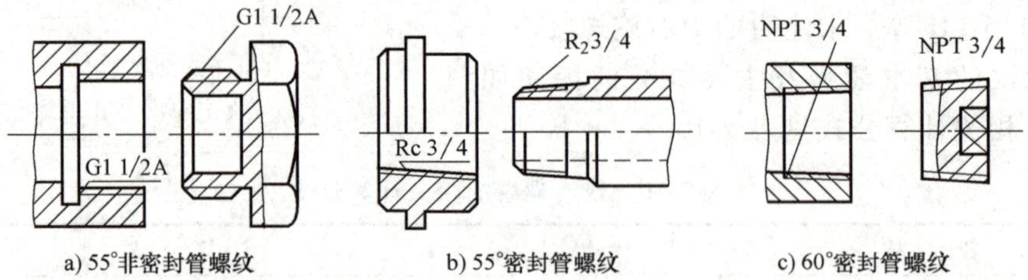

a) 55°非密封管螺纹　　b) 55°密封管螺纹　　c) 60°密封管螺纹

图 2-94　带管螺纹的工件

管螺纹各基本尺寸可在有关机械手册中查出。

二、螺纹车刀的刃磨及安装

1. 螺纹车刀及其材料的选择

常用的螺纹车刀材料有高速钢和硬质合金两类。

高速钢螺纹车刀容易被磨得锋利，而且韧性较好，刀尖不易崩裂，车削出的螺纹表面粗造度值较小，但高速钢的耐热性较差，因此只适用于低速车削螺纹。

硬质合金螺纹车刀的硬度高，耐热性能好，但韧性较差，适合高速车削螺纹时使用。

2. 三角形螺纹车刀

高速钢三角形外螺纹车刀的几何形状如图 2-95 所示。

螺纹车刀的刀尖角直接决定螺纹的牙型角，米制螺纹的牙型角为 60°，它对保证螺纹精度有很大的关系。螺纹车刀的前角对牙型角影响较大，如果车刀的前角大于或小于 0°时，所车出的螺纹牙型角会大于车刀的刀尖角，前角越大，牙型角的误差也就越大。精度要求较高的螺纹，常取前角为 0°。粗车螺纹时为改善切削条件，可取正前角的螺纹车刀。

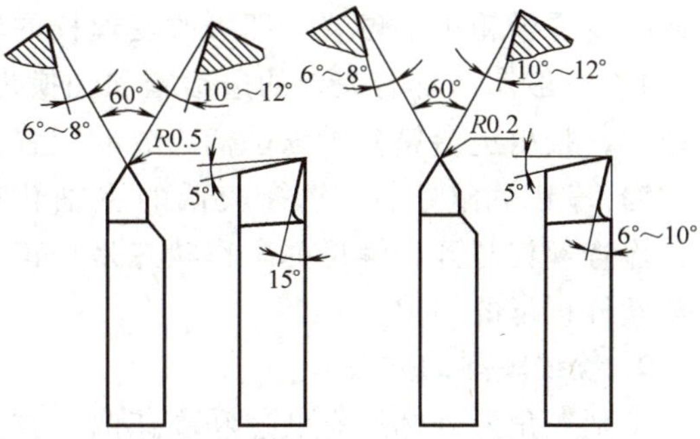

a) 粗车刀　　b) 精车刀

图 2-95　高速钢三角形外螺纹车刀的几何形状

车削螺纹时，因受螺纹旋线的影响，切削平面和基面的位置发生了变化，使车刀工作时的前角和后角与刃磨前角和刃磨后角的数值不同，三角形螺纹的螺纹升角一般比较小。

因此在刃磨三角形螺纹车刀时应注意：刀尖应等于牙型角；螺纹车刀两侧的切削刃必须为直线，并具有较小的表面粗糙度值；螺纹车刀两侧的后角是不相等的，刃磨时应考虑车刀在进给方向的后角因受螺纹升角的影响而需加减一个角度。

刃磨三角形螺纹车刀时，用样板修正两刃的夹角，保证螺纹车刀的刀尖等于螺纹的牙型角，如图 2-96 所示。

3. 三角形螺纹车刀的安装

安装三角形螺纹车刀时，刀尖必须与工件的中心等高，并且刀尖的平分线要与工件轴线垂直，否则会影响螺纹的截面形状。如果车刀装得左右歪斜，车出来的牙型就会偏左或偏右。

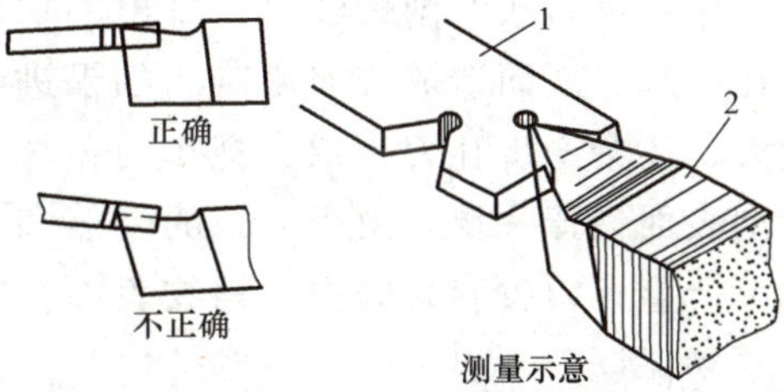

图 2-96　刃磨车刀时用样板修正两刃的夹角

1—样板　2—螺纹车刀

调整时，可用对刀样板保证刀尖的等分线严格地垂直于工件的轴线，如图 2-97 所示。

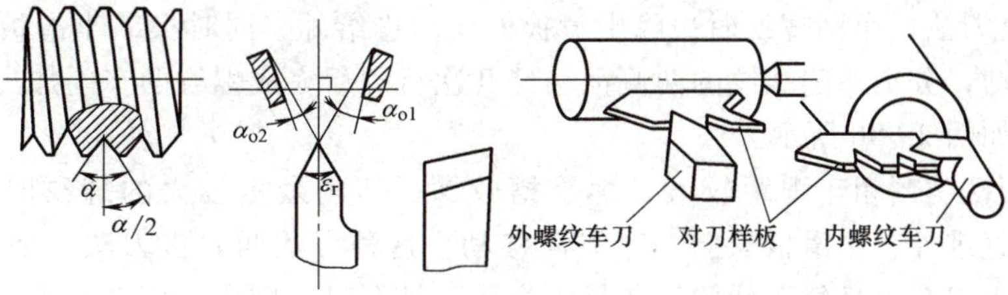

图 2-97　三角形螺纹车刀及安装

三、三角形螺纹的车削加工

1. 螺纹车削前的准备

1）螺纹车削前首先把工件的螺纹外圆直径按要求车削好（应比规定要求小于 0.1～

0.2mm）。

2）然后以螺纹的长度车削出一条标记，作为退刀标记，最后将端面处倒角，装夹好螺纹车刀。

3）调整好车床，为了在车床上车出螺纹，必须使车刀在主轴每转一周后得到一个等于螺距大小的纵向移动量，因此刀架是用开合螺母通过丝杠来带动的，只要选用不同的交换齿轮或改变进给箱手柄位置，即可改变丝杠的转速，从而车削出不同螺距的螺纹。

4）一般车床都有完善的进给箱和交换齿轮箱，车削标准螺纹时，可以从车床的螺距指示牌中，找出进给箱各操纵手柄应放的位置并进行调整。

5）车床调整好后，选择较低的主轴转速，开动车床，合上开合螺母，开正反车数次后，检查丝杠与开合螺母的工作状态是否正常，为使刀具移动较平稳，需消除车床各拖板间隙及丝杠螺母的间隙。

2. 螺纹车削的方法

车削三角形外螺纹有低速和高速两种方法，低速车削时选用高速钢螺纹车刀，高速车削时选用硬质合金车刀。低速车削的精度高，表面质量好，但效率低。高速车削的效率可达低速的几倍，但表面粗糙度值较大。

（1）低速车削三角形外螺纹

1）直进刀法。直进刀法是在车削螺纹时，只用中滑板横向进给，车刀的左右两侧都参加切削，每次加大背吃刀量时，只由中刀架做横向进给，直至把工件车削至所需的尺寸和表面粗糙度值为止。这种方法操作简单，能保证牙型清晰，且车刀两侧切削刃所受的轴向切削分力有所抵消，如图 2-98a 所示。

用直进刀法车削螺纹时，排出的切屑会绕在一起，从而造成排屑困难。如果进给量过大，还会产生扎刀现象，把车刀敲坏，把牙型表面去掉一块。由于车刀的受热和受力情况严重，刀尖容易磨损，螺纹表面粗糙度值不易保证。

直进刀法一般用于车削螺距较小和脆性材料的工件。

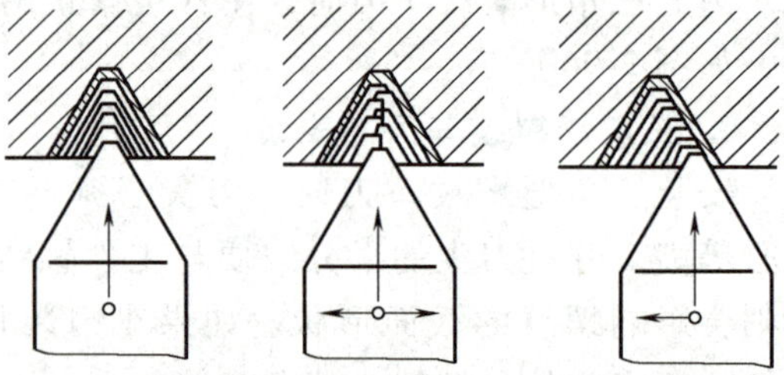

a) 直进刀法　b) 左右进刀法　c) 斜进刀法

图 2-98　低速车削三角形螺纹的进刀方法

2）左右进刀法。车削螺纹时，除中滑板做横向进给外，同时操纵小滑板将车刀向左或向右做微量移动，分别切削螺纹的两侧面，经几次行程后完成螺纹的车削加工，这种方法叫左右进刀法，如图 2-98b 所示。

3）斜进刀法。当粗车螺距较大、螺纹槽较深、切削余量较大的螺纹时，为了操作方便，除中滑板直进外，小滑板只向一个方向移动，这种方法叫斜进刀法，如图 2-98c 所示。此法一般只用于粗车，且每边牙侧均留精车余量。精车时，则应采用左右进刀法车削，具体方法是将螺纹侧边车削到位后，再移动车刀精车另一侧；当两侧面均车削到位后，再将车刀移至中间位置，用直进刀法将牙底车削到位，以保证牙底的清晰。

（2）高速车削三角形外螺纹　用硬质合金车刀高速车削三角形外螺纹，可大大提高切削速度，减少进给次数，有效地提高生产率。

高速车削螺纹时，采用直进刀法，不宜采用左右进刀法，否则会拉毛牙型的侧面，影响螺纹精度。高速车削三角形螺纹时，由于车刀对工件有较大的挤压力，容易使工件胀大，所以车削外螺纹前的工件直径一般比公称尺寸小（约小 0.13P）。

3. 螺纹车削的步骤

车削外螺纹的操作步骤如图 2-99 所示。

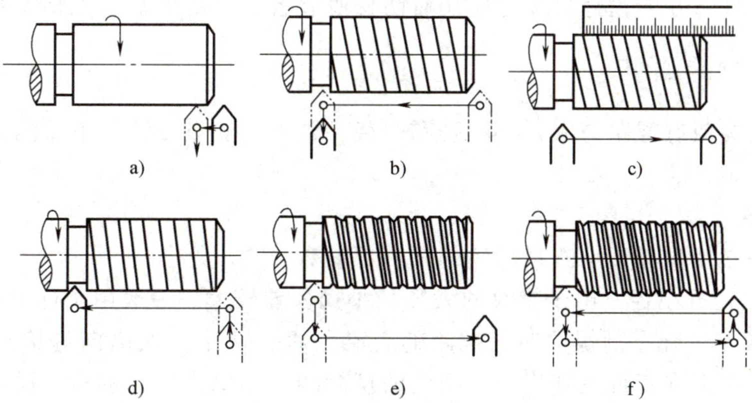

图 2-99　车削外螺纹的操作步骤

1）开车，使车刀与工件轻微接触，记下刻度盘读数，向右退出车刀，如图 2-99a 所示。

2）合上开合螺母，在工件表面工车出一条螺旋线，横向退出车刀，停车，如图 2-99b 所示。

3）开反车使车刀退到工件右端，停车，用钢直尺检查螺距是否正确，如图 2-99c 所示。

4）利用刻度盘调整背吃刀量，开车切削，如图 2-99d 所示。

5）车刀将至行程终了时，应做好退刀停车准备，先快速退出车刀，开反车退回刀架，如图 2-99e 所示。

6）再次横向切入，继续切削，其切削过程的路线如图 2-99f 所示。

7）螺纹车削的特点是刀架纵向移动比较快，因此操作时既要胆大心细，又要思想集中，动作迅速协调。

四、乱扣及其预防

车削螺纹时，一般都要经过几次往复车削加工才能完成。在第二次车削时，刀尖偏离前一次车出的螺旋槽，从而把螺旋槽车乱的现象，称为乱扣。

1. 产生乱扣的原因

产生乱扣的原因是当丝杠转一圈时，工件未转过整数圈而产生的。

车削螺纹时，工件和丝杠都在旋转，如果提起开合螺母后，至少要等丝杠转过一圈，才能重新按下。当丝杠转过一圈后，工件转了整数圈，车刀就能进入前一刀车出的螺旋槽内，就不会产生乱扣。若丝杠转过一圈之后，工件未转过整数圈，就会产生乱扣。

2. 预防乱扣的方法

预防乱扣常用的方法是开倒顺车，即在一次行程结束后，不提起开合螺母，先将车刀沿工件径向退出，使主轴反转，让车刀沿纵向退回，然后进行第二次车削。这样，往复车削时的车刀始终在原来的螺旋槽中，就不会产生乱扣现象。

若中途需拆下刀具刃磨，磨好后应重新对刀。对刀必须在合上开合螺母使刀架移到工件的中间停车时进行。此时移动刀架，使车刀切削刃与螺纹槽相吻合，且工件与主轴的相对位置不能改变。

采用开倒顺车法时，主轴换向不能过快，否则车床的传动部分受到瞬时的冲击，易使传动零件损坏。另外，在卡盘连接盘上应装有防松脱装置，以防卡盘从主轴上脱落。

五、三角形螺纹的测量

螺纹的主要参数有螺距与大径、小径和中径，常见的测量方法有单项测量法和综合测量法两种。

1. 单项测量法

单项测量法是用量具逐一测量螺纹的某一项参数。

（1）测量大径、小径　由于螺纹的大径、小径公差较大，一般用游标卡尺测量即可。

（2）测量螺距　在车削螺纹时，螺距的正确与否，从第一次纵向进给运动开始就要进行检查。可使第一刀在工件上划出一条很浅的螺旋线，用钢直尺、游标卡尺或螺距规进行测量，如图 2-100 所示。

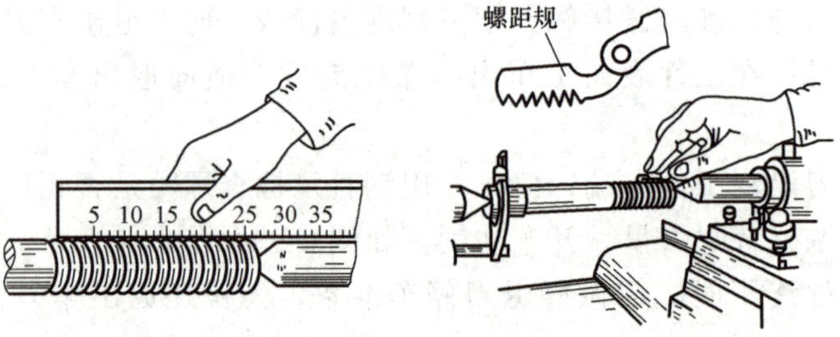

a) 用钢直尺测量螺距　　b) 用游标卡尺、螺矩规测量螺距

图 2-100　测量螺距

（3）测量中径

1）螺纹千分尺测量。三角形螺纹的中径可用螺纹千分尺测量，如图 2-101 所示。螺纹千分尺的结构和使用方法与一般千分尺相似，其读数原理也与一般千分尺相同，只是它有两个可以调整的测量头（上测量头、下测量头）。在测量时，两个与螺纹牙型角相同的测量头正好卡在螺纹牙侧，这时千分尺读数就是螺纹中径的实际尺寸。

2）三针测量。用三针测量外螺纹中径是一种比较精密的测量方法。测量时所用的三根圆柱形量针，是由量具厂专门制造的。在没有量针的情况下，也可用三根直径相等的优质钢丝或新的钻头柄部代替。测

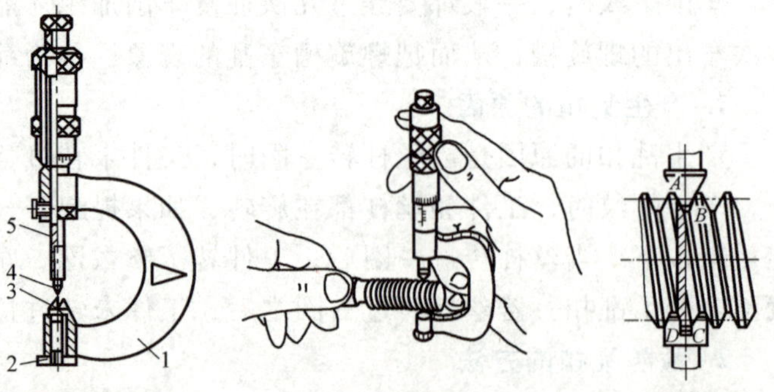

a) 螺纹千分尺　　b) 测量方法　　c) 测量原理

图 2-101　螺纹千分尺测量三角形螺纹的中径

1—尺架　2—砧座　3—下测量头　4—上测量头　5—测量螺杆

量时，把三根量针放置在螺纹两侧相应的螺旋槽内，用千分尺量出两边量针之间的距离 M，如图 2-102 所示。根据 M 值可以计算出螺纹中径的实际尺寸。三针测量时 M 值和螺纹中径的计算公式见表 2-11。

表 2-11　三针测量时 M 值和螺纹中径的计算公式

螺纹牙型角 α	M 值计算公式	量针直径 d_D		
		最大值	最佳值	最小值
60°(普通螺纹)	$M=d_2+3d_D-0.866P$	$1.01P$	$0.577P$	$0.505P$
55°(寸制螺纹)	$M=d_2+3.166d_D-0.961P$	$0.894P-0.029$mm	$0.564P$	$0.481P-0.016$mm

2. 综合测量法

综合测量法是采用螺纹量规对螺纹各主要的使用精度同时进行综合检验的一种测量方法。这种方法效率高，使用方便，能较好地保证互换性，广泛应用于对标准螺纹或大批量生产螺纹时的测量。

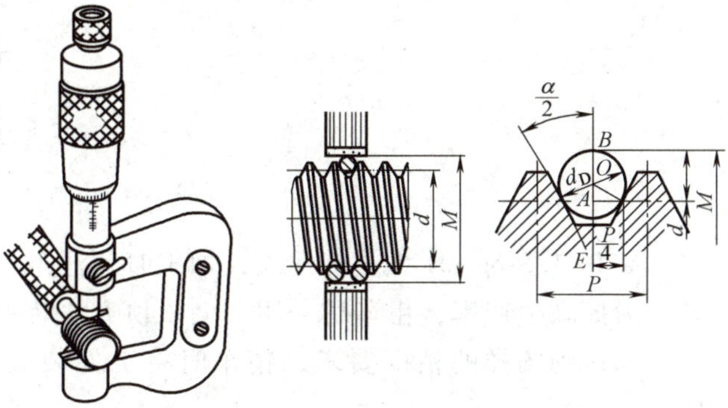

图 2-102　三针测量外螺纹中径

螺纹量规包括环规和塞规两种，每一种螺纹量规又有通规和止规之分，如图 2-103 所示。测量时，如果通规刚好能旋入，而止规不能旋入，则说明螺纹精度合格。对于精度要求不高的螺纹，也可以用标准螺母和螺栓来检验，以旋入工件时是否顺利和旋入后的松动程度来确定加工出的螺纹是否合格。

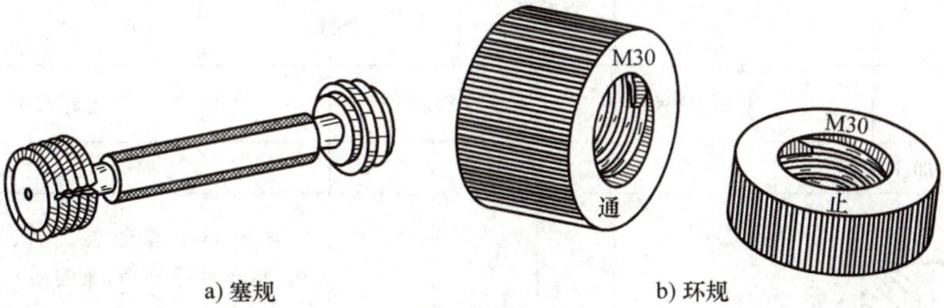

图 2-103　螺纹量规

六、轴类零件车削实例

螺杆的车削加工

零件图样如图 2-104 所示。

工艺及图样分析：

1）图样中，$\phi30_{-0.028}^{-0.007}$mm 外圆为基准圆，与 $\phi46$mm 轴肩的端面有公差 0.02mm 的垂直度要求，必须在一次装夹中完成。

2）M30×1.5-6g-LH 螺纹与 $\phi30_{-0.028}^{-0.007}$mm 外圆轴线的同轴度公差为 $\phi0.03$mm，加工时，必须采取措施保证。

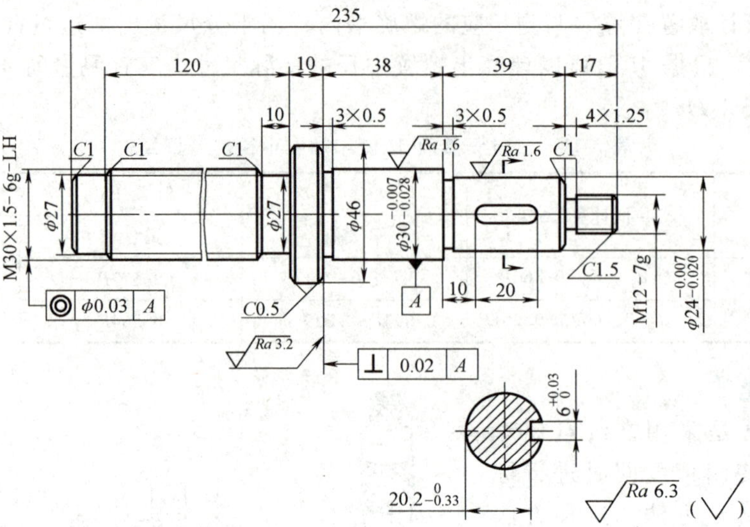

图 2-104　螺杆

3）M30×1.5-6g-LH 为左旋螺纹，加工时须注意。

4）为提高生产率，粗车时采用一夹一顶方法装夹。

5）为达到图样的精度要求，精车时将工件装夹在两回转顶尖之间，用鸡心夹头带动车削。

螺杆加工工艺过程见表 2-12。

表 2-12　螺杆加工工艺过程

加工工艺卡片		产品名称		产品数量	100	
图号		零件名称	螺杆	第　页	共　页	
材料种类	热轧圆钢	材料牌号	45 钢	毛坯尺寸	φ50mm×240mm	
加工简图	工序	工种	工步	加工内容	刀具	量具
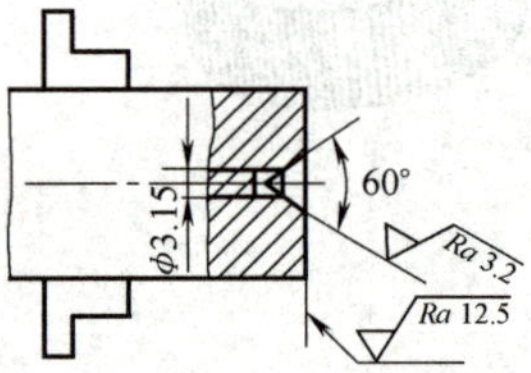	1	车削、钻削	(1)	自定心卡盘装夹工件，粗、精车毛坯外圆，车端面	45°车刀	卡尺
			(2)	钻中心孔 φ4mm	φ4mm 中心钻	
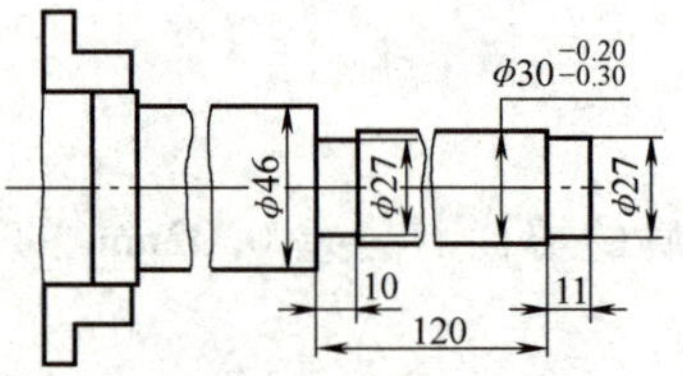	2	车削	(1)	一夹一顶车削 φ46mm 外圆至尺寸要求	45°车刀	卡尺
			(2)	车削 M30×1.5-6g-LH 螺纹的大径至 $φ30^{-0.20}_{-0.30}$mm，长度为 131(120+11)mm	90°车刀	卡尺
			(3)	车削外圆 φ27mm 至尺寸要求，长度为 11mm	90°车刀	卡尺
			(4)	车外沟槽 φ27mm×10mm 至尺寸要求	90°车刀	卡尺
			(5)	倒角(3 处)	45°车刀	

（续）

加工简图	工序	工种	工步	加工内容	刀具	量具
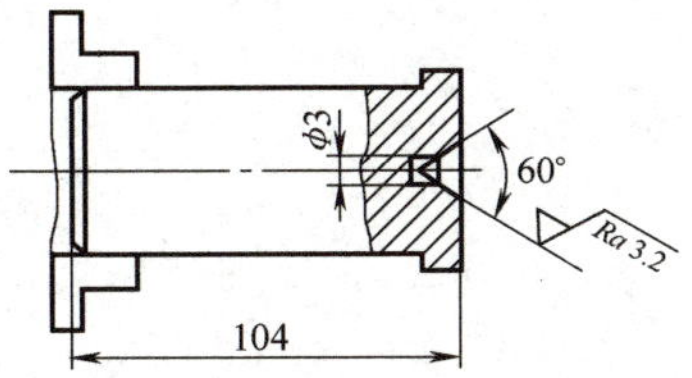	3	车削、钻削	(1)	装夹 ϕ46mm 外圆，车端面，保证长度为 104（10+38+39+17）mm	90°车刀	卡尺
			(2)	钻中心孔 ϕ4mm	ϕ4mm 中心钻	
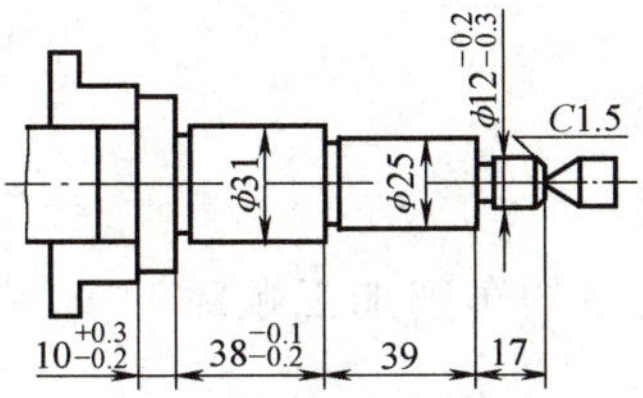	4	车削	(1)	一夹一顶粗车 ϕ31mm 外圆，长 39mm，保证 ϕ46mm 外圆，长 $10_{-0.2}^{+0.3}$mm	90°车刀	卡尺
			(2)	粗车 ϕ24f7mm 外圆，长 39mm	90°车刀	卡尺
			(3)	车削螺纹 M12-7g 大径至 $\phi12_{-0.3}^{-0.2}$mm，并控制长度为 17mm	螺纹车刀	量规
			(4)	车削退刀槽 4mm×1.25mm	切槽刀	卡尺
			(5)	倒角	45°车刀	
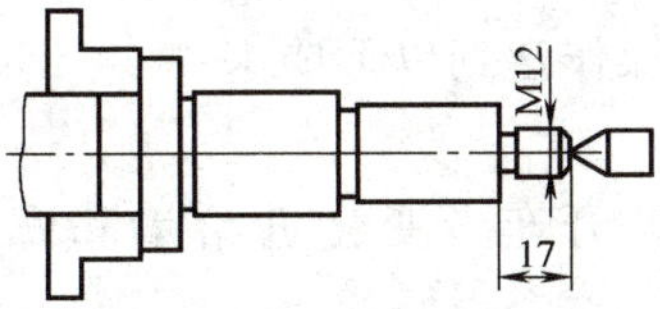	5	车削	(1)	车削螺纹 M12-7g 至尺寸要求（也可套螺纹）	螺纹车刀	量规
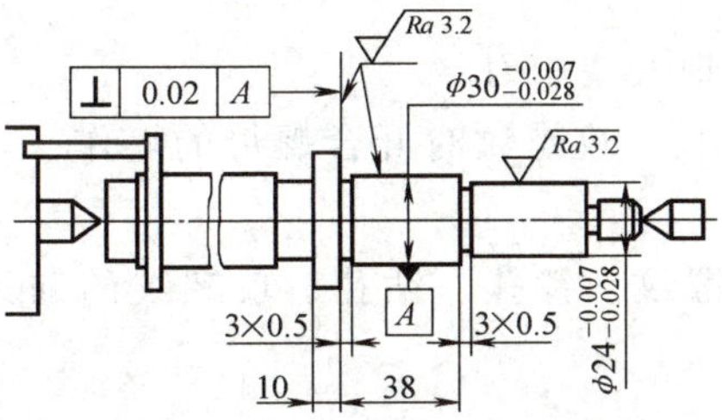	6	车削	(1)	将工件装夹在两回转顶尖之间，精车 ϕ30mm 应为 f7 至图样要求	90°车刀	卡尺
			(2)	精车 ϕ24mm 应为 f7 至图样要求，保证 ϕ30f7mm 的长度为 38mm	90°车刀	卡尺
			(3)	车 3mm×0.5mm 两处外沟槽	切槽刀	卡尺
			(4)	倒角	45°车刀	
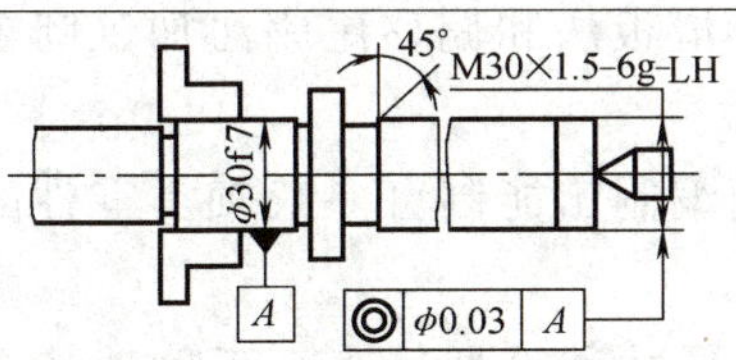	7	车削、锉削	(1)	掉头用软爪夹 ϕ30f7mm 外圆，并用顶尖支承，精车 M30×1.5-6g-LH 螺纹至尺寸要求	螺纹车刀	量规
			(2)	用锉刀修去螺纹毛刺	锉刀	

第九节　车削加工实训

一、车削加工实训的基本内容

（一）实训的目的和作用

车削加工是一种最常用的机加工工种。学生通过车削加工实训，可以掌握卧式车床的操作方法及车床附件的使用方法，车削用量的选择，外圆、锥体和螺纹的加工方法及一些量具的使用方法。增加学生对机床加工金属的感性认识并能根据图样完成规定工件的车削加工。

（二）实训教学内容

1）机床加工的工作原理、工艺特点、应用范围。

2）机床的型号、组成及各手柄的作用。

3）机床操作方法及安全操作规程。

4）刀具的基本知识及刃磨方法。

5）刀具的选用对加工各种材料零件表面粗糙度的影响。

6）切削用量的选择对刀具的影响。

7）切削液的种类及使用。

8）切削工作中常用量具的名称及其正确使用方法。

9）按图样技术要求，合理地选择工、夹、量具，制订简单的车削加工顺序。

10）车床主要附件的结构、使用方法和应用范围。

11）车削工艺技术经济性分析。

（三）实训目标

操作卧式车床加工一般的轴类、套类等零件。通过实际操作达到以下要求：

1）熟悉并自觉遵守车床安全操作规程。

2）能熟练、独立、正确地操作卧式车床，包括停车、开车、变化进给量和螺纹螺距等。

3）能熟练使用自定心卡盘等车床夹具装夹工件。

4）能正确合理地选择刀具进行车削加工，并能正确地安装车刀。

5）能熟练掌握车床对刀试切、手动和自动进给、钻孔、攻螺纹时开合螺母的操作，车螺纹正反转等操作。

6）熟练掌握车削内外圆柱面、端面、圆锥面、外螺纹、镗孔、钻孔、攻螺纹的加工方法。

7）正确地使用游标卡尺、千分尺等量具测量工件。

8）熟练应用转动小滑板法加工圆锥面，并了解转动小滑板法和偏移尾座法加工圆锥面的各自特点及适用范围。

9）根据实训工件的要求，合理安排加工顺序，并书面编制出能制订一般轴类零件的车削工艺，填写工艺过程卡。

10）根据工艺文件要求，准确地调整机床，根据零件形状和毛坯特点，正确地选择车床附件、安装并找正工件。

11）能独立完成车削加工的综合实训项目的加工制作，并使工件达到尺寸精度、几何公差和表面粗糙度值要求。工件外圆的尺寸公差等级应能达到 IT7，表面粗糙度 Ra 值达 3.2μm。

二、车削实训案例

车削实训案例如图 2-105~图 2-108 所示。

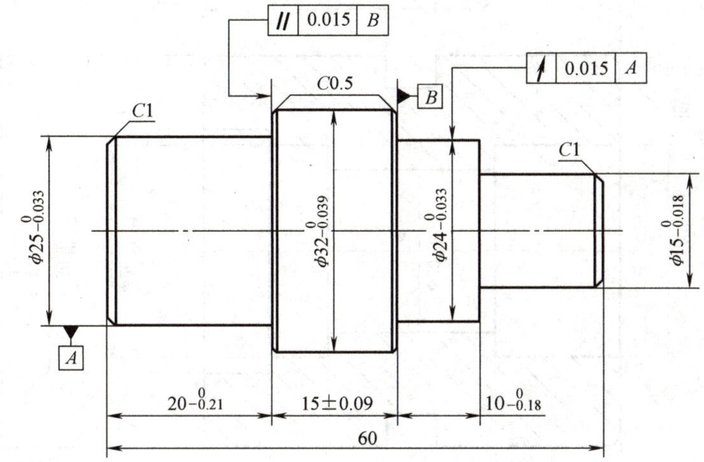

技术要求

1. 毛坯：ϕ35mm×65mm。
2. 锐边倒钝。

Ra 3.2 (√)

技术等级	名称	图号	材料	额定工时
初级车工	阶台轴	C001	45	3h

图 2-105　车削实训案例一

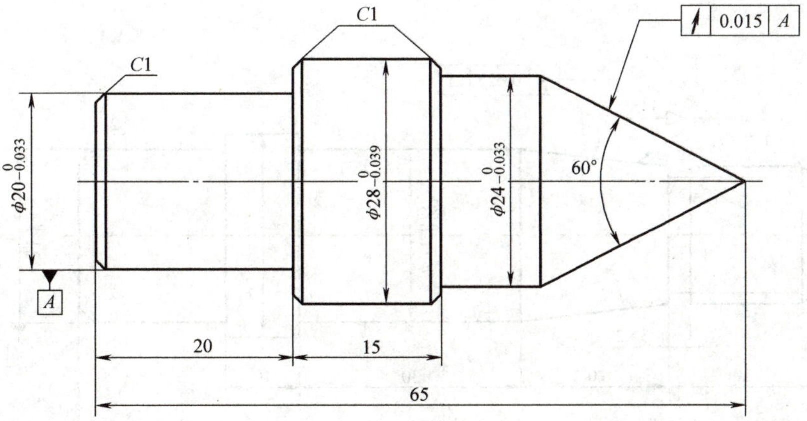

技术要求

1. 毛坯：ϕ30mm×70mm。
2. 锐边倒钝。

Ra 3.2 (√)

技术等级	名称	图号	材料	额定工时
初级车工	顶尖	C002	45	3h

图 2-106　车削实训案例二

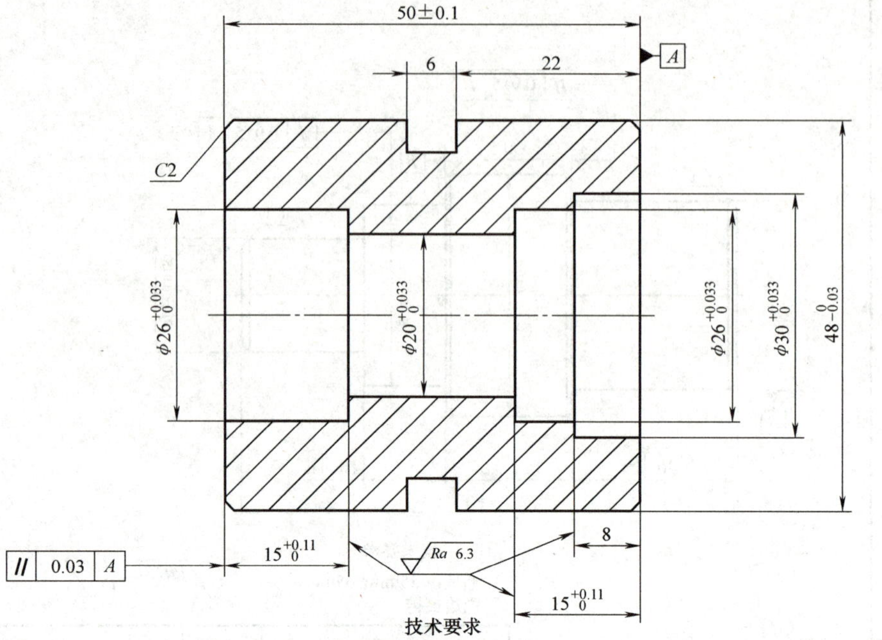

技术要求

1.毛坯:φ50mm×55mm。

2.锐边倒钝。

Ra 3.2 (√)

技术等级	名称	图号	材料	额定工时
初级车工	内阶台孔	C004	45	3h

图 2-107　车削实训案例三

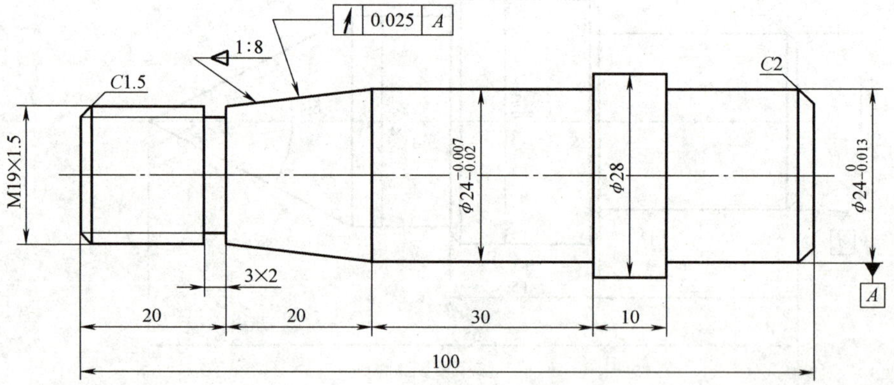

技术要求

1.毛坯:φ30mm×105mm。

2.锐边倒钝。

Ra 3.2 (√)

技术等级	名称	图号	材料	额定工时
初级车工	小轴	C017	45	3h

图 2-108　车削实训案例四

习　　题

一、根据图 2-109 写出车床各组成部分的名称，并简要说明其作用。

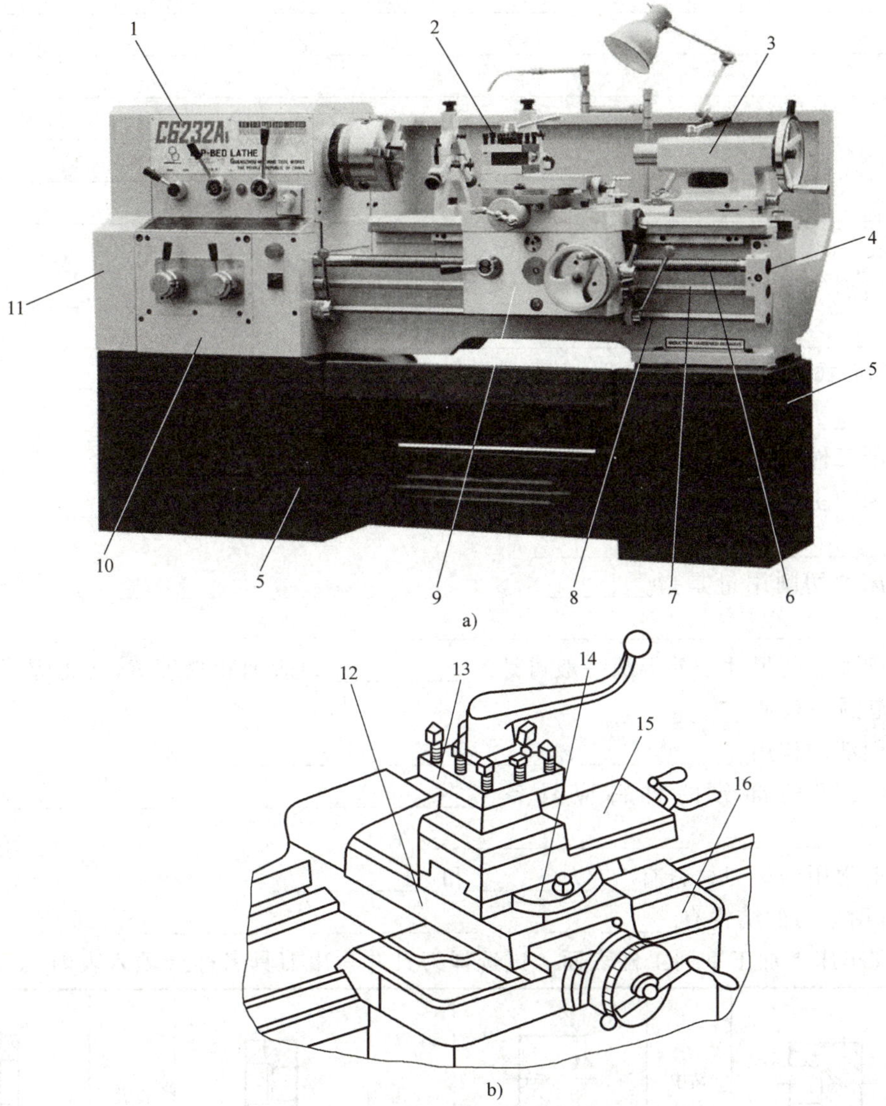

图 2-109　车床

1. ______________________________

2. ______________________________

3. ______________________________

4. ______________________________

5. ______________________________

6. ______________________________

7. ______________________________
8. ______________________________
9. ______________________________
10. ______________________________
11. ______________________________
12. ______________________________
13. ______________________________
14. ______________________________
15. ______________________________
16. ______________________________

二、填空。

1. 你实训使用的车床型号为__________，其后面两位数字代表______________________________。

2. 在卧式车床上可完成________、________、________、________、________、________、________、________、________、________、________、________等工作。

3. 车削工件时，在工件上形成的三个加工表面是________、________、________。

4. 车床的主运动是__________；进给运动有______________________________。

5. 车床的切削用量是指__________、__________、__________，其符号和单位分别为__________、__________、__________。

6. 车削加工的尺寸公差等级一般可达__________，表面粗糙度 Ra（轮廓算术平均高度）数值范围一般是__________。

7. 切削液的作用__________、__________、__________。

8. 刀具切削部分的材料应具备______________、______________、______________、______________等。

9. 目前常用的车刀材料有__________和__________。

10. 常用车刀的结构有__________、__________、__________。

三、在车床上加工下列工件表面，试选择刀具并写出刀具名称（填入表内）。

钻孔	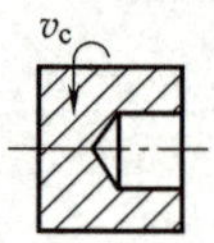	钻中心孔	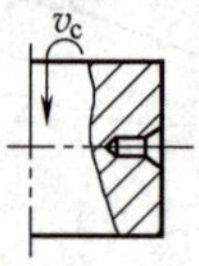	铰孔	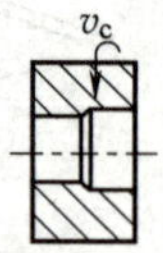	镗孔	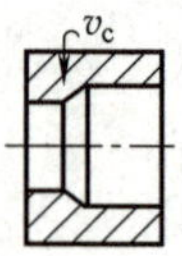
滚花	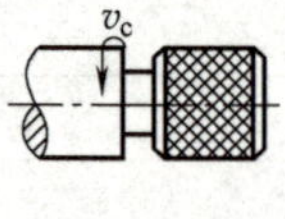	车外圆	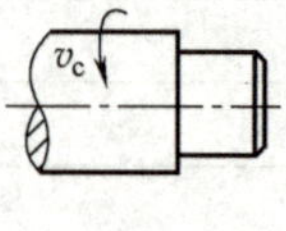	镗内槽	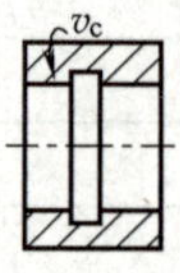	镗盲孔	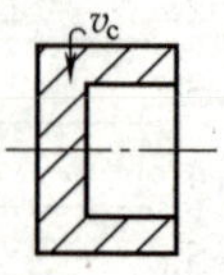

（续）

车端面	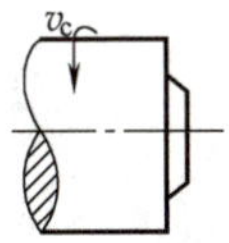	车成形面	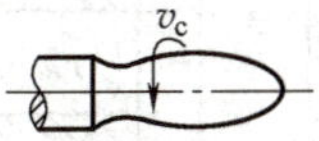	切外槽	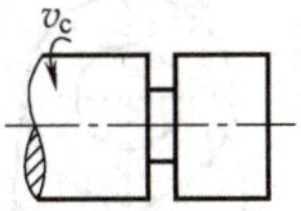	车螺纹	

刀具

1		2	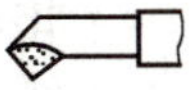	3	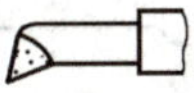	4	
名称		名称		名称		名称	
5	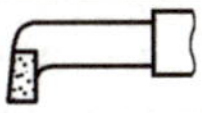	6	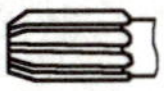	7		8	
名称		名称		名称		名称	
9		10		11		12	
名称		名称		名称		名称	

四、根据下列零件缺陷特征，写出缺陷名称及产生该缺陷的主要原因。

1. 车削套类零件时，工件的外圆和内孔的同轴度超差。

缺陷名称及产生的原因：＿＿＿＿＿＿＿＿＿＿＿＿＿＿＿＿＿＿＿＿＿＿＿＿＿＿＿＿＿。

2. 车削螺纹时，在第一次吃刀完毕以后，退回刀架进行第二次吃刀，而车刀不落入已车出的螺纹槽中。

缺陷名称及产生的原因：＿＿＿＿＿＿＿＿＿＿＿＿＿＿＿＿＿＿＿＿＿＿＿＿＿＿＿＿＿。

五、写出车削加工下列零件中标有表面粗糙度要求加工表面时的装夹方法。

1. 齿轮坯，如图 2-110 所示（要求全部在车床上完成）。

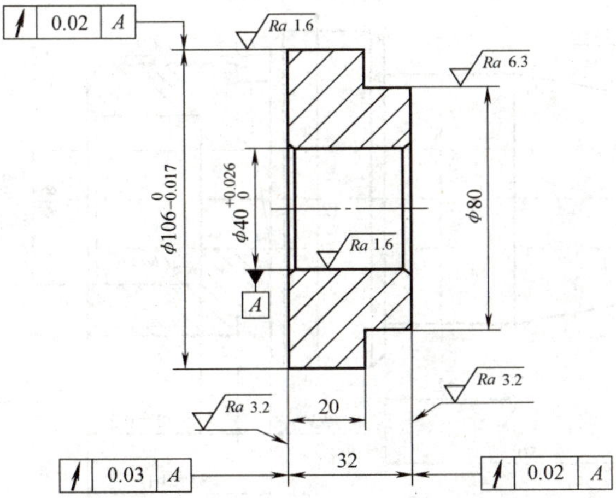

图 2-110　齿轮坯

答：＿＿＿＿＿＿＿＿＿＿＿＿＿＿＿＿＿＿＿＿＿＿＿＿＿＿＿＿＿＿＿＿＿＿＿＿

2. 支架，如图 2-111 所示（底面已加工完）。

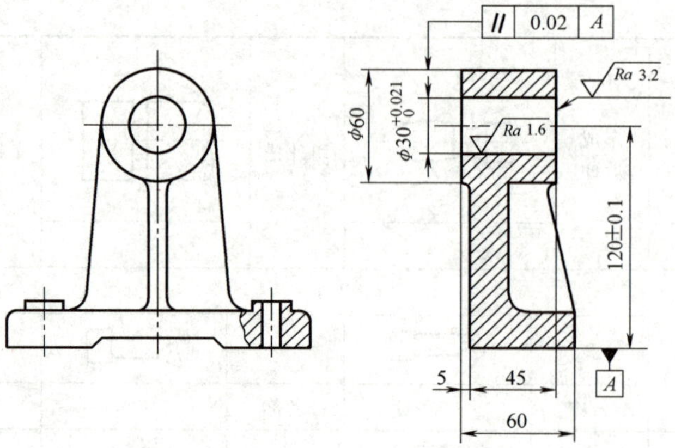

图 2-111　支架

答：

3. 滑块（要求在 C616 车床上车削）。

答：

4. 摇臂。

答：

5. 车床尾座套筒。

答：

6. 细长轴。

答：

六、制订锥套的车削加工工序卡。

锥套零件图样如图 2-112 所示。

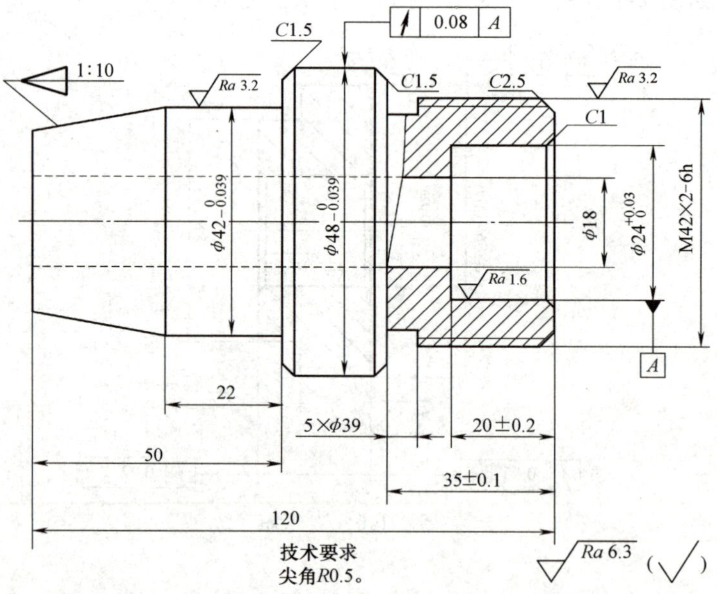

图 2-112　锥套

工艺及图样分析：

1）图中 $\phi42_{-0.039}^{\ 0}$mm 和 $\phi48_{-0.039}^{\ 0}$mm 两外圆及外圆锥应在一次装夹中完成，以保证同轴度，提高生产率。

2）$\phi18$mm 中心孔没有精度要求，采用钻孔工艺来加工。

3）为避免装夹螺纹，损坏螺纹外表面，要先加工零件外圆锥。为保证螺纹和 $\phi24_{\ 0}^{+0.03}$mm 内孔的同轴度，要在一次装夹中完成两部分的加工。

4）图中 $\phi48_{-0.039}^{\ 0}$mm 的外圆对内孔 $\phi24_{\ 0}^{+0.03}$mm 中心线的径向圆跳动公差为 0.08mm，单件加工，掉头后，应采用百分表找正零件已加工好的外表面来加工内孔。

填写表 2-13 所示的锥套加工工艺过程。

表 2-13　锥套加工工艺过程

<table>
<tr><td colspan="2">加工工艺卡片</td><td colspan="2">产品名称</td><td colspan="3"></td><td>产品数量</td><td colspan="2">1</td></tr>
<tr><td>图号</td><td></td><td colspan="2">零件名称</td><td colspan="3">锥套</td><td>第　页</td><td colspan="2">共　页</td></tr>
<tr><td>材料种类</td><td colspan="2">圆钢</td><td colspan="2">材料牌号</td><td colspan="2">45 钢</td><td>毛坯尺寸</td><td colspan="2">φ50mm×125mm</td></tr>
<tr><td colspan="2">加工简图</td><td>工序</td><td>工种</td><td>工步</td><td colspan="3">加工内容</td><td>刀具</td><td>量具</td></tr>
<tr><td colspan="2"></td><td></td><td></td><td></td><td colspan="3"></td><td></td><td></td></tr>
<tr><td colspan="2"></td><td></td><td></td><td></td><td colspan="3"></td><td></td><td></td></tr>
<tr><td colspan="2"></td><td></td><td></td><td></td><td colspan="3"></td><td></td><td></td></tr>
<tr><td colspan="2"></td><td></td><td></td><td></td><td colspan="3"></td><td></td><td></td></tr>
</table>

七、问答题。

1. 根据 C6132 车床的外形图说明车床由哪些主要部件组成？其各自主要功能是什么？

2. C6132 车床型号中各个字母和数字的含义是什么？C6136 和 C6140 的含义分别是什么？

3. C6132 车床主轴转速和进给量是如何调整的？

4. 试绘简图说明车床加工的范围。

5. 主轴转速是否就是切削速度？当主轴转速提高时，刀架移动加快，是否意味着进给量增大？

6. 什么叫切削速度、进给量和背吃刀量？其选择原则是什么？

7. 车削加工的尺寸公差等级可达多少？表面粗糙度 Ra 值各为多少？

8. 粗车和精车的要求是什么？刀具角度的选用有何不同？切削用量的选择有何不同？

9. 切削液有什么作用？应如何选用？

10. 车床常用的工件装夹方法有哪些？分别各适用于安装哪些形状的工件？

11. 车刀切削部分的材料应具有什么要求？

12. 常用车刀的结构有哪几种？常用车刀的材料有哪两大类？

13. 常用车刀的种类有哪几种？各自的用途是什么？

14. 安装车刀时应注意哪些问题？

15. 简述车刀刃磨的一般步骤和方法。

16. 什么叫找正？单动卡盘找正的方法有哪几种？单动卡盘装夹工件要注意哪些问题？

17. 车外圆、台阶和端面常用的车刀有哪些？车削加工时有哪些注意事项？

18. 车削外圆时，试切的方法与步骤是什么？

19. 切断加工的常用方法有哪些？切断加工时有哪些注意事项？

20. 车床上加工孔的方法有哪些？镗孔加工时有哪些注意事项？

21. 车削加工时，保证套类零件同轴度、垂直度等技术指标的加工方法有哪些？

22. 圆锥面配合的主要特点是什么？

23. 车削圆锥的方法主要有哪几种？试简单说明各自的操作方法及适用场合。

24. 圆锥的检测方法主要有哪几种？

25. 根据图 2-92 说明三角形螺纹各部分的名称及含义。

26. 试计算 M16×1.5 螺纹的基本尺寸 d_2、h、d_1。一个 1in（25.4mm）8 牙的螺纹，其螺距为多少？

27. 常用螺纹的牙型有哪几种？

28. 低速车削三角形螺纹时的进刀方法有哪几种？

29. 参照图 2-99 简述车削外螺纹的操作步骤。

30. 车削螺纹时产生乱扣的原因是什么？应如何预防？

31. 哪种螺纹测量方法广泛应用于标准螺纹或大批量生产螺纹时的测量？试简述其方法。

32. 参照表 2-12 的螺杆加工工艺过程，拟订图 2-113 ~ 图 2-116 所示零件图样的加工工艺。

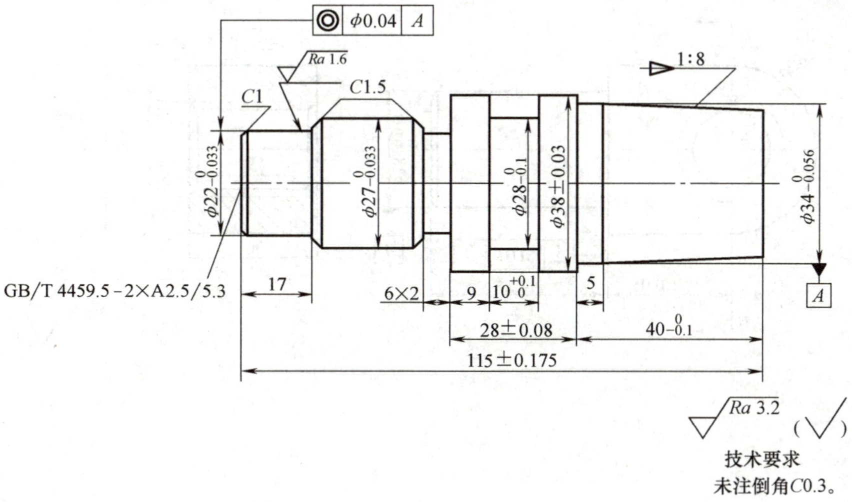

图 2-113　零件图样一

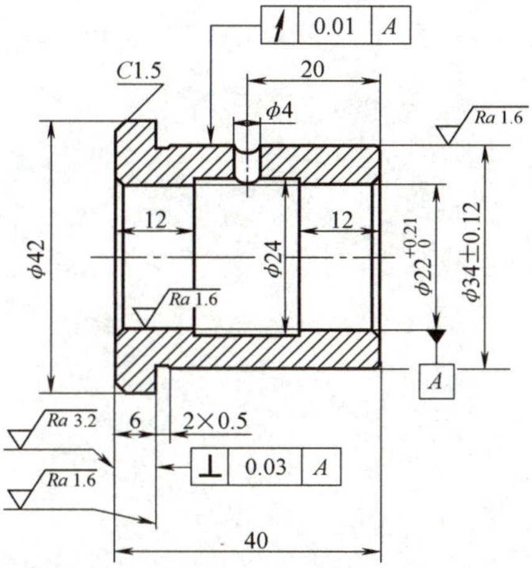

图 2-114　零件图样二

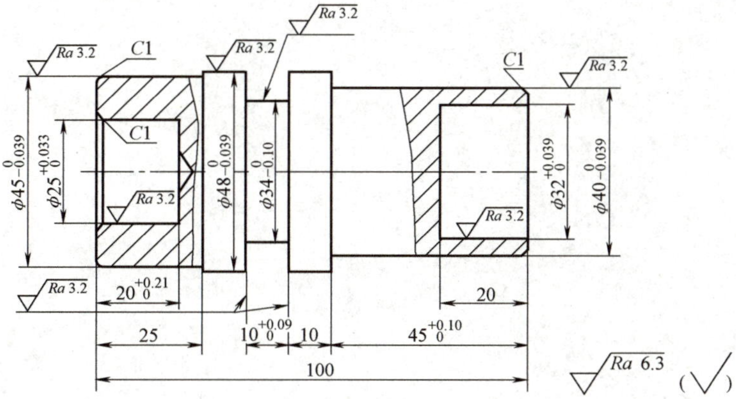

图 2-115　零件图样三

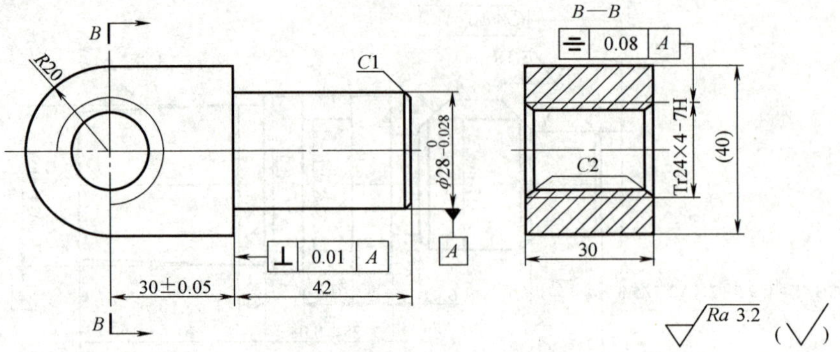
B—B
0.08
A
R20
C1
$\phi 28_{-0.028}^{0}$
Tr24×4-7H
(40)
C2
0.01
A
A
30
30±0.05
42
B
B
Ra 3.2
(√)

图 2-116　零件图样四

第三章

铣削加工技能训练

【学习目标】

✧ 立式万能摇臂铣床的工作内容、结构、基本操作及调整。
✧ 立式铣床铣刀的材质、类型、用途及安装。
✧ 立式铣床的附件及工件安装。
✧ 立式铣床的铣削参数及铣削方法。
✧ 典型零件的铣削加工技能训练。

第一节　铣床基础知识

【本节要点】

✧ 铣床的种类、型号的编制方法。
✧ 立式万能摇臂铣床的结构及主要部件的作用。
✧ 立式铣床的铣削工作内容。
✧ 立式万能摇臂铣床的操作和调整。
✧ 铣床常见故障及处理方法。

金属切削加工的方法有很多，铣削是最常用的方法之一。它利用在铣床上安装铣刀来切削金属。铣床的生产率高，能加工各种形状和一定精度的零件。铣床在结构上日趋完善，在机械制造中得到了普遍的应用。

铣床的种类很多，有立式铣床、立式万能摇臂铣床、龙门铣床、卧式铣床等。在塑料模具加工生产中，立式万能摇臂铣床应用最为广泛。

一、铣床的种类

1. 立式铣床

图 3-1 所示为 XS5030 型立式铣床，其主要特征是铣床主轴轴线与工作台面垂直。因主轴呈竖立状态，所以称为立式铣床。

铣削时，铣刀安装在与主轴相连接的刀杆上，绕主轴做旋转运动，被切削工件装夹在工作台上，对铣刀做相对运动完成铣削过程。立式铣床加工范围很广，通常可以应用面铣刀、立铣刀、特形铣刀等，铣削各种沟槽、表面。另外，利用机床附件，如回转工作台、分度头，还可以加工圆弧、曲线外形、齿轮、螺旋槽、离合器等较复杂的零件。当生产批量较大时，在立式铣床上采用硬质合金刀具进行高速铣削，可以大大提高生产率。

立式铣床按立铣头的不同结构，又可分为两种：

1）立铣头与机床床身成为一体。这种立式铣床刚性好，但加工范围比较小。

2）立铣头与机床床身之间有一回转盘，盘上有刻度线，主轴随立铣头可扳转一定角度以适应各种角度面、椭圆孔等的铣削。因为该种铣床立铣头可回转，所以目前在生产中应用广泛。

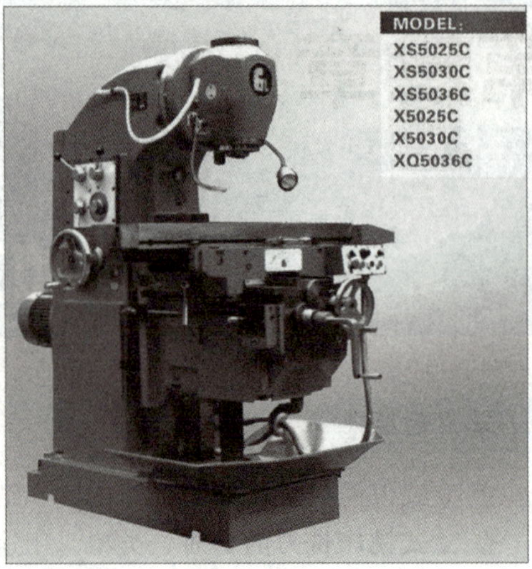

图 3-1 XS5030 型立式铣床

2. 立式万能摇臂铣床

立式万能摇臂铣床如图 3-2 所示。这类铣床能进行以铣削为主的多种切削加工，既能进行立铣、卧铣、镗、钻、磨、插等工序，又能加工各种斜面、螺旋面、沟槽、弧形槽等。立式万能摇臂铣床适用于各种维修工作，尤其适用于生产各种工、夹、模具。该类机床结构紧

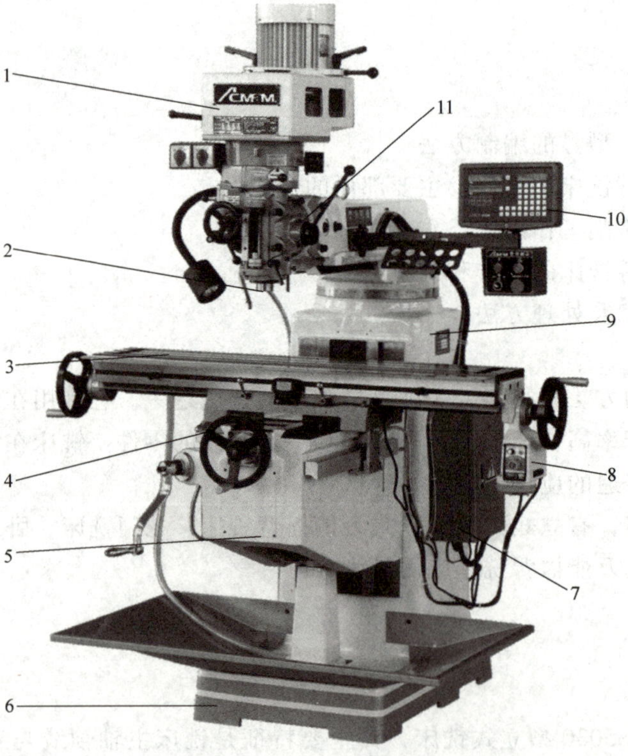

图 3-2 立式万能摇臂铣床

1—立铣头 2—主轴 3—工作台 4—横向溜板 5—升降台 6—床腿 7—电器箱 8—纵向进给器 9—床身 10—电子屏 11—摇臂

凑，操作灵活，加工范围广，是一种典型的多功能铣床。

3. 龙门铣床

龙门铣床是无升降台铣床的一种类型，属于大型铣床。铣削动力安装在龙门导轨上，可做横向运动和升降运动；工作台安装在固定床身上，仅做纵向移动。龙门铣床根据铣头的数量可分为单轴、双轴、四轴等多种形式。

龙门铣床如图 3-3 所示，铣削时，若同时安装多把铣刀，可铣削工件的多个表面，工作效率高，适宜加工大型箱体类工件表面，如机床床身表面等。

图 3-3　龙门铣床

4. 卧式铣床

X6132 型卧式铣床如图 3-4 所示，其主要特征是铣床主轴轴线与工作台面平行。因主轴呈横卧状态，所以称为卧式铣床。

铣削时，将铣刀安装在与主轴相连接的刀杆上，随主轴做旋转运动，被切削工件安装在工作台面上，对铣刀做相对进给运动，从而完成切削工作。

卧式铣床加工范围很广，可以加工沟槽、平面、特形面、螺旋槽等。卧式铣床还带有较多附件，因而应用范围广泛。

图 3-4　X6132 型卧式铣床

二、铣床型号的编制方法

铣床的型号不仅是一个代号，而且它能反映出机床的类别、结构特征、性能和主要的技术规程。机床型号编制是按 GB/T 15375—2008《金属切削机床　型号编制方法》执行。铣床型号是采用汉语拼音字母和阿拉伯数字按一定规律组合排列编制而成的。这里仅介绍型号的表示方法、机床类代号、机床通用特性代号及结构特性代号、铣床类组系代号及主参数代号或设计顺序号的意义。

1. 各代号的意义

（1）类代号　机床的类代号用大写的汉语拼音字母表示，处于整个型号的首位。例如，“铣床类”第一个汉字汉语拼音字母是“X”（读作“铣”），则型号首位用“X”表示；例如，“磨床类”就用汉语拼音字母“M”表示机床的类代号。

（2）通用特性代号及结构特性代号　通用特性代号及结构特性代号用大写的汉语拼音字母表示，位居类代号之后。通用特性代号在各类机床的型号中，表示的意义相同；结构特性代号用来对类型和规格相同而结构、性能不同的机床加以区分。例如，“数字控制铣床”的机床类代号用“X”表示，居首位，通用特性代号用“K”表示，位居“X”之后，其汉语拼音字母的代号为“XK”。如果结构特性不同，也采用汉语拼音字母表示，位居通用特性之后，但目前具体字母表示意义没有明文规定。

（3）组、系代号　机床的组、系代号用两位阿拉伯数字表示，位于类代号或特性代号之后。例如铣床“X5032”，在“X”之后的两位数字“50”表示立式升降台式铣床；铣床“X6132”，在“X”之后的两位数字“61”表示卧式万能升降台式铣床。

（4）主参数代号或设计顺序号　机床型号中的主参数代号是将实际数值除以 10 或 100，折算后用阿拉伯数字表示的，位居组、系代号之后。机床的主参数经过折算后，当折算值大于 1 时，用整数表示，如工作台面宽度 320mm 是“X5032”的主参数，按 1/10 折算，折算值为 32，大于 1，则主参数代号用“32”表示。也有一些用 1/100 进行折算表示，常见于龙门铣床、双柱铣床等较大型的铣床。各种机床的主参数内容有所不同。例如“X5032”“X6132”铣床的主参数都是工作台面的宽度，而键槽铣床则表示加工槽的最大宽度。

某些通用机床，当无法用一个主参数表示时，则用设计顺序号表示。

2. 型号的表示方法举例

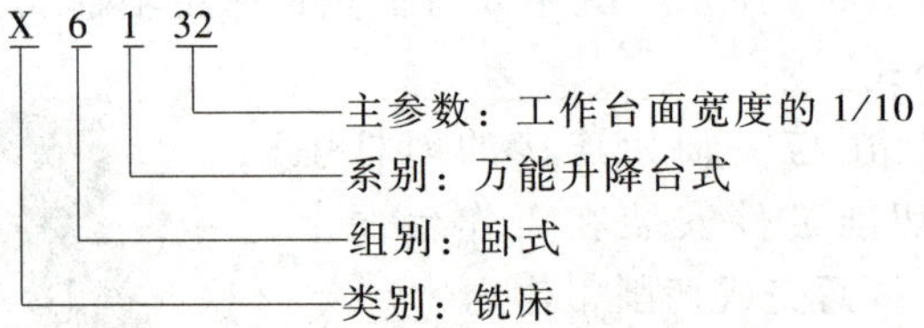

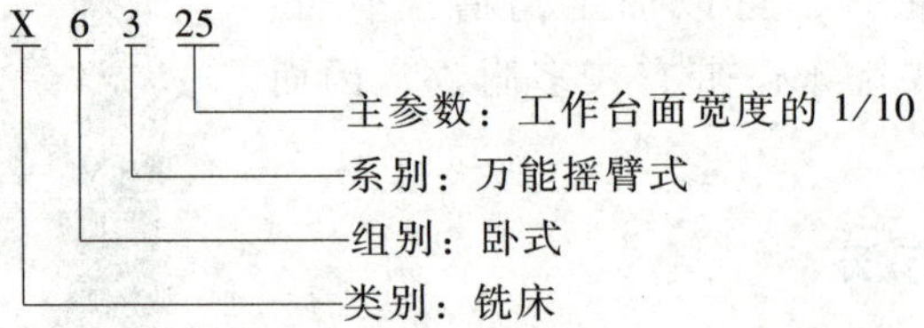

三、X5325 型立式万能摇臂铣床主要部件的功用

X5325 型立式万能摇臂铣床如图 3-2 所示，各组成部件及作用如下：

（1）立铣头　立铣头的作用是将主电动机（双速电动机）的额定转速通过带传动变换成 16 种不同的主轴转速，以适应各种铣削加工的需要。立铣头可以在 X 和 Y 方向转动。

（2）主轴　主轴是一前端带锥孔的空心轴，锥孔的锥度为 R8，用来安装铣刀刀杆和铣刀。主电动机输出的旋转运动，经主轴变速机构驱动主轴连同铣刀一起旋转，实现铣削加工的主运动。

（3）工作台　用来安装铣床夹具和工件，带动工件实现各种进给运动。

（4）横向溜板　用来带动工作台实现横向进给运动。有些机床配置了横向进给箱，可以使工作台实现横向机动进给。

（5）升降台　用来支承横向溜板和工作台，带动工作台做上、下移动。

（6）床腿　用来支承机床主体，承受铣床的全部质量，储存切削液。

（7）电器箱　安装变压器、继电器等各类机床电器。

（8）纵向进给器　可实现工作台的纵向快速进给及加工时的机动进给，可无级调速。

（9）床身　床身是机床的主体，用来安装和连接机床的其他部件。床身正面有竖直导轨，可引导升降台做上、下移动。床身顶部有燕尾形水平导轨，用来安装横梁并按需要引导横梁做水平移动。床身内部装有主轴和主轴变速机构。

（10）电子屏　可数字化显示机床纵向和横向的坐标值，精确到 0.005mm，便于加工时控制工件的尺寸精度。

（11）摇臂（滑枕）　可沿床身顶部燕尾形导轨移动及转动，并可按需要调节其伸出长度，从而改变立铣头的加工行程。

四、X5325 型立式万能摇臂铣床的主要技术参数

工作台面积	250mm×1120mm
纵向行程	560mm
横向行程	200mm
垂向行程	400mm
主轴孔锥度	R8
主轴转速范围	70～4500r/min
主轴转速级数	16 级
主电动机功率	2.2kW
摇臂行程	500mm
主轴套筒行程	127mm
铣头回转角度	*X* 方向：±90°；*Y* 方向：±45°
进给速度范围	5～300mm/min
快速移动速度	700～2000mm/min
机床外形尺寸（长×宽×高）	1675mm×1650mm×2190mm
冷却系统	内置式
机床质量	1400kg

五、铣削加工范围

铣削是以铣刀旋转做主运动，工件或铣刀做进给运动的切削加工方法，是最常用的切削加工方法之一。铣削加工的标准公差等级为 IT7～IT9，表面粗糙度 Ra 值为 6.3～1.6μm。铣削的加工范围广，生产率高，其加工范围如图 3-5 所示。

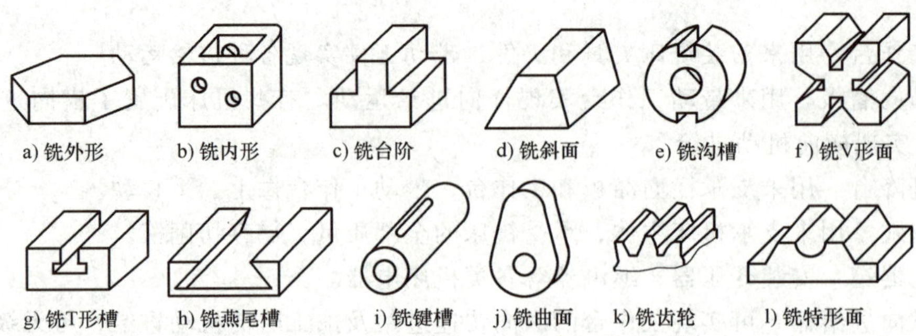

图 3-5　铣削加工范围

六、立式万能摇臂铣床的基本操作

铣床的型号较多，不同型号铣床的技术参数各不相同，如转速及进给可调范围、工作台尺寸、电动机功率以及加工方式等。以下重点介绍 X5325 型立式万能摇臂铣床。立铣头的操作系统结构如图 3-6 所示。

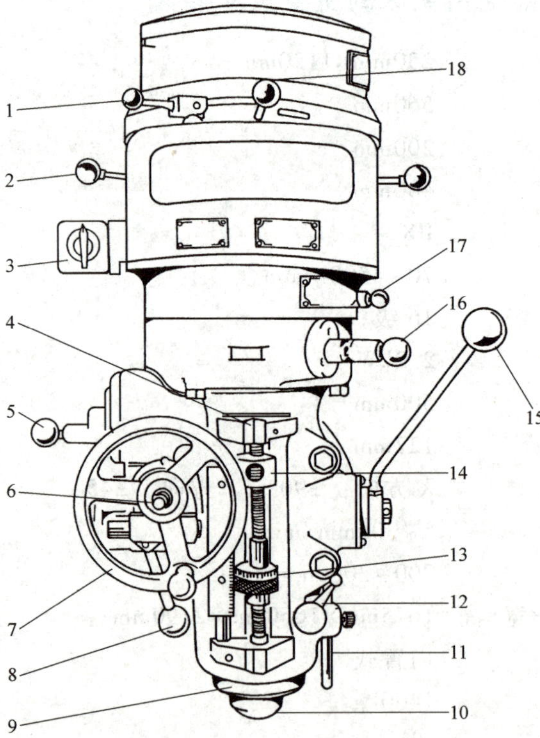

图 3-6　立铣头的操作系统结构

1—主轴制动及固定杆　2—V 带松紧及变速控制杆　3—开关　4—校准参考面　5—进给量选择柄　6—进给方向控制钮　7—微量进给手轮　8—进给控制杆　9—升降套筒　10—主轴　11—指示器装置杆　12—升降套筒固定杆　13—深度控制游标刻度环　14—升降套筒停止挡　15—升降套筒进给把手　16—自动进给驱动柄　17—后列齿轮选择柄　18—主轴离合器杆

1. 起动和制动

起动和制动操作如图 3-7 所示。

（1）起动

1）接通电源。

2）扳动头部左侧的开关至所需转向（正转或反转）。

（2）制动

1）停止进行中的进给。

2）关掉电源开关。

3）扳动主轴制动及固定杆，直到主轴完全停止。

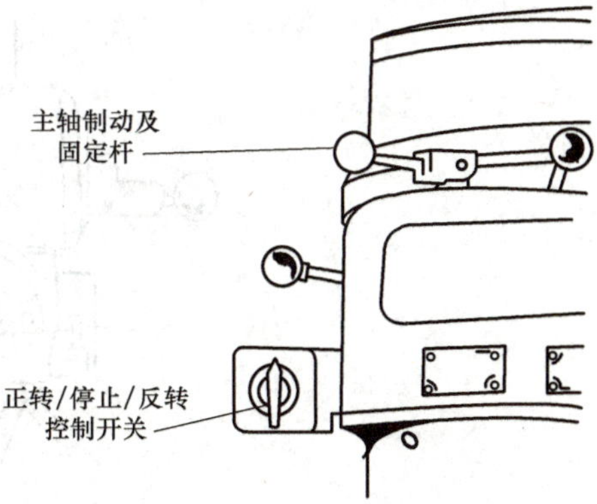

图 3-7　起动和制动操作

2. 速度变换（变速前关闭电动机）

速度变换操作如图 3-8 所示。

手柄 1、2 同处 A 位置时为直接 V 带驱动，同处 B 位置时为后列齿轮传动（手柄 1 以对好孔为到位，手柄 2 以扳不动为到位）。

由 B 位置转为 A 位置时，要注意离合器切实啮合（听到“咔”的一声）后再打开电动机。若开机后有齿轮响声应立即关机，转动 V 带让带轮下降与齿轮啮合后再开机。

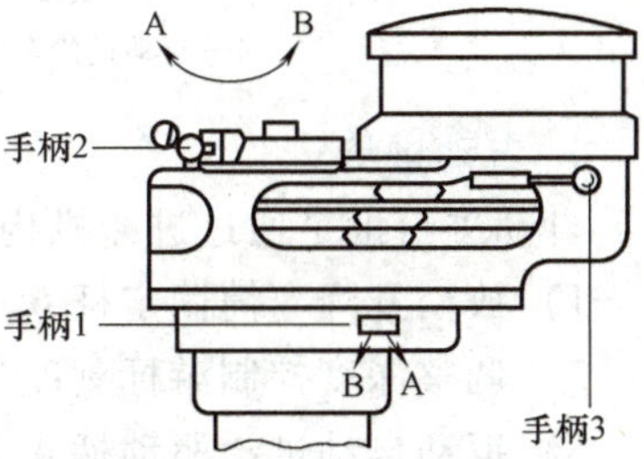

图 3-8　速度变换操作

（1）同范围内的变速

1）关闭电源。

2）放松电动机固定杆（手柄 3）。

3）向前移动电动机。

4）将 V 带置入合适的带轮沟内。

5）将电动机推向后方，使 V 带拉紧。

6）锁紧电动机固定杆。

（2）从直接驱动变到后齿轮传动

1）关闭电源。

2）主轴端面将手柄 1 置于 B 位置孔内。

3）手柄 2 置于 B 位置（扳到底）。

4）转动 V 带让带轮下降。

5）转动主轴无异常声音。

6）主轴转速即由高速变为低速。

3. 手动微量进给

手动微量进给通过进给机构（图 3-9）实现。

1）松开自动进给驱动柄 4。

2）将进给方向控制钮 2 置于中央（空挡）位置。

3）扳动进给控制杆 1，使离合器啮合。

4）此时即可用手轮来控制升降套筒的微量进给。

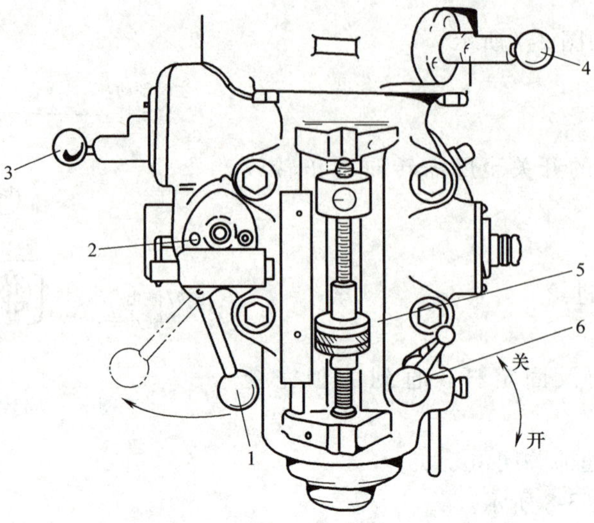

图 3-9 进给机构

1—进给控制杆 2—进给方向控制钮 3—进给量选择柄
4—自动进给驱动柄 5—深度控制游标刻度环 6—升降套筒固定杆

4. 自动进给

自动进给也是通过进给机构（图 3-9）实现的。

1）放松升降套筒固定杆 6。

2）调整深度控制游标刻度环 5 至所需要的深度。

3）扳动自动进给驱动柄 4（电动机要停止）。

4）由进给量选择柄 3 选择进给量。

5）由进给方向控制钮 2 选定进给方向。

6）将升降套筒固定杆 6 把手朝下，使升降套筒固定杆 6 停止挡离开限位销。

7）扳动进给控制杆 1，使离合器啮合。

8）此时升降套筒即可进行自动进给。

注意：X5325 型立式万能摇臂铣床最大钻孔直径为 9.5mm（材料为钢）；当主轴转速超过 3000r/min 时，请勿使用自动进给。

5. 升降套筒快速手动进给

升降套筒快速手动进给操作如图 3-10 所示。

1）置手柄于轮壳上。

2）选择最合适的位置。

3）推动手柄直至定位销啮合。

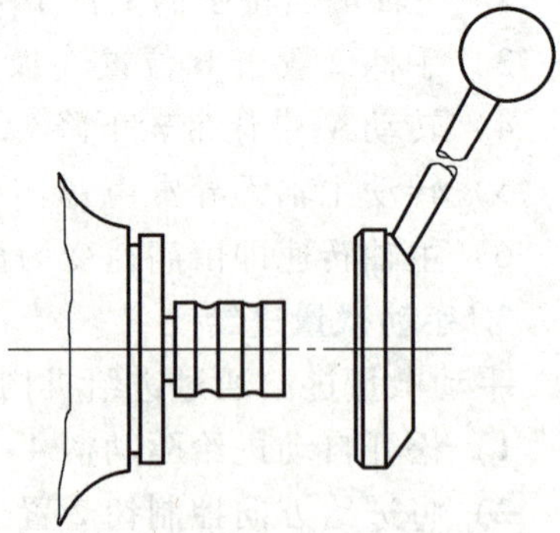

图 3-10 升降套筒快速手动进给操作

6. 工作台的操作方法

（1）鞍座（含工作台）的横向移动　鞍座（含工作台）的横向进给手柄如图 3-11 所示。纵向、横向刻度盘均匀分布 120 格，每格示值为 0.05mm，手柄转过一周，工作台移动 6mm。垂向刻度盘均匀分布 60 格，每格示值为 0.05mm，手柄转过一周，工作台移动 3mm。

鞍座与升降座之间的固定操作如图 3-12 所示。固定时，施加适当压力即可，用力太大会使工作台变形。

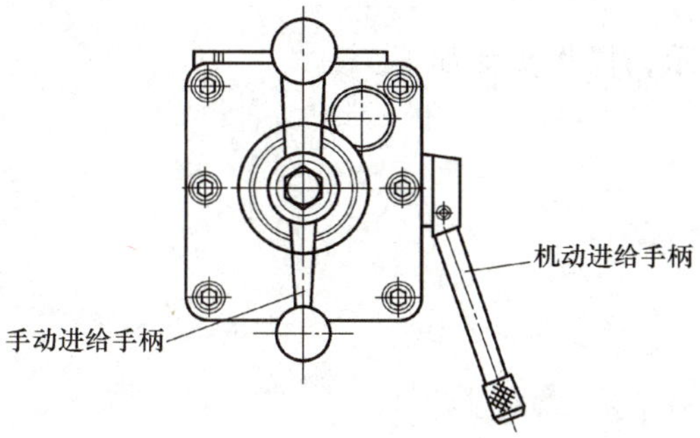

图 3-11　鞍座的横向进给手柄

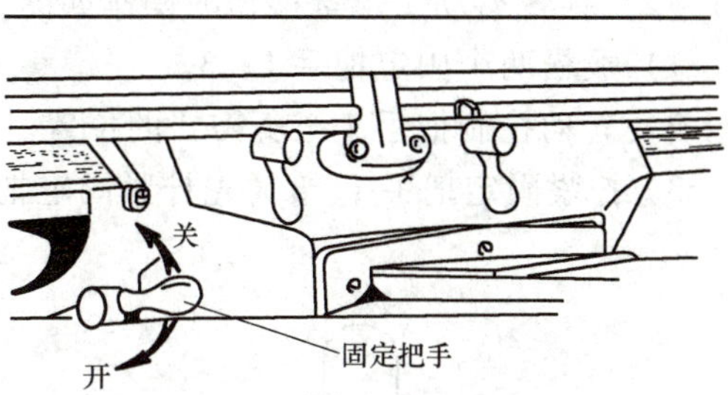

图 3-12　鞍座与升降座之间的固定操作

（2）工作台的纵向移动　工作台的纵向进给手柄如图 3-13 所示。工作台与鞍座之间的固定操作如图 3-14 所示。固定时，施加适当压力即可。

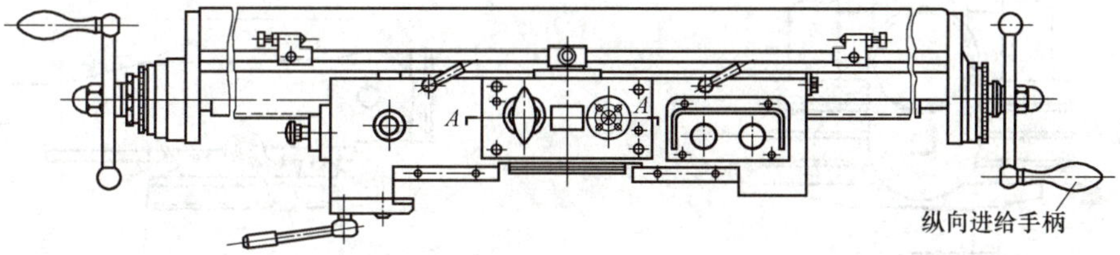

图 3-13　工作台的纵向进给手柄

（3）升降座（含鞍座、工作台）的升降移动　控制升降座在机身上升降的升降手柄及将升降座固定在机身上的锁紧手柄如图 3-15 所示。固定升降座时，施加适当压力即可。

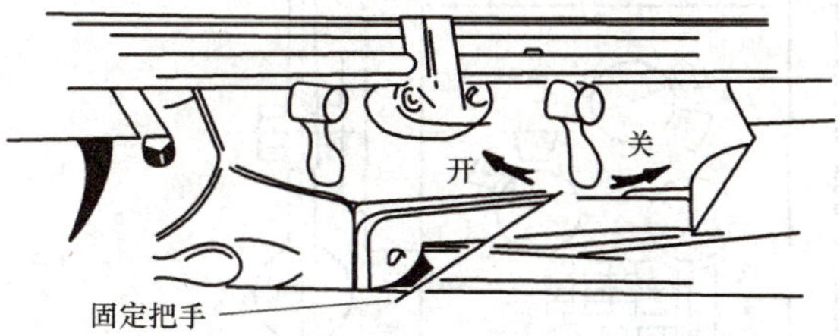

图 3-14　工作台与鞍座之间的固定操作

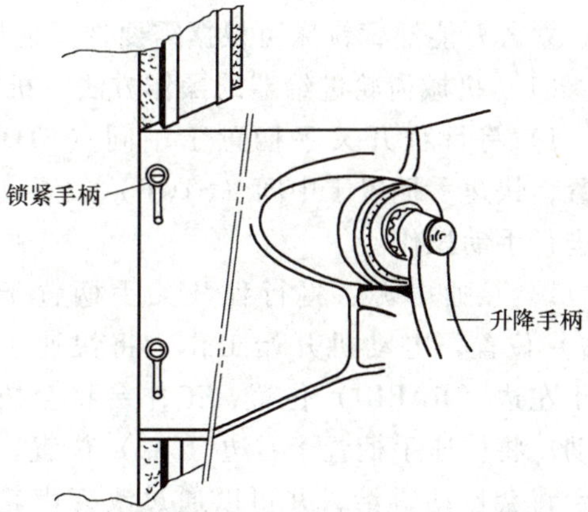

图 3-15　升降座与机身之间的升降和锁紧操作

7. 转塔、摇臂的操作方法

（1）转塔旋转　转塔旋转的操作如图 3-16 所示，操作步骤如下：

1）用固定扳手放松四个螺栓。

2）将转塔旋转至需要的角度。

3）锁紧四个螺栓。

（2）摇臂移动　摇臂移动的操作如图 3-17 所示，操作步骤如下：

1）放松两个固定把手 1、3。

2）转动控制把手 2 至所需要的位置。

3）拧紧固定把手 1、3（先拧紧固定把手 3）。

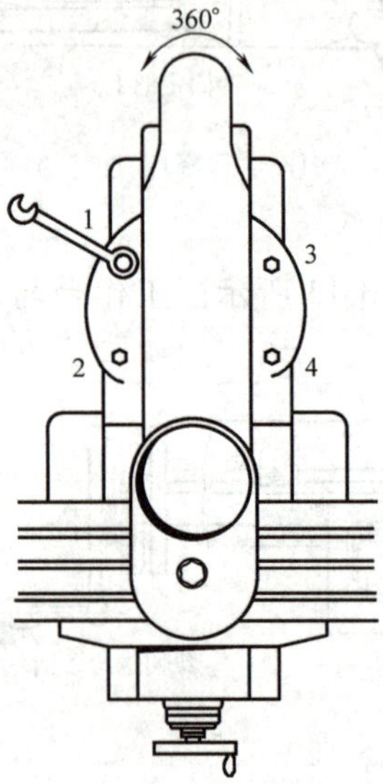

图 3-16　转塔旋转的操作

1、2、3、4—螺栓

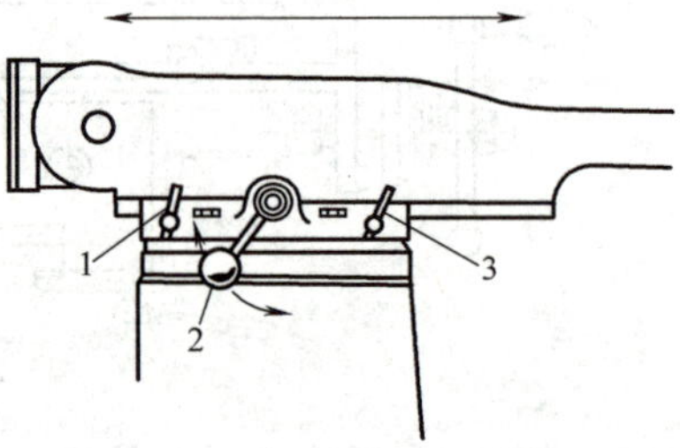

图 3-17　摇臂移动的操作

1，3—固定把手　2—控制把手

8. 纵向机动进给的操作方法

立式万能摇臂铣床可根据需要选择使用机械齿轮进给器或电动进给器。

（1）机械齿轮进给器的操作方法　机械齿轮进给器的外形如图 3-18 所示。

1）将行程开关手柄置于中间（STOP）位置，快速手柄置于中间（STOP）位置，即可进行手动操作。

2）接通电源，将行程开关手柄置于左（右）位置，电动机开始工作。将快速手柄置于左边（RAPID）位置，工作台将会快速移动；将快速手柄置于右边（/\/\/）位置，工作台将会自动进给，并可以通过改变齿轮箱面板上的三个变速手柄得到八种不同的进给速度。例如，X5235 型立式万能摇臂铣床的进给量可调值有八组数值：18、27、40、58、93、137、200、308。

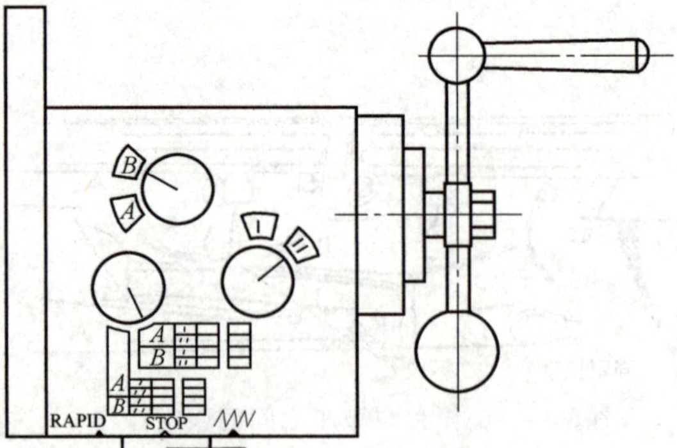

图 3-18　机械齿轮进给器的外形

变换进给速度时必须将快速手柄置于中间（STOP）位置，使离合器处于脱开状态，保证工作台不会移动，这时才能进行进给速度的变换，否则会损伤齿轮及其他零件。

3）齿轮箱中有一个超载离合器，用于保护齿轮进给器。当受到超大扭力时，超载离合器打滑空转，从而保护里面的齿轮不会受到损伤。

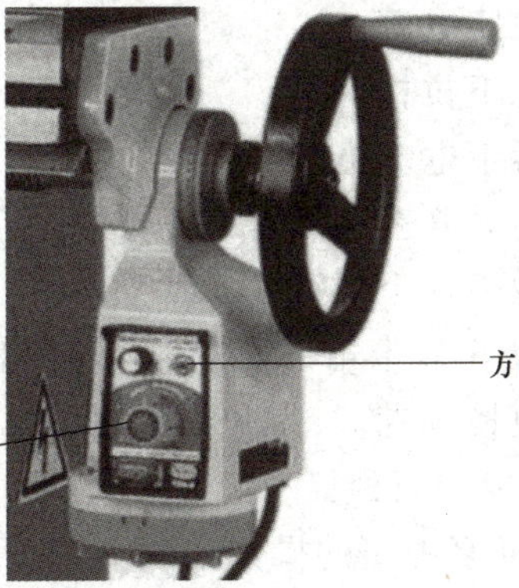

图 3-19　电动进给器的外形

（2）电动进给器的操作方法　电动进给器的外形如图 3-19 所示。操作时，首先扳动方向选择开关，选择进给（或快速进给）的方向，旋转速度调节按钮即可得到所需的进给速度。

电动进给器操作便利，但进给力不大。

七、铣床易损件更换及机器调整

1. 更换制动环

更换制动环的操作如图 3-20 所示，操作步骤如下：

1）取下 4 个螺钉 1。

2）取下壳 2。

3）从座内推出轴承壳 4。

4）取下三个锁紧螺钉 3。

5）更换制动环。

6）更换后将锁紧螺钉 3 拧紧。

2. 更换 V 带

更换 V 带的操作如图 3-21 所示，操作步骤如下：

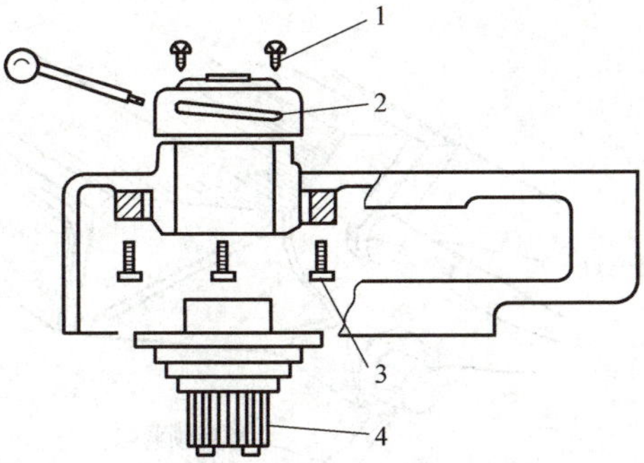

图 3-20　更换制动环的操作

1—螺钉　2—壳　3—锁紧螺钉　4—轴承壳

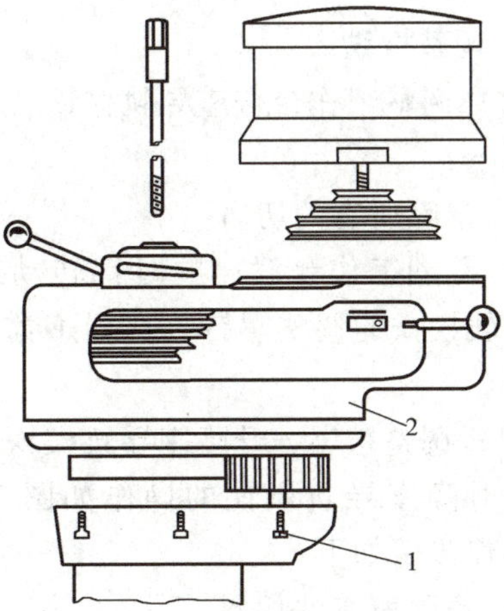

图 3-21　更换 V 带的操作

1—螺钉　2—V 带箱

1）关闭电源。

2）取下拉杆。

3）拆下电动机。

4）将升降套筒降至最下方。

5）取下六个螺钉 1。

6）取下 V 带箱 2（轻轻敲动使其脱离连接销）。

7）更换 V 带。

3. 更换回复弹簧

更换回复弹簧的操作如图 3-22 所示，操作步骤如下：

1）将升降套筒移至顶部，并固定。

2）拆下螺钉 1、壳 2、键 3。

3）拆下螺钉 5，慢慢转动弹簧座 4，使弹簧张力得以释放。

4）将弹簧的一端从小齿轮轴上取出。

5）逆时针转动弹簧座 4。

6）从弹簧座内取出弹簧并更换。

7）重新将弹簧组合于弹簧座的组件上，并顺时针转动弹簧座，直到弹簧进入小齿轮轴上。

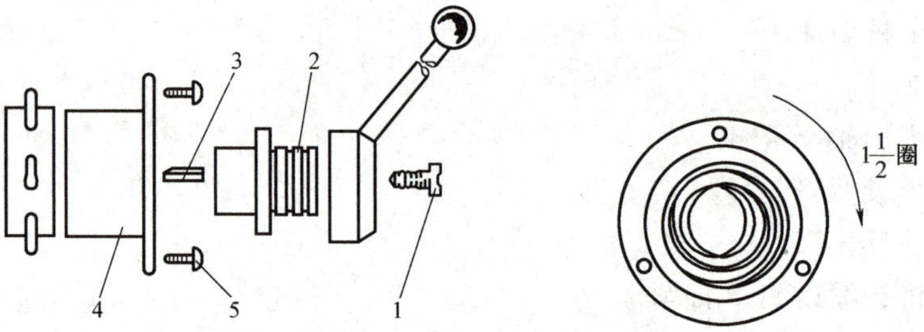

图 3-22　更换回复弹簧的操作

1、5—螺钉　2—壳　3—键　4—弹簧座

4. 调整楔铁

（1）调整工作台鞍座导轨楔铁　调整工作台鞍座导轨楔铁的操作如图 3-23 所示，操作步骤如下：

1）清除所有的切屑。

2）移动工作台时，顺时针转动工作台鞍座导轨楔铁的调整螺钉，直到感觉轻微阻力即可。

（2）调整鞍座、升降座导轨楔铁　调整鞍座、升降座导轨楔铁的操作如图 3-24 所示，操作步骤如下：

1）清除所有的切屑。

2）拆下挡屑板和刮刷片。

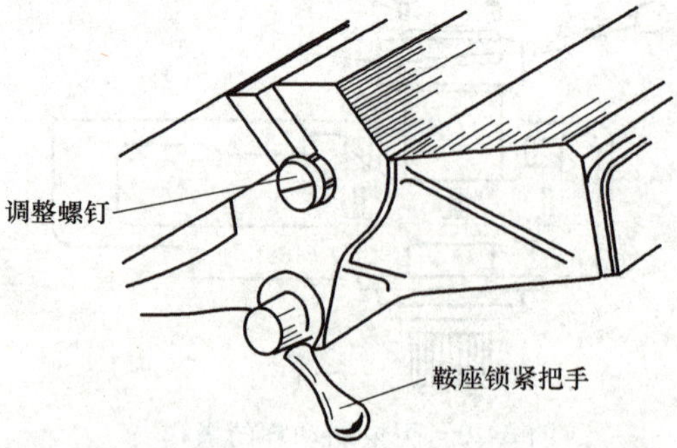

图 3-23　调整工作台鞍座导轨楔铁的操作

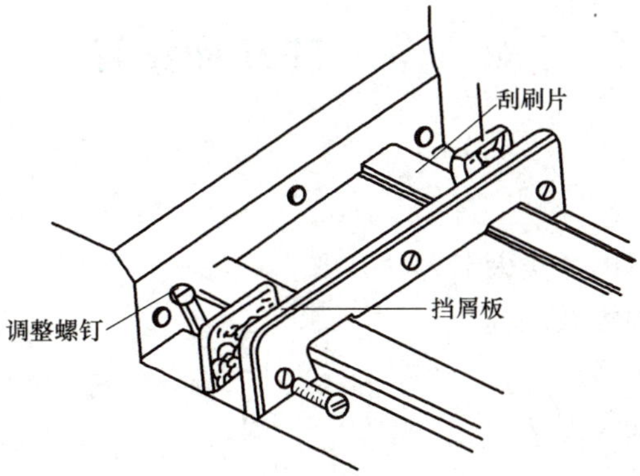

图 3-24　调整鞍座、升降座导轨楔铁的操作

3）移动鞍座时，顺时针转动鞍座、升降座导轨楔铁的调整螺钉，直到感觉轻微阻力为止。

4）重新装上挡屑板和刮刷片。

八、立式万能摇臂铣床常见故障及处理方法

立式万能摇臂铣床常见故障及处理方法见表 3-1。

表 3-1　立式万能摇臂铣床的常见故障及处理方法

故障现象	原因分析	处理方法
铣出的工件不平整	1. 主轴轴承松动 2. *X*、*Y* 轴镶条松动 3. 加工量太大 4. 刀具磨损	1. 调整主轴轴承间隙 2. 调整镶条间隙 3. 选择合理的加工量 4. 更换刀具
切削时振动	1. 机床摆放不稳固 2. 切削条件不恰当	1. 重新固定机床 2. 选择恰当的切削速度
工作台手感重	1. 调整楔铁过紧 2. 丝杠与螺母间隙不当 3. 油路堵塞 4. 油泵无油 5. 油泵不工作	1. 调整楔铁 2. 调整间隙 3. 检查油路并修复 4. 注油 5. 检查油泵及油路
主轴套筒过紧	1. 主轴套筒缺油 2. 主轴套筒脏、拉毛	1. 定期加油 2. 清洗套筒及修复
无切削液	1. 切削液泵不工作 2. 切削液泵反转	1. 检查切削液泵 2. 更改切削液泵转动方向
主轴进给不顺	升降套固定杆未放松	放松固定杆
主轴制动失灵	制动环磨损	更换制动环
主轴不转	1. 开关接触不良 2. V 带太紧 3. 电动机出问题	1. 检查电源开关 2. 调整或修理 3. 修理电动机
转向错误	电源开关扭转位置不对	转变开关指示位置

第二节 铣刀及安装

【本节要点】

✧ 立式铣床铣刀材料的种类及牌号。
✧ 立式铣床铣刀的种类及用途。
✧ 铣床常用铣刀的规格。
✧ 立式铣床铣刀的安装方法。

一、铣刀材料的种类及牌号

1. 铣刀切削部分材料的基本要求

（1）高硬度和耐磨性 在常温下，切削部分材料必须具备足够的硬度才能切入工件；只有具有高的耐磨性，刀具才不易磨损，从而延长使用寿命。

（2）好的耐热性 刀具在切削过程中会产生大量的热量，尤其是在切削速度较高时，温度会很高。因此，刀具材料应具备好的耐热性，即在高温下仍能保持较高的硬度，有能继续进行切削的性能。这种具有高温硬度的性质，又称为热硬性。

（3）高的强度和好的韧性 在切削过程中，刀具要承受很大的冲击力，所以刀具材料要具有较高的强度，否则易断裂或损坏。由于铣刀会受到冲击和振动，因此，铣刀材料还应具备好的韧性，才不易崩刃、碎裂。

（4）工艺性好 为了顺利地制造一定形状和尺寸的刀具，尤其是形状比较复杂的铣刀，希望刀具材料的工艺性要好。

2. 铣刀常用材料的种类

（1）高速工具钢 高速工具钢简称高速钢、锋钢等。高速钢铣刀如图 3-25 所示。高速钢刀具具有以下特点：

1）合金元素钨、铬、钼、钒的含量较高，淬火硬度可达 62～70HRC，在 600℃ 的高温下仍能保持较高的硬度。

2）刃口强度和韧性好，抗振性强，能用于制造切削速度一般的刀具，对于刚性较差的机床，采用高速钢铣刀，仍能顺利切削。

图 3-25 高速钢铣刀

3）工艺性能好，锻造、加工和刃磨都比较容易，还可以制造形状较复杂的刀具。

4）与硬质合金材料相比，仍有硬度较低、热硬性和耐磨性较差等缺点。

（2）硬质合金 硬质合金是金属碳化物、碳化钨、碳化钛和以钴为主的金属黏结剂经粉末冶金工艺制造而成的。硬质合金铣刀如图 3-26 所示，其主要特点如下：

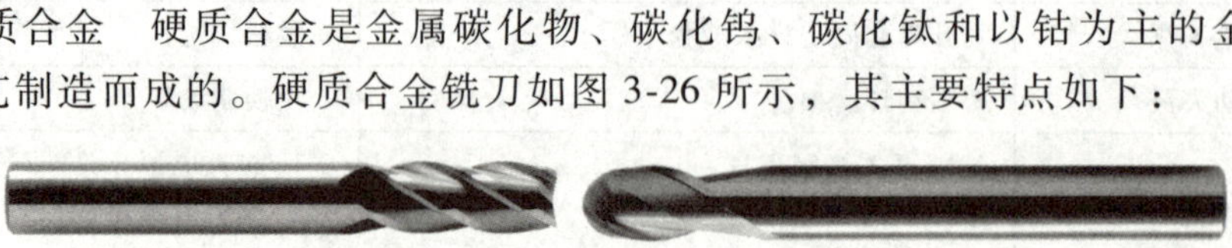

图 3-26 硬质合金铣刀

1）能耐高温，在 800~1000℃时仍能保持良好的切削性能，切削时可选用比高速钢铣刀高 4~8 倍的切削速度。

2）常温下硬度高，耐磨性好。

3）抗弯强度低，冲击韧性差，切削刃不易磨得很锋利。

切削工具用硬质合金按使用领域不同可分为 P、M、K、N、S、H 六类。

P 类，用于长切屑材料的加工，如钢、铸钢、长切屑可锻铸铁等的加工。

M 类，用于通用合金，用于不锈钢、铸钢、锰钢、可锻铸铁、合金钢、合金铸铁等的加工。

K 类，用于短切屑材料的加工，如铸铁、冷硬铸铁、短切屑可锻铸铁、灰铸铁等的加工。

N 类，用于有色金属、非金属材料的加工，如铝、镁、塑料、木材等的加工。

S 类，用于耐热和优质合金材料的加工，如耐热钢，含镍、钴、钛的各类合金材料的加工。

H 类，用于硬切屑材料的加工，如淬硬钢、冷硬铸铁等材料的加工。

（3）涂层刀具材料　涂层刀具材料是在以硬质合金或高速钢为基体的刀具材料上，涂上一层高硬度和高耐磨的涂层材料，其厚度仅几微米。涂层材料主要有 TiC、TiN、TiC-TiN（复合）和陶瓷等，其中以微晶 TiC 和 TiN 用得最多。基体材料一般以韧性较好的硬质合金和高速钢为主，如 P10、P30、K30 和 W18Cr4V 等。有涂层的硬质合金铣刀如图 3-27 所示。

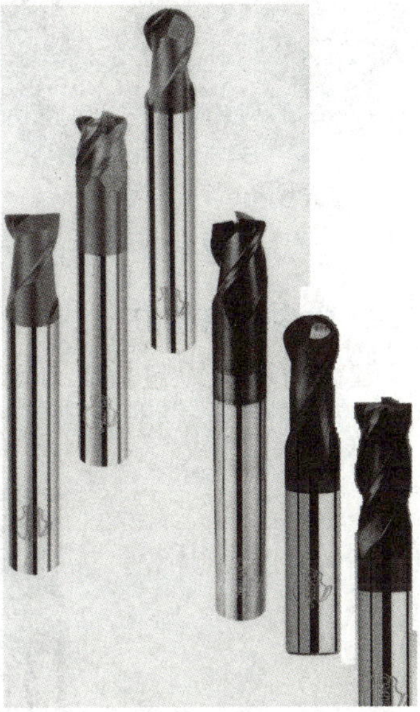

图 3-27　有涂层的硬质合金铣刀

由于涂层材料的硬度高、化学稳定性好、摩擦系数小、不易产生扩散磨损，故涂层刀具在切削加工过程中，具有切削力小、切削温度较低、能明显提高切削性能和延长刀具寿命等优点。一般硬质合金刀具涂层后，寿命可延长 1~3 倍；高速钢刀具涂层后，寿命可延长 2~10 倍。目前较先进的涂层刀具，为了综合各种涂层材料的优点，用两种或两种以上材料作为复合涂层，如 TiC-TiN 和 Al_2O_3-TiC 复合涂层。涂层高速钢在成形铣刀上的应用已日渐增多。

二、铣刀的种类及用途

常用铣刀按用途可分为四类。

1. 铣平面用铣刀

用于卧式铣床的圆柱铣刀如图 3-28 所示。

用于立式铣床的镶硬质合金刀片面铣刀如图 3-29 所示。这类铣刀主要用于立式铣床铣平面或挖槽加工。通常将硬质合金刀片用螺钉夹固于刀盘上。用钝后，可旋转刀盘，直至各个切削刃都磨钝。

随着加工要求的提高，镶硬质合金刀片面铣刀的发展迅猛，各类形态万千的刀具可满足各种各样的加工要求，合金刀片的形状也千变万化。这种刀具是铣削加工以后发展的方向。

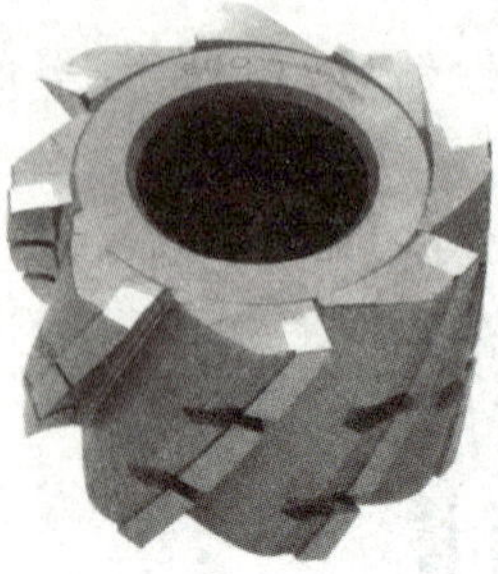

a) 整体式

b) 镶齿式

图 3-28　圆柱铣刀

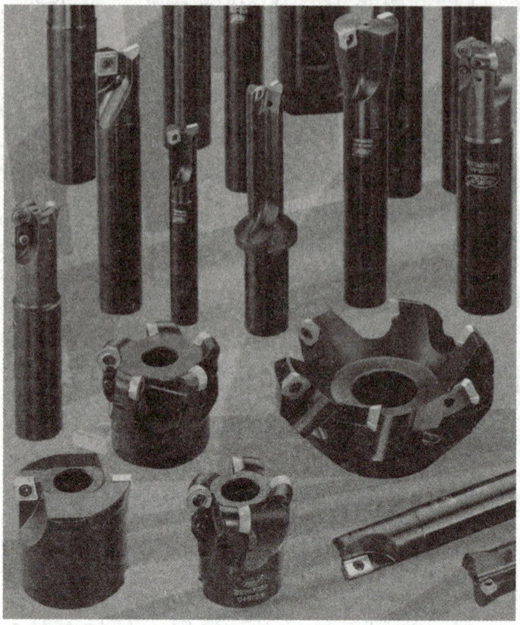

图 3-29　镶硬质合金刀片面铣刀

2. 铣沟槽用铣刀

铣沟槽用铣刀包括二刃键槽立铣刀、平底四刃立铣刀、粗加工立铣刀、三面刃铣刀、锯片铣刀等，如图 3-30 所示。

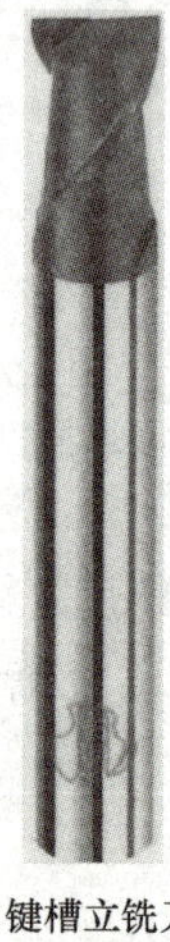

a) 键槽立铣刀

b) 平底四刃立铣刀

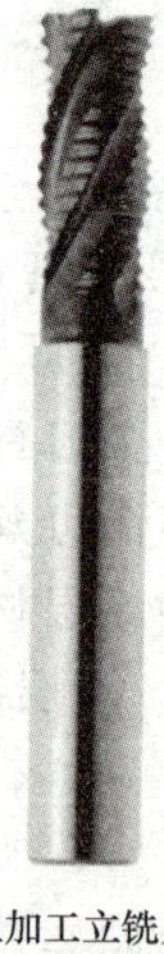

c) 粗加工立铣刀

d) 三面刃铣刀

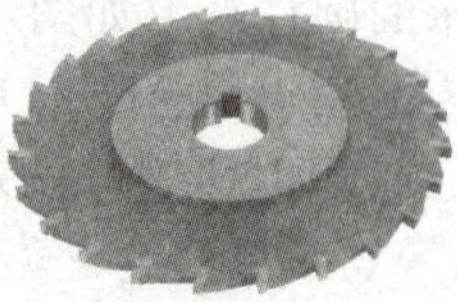

e) 锯片铣刀

图 3-30　铣沟槽用铣刀

立铣刀主要用于立式铣床铣台阶面、小平面和相互垂直的平面。它的圆柱切削刃起主要切削作用，端面切削刃起修光作用，故不能做轴向进给。铣刀的刀齿分为细齿与粗齿两种。用于安装的柄部有圆柱柄与莫氏锥柄两种，通常小直径为圆柱柄，大直径为锥柄。

键槽立铣刀用于铣键槽，其外形与立铣刀相似，与立铣刀的主要区别在于其只有两个螺旋刀齿，且端面切削刃延伸至中心，故可做轴向进给，直接切入工件。

三面刃铣刀多用于卧式铣床加工平面、垂直面、台阶或键槽。

锯片铣刀用于卧式铣床进行切断加工。

3. 特形沟槽用铣刀

特形沟槽用铣刀包括球头刀、圆鼻刀、T形槽铣刀、燕尾槽铣刀、半圆键槽铣刀、角度铣刀、倒角刀等，如图3-31所示。

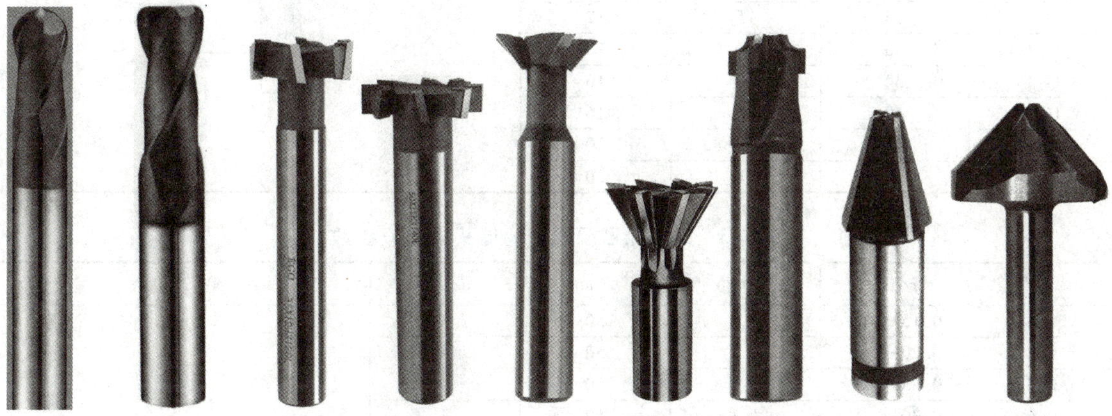

a) 球头刀　b) 圆鼻刀　c) T形槽铣刀　d) 燕尾槽铣刀　e) 半圆键槽铣刀　f) 角度铣刀　g) 倒角刀

图3-31　特形沟槽用铣刀

三、铣刀的规格

圆柱铣刀、三面刃铣刀、锯片铣刀等带孔铣刀，以外径×宽度×孔径表示其规格，如75×60×27的圆柱铣刀，表示其外径为75mm、宽度为60mm、孔径为27mm。

立铣刀、键槽铣刀以外径尺寸表示其规格，如$\phi 20$的立铣刀，表示其直径为20mm。

角度铣刀以外径×宽度×孔径×角度表示其规格，如60×18×22×60的角度铣刀，表示其外径为60mm、宽度为18mm、孔径为22mm、角度为60°。

凸、凹半圆铣刀以刀具圆弧的半径表示其规格，如$R8$的凸半圆球头铣刀，表示铣刀的圆弧半径为8mm。

几种常用铣刀的参数见表3-2和表3-3。

表 3-2 平底四刃涂层硬质合金立铣刀参数

d_c/mm	l_c/mm	L/mm	d/mm	铣刀形状
1.0	3	50	4	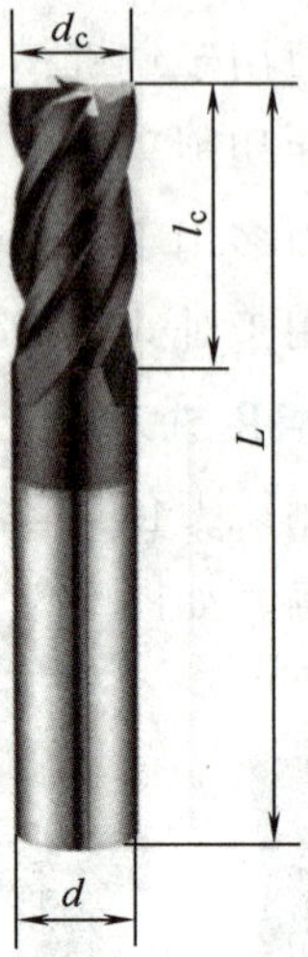
1.5	5	50	4	
2.0	6	50	4	
2.5	8	50	4	
3.0	8	50	6	
3.5	10	50	6	
4.0	11	50	6	
4.5	11	50	6	
5.0	13	50	6	
5.5	16	50	6	
6.0	16	50	6	
7.0	20	60	8	
8.0	20	60	8	
9.0	22	72	10	
10.0	25	72	10	
11.0	26	75	12	
12.0	30	75	12	
14.0	32	90	16	
16.0	40	100	16	
18.0	40	100	20	
20.0	40	100	20	

表 3-3 二刃涂层硬质合金球头立铣刀参数

d_c/mm	r/mm	l_c/mm	L/mm	d/mm	铣刀形状
0.3	0.15±0.01	0.6	50	4	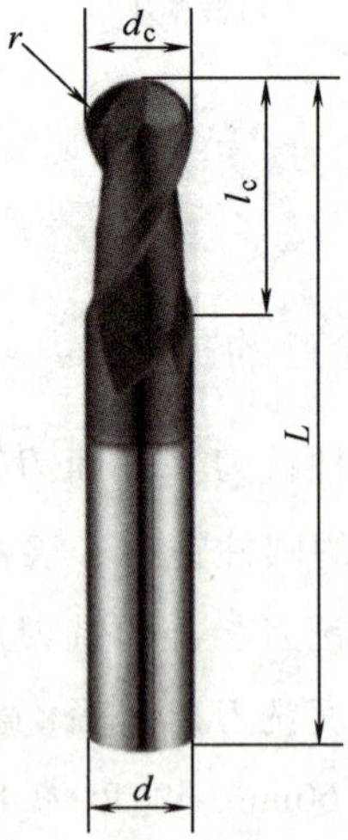
0.4	0.20±0.01	0.8	50	4	
0.5	0.25±0.01	1.1	50	4	
0.6	0.30±0.01	1.1	50	4	
0.7	0.35±0.01	1.5	50	4	
0.8	0.40±0.01	2.0	50	4	
0.9	0.45±0.01	2.2	50	4	
1.0	0.50±0.01	2.0	50	4	
1.5	0.75±0.01	3.0	50	4	
2.0	1.00±0.01	4.0	50	4	
2.5	1.25±0.01	5.0	50	4	
3.0	1.50±0.01	6.0	50	6	
4.0	2.00±0.01	8.0	50	6	
5.0	2.50±0.01	10.0	50	6	
6.0	3.00±0.01	12.0	50	6	
7.0	3.50±0.01	14.0	60	8	
8.0	4.00±0.01	14.0	60	8	
9.0	4.50±0.01	18.0	72	10	
10.0	5.00±0.01	18.0	72	10	
12.0	6.00±0.01	22.0	75	12	
14.0	7.00±0.01	26.0	90	16	
16.0	8.00±0.01	30.0	100	16	
20.0	10.0±0.01	38.0	100	20	

四、铣刀的安装及检测

这里主要介绍立式铣床所使用刀具的安装、检查与注意事项。

1. 安装锥柄立铣刀

锥柄立铣刀的柄部锥度为莫氏锥度，有莫氏 1、2、3、4、5 号五种，按照铣刀直径的大小不同，做成不同号数的锥柄。安装这种铣刀，有以下两种方法。

1）当铣刀柄部锥度和主轴锥孔的锥度相同时，先擦干净主轴锥孔和铣刀锥柄，将铣刀用棉纱垫住，然后将铣刀的锥柄插入主轴内孔，并用拉紧螺杆扳手从立铣刀的上方顺时针旋转拉紧螺杆，紧固铣刀，如图 3-32 所示。

2）当铣刀柄部锥度和主轴锥孔的锥度不同时，由于是两种规格不同的锥度，安装时必须采用锥度过渡套筒。过渡套筒的外锥度是 7∶24，与主轴相配，内锥度则根据立铣刀的柄部锥度，以适应各种不同规格的锥柄铣刀安装。

锥柄铣刀安装时先将选用的锥度过渡套筒内、外锥面擦干净，将所用铣刀柄部擦干净后插入套筒内一起装进主轴，选用的拉紧螺杆要特别注意与锥柄立铣刀柄部内螺孔螺纹相配，如图 3-33 所示。其余操作方法与前述立铣刀的安装相同。

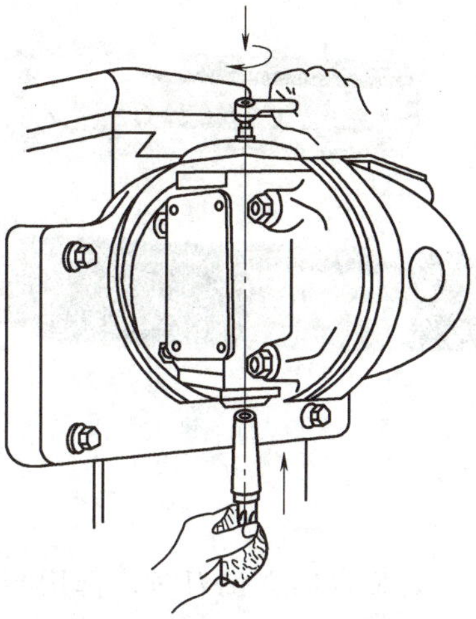

图 3-32　安装锥柄立铣刀

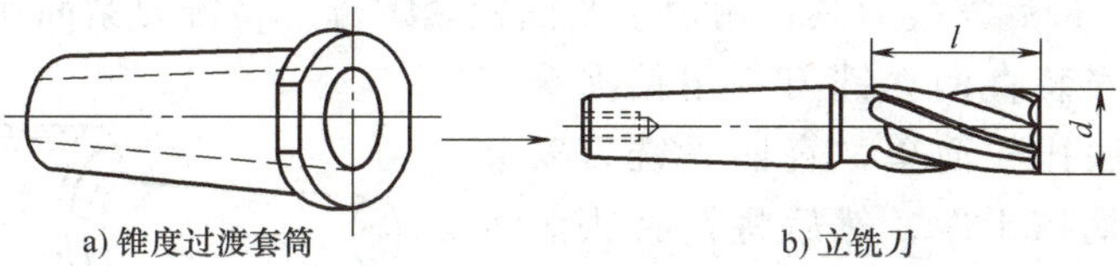

a) 锥度过渡套筒　　b) 立铣刀

图 3-33　借助锥度过渡套筒安装立铣刀

2. 安装直柄立铣刀

直柄立铣刀的直径一般为 3~20mm，常用弹簧夹头安装或用钻夹头安装。

（1）用弹簧夹头安装直柄立铣刀　装夹直柄立铣刀的弹簧夹头实物如图 3-34 和图 3-35 所示，常用的有 NT 和 R8（立式万能摇臂铣床）两种标准锥度。

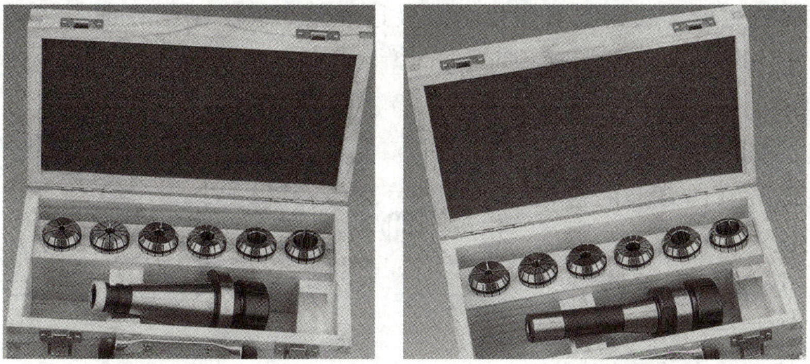

a) NT锥度　　b) R8锥度

图 3-34　套装的弹簧夹头实物

图 3-36 所示为用弹簧夹头安装直柄立铣刀。夹头由锥柄、弹簧夹头和锁紧螺母三部分组成。锥柄的外锥度为 7∶24，与主轴内锥相配，内锥与弹簧夹头相配。弹簧夹头的形式很多，夹头外圈上有三条弹性槽（或多条），锁紧时，三槽合拢，内孔收缩，将直柄铣刀柄部夹紧。锁紧螺母结构简单，仅起锁紧作用。由于弹簧夹头精度较高，同轴度好，因此应用比较广泛。

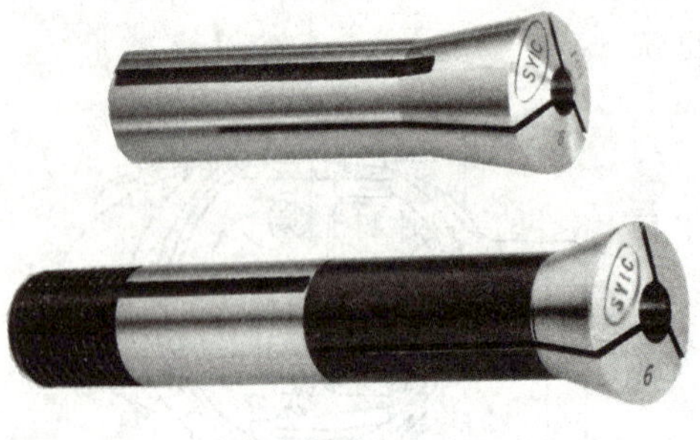

图 3-35　整体式 R8 锥度弹簧夹头实物

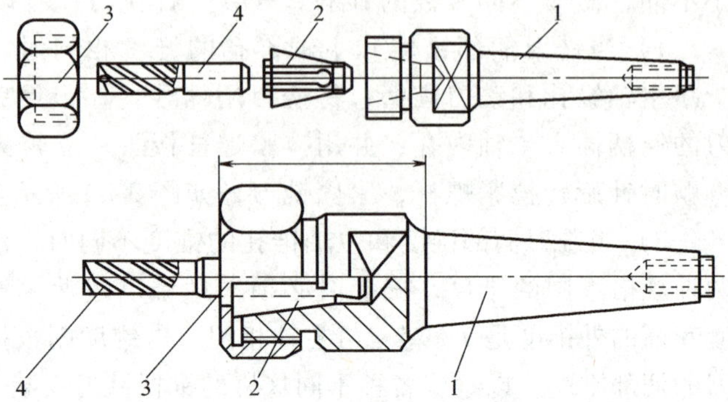

图 3-36　用弹簧夹头安装直柄立铣刀

1—锥柄　2—弹簧夹头　3—锁紧螺母　4—铣刀

安装直柄立铣刀时，选用与铣刀柄部直径相同的弹簧夹头，将套筒内外锥、弹簧夹头、铣刀柄部及螺母内锥面（或装夹台阶面）擦干净，然后将弹簧夹头装入套筒内，旋好螺母，一起装入主轴紧固，最后安装刀具，用扳手紧固锁紧螺母，将铣刀紧固在刀杆上。

（2）用钻夹头安装直柄立铣刀　用钻夹头安装直柄立铣刀的方法比较简单，直柄立铣刀安装时，先将钻夹头锥柄擦干净，然后将钻夹头装入主轴紧固，最后安装刀具，用钻夹头钥匙紧固钻夹头，将铣刀紧固在钻夹头内，如图 3-37 所示。

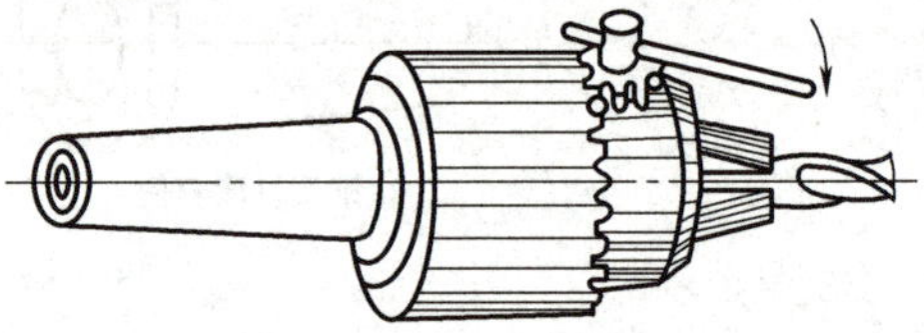

图 3-37　用钻夹头安装直柄立铣刀

由于钻夹头的最大张开直径一般为 13mm，所以安装的直柄立铣刀的直径应在 13mm 以下。

3. 安装面铣刀

面铣刀有两种形式：内孔带键槽的套式面铣刀和端面带槽的套式面铣刀。

（1）内孔带键槽的套式面铣刀安装　安装这类铣刀时，用圆柱面上带键槽并装有键的刀杆安装，如图 3-38 所示。安装铣刀时，先擦干净刀杆和铣床主轴锥孔，使刀杆凸缘上的槽对准主轴端部的键，用拉紧螺杆拉紧刀杆，然后擦净铣刀内孔、端面、刀杆圆柱面，将铣刀上的键槽对准刀杆上的键，装上铣刀，旋入紧固螺钉，并用叉形扳手将铣刀紧固。

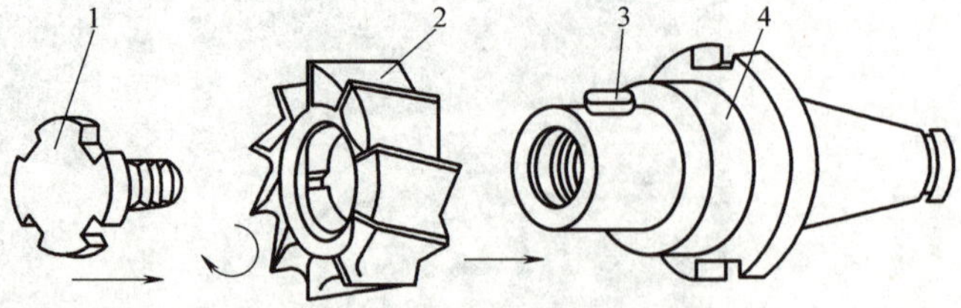

图 3-38　内孔带键槽的套式面铣刀安装

1—紧固螺钉　2—铣刀　3—键　4—刀杆

（2）端面带槽的套式面铣刀安装　端面带槽的套式面铣刀用配有

凸缘端面带键的刀杆安装，如图3-39所示。安装铣刀时，先将刀杆拉紧在铣床主轴锥孔内，将凸缘装入刀杆，并使凸缘上的槽对准主轴端部的键。装入铣刀时，使铣刀端面上的槽对准凸缘端面上的键，旋入紧固螺钉，并用叉形扳手紧固铣刀。

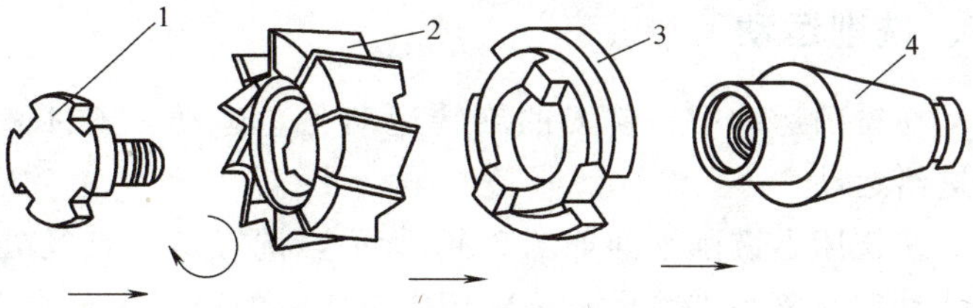

图 3-39 端面带键槽套式面铣刀安装

1—紧固螺钉 2—铣刀 3—凸缘 4—刀杆

用以上结构形式的刀杆，可以安装直径较大的面铣刀，也可以安装直径在160mm以下的铣刀盘。

另外，在安装面铣刀时，也可以先在平口钳上将铣刀与刀杆安装好，使用时再将刀杆和铣刀安装到铣床主轴锥孔内，用拉紧螺杆拉紧。

4. 拆卸立铣刀

拆卸立铣刀时，先将主轴转速调至最低或锁紧主轴，然后从立铣头上方观察，用拉紧螺杆扳手按逆时针方向旋松拉紧螺杆，当螺杆端面和螺母端面贴平后，继续用力，螺杆在螺母作用下将铣刀推出主轴锥孔，再继续转动拉紧螺杆，使螺杆螺纹退出铣刀的螺孔后取下铣刀，如图3-36所示。

借助于锥度过渡套筒安装铣刀，在卸下铣刀时，若锥套仍留在主轴锥孔内，可用扳手将锥套卸下。

5. 铣刀安装精度分析及其对铣削加工的影响

铣刀安装得不好，旋转时就很可能产生振摆、跳动等现象，达不到同轴度的要求。安装精度不高的原因很多，主要是由以下几个因素引起的。

1）配合部位没有擦干净，有杂物，影响了正常配合，使刀杆、铣刀产生跳动。

2）刀杆精度、垫圈精度差，引起铣刀运转不平稳。这时若刀杆弯曲，则应校准或换用新的刀杆；若垫圈平行度差，则应修磨后再使用。

3）机床主轴轴承精度差。这时应请机修工人配合，予以修正后再使用。

铣刀在铣削时，是多切削刃断续切削的，如果跳动明显，切削就不平稳，会产生较大的振动，增大工件的表面粗糙度值，并加剧铣刀的磨损，使铣削工作的效率和精度都大为降低。因此，铣刀安装完毕后，一定要仔细检查铣刀安装精度是否良好，有无明显跳动，若不好则要分析原因，重新安装，直至符合要求为止。

第三节 铣削加工基本常识

【本节要点】

✧ 立式铣床的铣削运动。

✧ 立式铣床铣削用量的选用。

✧ 立式铣床的铣削方式。

一、铣削运动

在铣削运动中，铣刀的旋转运动为主运动，工件随工作台的直线运动（或曲线运动）为进给运动。

在铣床上铣削平面如图 3-40 所示。铣刀最大直径处的线速度为切削速度；工作台每分钟移动的距离为进给量；每次切去金属层的厚度为背吃刀量，或称铣削深度；每次切去金属层的宽度为侧吃刀量。

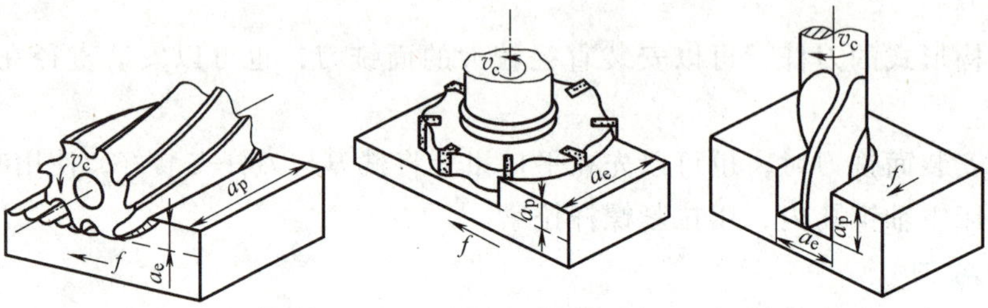

a) 圆柱铣刀铣削　b) 面铣刀铣削　c) 立铣刀铣削

图 3-40　在铣床上铣削平面

1. 主运动

主运动是切除工件上多余金属，形成工件新表面所需的运动，是进行切削的最基本、最主要的运动。铣削和钻削加工时刀具的回转运动等都是主运动。一般主运动速度最高，消耗功率最大，机床通常只有一个主运动。

2. 进给运动

进给运动是配合主运动实现依次连续不断地切除多余金属层的刀具与工件之间的附加相对运动。进给运动与主运动配合即可完成所需的表面几何形状的加工。根据工件表面形状成形的需要，进给运动可以是多个，也可以是一个；可以是连续的，也可以是间歇的。

二、铣削用量

1. 铣削用量要素

铣削用量的四要素为：铣削速度 v_c、进给量 f、背吃刀量（铣削深度）a_p 和侧吃刀量（铣削宽度）a_e，如图 3-41 所示。

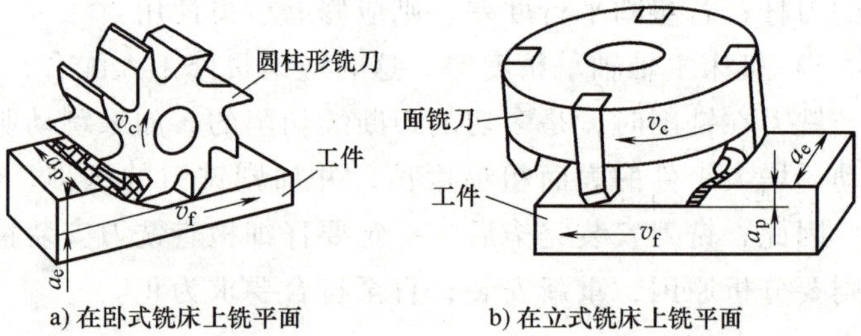

a) 在卧式铣床上铣平面　b) 在立式铣床上铣平面

图 3-41　铣削运动及铣削用量

1）铣削速度 v_c：铣刀最大直径处的线速度。其计算公式为

$$v_c = \pi dn/1000$$

式中　v_c——铣削速度（m/min）；

d——铣刀直径（mm）；

n——铣床主轴转速（r/min）。

铣削速度大，能提高生产率。但提高生产率的最有效措施还是尽可能采取大的背吃刀量。因为切削速度与刀具寿命的关系成反比，所以切削速度的选取主要取决于刀具寿命。

2）进给量 f：铣削时工件在进给运动方向上相对刀具的移动量，即为进给量，有以下三种表示方法。

每齿进给量 f_z：铣刀每转过一齿时，工件与铣刀的相对位移，单位为 mm/z。

每转进给量 f：铣刀每转一转，工件与铣刀的相对位移，单位为 mm/r。

每分钟进给量（也称进给速度）v_f：铣刀相对工件移动的速度，单位为 mm/min。

三者之间的关系为

$$v_f = fn = f_z zn$$

式中　z——铣刀齿数。

进给速度是数控机床切削用量中的重要参数，主要根据零件的加工精度和表面粗糙度值要求以及刀具、零件的材料性质来选取。当加工精度要求高、表面粗糙度值要求小时，进给速度 v_f 应该选择得小些，控制在 20~50mm/min 范围内。

3）背吃刀量（铣削深度）a_p：指平行于铣刀轴线测得的切削层尺寸。

在机床、工件和刀具刚度允许的情况下，应以最少的进给次数切除待加工余量，最好一次切除待加工余量，以提高生产率。为了保证零件的加工精度和表面粗糙度值，可留少许余量留待最后加工。数控机床的精加工余量可略小于普通机床，一般可取 0.2~0.5mm。

4）侧吃刀量（铣削宽度）a_e：指垂直于铣刀轴线测得的切削层尺寸。

2. 铣削用量选择

铣削用量的选择与提高生产率、加工精度，减小表面粗糙度值都有密切的关系。

合理选择切削用量的原则是：粗加工时，一般以提高生产率为主，但也应该考虑经济性和加工成本；半精加工和精加工时，一般应在保证加工质量的前提下，兼顾切削效率、经济性和加工成本，具体选用数值应该根据机床说明书、切削用量手册，并结合实际经验而定。

（1）粗铣　首先应选用较大的背吃刀量 a_p 和侧吃刀量 a_e。然后再选用较大的每齿进给量 f_z 和不太高的切削速度 v_f。

（2）半精铣　背吃刀量 a_p 为 0.5~2mm，与粗铣相比，每齿进给量宜小些，切削速度可提高一些。

（3）精铣　背吃刀量 a_p 约为 0.5mm，铣削速度 v_c 应在表 3-4 推荐范围内取最大值，每齿进给量 f_z 按表 3-5 取小值。

为了方便操作者选择铣削用量，各种典型材料的铣削速度 v_c 和每齿进给量 f_z 的推荐值分别见表 3-4 和表 3-5。

表 3-4　铣削速度 v_c 推荐值

工件材料	硬度　HBW	铣削速度 v_c/(m/min)	
		高速钢铣刀	硬质合金铣刀
低、中碳钢	<220	21~40	60~150
	225~290	15~36	54~115
	300~425	9~15	36~75

（续）

工件材料		硬度 HBW	铣削速度 v_c/(m/min)	
			高速钢铣刀	硬质合金铣刀
高碳钢		<220	18~36	60~130
		225~325	14~21	53~105
		325~375	8~21	36~48
		375~425	6~10	35~45
合金钢		<220	15~35	55~120
		225~325	10~24	37~80
		325~425	5~9	30~60
工具钢		200~250	12~23	45~83
灰铸铁		110~140	24~36	110~115
		150~225	15~21	60~110
		230~290	9~18	45~90
		300~320	5~10	21~30
可锻铸铁		110~160	42~50	100~200
		160~200	24~36	83~120
		200~240	15~24	72~110
		240~280	9~11	40~60
铸钢	低碳	100~150	18~27	68~105
	中碳	100~160	18~27	68~105
		160~200	15~21	60~90
		200~240	12~21	53~75
	高碳	180~240	9~18	53~80
铝合金		—	180~300	360~600
铜合金		—	45~100	120~190
镁合金		—	180~270	150~600

表 3-5 铣刀每齿进给量 f_z 推荐值

工件材料	硬度	每齿进给量 f_z/(mm/z)			
		高速钢铣刀		硬质合金铣刀	
		立铣刀	面铣刀	立铣刀	面铣刀
低碳钢	<150HBW	0.04~0.20	0.15~0.30	0.07~0.25	0.20~0.40
	150~200HBW	0.03~0.18	0.15~0.30	0.06~0.22	0.20~0.35
中、高碳钢	<220HBW	0.04~0.20	0.15~0.25	0.06~0.22	0.15~0.35
	225~325HBW	0.03~0.15	0.10~0.20	0.05~0.20	0.12~0.25
	325~425HBW	0.03~0.12	0.08~0.15	0.04~0.15	0.10~0.20
灰铸铁	150~180HBW	0.07~0.18	0.20~0.35	0.12~0.25	0.20~0.50
	180~220HBW	0.05~0.15	0.15~0.30	0.10~0.20	0.20~0.40
	220~300HBW	0.03~0.10	0.10~0.15	0.08~0.15	0.15~0.30

（续）

工件材料	硬度	每齿进给量 f_z/(mm/z)			
		高速钢铣刀		硬质合金铣刀	
		立铣刀	面铣刀	立铣刀	面铣刀
可锻铸铁	110～160HBW	0.08～0.20	0.20～0.40	0.12～0.20	0.20～0.50
	160～200HBW	0.07～0.20	0.20～0.35	0.10～0.20	0.20～0.40
	200～240HBW	0.05～0.15	0.15～0.30	0.08～0.15	0.15～0.30
	240～280HBW	0.02～0.08	0.10～0.20	0.05～0.10	0.10～0.25
合金钢	<220HBW	0.05～0.18	0.15～0.25	0.08～0.20	0.12～0.40
	220～280HBW	0.05～0.15	0.12～0.20	0.06～0.15	0.10～0.30
	280～320HBW	0.03～0.12	0.07～0.12	0.05～0.12	0.08～0.20
	320～380HBW	0.02～0.10	0.05～0.10	0.03～0.10	0.06～0.15
工具钢	退火状态	0.05～0.10	0.12～0.20	0.08～0.15	0.15～0.50
	<36HRC	0.03～0.08	0.07～0.12	0.05～0.12	0.12～0.25
	35～46HRC	—	—	0.04～0.10	0.10～0.20
	46～56HRC	—	—	0.03～0.08	0.07～0.10
铝镁合金	95～100HBW	0.05～0.12	0.20～0.30	0.08～0.30	0.15～0.38

一般情况下，铣削用量的选择次序是：先选大的背吃刀量 a_p，再选每齿进给量 f_z，最后选择铣削速度 v_c。侧吃刀量 a_e 应尽量选大些，最好等于工件加工面的宽度。铣削用量选好后，利用本节的有关公式，计算出铣床主轴转速 n 和每分钟进给量 v_f。

三、铣削方式

铣削方式是指铣削时铣刀相对于工件的运动和位置关系。

同是加工平面，既可以用端铣，也可以用周铣；同一种铣削方法，也有不同的铣削方式（顺铣和逆铣），如图 3-42 所示。

1. 周铣和端铣

（1）周铣　利用分布在铣刀圆柱面上的切削刃加工平面的铣削方法称为周铣。

周铣有逆铣和顺铣两种方式。铣刀的旋转方向和工件的进给方向相反时，为逆铣；相同时，为顺铣。

1）逆铣。逆铣时，切削厚度从零至最大。当切削厚度为零时，切削刃在工件表面上挤压和摩擦，较易磨损，且影响已加工表面质量。

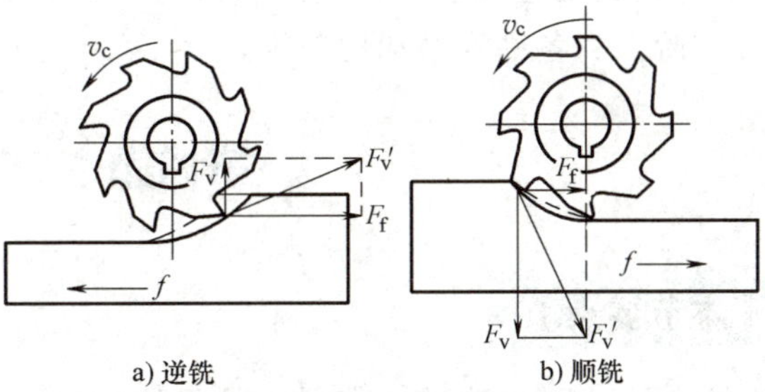

图 3-42　顺铣、逆铣示意图

逆铣时铣刀作用于工件上的垂直进给力 F_V 向上有挑起工件的趋势，这就要求工件装夹紧固。

当工件表面有硬化层时，逆铣对铣刀没有直接影响。

2）顺铣。顺铣是为获得良好的表面质量而经常采用的加工方式。它具有较小的后刀面磨损、机床运行平稳等优点，适用于在较好的切削条件下加工高合金钢。使用说明：顺铣不宜加工表面具有硬化层的工件（如铸件），因为这时的切削刃必须从外部通过工件的硬化层，会产生较强的磨损。若使用普通机床加工，应设法消除进给机构的间隙。

（2）端铣　利用分布在铣刀端面上的切削刃加工平面的铣削方法称为端铣，如图 3-43 所示。

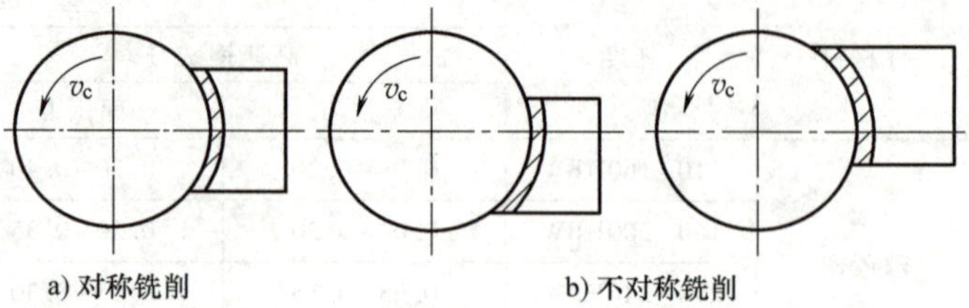

图 3-43　端铣

1）对称铣削：切削刃切入工件与切出工件的切削厚度相同。

2）不对称铣削：切削刃切入时的切削厚度小于或大于切出时的切削厚度。

2. 周铣与端铣的比较

1）端铣的加工质量比周铣好。

① 周铣时，同时参加工作的切削刃一般只有 1~2 个，而端铣时同时参加工作的切削刃多，切削力变化小，因此，端铣的切削过程比周铣时平稳。

② 面铣刀的刀齿切入和切出工件时，虽然切削厚度较小，但不像周铣时切削厚度变为零，从而改善了刀具后刀面与工件的摩擦状况，提高了刀具寿命，并可减小表面粗糙度值。

③端铣时还可以利用修光刀齿修光已加工表面，因此，端铣可达到较小的表面粗糙度值。

2）端铣的生产率比周铣高。

① 面铣刀一般直接安装在铣床的主轴端部，悬伸长度较小，刀具系统的刚性好。圆柱铣刀安装在细长的刀杆上，刀具系统的刚性远不如面铣刀。

② 面铣刀可以方便地镶装硬质合金刀片，而圆柱铣刀多采用高速钢制造。

所以，端铣时可以采用高速铣削，大大地提高了生产率，同时还可以提高已加工表面的质量。

3）周铣的适应性好于端铣。周铣便于使用各种结构形式的铣刀，可铣削斜面、成形表面、台阶面、各种沟槽和切断等。

第四节　工件的装夹

【本节要点】

✧ 用机用虎钳装夹工件的方法及注意事项。

✧ 用压板装夹工件的方法及注意事项。

✧ 回转工作台的使用及找正的方法。

✧ 分度头加工装夹零件找正的方法。

✧ 其他常用的铣床通用夹具。

在铣削过程中，铣刀作用在工件上的力是很大的，工件必须用铣床附件进行固定和定位。若工件装夹得不牢固，则工件在切削力的作用下会产生颤动，可能使铣刀折断，还可能使刀杆、夹具和工件损坏，甚至会发生人身事故，所以一定要把工件装夹得牢固可靠。另外，只有将工件正确装夹，才能保证工件的加工质量。因此，装夹好工件是铣削的一项重要工作。

一、用机用虎钳装夹工件

在铣床上加工中小型工件时，一般都采用机用虎钳来装夹。机用虎钳是铣床上常用的装夹工具。铣削零件的平面、台阶面、斜面和铣削轴类零件的键槽等，都可以用机用虎钳装夹工件。

常用的机用虎钳有回转式和非回转式两种，如图 3-44 所示。回转式机用虎钳当需要将装夹的工件回转角度时，可按回转底盘上的刻度线和机用虎钳体上的零位刻线直接读出所需的角度值。非回转式机用虎钳没有下部的回转盘。回转式机用虎钳在使用时虽然方便，但由于多了一层结构，其高度增加，刚性较差。所以在铣削平面、垂直面和平行面时，一般都采用非回转式机用虎钳。

a) 非回转式

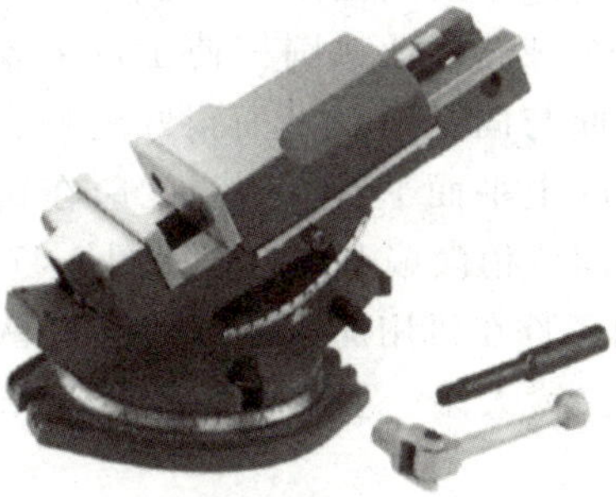
b) 回转式

图 3-44　机用虎钳

把机用虎钳装到工作台上时，钳口与主轴的方向应根据工件长度来决定，对于较长的工件，钳口应与主轴垂直，在立式铣床上应与进给方向一致。对于较短的工件，钳口与进给方向垂直较好。在粗铣和半精铣时，应使铣削力指向固定钳口，因为固定钳口比较牢固。在铣床上铣平面时，对钳口与主轴的平行度和垂直度的要求不高，一般目测就可以。在铣削沟槽等工件时，则要求有较高的平行度或垂直度，找正方法如下。

1. 用百分表或划针来找正

用百分表找正的步骤是，先把带有百分表的弯杆，用固定环压紧在刀杆上，或者用磁性表座将百分表吸附在悬梁（横梁）导轨或垂直导轨上，并使机用虎钳的固定钳口接触百分表测量头（简称测头或触头）。然后移动纵向或横向工作台，并调整机用虎钳位置使百分表上指针的摆差在允许范围内，如图 3-45 所示。对钳口方向的准确度要求不是很高时，也可用划针或大头针来代替百分表找正。

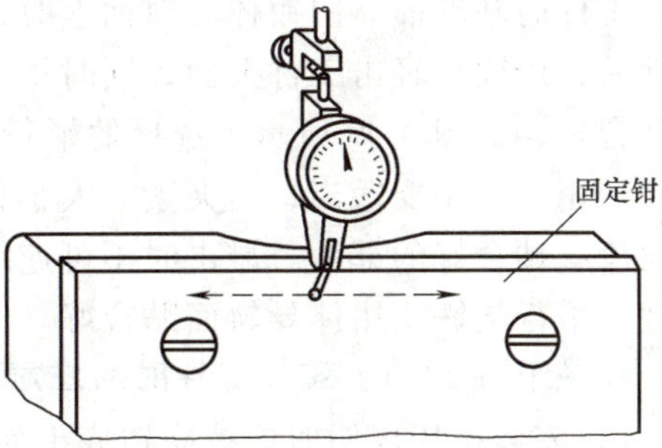

图 3-45　用百分表找正机用虎钳

2. 用定位键定位安装

加工一般的工件时，将机用虎钳底座上的定位键放入工作台中央T形槽内，双手推动钳体，使两块定位键的同一侧面靠在工作台中央T形槽的一侧面上，然后固定钳座，再用钳体上的刻线与底座上的刻线相配合，转动钳体，使固定钳口平面与铣床主轴轴线平行或垂直，也可以调整成所需要的角度。

3. 工件在机用虎钳上的装夹

（1）毛坯件的装夹　装夹毛坯件时，应选一个大而平整的毛坯面作为粗铣的基准面，将这个面靠在固定钳口面上。在钳口和工件毛坯面间垫铜皮，防止损伤钳口。夹紧工件后，用划线盘找正毛坯的上平面，使其与工作台面基本平行，如图3-46所示。

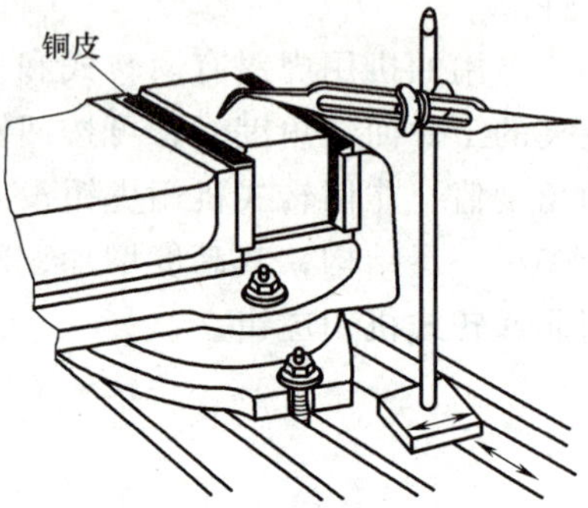

图3-46　钳口垫铜皮装夹毛坯件并找正工件平面

（2）已加工表面工件的装夹　装夹已粗加工的工件时，选择一个较大的粗加工面作为基准，将这个基准面靠在机用虎钳的固定钳口或钳体导轨面上进行装夹。

工件的基准面靠向固定钳口时，可在活动钳口和工件之间放置一个圆棒，通过圆棒使工件夹紧，这样能保证工件的基准面与固定钳口平面很好地贴合。圆棒放置时，要与钳口的上平面平行，其高度应在钳口装夹工件部分高度的中间或稍微偏上一点，如图3-47所示。

（3）斜面工件在机用虎钳内的装夹　两个平面不平行的工件若用机用虎钳直接装夹，必定会产生只夹紧大端、小端夹不牢的现象，因此可在钳口内加一对弧形垫铁进行装夹，如图3-48所示。

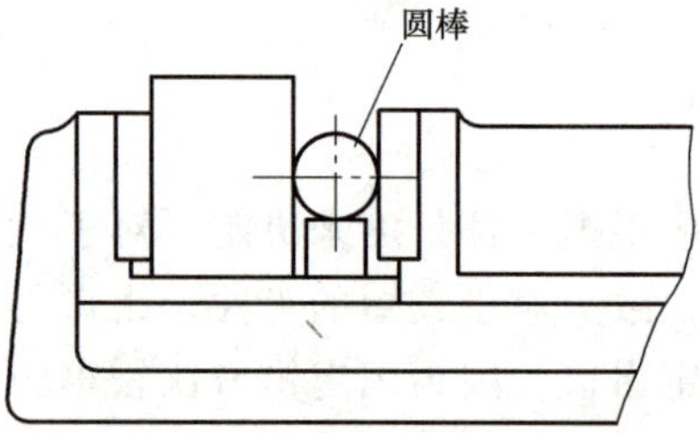

图3-47　用圆棒装夹工件

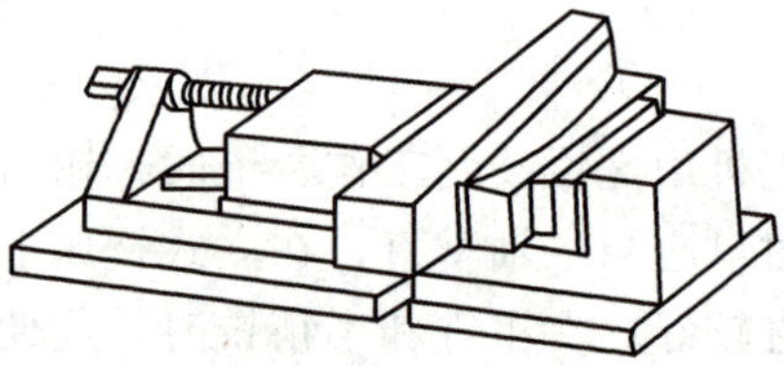
图3-48　在机用虎钳内装夹斜面工件

工件的基准面靠向钳体导轨面上时，应在钳体导轨面和工件平面之间垫平行垫铁，夹紧工件后，用锤子轻击工件上面，同时用手移动垫铁，垫铁不松动时，工件平面即与钳体导轨面贴合好，如图3-49所示。选择的平行垫铁尺寸要适当，平行度误差要小。用锤子敲击工件时，用力大小要适当，与夹紧力大小相适应，敲击的位置可从已贴合好的部位开始，逐渐移向没有贴合好的部位。敲击时不可连续用力猛击，应克服垫铁和钳体反作用力的影响，使工件、平行垫铁、钳体导轨面贴合好。

4. 在机用虎钳上装夹工件时的注意事项

1）安装机用虎钳时应擦净钳底平面和工作台面，安装工件时应擦净钳口平面、钳体导轨面和工件表面。

2）工件在机用虎钳上装夹后，工件余量层应高出钳口上平面，高出的尺寸以铣刀铣不着钳口上平面为宜，如图 3-50 所示。

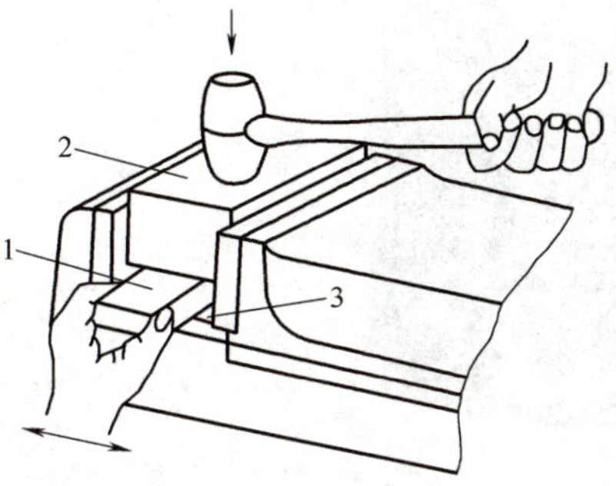

图 3-49　用平行垫铁装夹工件

1—平行垫铁　2—工件　3—钳体导轨面

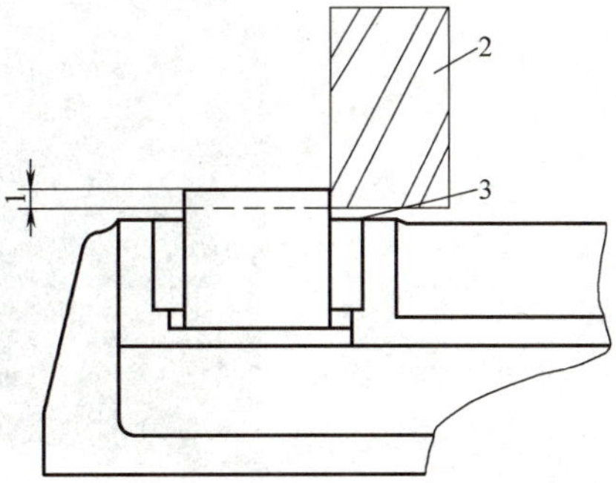

图 3-50　工件余量层高出钳口上平面

1—工件余量层　2—立铣刀　3—钳口上平面

3）工件在机用虎钳上装夹时，放置的位置应适当，夹紧工件后钳口受力应均匀。

4）用平行垫铁装夹工件时，所选用垫铁的平面度、平行度、相邻表面垂直度应符合要求。垫铁表面要具有一定的硬度。

二、用压板装夹工件

在塑料模具加工生产中，对形状较大或不便于用机用虎钳装夹的工件，可用压板装夹在工作台上进行加工。

1. 用压板装夹工件的方法

压板通过螺栓、螺母、垫铁将工件装夹在工作台面上。使用压板装夹工件时，应选择两块以上的压板，压板的一端搭在工件上，另一端搭在垫铁上。垫铁的高度应等于或略高于工件被夹紧部位的高度，螺栓到工件之间的距离应略小于螺栓到垫铁之间的距离。使用压板时，螺母和压板平面间应有垫圈，如图 3-51 所示。

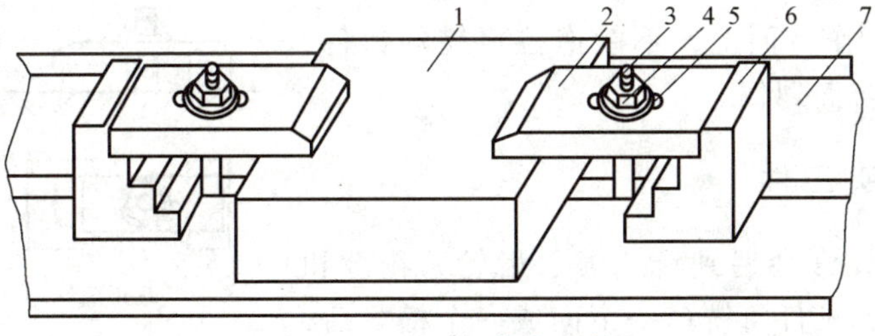

图 3-51　用压板装夹工件

1—工件　2—压板　3—螺栓　4—螺母　5—垫圈　6—台阶垫铁　7—工作台面

2. 压板的种类

为了满足装夹不同形状工件的需要，压板的形状也可做成很多种。压板、螺栓和垫铁如图 3-52 所示。

3. 使用压板装夹工件时的注意事项（图 3-53）

1）压板的位置要安排得适当，要压在工件刚性最好的地方，夹紧力的大小也应适当，不然刚性差的工件易产生变形。

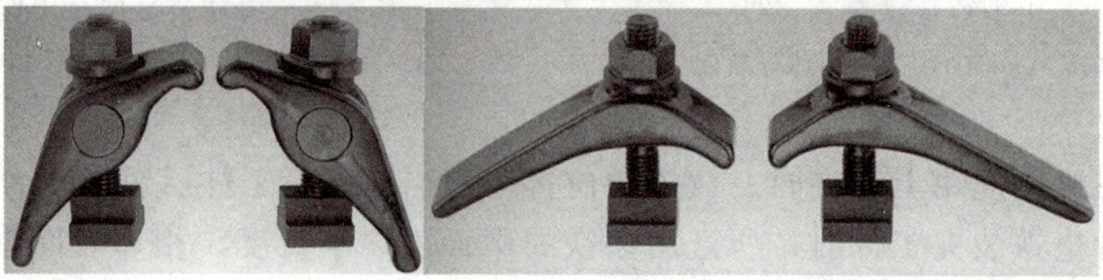

图 3-52　压板、螺栓和垫铁

2）垫铁必须正确地放在压板下，高度要与工件相同或略高于工件，否则会降低压紧效果。

3）压板螺栓必须尽量靠近工件，并且螺栓到工件的距离应小于螺栓到垫铁的距离，这样能增大压紧力。

4）螺栓要拧紧，否则会因压力不够而使工件移动，以致损坏工件、机床和刀具。

5）在工件的光洁表面与压板之间，必须安置垫片（如铜片），这样可以避免光洁表面因受压而损伤。

6）在铣床的工作台面上，不能拖拉粗糙的铸件、锻件毛坯，以免将台面划伤。

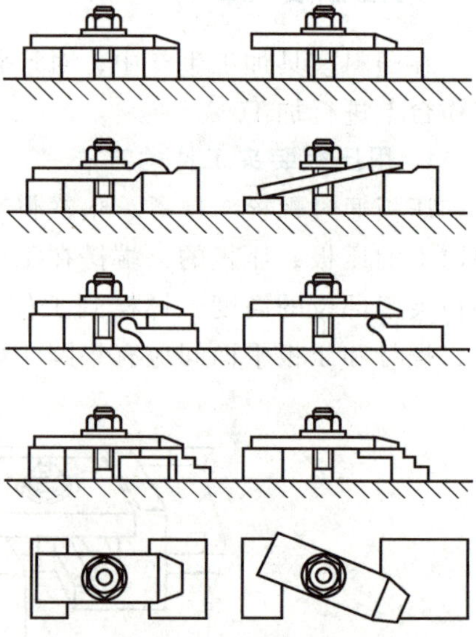

a) 正确　　b) 错误

图 3-53　压板装夹工件时的正误图

三、用分度头装夹工件

在铣削加工中，常会遇到铣六方、齿轮、花键和刻线等工作。这时，工件每铣过一个面或一个槽之后，需要转过一个角度，再铣削第二个面或第二个槽，这种工作叫分度。

分度头是铣床上的重要精密附件，它可以将一些轴类或盘类工件安装成所需要的角度（竖直、水平或倾斜）；把工件做任意的圆周等分或直线移距分度。万能分度头如图 3-54 所示。

用分度头装夹工件的方法如下：

1. 用自定心卡盘装夹工件

加工较短或刚性较好的轴类工件时，可以用分度头上的自定心卡盘直接装夹工件。加工要求较高时，在加工前应用百分表找正工件外圆的跳动量或端面的跳动量，如图 3-55 所示。找正时可用铜锤轻轻敲击高点，边找正边夹紧，使工件的跳动量符合要求。

图 3-54　万能分度头

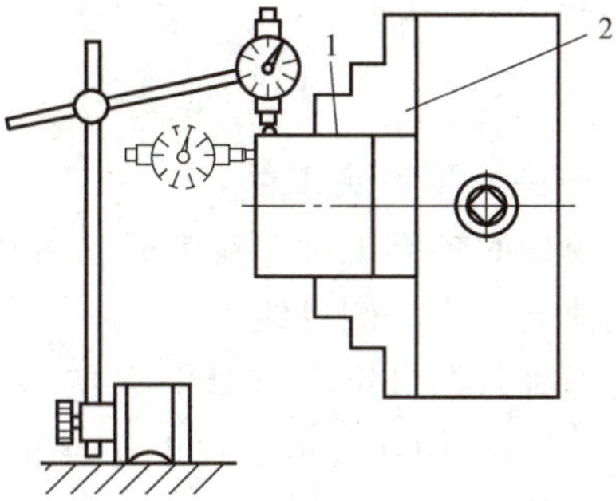

图 3-55　工件的装夹和找正

1—铜皮　2—卡盘爪

2. 用两顶尖装夹工件

铣削两端有顶尖孔的工件时，可以利用分度头上的顶尖和尾座上的顶尖装夹工件。装夹工件前应先找正分度头和尾座。

（1）找正圆跳动　如图 3-56 所示，取锥度心轴放入分度头的主轴锥孔内，转动分度头用百分表找正心轴 a 点处的跳动量，直至符合要求。

（2）找正 a 点和 b 点处的高度误差　如图 3-56 所示，摇动纵向工作台和横向工作台，使百分表通过心轴上母线，测出 a 点和 b 点处的高度误差，并通过调整分度头主轴角度，使 a 点和 b 点处的高度符合要求，则分度头主轴上母线平行于工作台面。

（3）找正分度头主轴侧母线与纵向工作台进给方向平行度　如图 3-57 所示，将百分表置于心轴侧母线外，摇动纵向工作台，用百分表测出 c 点和 d 点处的高度差，并经调整分度头使高度差符合要求。再顶上后顶尖检测，若不符合要求，只需调整尾座顶尖，使之符合要求，如图 3-58 和图 3-59 所示。

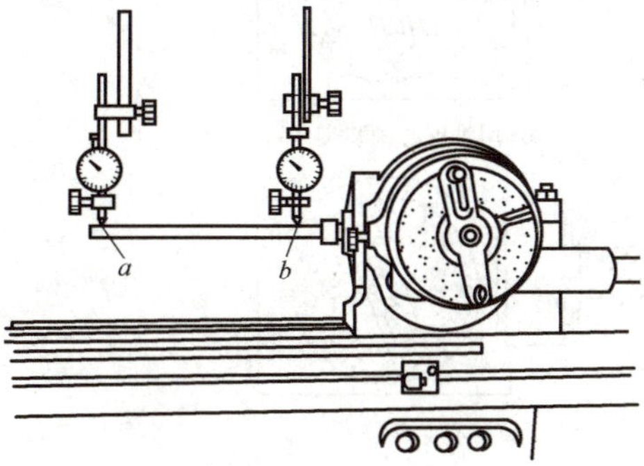

图 3-56　找正分度头主轴上母线

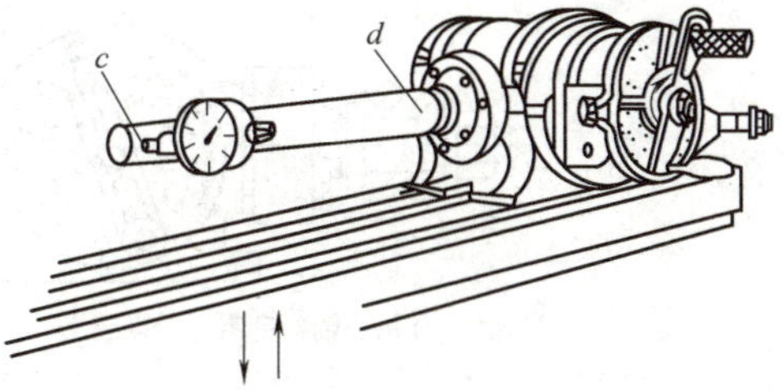

图 3-57　找正分度头主轴侧母线

图 3-58　找正尾座上母线

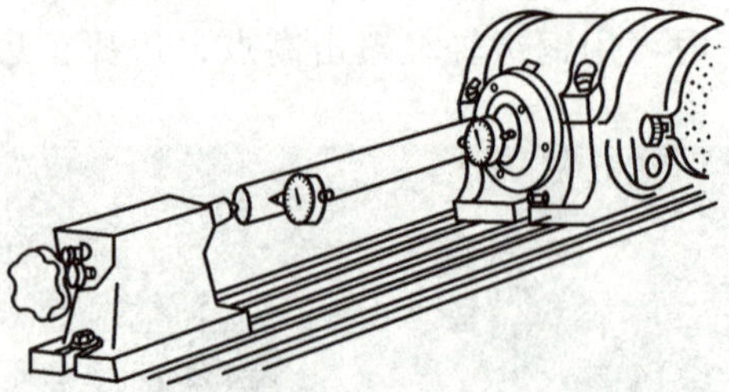

图 3-59　找正尾座侧母线

3. 一夹一顶装夹工件

在较长的轴类工件上铣削时，可用一夹一顶的方法装夹工件。装夹工件前，应先找正分度头主轴上母线、侧母线。

找正时，在自定心卡盘上夹持一个标准心轴，如图 3-60 所示，找正 a 点处的圆跳动符合要求后，用以上的方法将上母线和侧母线找正符合要求。然后安装尾座，将标准心轴一夹一顶，重复以上的找正内容。找正数值不变，说明尾座与分度头主轴同轴。找正数值若有变化，只调整尾座顶尖，使之达到第一次找正的数值即可。

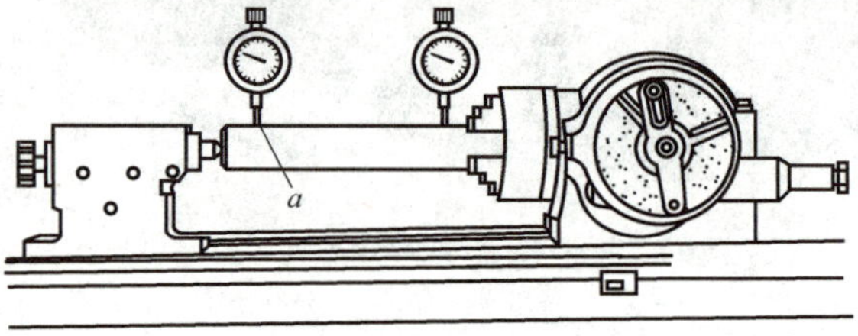

图 3-60　一夹一顶装夹工件的找正

4. 用心轴装夹工件

在套类工件上铣削时，可用锥度心轴或圆柱心轴装夹工件。首先应找正心轴轴线与分度头主轴轴线的同轴度，然后找正心轴上母线、侧母线，符合要求后，再将工件装夹在心轴上进行加工。

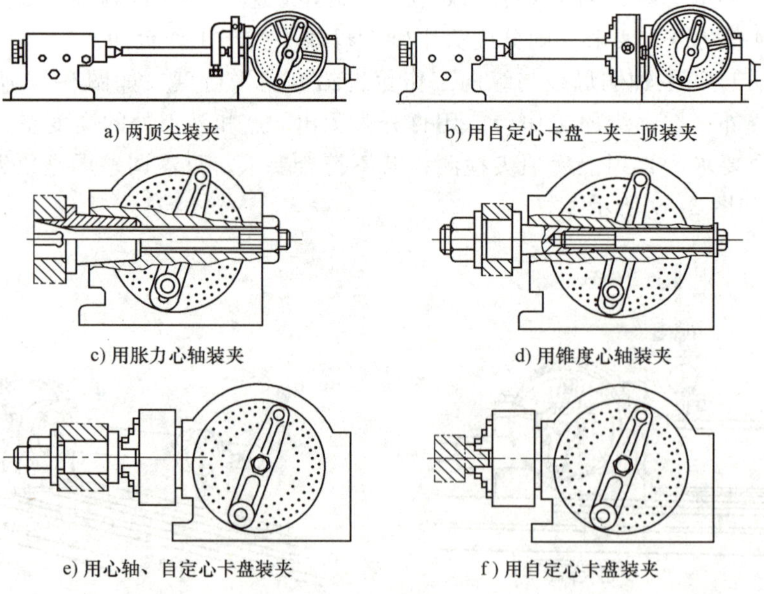

图 3-61　用分度头及尾座装夹工件的方式

5. 用分度头及尾座装夹工件

用分度头及尾座装夹工件的方式如图 3-61 所示。

四、铣床其他常用夹具

铣床其他常用夹具如图 3-62 所示。

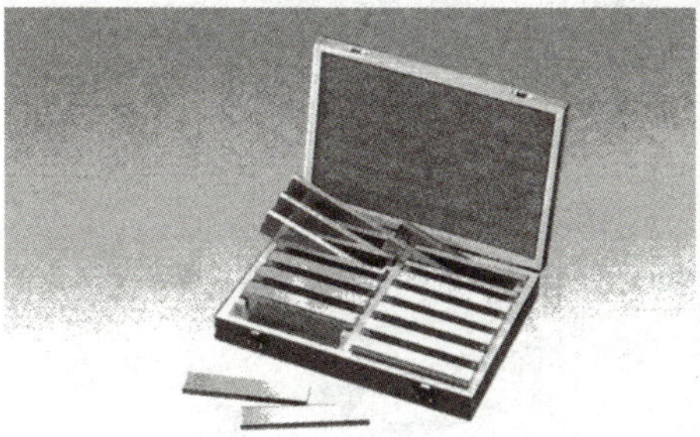

a) 平行垫块(淬火处理、多种厚度尺寸)

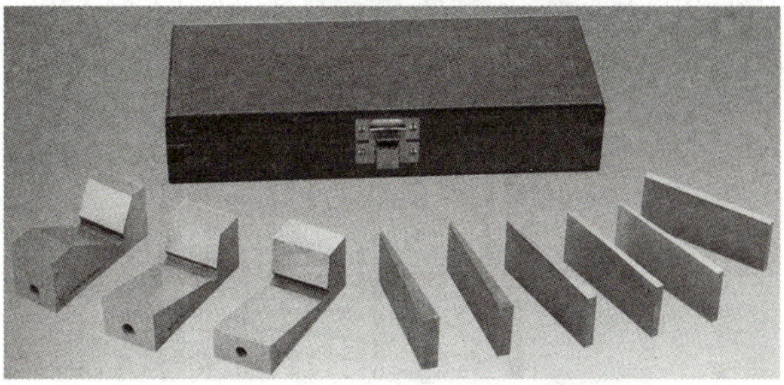

b) 固定角度垫块(常用角度)

c) 超行程机用虎钳(适用于长度较大工件粗加工装夹)

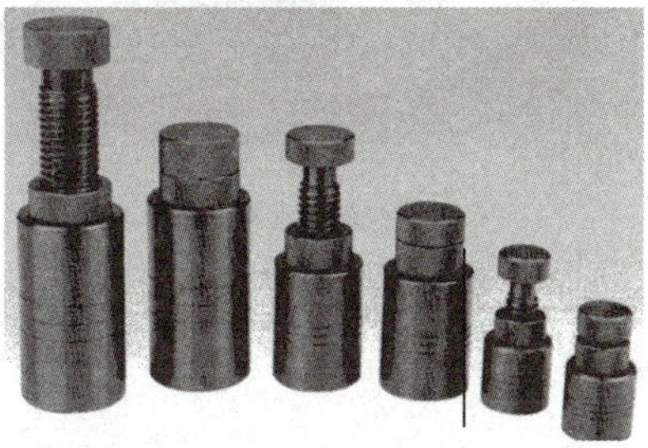

d) 高度调节支承

e) 定位挡铁及应用

f) 铣床用自定心卡盘

图 3-62　铣床其他常用夹具

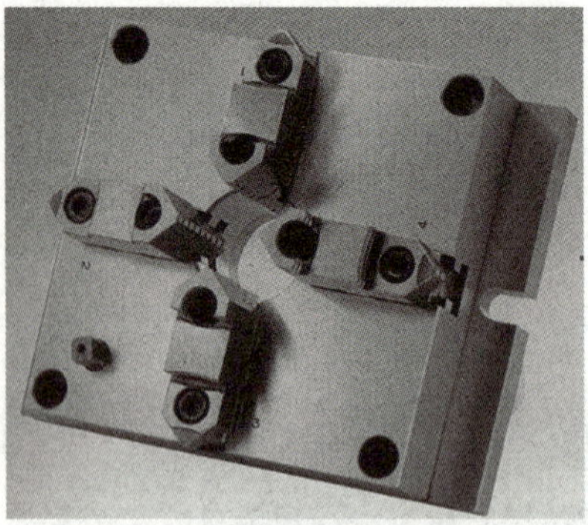

g) 铣床用单动卡盘

h) 可倾斜式回转工作台

i) 可倾斜式水平工作台

j) 辅助高度工作台

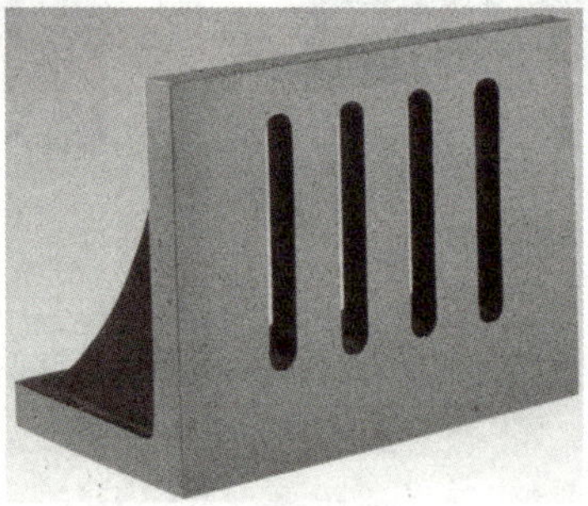

k) 垂直工作台

图 3-62　铣床其他常用夹具（续）

第五节　面 的 铣 削

【本节要点】

✧ 平面的技术要求、铣削、测量及质量分析方法。

✧ 平行面和垂直面的铣削、测量及质量分析方法。

✧ 斜面的铣削、测量及质量分析方法。

平面就是在各个方向上都成直线的面。平面是组成机械零件的基本表面之一，如铣床工作台面、机用虎钳的钳口平面、机床导轨表面等，都是生产实际中经常接触到的平面实例。

斜面实质上也是一个平面，只不过与基准面倾斜一定角度而已。零件上很大一部分平面和斜面是通过铣削加工获得的，因此平面铣削就成为铣工最基本的工作内容之一，也是铣工进一步掌握其他复杂表面铣削的基础。

一、平面的技术要求

平面质量的好坏，主要从两方面来衡量：平面的平整程度（平面度）和表面粗糙度。

1. 平面度

如图 3-63 所示的六面体工件，▱ 0.05 (-) 表示六面体的顶面（在整个平面内）的高低不允许超过 0.05mm，即平面度公差为 0.05mm。符号“(-)”表示平面只允许凹。

2. 表面粗糙度

图 3-63 中的 $\sqrt{Ra\ 6.3}$ 符号，表示顶部平面的表面粗糙度 Ra 值，其允许偏差值为 6.3μm。

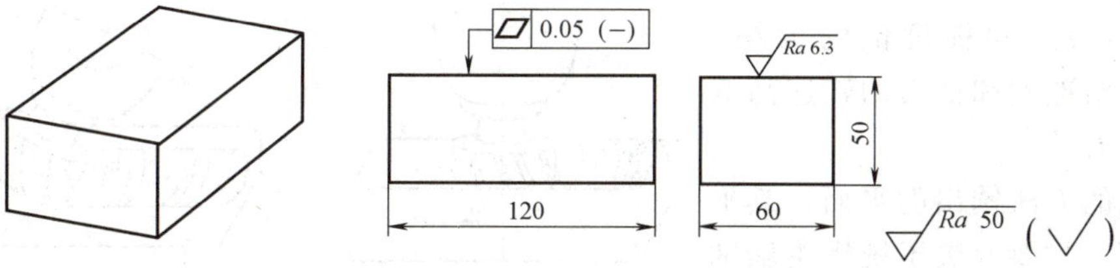

图 3-63　六面体工件

二、平面的铣削方法

铣平面是铣工常见的工作内容之一，铣削工件上的平面可以在卧式铣床上安装圆柱铣刀铣削，如图 3-64a 所示；也可以在卧式铣床上安装面铣刀，用面铣刀铣削，如图 3-64b 所示；还可以在立式铣床上安装面铣刀，用立铣铣削，如图 3-64c 所示。以下重点讲述在立式铣床上安装面铣刀，用立铣铣削平面。

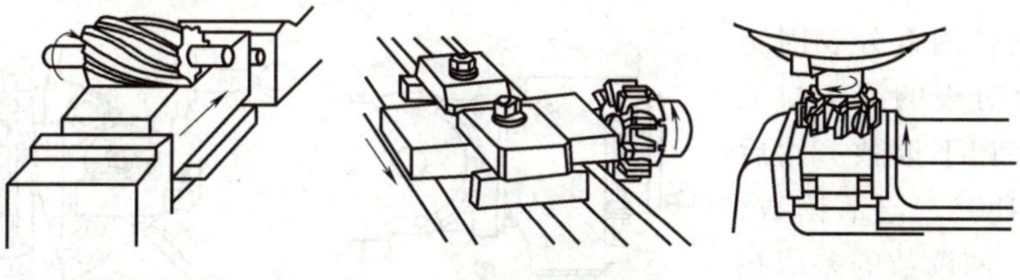

a) 圆柱铣刀铣削　　b) 面铣刀铣削　　c) 立铣铣削

图 3-64　平面铣削方法

1. 铣刀的选择

端铣是指用铣刀端面切削刃进行的铣削。用面铣刀铣削平面时，为了使加工的平面在一次进给铣削中铣出整个加工表面，铣刀的直径应等于被加工表面宽度的 1.2～1.5 倍，如图 3-65 所示。在生产中，为了提高生产率和减小表面粗糙度值，往往采用硬质合金面铣刀高速铣削。铣削时，一般 $v_c = 80 \sim 120\text{m/min}$。转位硬质合金刀片面铣刀如图 3-66 所示。

用面铣刀铣平面有很多优点，尤其对较大的平面，目前大都用面铣刀加工。

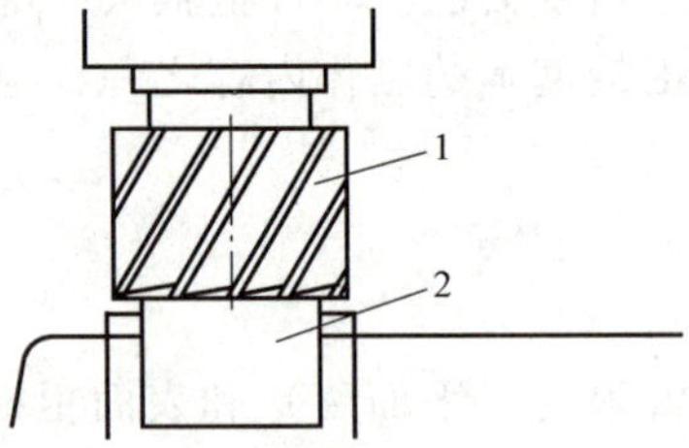

图 3-65　面铣刀直径应大于加工面宽度

1—铣刀　2—工件

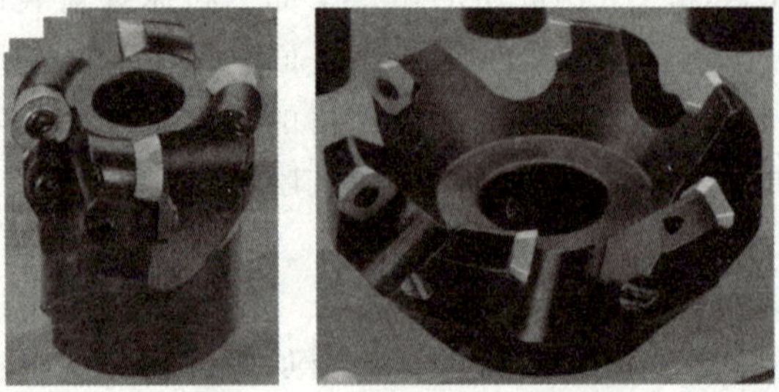

图 3-66　转位硬质合金刀片面铣刀

2. 立铣头的找正

铣平面时是利用分布在铣刀端面上的刀尖来形成平面的，如图 3-67 所示。用端铣的方法铣出的平面上有一条条刀纹，刀纹的粗细（即表面粗糙度值的大小）与工件的进给速度和铣刀的转速高低等许多因素有关。

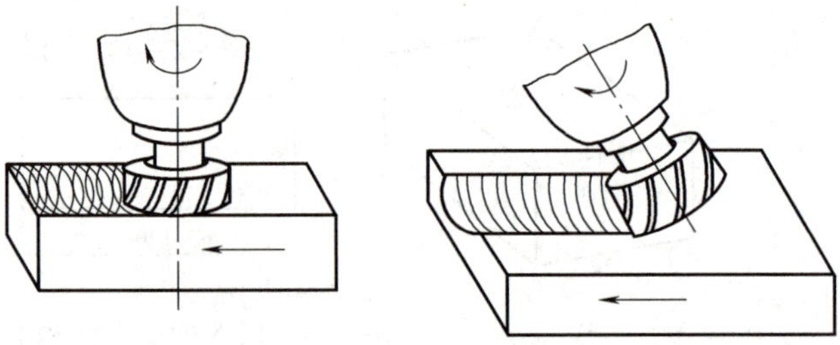

a) 主轴与进给方向垂直　　b) 主轴与进给方向不垂直

图 3-67　端铣

用端铣的方法铣出的平面，其平面度的好坏，主要取决于铣床主轴轴线与进给方向的垂直度。若主轴与进给方向垂直，则刀尖旋转时的轨迹为一个与进给方向平行的圆环，如图 3-67a 所示，这个圆环切割出一个平面。实际上，铣刀刀尖在工件表面会铣出成网状的刀纹。

若铣床主轴与进给方向不垂直，则相当于用一个倾斜的圆环，把工件表面切出一个凹面来，如图 3-67b 所示。此时，铣刀刀尖在工件表面会铣出单向的弧形刀纹。

立式铣床主轴头的零位，一般由定位销来保证。若因定位销磨损等原因而需要调整时，可将装有角形表杆的百分表固定在主轴上，使百分表的测头与工作台面接触，并记下读数。然后扳动主轴转过 180°，记下读数，如图 3-68 所示。两读数的差值在 300mm 长度上一般不应大于 0. 03mm。若工作台面与纵向进给方向的平行度较差或工作台面不够光洁平整时，则可以将一块平行垫铁固定在工作台面上，并把上平面找正成与纵向进给方向平行以代替台面。

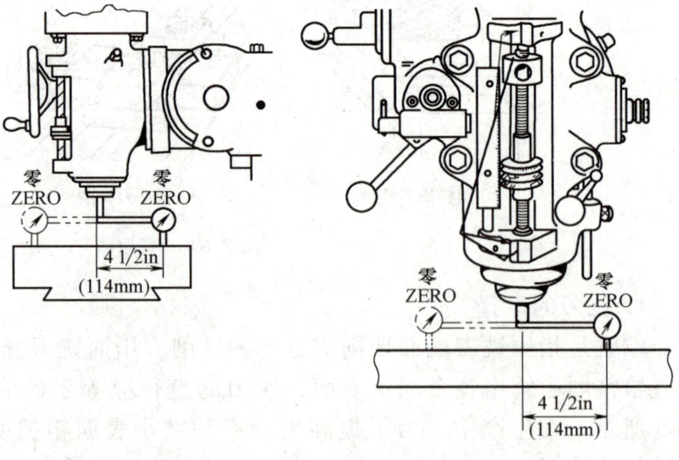

图 3-68　回转式立铣头零位的调整

铣头的找正也可以用锥度心轴和直角尺按图 3-69 所示的方法进行，找正时将直角尺外测量面轻轻靠近心轴的圆柱面，观察直角尺外测量面和心轴的圆柱面之间是否密合或间隙是否均匀，确定立铣头的主轴轴线与工作台面是否垂直。测量时应分别在纵向和横向两个方向上检测。找正合格后将立铣头壳体与主轴座体的紧固螺母拧紧即可。

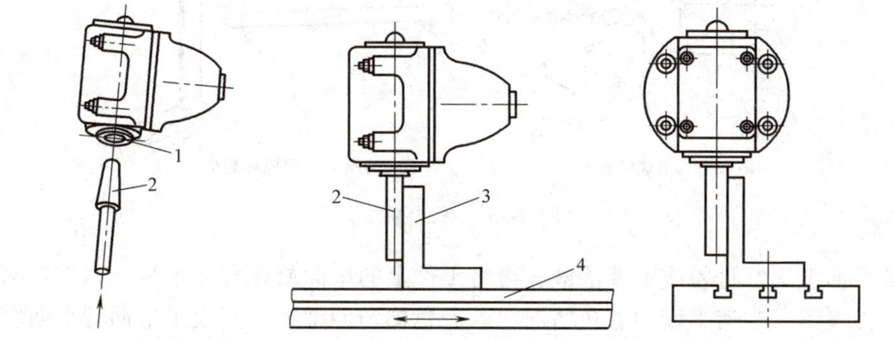

a) 将心轴插入立铣头主轴锥孔　b) 与纵向进给方向平行检测　c) 与纵向进给方向垂直检测

图 3-69　用直角尺找正立铣头主轴轴线与工作台面垂直

1—立铣头主轴　2—心轴　3—直角尺　4—工作台

3. 铣削过程

在立铣床上用面铣刀铣削工件时，移动工作台使工件位于面铣刀下方开始对刀，可以利用立铣床上的主轴升降套筒带动立铣刀进行对刀。对刀时先起动主轴，再松开主轴套筒锁紧手柄，摇动主轴套筒升降手柄，使铣刀慢慢靠向工件。当铣刀微触工件后，在主轴套筒升降刻度盘上做记号，然后摇动主轴套筒升降手柄抬升主轴套筒，并锁紧主轴套筒锁紧手柄，再纵向退出工件，按工件实际尺寸，降下主轴套筒，调整铣削层深度。余量小时可一次进给铣削至尺寸要求；否则应根据余量进行粗铣和精铣。对刀后，应采用逆铣加工至图样要求。铣刀在切削过程中要保持主轴套筒锁紧手柄处于锁紧状态。另外，主轴套筒的伸出量应尽量短一些，以防止由于切削力的作用使主轴套筒变形。

三、平面铣削的质量分析

1. 平面质量的检验

（1）检验表面粗糙度　表面粗糙度一般都采用表面粗糙度比较样块来比较。由于加工方法不同，切出的刀纹痕迹也不同，所以样块按不同的加工方法来分组，如用圆柱形铣刀铣削的一组样块中，可选用 Ra0.63～20μm 的 5 块。若工件的表面粗糙度 Ra 值为 3.2μm，而加工出的平面表面，与 Ra2.5～5μm 的一块样块很接近，则说明此平面的表面粗糙度值已符合图样要求。

（2）检验平面度　较小的平面，用刀口形直尺测量平面各个方向的直线度，如图 3-70a 所示。若各个方向都成直线（即直线度在公差范围内），则工件的平面度符合图样要求。

较大的平面，可利用三点确定一个平面的原理，在标准平板上，用三个千斤顶将工件顶起，用百分表找正千斤顶上方三点等高，然后测量平面上的其他点，如图 3-70b 所示。若百分表示值变动量在平面度公差内，则平面度符合图样要求。

对平面度要求高的平面，也可用标准平板来检验。标准平板的平面度是较高的，检验时在

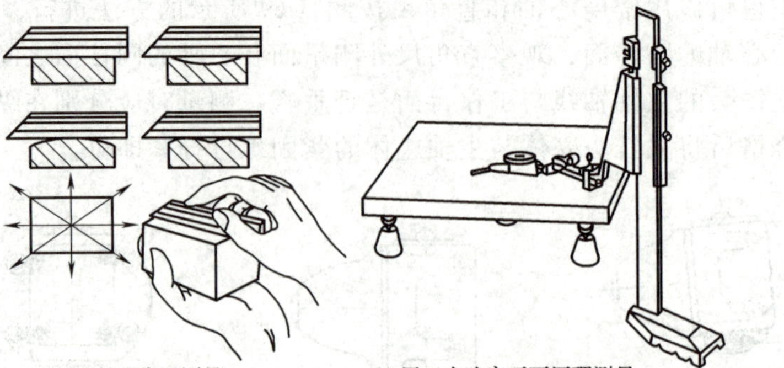
a) 用刀口形直尺测量　　b) 用三点确定平面原理测量

图 3-70　平面度检验

标准平板的平面上涂红丹粉或甲紫溶液，再将工件上的平面放在标准平板上，进行对研，对研几次后把工件取下，观察平面的着色情况，若着色均匀而细密，则表示平面的平面度很好。

2. 质量分析

平面的质量不仅与铣削时所用的铣床、夹具和铣刀的好坏有关，还与铣削用量和合理选用切削液等很多因素有关。影响平面质量的因素见表 3-6。

表 3-6　影响平面质量的因素

项　目	原　因
影响平面度的因素	(1)用周铣时，铣刀的圆柱度差 (2)用端铣时，铣床主轴轴线与进给方向不垂直 (3)铣床工作台进给运动的直线性差 (4)铣床主轴轴承的轴向和径向间隙大 (5)工件在受夹紧力和铣削力后产生变形 (6)工件由于存在应力，在表层切除后产生变形 (7)工件在铣削过程中，由铣削热产生的变形 (8)当圆柱形铣刀的宽度或面铣刀的直径小于加工面的宽度时，由于接刀而产生接刀痕
影响表面粗糙度的因素	(1)铣刀切削刃变钝 (2)铣削时有振动 (3)铣削时进给量太大；铣削余量太多 (4)铣刀几何参数选择不当 (5)铣削时有拖刀现象 (6)切削液选用不当 (7)铣削时有积屑瘤产生，或切屑有粘刀现象 (8)在铣削过程中进给停顿而产生“深啃”现象

四、平行面和垂直面的铣削

1. 矩形工件的技术要求

矩形工件工程图如图 3-71 所示，它由六个平面组成，故又称六面体。平面之间有位置和尺寸要求，如要求图中的顶面与底面平行、侧面与底面垂直。

用来确定表面或线、点之间尺寸和位置关系时所依据的面，称为基准面，通常以面作为基准最多；也有以线或点作为基准的。在一个工件上，可以有一个或几个基准。在图 3-71

所示的工件上，有 A 和 B 两个基准面。

矩形工件各个平面除应符合平面的质量要求外，平面之间还有如下要求：

1）相邻两平面之间的垂直度。

2）相对两平面之间的平行度。

3）相对平面之间的尺寸精度。

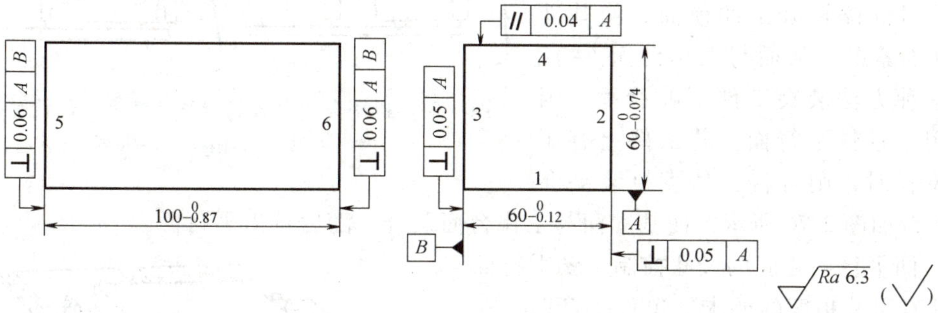

图 3-71 矩形工件工程图

2. 平行面的铣削

在立式铣床上加工尺寸不太大的矩形工件时，一般都用机用虎钳装夹，并以端铣的方法进行铣削，如图 3-72 所示。装夹时先使基准面与固定钳口紧贴，再用直角尺找正侧面，使侧面与工作台面垂直。经过找正后，铣出的两端面既与基准面垂直又与两侧面垂直。

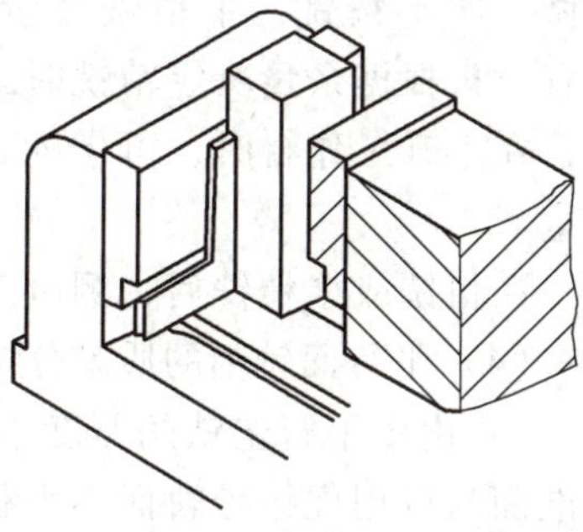

图 3-72 铣削两端面

用面铣刀铣削时，铣床主轴轴线与进给方向的垂直度误差，会影响加工面与基准面的平行度和垂直度。如在立式铣床上铣削时，若立铣头“零位”不准，用横向进给会铣出一个与工作台倾斜的平面；用纵向进给做非对称铣削，则会铣出一个略凹且不对称的面。在加工较大尺寸的工件时，大都采用面铣刀铣削。

当工件的基准面与工作台面平行时，可用端铣铣出平行面。当工件的基准面与工作台面垂直，并与进给方向平行时，可用周铣铣出平行面。装夹工件时，为了使基准面位于上述位置，通常采用下列方法：

（1）利用与基准面垂直的平面铣平行面　当工件上有垂直于基准面的平行面时，可利用这个平面进行装夹。在机用虎钳上装夹工件，将该平面与固定钳口贴合，然后用铜锤轻敲顶面，使工件基准面与机用虎钳导轨面贴合，这时铣出的工件顶面即与基准面平行，如图 3-73 所示。也可用定位键使基准面与进给方向平行，如图 3-74 所示，这时用面铣刀铣出的

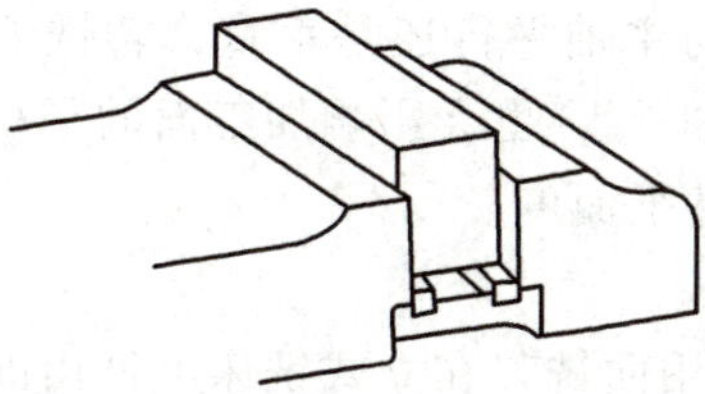

图 3-73 用机用虎钳装夹工件铣平行面

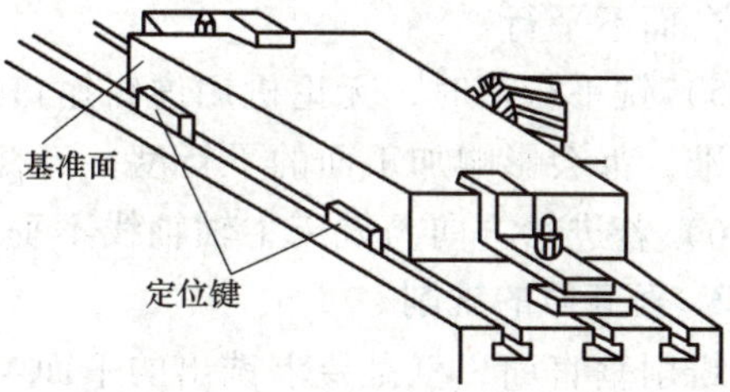

图 3-74 用定位键装夹工件铣平行面

平面即为平行面。由于采用这种装夹方法加工平面时，与垂直面的精度有密切关系，因而在加工前必须预先检查其垂直度，若不够准确则应进行修正或垫准。

（2）调整法铣平行面　当工件上没有与基准面垂直的平面时，应设法使基准面与工作台面平行，如在机用虎钳上装夹工件，需在钳口上放置圆棒，如图 3-75 所示。夹紧时，用铜锤轻敲工件顶面，使基准面与导轨面紧贴，从而与工作台面平行。由于用这种方法装夹工件不够稳固，因此只适用于精铣平行面。若工件上有压板压紧位置时，则可将工件直接装夹在工作台上，如图 3-76 所示，使基准面与工作台面贴合，随后铣出平行面。

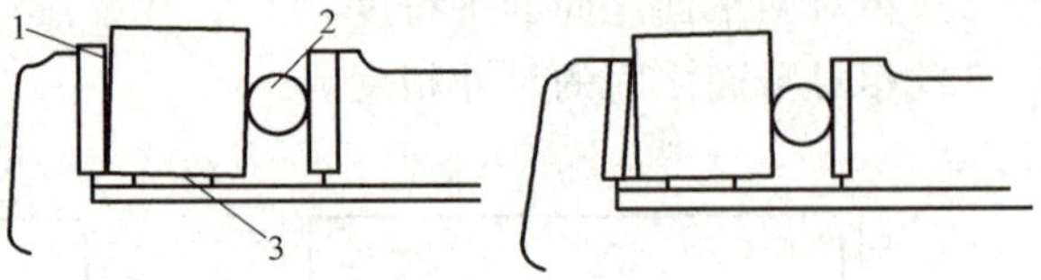

图 3-75　机用虎钳钳口放置圆棒装夹工件铣平行面
1—铜皮　2—圆棒　3—垫铁

（3）两平行面之间的尺寸控制　铣平行面时，往往有尺寸精度的要求。单件生产时，一般都采用“铣削→测量→铣削”的方式循环进行，一直到尺寸准确为止。

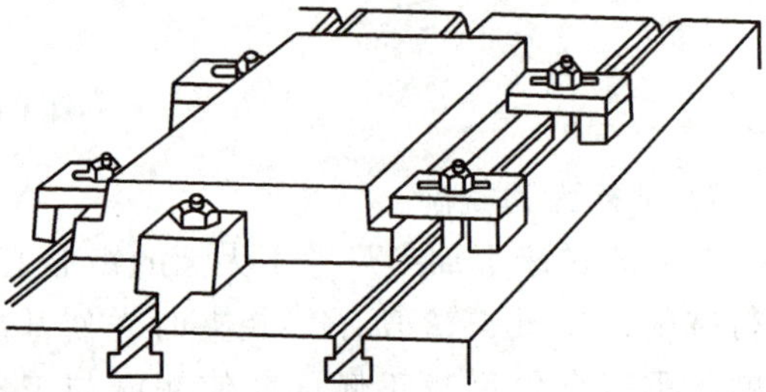
图 3-76　工件装夹在工作台上铣平行面

当尺寸精度的要求较高时，则需在粗铣后再做一次半精铣，半精铣余量以 0.5mm 左右为宜。再根据余量决定精铣时工作台上升的距离，在上升工作台时，可借助百分表来控制移动量。

在粗铣或半精铣后，测量工件尺寸时，最好不拆下工件，而在机用虎钳上测量。

（4）平行面铣削的质量分析　铣平行面时造成平行度误差的主要原因，有下列几个方面：

1）由于平行垫铁的厚度不相等，平行垫铁的上下表面与工件和导轨之间有杂物，造成基准面与机用虎钳导轨面不平行。

2）活动钳口与导轨之间存在少量的间隙，当活动钳口夹紧工件而受力时，会把活动钳口上挠，使工件靠活动钳口的一边向上抬起。另外，铣刀在靠活动钳口的一端刚铣到工件时，向上的垂直铣削分力，会把工件和活动钳口向上抬起。

在铣平行面时，工件夹紧后，须用铜锤或木榔头轻轻敲击工件顶面，直到两块平行垫铁的四端都没有松动现象为止。

3）当工件靠向固定钳口的平面与基准面不垂直时，平面与固定钳口紧密贴合，造成基准面必然与工作台面和机用虎钳导轨面不平行。

4）机用虎钳底面与工作台面之间有杂物，或导轨面本身不准，使机用虎钳的导轨面与工作台面不平行。

5）铣平行面时，无论机用虎钳钳口的安装方向是与主轴平行还是垂直，若铣刀的圆柱度不准，都会影响加工面的平行度。刀杆与工作台面不平行，也会影响加工面的平行度。

6）若进给方向与铣床主轴轴线不垂直，将影响工件平面度。

3. 垂直面的铣削

铣削垂直面，就是要求铣出的平面与基准面垂直。用面铣刀在立式铣床上铣出的平面与工作台面平行，铣削时，只要把基准面安装得与工作台面垂直就可以了。这是铣垂直面需要注意的主要问题，加工方法则与铣平面完全相同。

（1）将工作装夹在机用虎钳内加工　机用虎钳的固定钳口与底面垂直。当机用虎钳安装在工作台上后，台面与底面密合，所以固定钳口就与工作台面垂直。因此在安装工件时，只要把基准面的固定钳口紧密贴合即可。在装夹时为了使基准面与固定钳口贴合紧密，往往在活动钳口与工件之间放置一根圆棒，如图 3-77a 所示。不放置圆棒时，若工件与基准面相对的面是高低不平的毛坯面，或与基准面不平行，在夹紧后基准面与固定钳口不一定会很好地贴牢，如图 3-77b、c 所示，这样铣出的平面也就不一定与基准面垂直。在装夹时，除了要在活动钳口处放置一根圆棒外，还应仔细地把固定钳口和基准面擦干净，因为在这两个地方只要有一点杂物，就会影响定位精度。

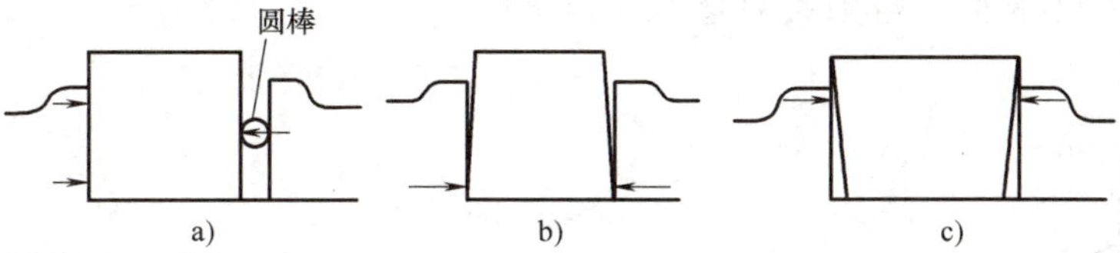

图 3-77　在机用虎钳上铣垂直面的装夹方法

如果固定钳口与底平面的垂直度误差较大，即使仔细装夹也不会准确。此时可按以下两种方法进行调整：

1）在固定钳口处垫铜皮或纸片，当铣出的平面与基准面之间的夹角小于 90°时，铜皮或纸片应垫在钳口的上部，反之则垫在下部。这种方法只作为临时措施和用于单件生产。

2）找正固定钳口，先利用百分表检查钳口的误差，如图 3-78 所示，然后用百分表读数的差值乘以钳口铁的高度再除以百分表的移距，把此数值厚度的钢片或铜片垫在固定钳口和钳口铁之间。若百分表的读数上面大，则应垫在上面，反之则垫在下面，也可把钳口铁拆下并按误差的数值将其磨准。把钳口铁垫准或磨准后，还需再做检查，直到准确为止。用作检查的平行铁，紧贴固定钳口的检查面必须光整。

若钳口铁是光整平面，且高度方向尺寸较大时，可用百分表直接找正钳口铁。

（2）将工件装夹在角铁上加工　加工宽而长的工件，一般利用角铁来装夹。角铁的两个平面是互相垂直的，所以一个面与工作台面平行，另一个面就与工作台面垂直，就相当于固定钳口。装夹方法如图 3-79 所示，两只弓形夹（又称 C 形夹）代替了活动钳口的夹紧作用。

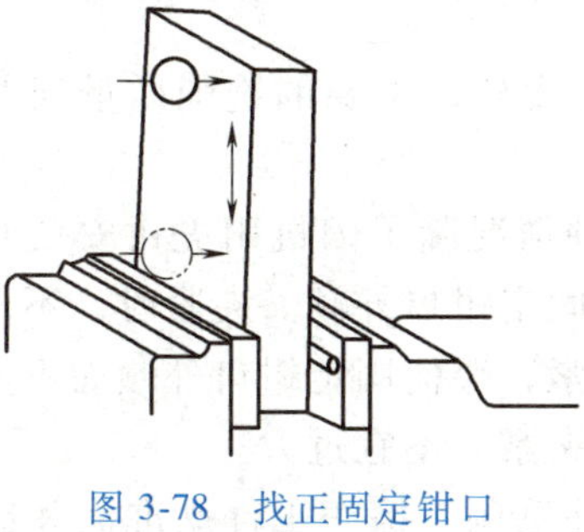

图 3-78　找正固定钳口

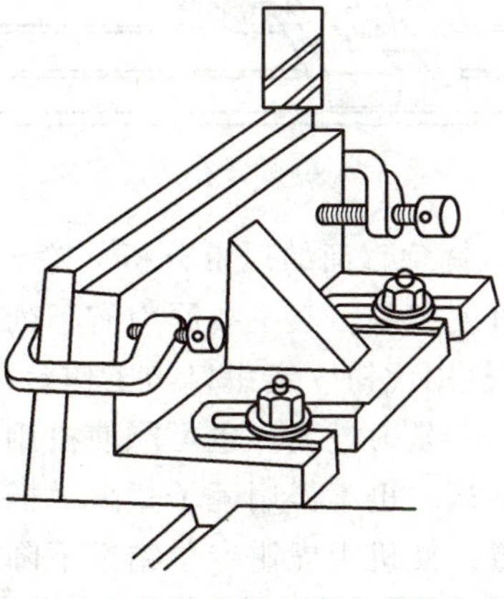

图 3-79　在角铁上铣垂直面的装夹方法

(3) 用压板装夹工件加工　对于尺寸较大的工件，在卧式铣床上用面铣刀铣削较合适，其装夹情况如图 3-80a 所示。此时所铣的平面与基准面的垂直度，取决于机床的精度和台面与基准面之间的清洁程度。因为机床的精度很高，而且基准面的接触面积大，又减少了夹具本身所引起的误差，所以采用这种加工方法，不仅操作简便，而且能保证垂直度。

对于薄而宽的工件，在立式铣床上用立铣刀铣削较合适。工件下面垫平行垫铁，再用压板压紧，装夹及加工情况如图 3-80b 所示。

用这种方法加工，比采用角铁装夹铣垂直面要方便和稳固，加工精度也更高。

对于狭长面工件要求两个狭长面保持垂直，可以如图 3-80c 所示在工件下面垫平行垫铁，再用压板压紧工件，利用机床的纵向和横向进给，一次装夹铣出垂直面。要注意工件下的垫铁不能露出加工表面，否则铣刀会切削到垫铁。

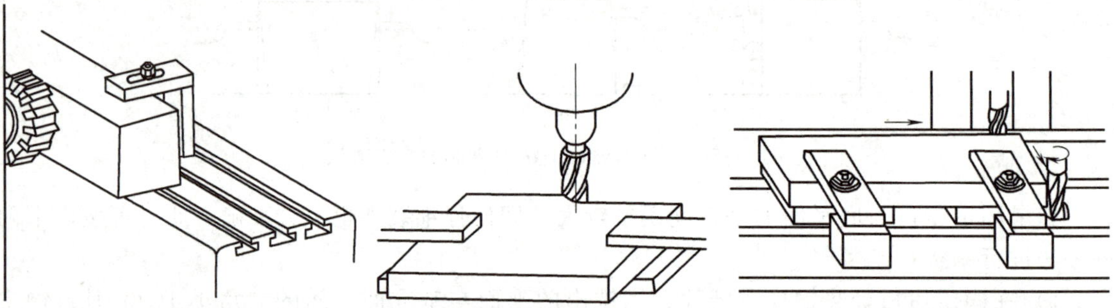

a) 较大工件铣垂直面　　b) 薄而宽工件铣垂直面　　c) 狭长面工件铣垂直面

图 3-80　用压板装夹工件加工铣垂直面

为了提高生产率，有时可以先将一块靠铁找正到与主轴轴线平行，并用压板压紧，如图 3-81 所示，然后将工件的加工基准面与找正后的靠铁一侧贴合，用压板压紧工件，如图 3-82 所示，在卧式铣床上用面铣刀铣削工件的加工面。加工下一个工件时，可不需要找正靠铁，直接装夹工件后即可加工。

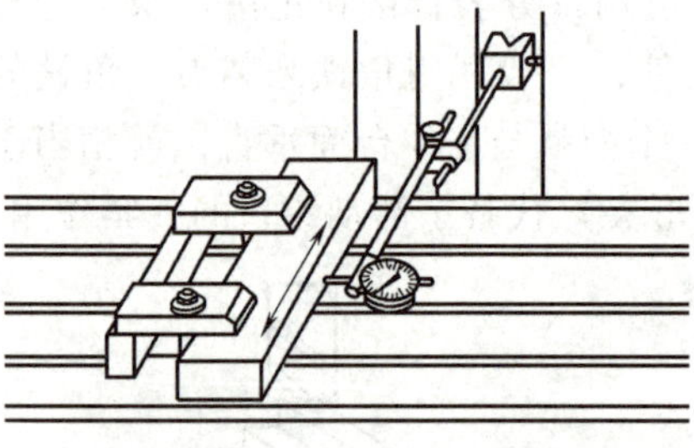

图 3-81　用百分表找正靠铁

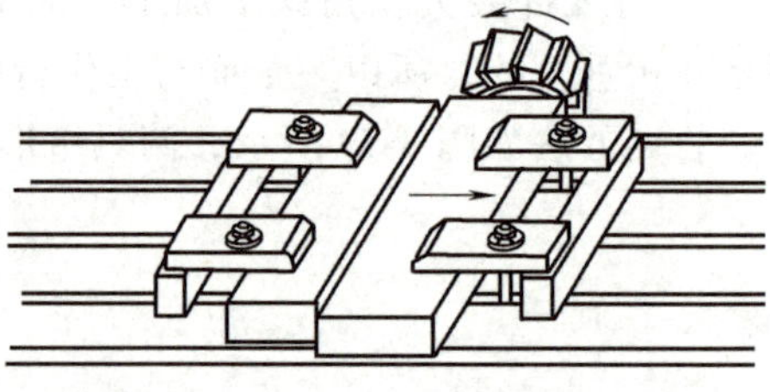

图 3-82　用靠铁定位装夹工件铣垂直面

(4) 铣垂直面的质量分析　除了表面粗糙度及平面度外，主要的铣削质量问题是加工面的垂直度超差，其主要原因有下列几点：

1) 机用虎钳固定钳口与工作台面不垂直。产生这种情况除了因机用虎钳安装和找正不好外，若夹紧力过大，也可能使机用虎钳变形，从而使固定钳口外倾。夹紧时，不应该用长的夹紧手柄，也不得用锤子猛敲手柄。因为过分施力夹紧，会使固定钳口外倾而不能回复到正确位置，使机用虎钳定位精准下降。尤其在精铣时，夹紧力不宜过大。

2) 工件基准面与固定钳口不贴合。除了应修去工件毛刺，擦净工件基准面和固定钳口污物外，还应在活动钳口处放置一根圆棒或一条窄长而较厚的铜皮。

3）卧式铣床主轴垂直于钳口时，圆柱铣刀或立铣刀有锥度。进行周铣垂直面时，应重新磨准铣刀，保证圆柱铣刀和立铣刀的圆柱度要求。

4）基准质量差。当基准面较粗糙、平面度较差时，将在装夹过程中造成误差，致使铣出的垂直面无法到达要求。

5）在卧式铣床上进行端铣垂直面时，工作台“零位”不准，工作台垂向进给铣削会影响垂直度。铣削前应找正立铣刀“零位”。

6）立式铣床主轴“零位”不准，其影响与在卧式铣床上进行端铣垂直面时工作台“零位”不准相似，铣削前应找正立铣头“零位”。

4. 矩形工件的检验

工件全部铣完后，应做全面检验。批量生产时，对第一个工件来说，每铣好一个面后，就应进行检验，合格后再继续铣下面几个工件。对矩形工件，除要检验平面度和表面粗糙度外，还需检验垂直度、平行度和尺寸精度。

（1）检验垂直度　两个相邻平面之间的垂直度，一般都用直角尺来检验。较小平面的垂直度检验可使用直角尺和塞尺配合进行测量，如图 3-83a 所示。塞尺的厚度规格可按垂直度的公差确定。

较大平面的垂直度测量，可将工件基准面与标准平板贴合，然后用较大规格的直角尺和塞尺配合进行测量。检验精度要求较高的垂直面时，可采用图 3-83b 所示的方法，工件下面起垫块作用的圆柱可防止角铁倾倒，消除下平面与基准侧面不垂直对测量的影响。

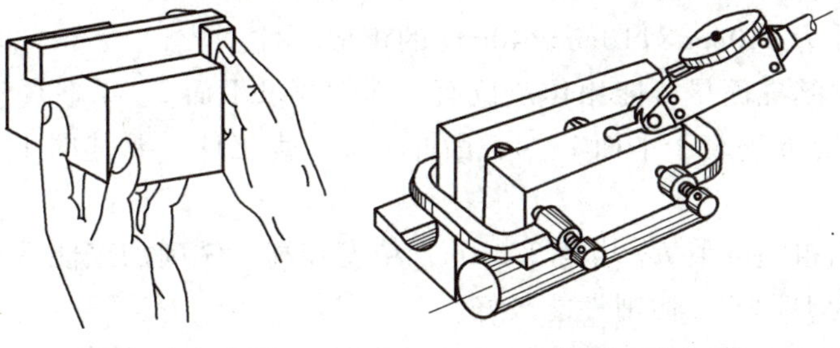

a) 直角尺和塞尺测量　　b) 角铁和百分表测量

图 3-83　垂直度检验

（2）检验平行度和尺寸精度　加工好的工件应对尺寸精度和平行度同时进行检验。检验时用千分尺或游标卡尺测量工件的四角及中部，观察各部分尺寸的差值，这个差值就是平行度。另外，检验所有尺寸是否都在图样所规定的尺寸范围以内。

在检验成批零件时，用图 3-84 所示的方法可同时检验零件的尺寸精度和平行度。检验时，先按图样上的公称尺寸组合量块并放在平台上，使百分表测量头与量块表面接触，并把长指针对准表面上的“零”位。然后移去量块，把工件放在百分表下，并紧贴表座台面移动，根据百分表的读数便可测出工件的尺寸精度及平行度。

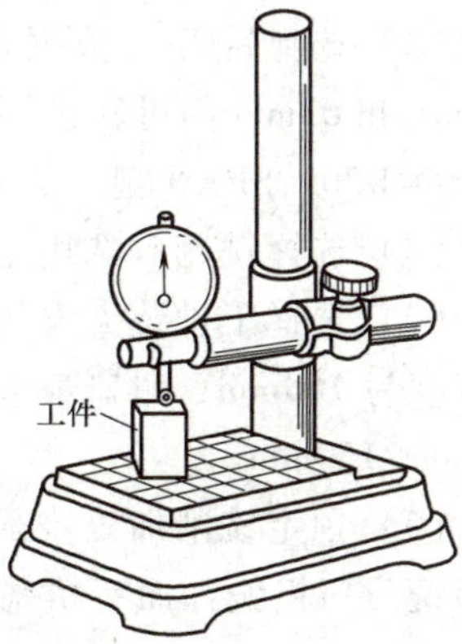

图 3-84　用百分表检验平行度和尺寸精度

5. 加工实例：六面体的加工

铣削加工图 3-85 所示的六面体工件，工件材料为 HT200。

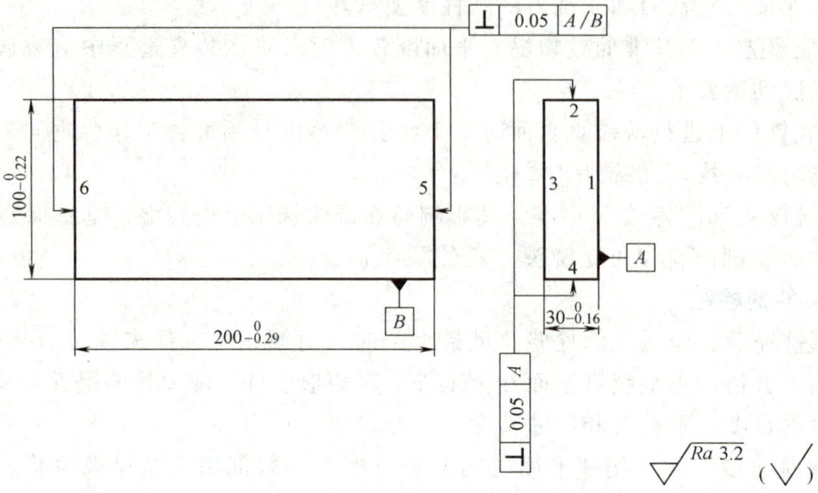

图 3-85　六面体工件

（1）图形分析

1）矩形工件的尺寸精度为 $200_{-0.29}^{0}$mm、$100_{-0.22}^{0}$mm、$30_{-0.16}^{0}$mm。

2）相对面的平行度公差为 0.05mm，相邻面的垂直度公差为 0.05mm。

3）毛坯是尺寸为 210mm×110mm×40mm 的矩形工件。

4）在加工中，基准面尽可能用作定位面，本例要求平面 2、4 垂直于平面 1，平面 3 平行于平面 1，平面 5、6 垂直于平面 1、4，因此平面 1 为工件主要基准 *A*，平面 4 为工件侧面基准 *B*。

5）工件各表面粗糙度值 *Ra* 均为 3.2μm，精度较高，铣削加工能达到要求。

6）工件材料为 HT200，切削性能较好。

7）工件为平板状矩形工件，外形尺寸和基准平面较大，工件装夹与铣削方式受到一定限制。宜在立式铣床上用端铣加工，可采用机用虎钳和角铁装夹工件。

（2）选择铣刀　根据图样的平面宽度尺寸选择可转位面铣刀规格，现选用外径为 125mm 和 63mm 的可转位面铣刀，分别铣削大平面和侧面、端面。根据工件材料，选用硬质合金 K20、SPAN 型（方形）刀片。

（3）选择铣床　选用立式铣床加工。

（4）选择工件装夹方法　选择铣床用机用虎钳型号规格。选用 Q12160 型机用虎钳，钳口宽度为 160mm，钳口最大张开度为 125mm，钳口高度为 50mm。选择角铁定位面的尺寸为 200mm×150mm。

（5）预定铣削加工步骤　检验工件毛坯→安装机用虎钳和角铁→装夹工件→安装可转位面铣刀→粗铣六面→精铣 100mm×200mm 基准平面 *A*→预检 *A* 的平面度→精铣 $100_{-0.22}^{0}$mm 两垂直面→精铣加工 $30_{-0.16}^{0}$mm 平行面→精铣 $200_{-0.29}^{0}$mm 两端面→矩形工件铣削检验。具体加工过程见表 3-7。

表 3-7　六面体铣削的步骤和方法

简　　图	说　　明
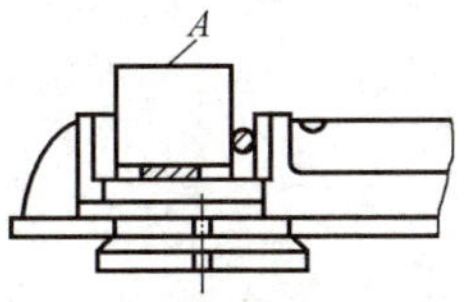	先加工基准面 A，因为基准面 A 是其他各面的定位基准，通常要求具有较小的表面粗糙度值和较好的平面度
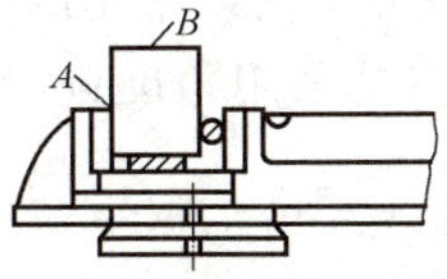	以 A 面为基准，铣削 B 面与 A 面垂直
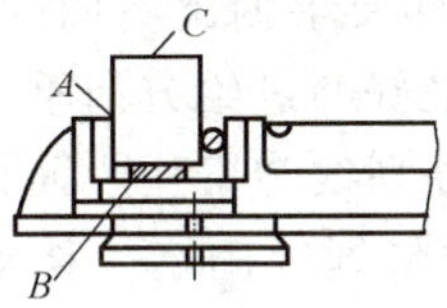	以 A 面和 B 面为基准，铣削 C 面，与 A 面垂直，与 B 面平行，并保证尺寸精度要求
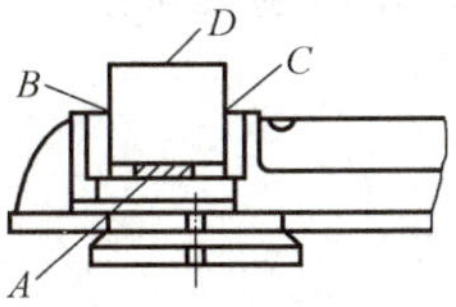	以 A 面为基准，铣削 D 面与 A 面平行，并达到尺寸精度要求
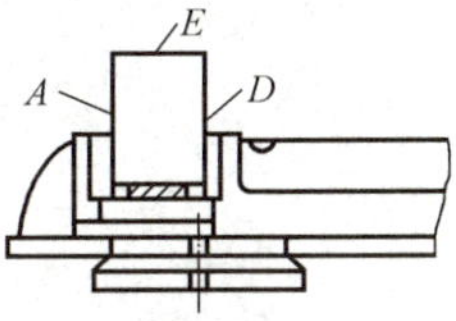	找正 A、D 面与工作台面垂直，A 面与固定钳口贴合，D 面用直角尺找正，铣削端面 E，与 A、D 面垂直
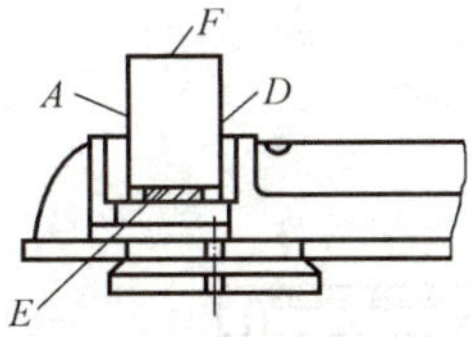	以 A、E 面为基准，铣削端面 F 与 E 面平行，并达到尺寸精度要求

五、斜面的铣削

斜面是指零件上与基准面呈倾斜的平面，它们之间相交成一个任意的角度。在图样上表示斜面的方法有以下两种。

倾斜度大的斜面一般都用度数（°）表示，如图 3-86a 所示的零件，斜面与基准面之间的夹角为 30°。

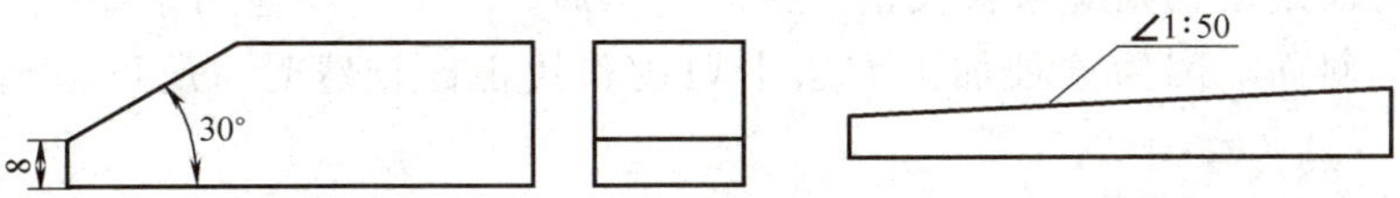

a)　　　　b)

图 3-86　斜面斜度的表示方法

倾斜度小的斜面往往采用比值表示。如图 3-86b 所示的零件，在 50mm 的长度上，两端尺寸相差 1mm，用“∠1∶50”来表示。

度数和比值这两种表示方法的相互关系，可用数学公式表示

$$\tan\beta = S$$

式中 β——斜面与基准面之间的夹角；

S——比值，常用∠标注。

铣削斜面实质上也是铣削平面，只是需要转动工件或是转动铣刀。所以常用的铣削斜面的方法有三类：一是转动工件铣斜面；二是转动立铣头铣斜面；三是采用角度铣刀铣斜面。现分别介绍如下。

1. 转动工件铣斜面

（1）按划线找正工件铣斜面　铣斜面前，先在工件上按照图样要求划出斜面的轮廓线。对尺寸不大的工件，可用机用虎钳装夹；安装机用虎钳时，钳口最好与进给方向垂直，以承受铣削力。工件装夹在机用虎钳上后，用划线盘按所划线找正，使划线与工作台面平行，然后夹紧，如图 3-87 所示，即可铣削。若直接装夹在工作台上，可将划针固定，移动工作台找正工件上的划线，使之与进给方向平行，然后用压板压紧工件，即可进行铣削。

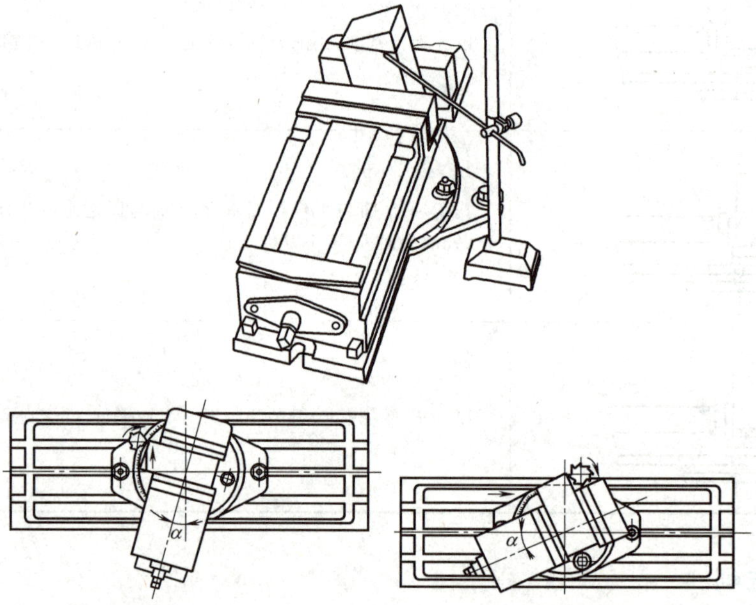

a) 斜面与横向进给方向平行　　b) 斜面与纵向进给方向平行

图 3-87　按划线找正工件

按划线铣斜面时，先把余量的大部分切去，在最后一次铣削前，应再用划针校验一下，若工件因铣削力而走动，则应重新找正。铣削完毕后，工件上不应留下划线的痕迹，此时便得到了所需要的斜面。因为这种加工方法中划线和找正比较费时，所以只适宜单件或少量生产。

（2）利用可倾机用虎钳装夹工件铣斜面　在可倾机用虎钳上铣斜面如图 3-88 所示。这种机用虎钳能分别绕水平和竖直两根轴旋转，根据铣削方式的不同，可以分别按照两个刻度

盘来扳转角度。可倾机用虎钳扳转的角度应根据斜面与基准面的夹角，以及装夹时工件基准面与加工平面的位置来确定。

（3）用倾斜垫铁和专用夹具装夹工件铣斜面　用倾斜垫铁铣斜面如图 3-89 所示。由图可见，倾斜垫铁宽度要略小于工件的宽度，当倾斜垫铁的角度为 θ 时，铣削出的斜面倾斜角 $\alpha=\theta$。由于用倾斜垫铁装夹工件比较方便，因而在小批量生产时，常采用这种方法加工。

在大批量生产时，最好采用专用夹具铣斜面。图 3-90 所示的方法是在倾斜垫铁铣斜面的基础上改进而成的，其特点是一次可以加工两个或多个工件，故生产率较高。

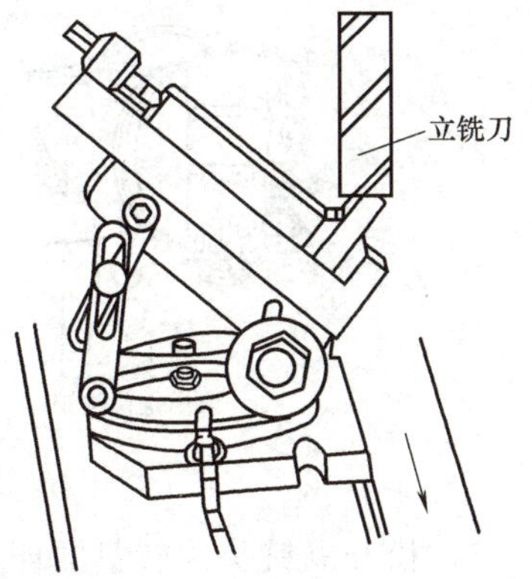

图 3-88　在可倾机用虎钳上铣斜面

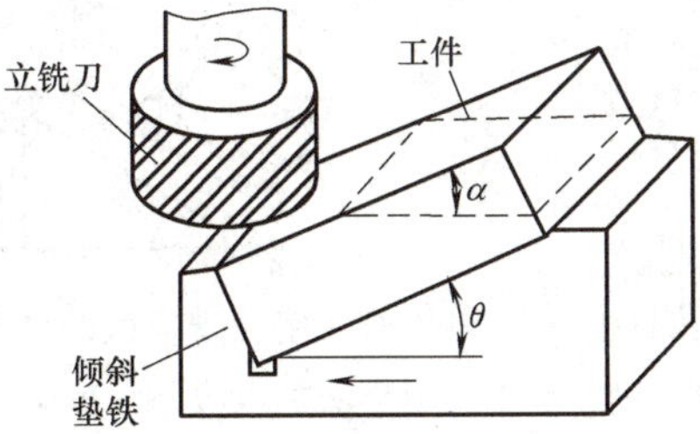

图 3-89　用倾斜垫铁铣斜面

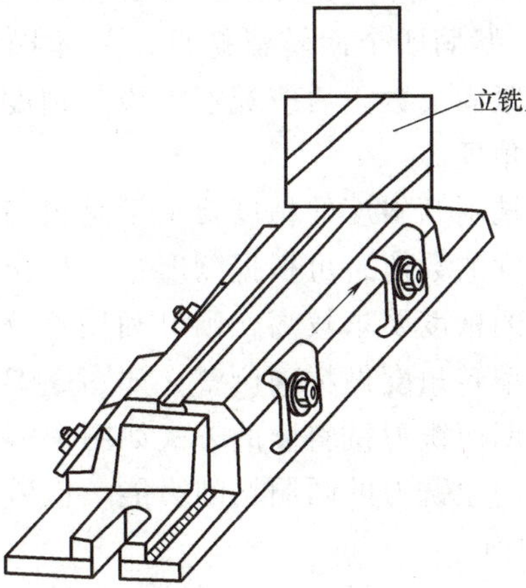

图 3-90　用专用夹具装夹工件铣斜面

（4）用靠铁、压板装夹工件铣斜面　对于外形尺寸较大的工件，可先在工作台上安装一倾斜的靠铁，找正靠铁的倾斜角度后用压板夹紧。将工件的一个侧面靠向靠铁的基准面，用压板夹紧工件。工件较厚、切削量较大时可以在卧式铣床上用面铣刀铣出要求的斜面。工件较薄、切削量较小时可以在立式铣床上用立铣刀的圆周刃铣斜面，如图 3-91 所示。

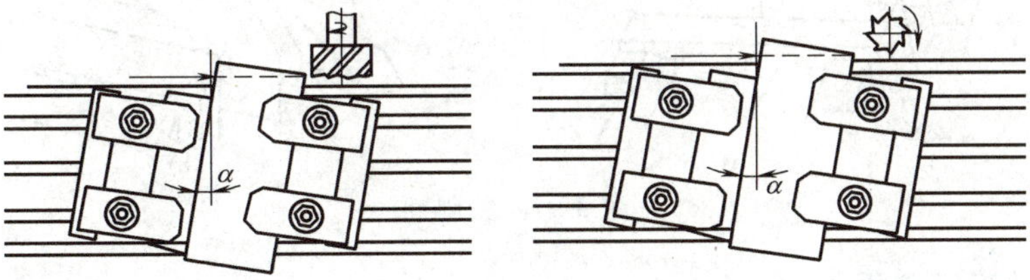

图 3-91　用靠铁、压板装夹工件铣斜面

2. 转动立铣头铣斜面

立式万能摇臂铣床的铣头可回转，可以采用不转动工件而转动立铣头的方法铣斜面。立铣头倾斜角度调整方法如图 3-92 所示。具体操作步骤如下：

1）用扳手顺时针旋拧立铣头右面圆锥销顶端的六角螺母，取出定位锥销，如图 3-92a 所示。

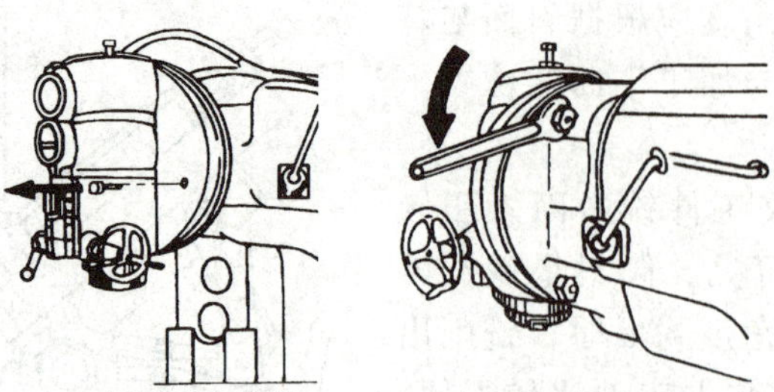

图 3-92 立铣头倾斜角度调整方法

2）松开立铣头回转盘的四个紧固螺母，如图 3-92b 所示。

3）根据转角要求，转动立铣头回转盘左侧的齿轮轴，如图 3-92c 所示，按回转盘刻度逆时针转过一定的角度。

4）紧固四个回转盘螺母，具体操作方法是按对角顺序逐步紧固。紧固后应观察零线与刻度的位置符合立铣头的倾斜角度。

在铣削倾斜度的精度要求不是很高的斜面时，立铣头偏转角度的数值，可根据刻度盘上标出的数值来确定。若倾斜度的精度要求较高，则可利用百分表和正弦规，对立铣头的偏转角度做精确调整，如图 3-93 所示。

采用面铣刀铣斜面的方式如图 3-94a 所示。

采用立铣刀的圆周切削刃能一次铣出整个斜面，如图 3-94b 所示。

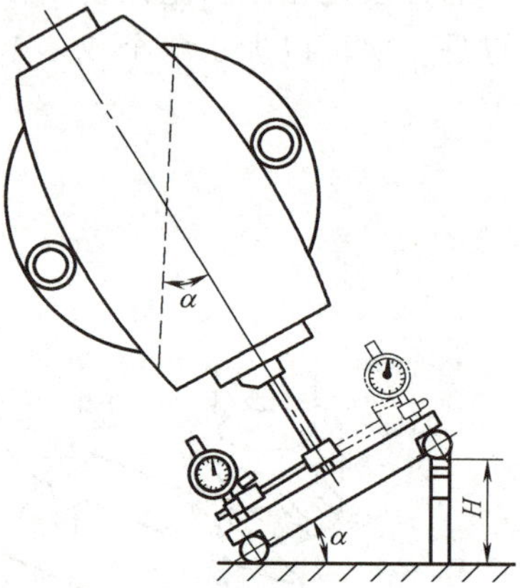

图 3-93 用百分表和正弦规调整立铣头的偏转角度

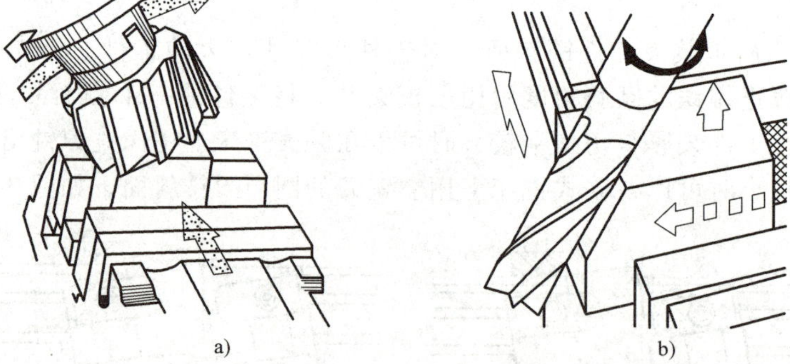

图 3-94 铣斜面

3. 用角度铣刀铣斜面

宽度较小的斜面，可以用角度铣刀铣削。工件角度由铣刀的角度保证。如塑料模具的加工中，拔模斜度的斜角通常只有 1°~3°，常采用角度铣刀铣削。

4. 斜面的检验方法

斜面除了要检验表面粗糙度和尺寸外，还需检验它与基准面之间的夹角是否正确，这个角度可用游标万能角度尺测量。测量时，先将游标万能角度尺的底边紧贴工件的基准面，然后把直尺调整到紧贴工件的斜面。若这时游标万能角度尺的读数在图样所要求的公差范围内，则斜面的倾斜度正确，如图 3-95 所示。

对精度要求高的斜面和斜度小的斜面，一般都用正弦规来检验。

当工件数量很多时，可用角度样板来检验。

5. 质量分析

铣斜面时，造成斜面的表面粗糙度值大、平面度超差的原因与铣平面相同。造成倾斜度不准的原因有以下几个方面：

图 3-95　用游标万能角度尺检验斜面

1）工件划线不准确和在铣削时工件产生位移。

2）可倾机用虎钳、可倾工作台或立铣头扳转角度不准确。

3）采用周铣铣削时，铣刀有锥度。

4）用角度铣刀铣削时，铣刀角度不准确。

第六节　台阶和槽的铣削

【本节要点】

✧ 台阶的技术要求、铣削及测量方法。

✧ 直角沟槽的技术要求、铣削及测量方法。

✧ 键槽的技术要求、铣削、测量方法及注意事项。

✧ 半圆槽的技术要求、铣削及测量方法。

许多工件带有台阶、沟槽、键槽，这些通常都在铣床上加工。

一、台阶的铣削

台阶由平行面和垂直面组合而成。台阶零件的形式如图 3-96 所示。台阶工程图如图 3-97 所示。

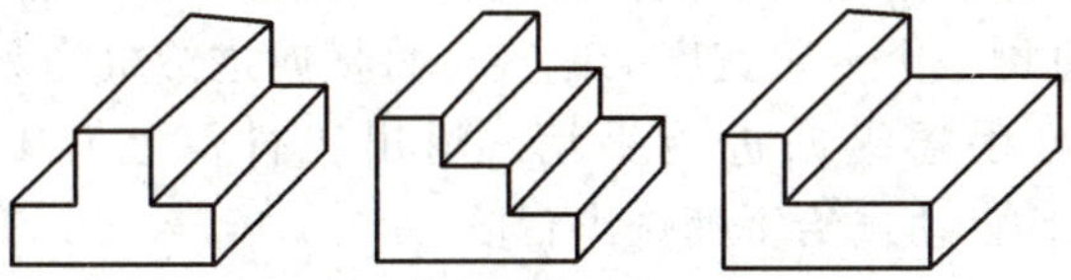

图 3-96　台阶零件的形式

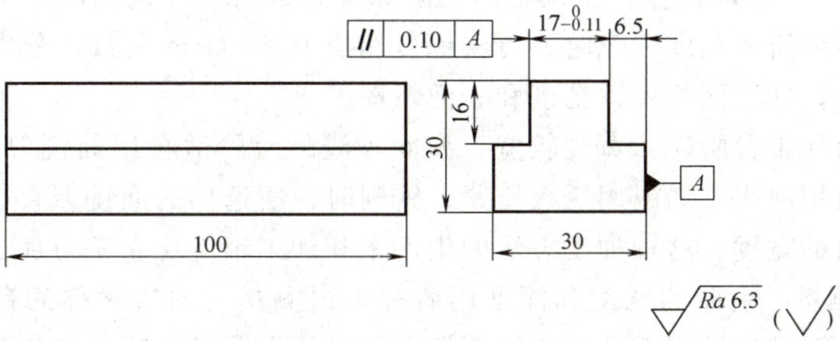

图 3-97　台阶工程图

1. 台阶的技术要求

(1) 尺寸精度　尺寸精度即台阶上与其他零件相配合尺寸的尺寸精度，一般要求较高。

(2) 几何精度　几何精度包括各表面的平行度、台阶侧面与基准面的平行度以及双台阶对中分线的对称度等。

(3) 表面粗糙度　台阶两侧配合面一般都要求表面粗糙度值较小。

2. 铣削台阶准备工作

在单件生产和加工尺寸较大的台阶工件时，一般都采用一把铣刀加工。在加工尺寸不大的台阶时，一般都采用机用虎钳装夹；对尺寸较大的工件，则采用定位键、压板以及专用夹具等来装夹。

在装夹工件之前，必须把夹具的定位支承面（如固定钳口等）找正到与进给方向平行，否则会铣削出与工件侧面歪斜的台阶，如图3-98所示。另外，与工件底面接触的夹具支承面也必须与工作台面平行，以免铣削出的台阶两端深浅不一。

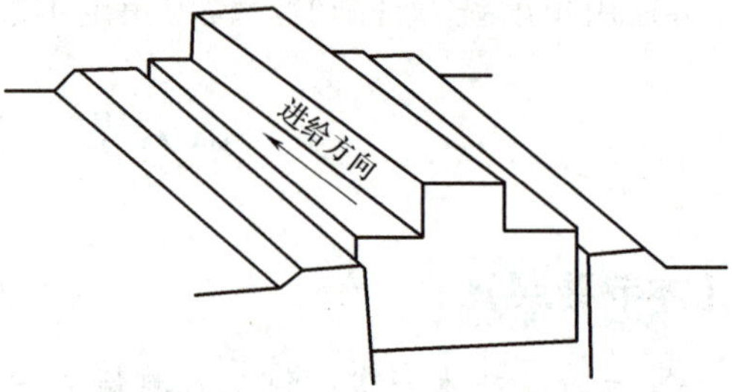

图3-98　钳口的方向对铣削台阶的影响

3. 用立铣刀和面铣刀铣削台阶

加工尺寸大、深度较深的台阶适合用立铣刀加工，如图3-99所示。

(1) 工件的装夹和找正　一般情况下可用机用虎钳装夹工件，尺寸较大的工件可用压板装夹，形状较复杂的工件可用夹具装夹。采用机用虎钳装夹工件时，应找正固定钳口与铣床主轴轴线垂直。装夹工件时，应使工件侧面靠向固定钳口，使工件底面靠向钳体导轨面，铣削的台阶底面应高出钳口上平面，以免铣削中铣刀铣到钳口。

(2) 铣削方法　立铣刀外圆上切削刃起主要的切削作用，端面切削刃起修光作用。由于立铣刀的外径较小，主切削刃较大，所以刚度及强度较小。因而，铣削用量不能过大，否则铣刀容易折断。

工件装夹找正后，手摇各个进给手柄，使旋转中的铣刀侧刃接触工件的一侧，然后下降工作台，移动横向进给机构一个台阶宽度的距离，将横向进给机构紧固。再上升工作台，使铣刀底刃轻轻接触工件，手摇纵向进给手柄，退出工件，上升工作台一定深度（0.5~1mm），使工件靠近铣刀，自动进给手柄铣出台阶。

当台阶的深度较深时，因铣床功率小、铣削余量较大，所以必须分多次进给来铣削。可将台阶侧面留有0.5~1mm余量，分次铣出台阶深度，最后一刀铣削时，可将台阶底面和侧面同时精铣而成。台阶的宽度较宽时，可将深度留有0.5~1mm余量，分次粗铣宽度，最后再精铣完成，以保证加工面的尺寸精度和表面粗糙度。

在立式铣床上加工台阶时，宽度较宽、深度较浅的台阶适合用面铣刀加工，如图3-100所示。工件可用机用虎钳装夹或用压板压紧，铣削时，所选用的面铣刀直径应大于台阶宽度以便一次铣出台阶的宽度。这种加工方法的生产率和加工精度比立铣刀加工高。

(3) 台阶的测量　台阶的宽度和深度用游标卡尺测量。两边对称的台阶，深度较深的可用千分尺测量，深度较浅用千分尺测量不便时，可用界限量规测量，如图3-101所示。

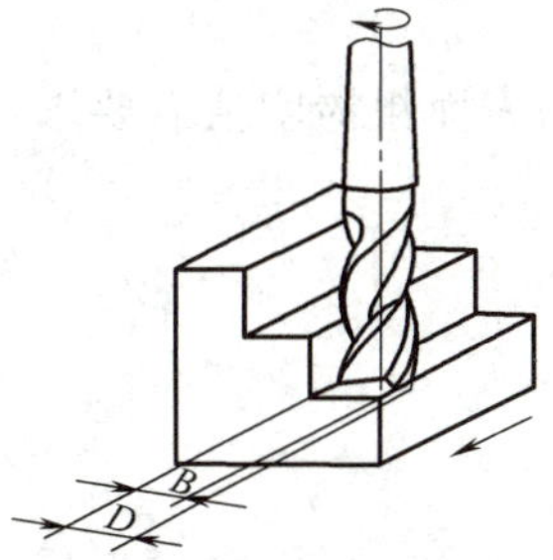

图 3-99 用立铣刀铣台阶

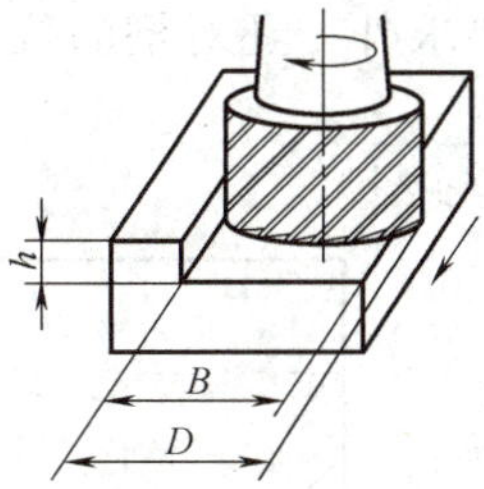

图 3-100 用面铣刀铣台阶

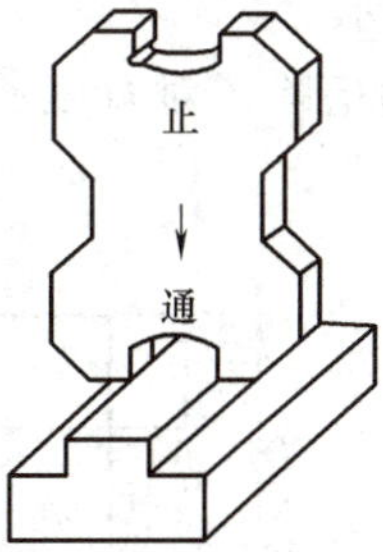

图 3-101 用界限量规测量台阶宽度

4. 台阶铣削时产生的问题和原因

1）台阶的侧面与工件的基准面不平行，如图 3-102a 所示。原因是用机用虎钳装夹工件时，固定钳口没有找正；用压板装夹工件时，工件没有找正。

2）台阶的底面与工件的底面不平行，如图 3-102b 所示。原因是用机用虎钳装夹工件时选择的垫铁不平行，或者工件和垫铁没有擦净，垫铁下有脏物。

3）铣出的台阶侧面不平出现凹面，如图 3-102c 所示。原因是立铣头零位不准或铣刀磨损。

4）台阶面啃伤。原因是工件装夹不牢固，铣削中出现了松动；或者未使用的进给机构没有紧固，铣削中工作台产生窜动现象。

5）铣出的台阶表面粗糙度值不符合要求。原因是进给量过大、吃刀量过大，或刀具变钝，铣削钢件没有使用切削液。

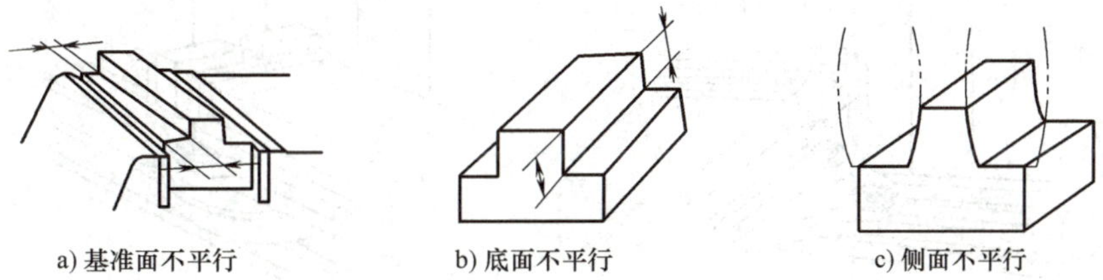

图 3-102 铣台阶时出现的质量问题

二、直角沟槽的铣削

1. 直角沟槽的技术要求

常见的直角沟槽有通槽、半通槽、封闭槽等，如图 3-103 所示。直角沟槽工程图如

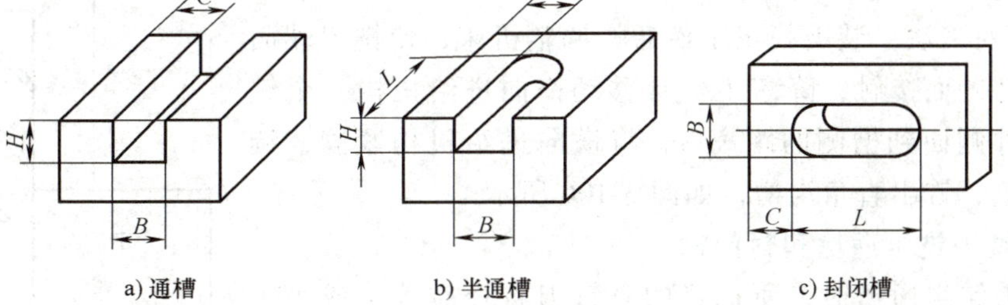

图 3-103 直角沟槽的种类

图 3-104 所示。

直角沟槽除了对宽度、长度、深度有要求外，还对槽的位置度和表面粗糙度值有要求。

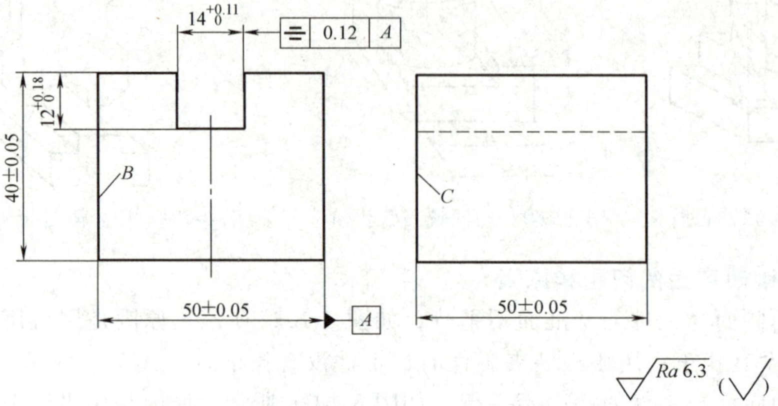

图 3-104　直角沟槽工程图

2. 工件的安装与找正

直角沟槽加工时可采用机用虎钳装夹工件。在窄长件上铣长直角沟槽时，机用虎钳的固定钳口应与铣床主轴轴线垂直，如图 3-105a 所示；在窄长件上铣与工件长度方向垂直的直角沟槽时，机用虎钳的固定钳口应与铣床主轴轴线平行安装，如图 3-105b 所示。这样可保证铣出的直角沟槽两侧面与工件的基准侧面平行或垂直。

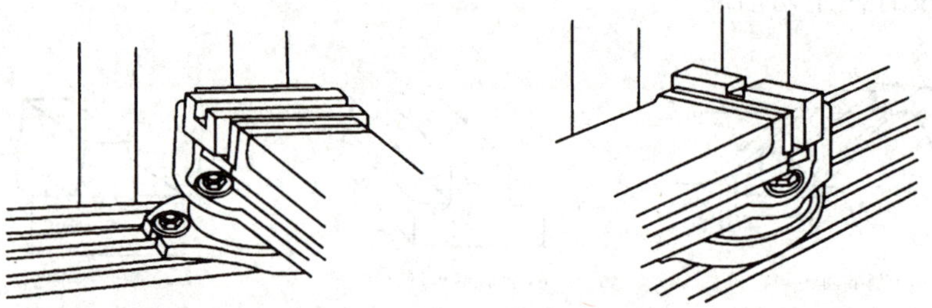

a) 机用虎钳的固定钳口与铣床主轴轴线垂直　　b) 机用虎钳的固定钳口与铣床主轴轴线平行

图 3-105　铣直角沟槽时机用虎钳的安装

3. 对刀方法

1）划线对刀。在工件加工部位划出直角沟槽的尺寸位置线，装夹找正工件后调整机床，使铣刀端面刃对准工件上所划的宽度线，将横向进给机构紧固，分次进给铣出直角沟槽。

2）侧面对刀法。装夹找正工件后，调整机床，使铣刀端面刃轻轻与工件侧面接触，降落工作台移动横向进给机构一个铣刀宽度加工件侧面到槽侧的距离 A，将横向进给机构紧固，调整好背吃刀量，铣出直角沟槽，如图 3-106 所示。

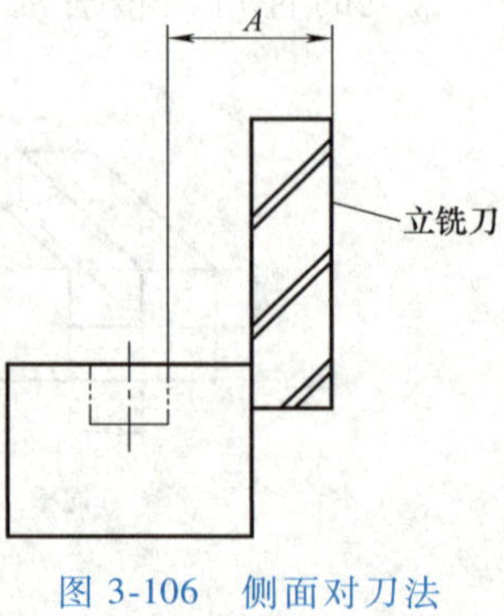

图 3-106　侧面对刀法

4. 用立铣刀铣半通槽和封闭槽

用立铣刀铣半通槽时，所选择的立铣刀直径应等于或小于槽的宽度。由于立铣刀的强度及装夹刚度较小，容易折断或让刀，加工较深的槽时应分层铣削，进给量要比三面刃铣刀小些，以免因受力过大引起铣刀折断。深度铣好后，再将槽两侧扩铣到要求的尺寸。扩铣时应避免顺铣，防止损坏铣刀和啃伤工件，如图 3-107 所示。

用立铣刀铣穿通的封闭槽时，因立铣刀端面刃没有完全通过刀具中心，不能垂直进给切削工件，所以铣削前先在工件上划出槽的尺寸位置线，然后按线在槽的另一端预钻一个小于槽宽尺寸的落刀孔，以便由此孔落刀铣削，如图 3-108 所示。铣削时应分数次进给，调整铣削深度铣透工件，每次进给都由落刀孔一端铣向槽的另一端，槽深铣透后，再扩铣长度和两侧。铣削时，不使用的进给机构应紧固，扩铣两侧时应避免顺铣。

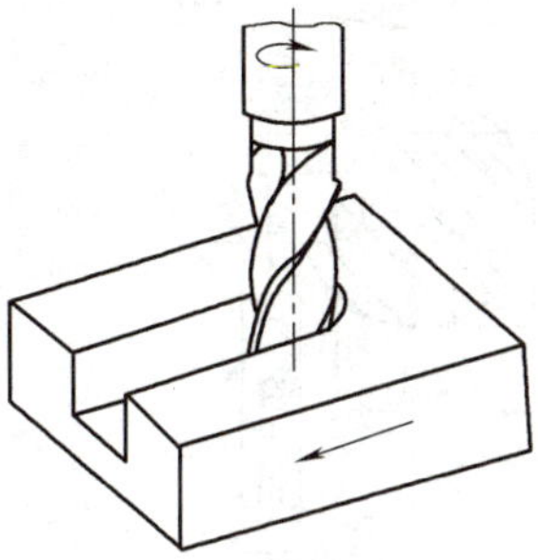

图 3-107　用立铣刀铣半通槽

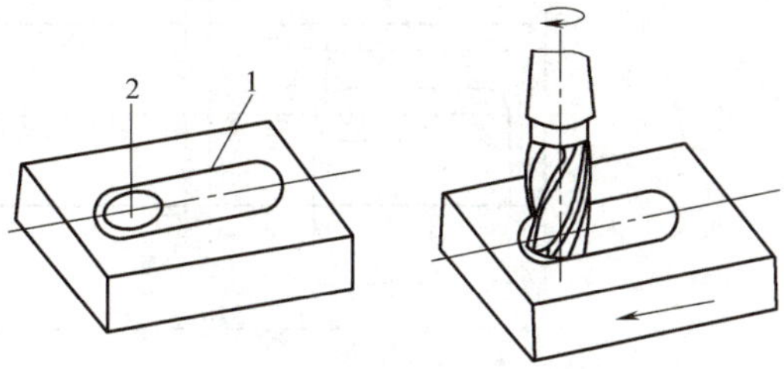

图 3-108　用立铣刀铣封闭槽

1—槽的尺寸位置线　2—落刀孔

5. 用键槽铣刀铣半通槽和封闭槽

加工精度较高、深度较浅的半通槽和封闭槽时，可用键槽铣刀。键槽铣刀的端面刃能在垂直进刀时切削工件，用它加工穿透的封闭槽，可不必预钻落刀孔，由槽的一端分数次进给，调整铣削深度铣出槽来。

6. 直角沟槽的检验

直角沟槽的长度、宽度、深度，可分别用游标卡尺、千分尺、游标深度卡尺检验；对称度可分别用游标卡尺、千分尺或杠杆百分表检验。用杠杆百分表检验对称度时，将工件分别以 *A* 面、*B* 面为基准，放在平板平面上，使表的触头接触在槽的侧面上，移动工件进行检测。观察表的指针变化情况，若两次测得的读数值一致，则槽的两侧就对称于工件中心平面，如图 3-109 所示。

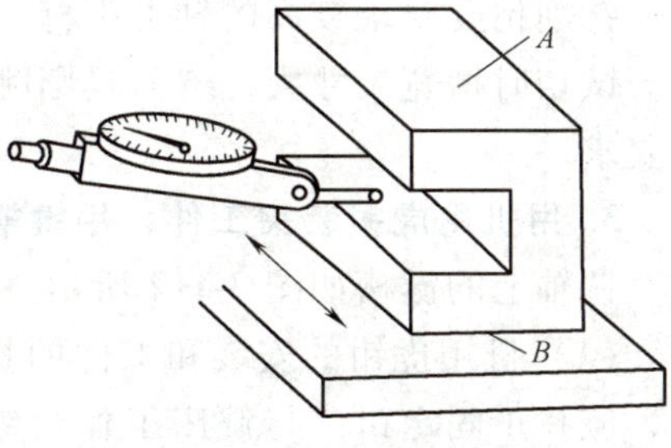

图 3-109　用杠杆百分表检测槽的对称度

三、键槽的铣削

轴类零件上安装平键的直角沟槽称为键槽。键槽有通槽、半通槽和封闭槽等几种类型，如图 3-110 所示。轴上键槽的工程图如图 3-111 所示。

1. 键槽的技术要求

键槽也是直角沟槽，故与直角沟槽技术要求基本相同。由于键槽要与键相配合，因此，不但要保证槽宽精度，而且还要保证键槽与轴线的对称度及槽两侧面和槽底面对轴线的平行度。

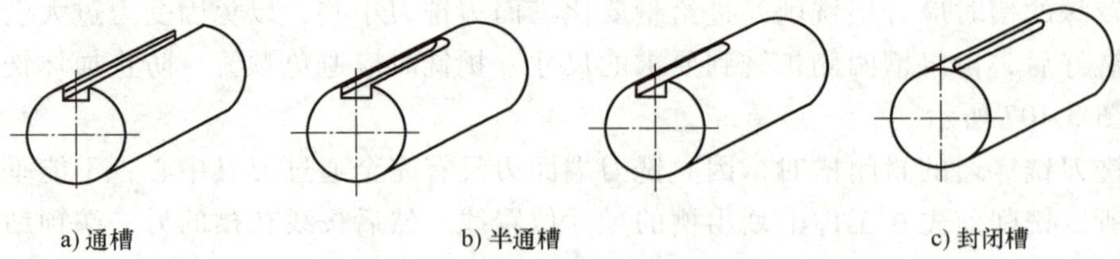

图 3-110　轴上键槽的种类

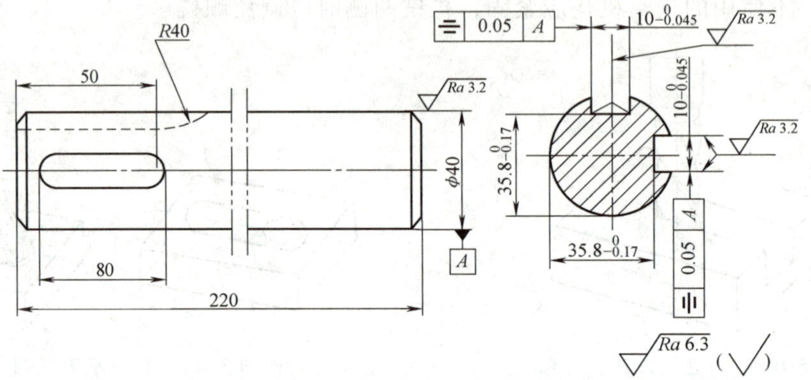

图 3-111　轴上键槽的工程图

2. 铣轴上键槽用的铣刀及其选择

铣轴上的通槽和槽底一端是圆弧形的半通槽时，一般选用盘形槽铣刀，键槽的宽度由铣刀宽度保证，半通槽一端的槽底圆弧半径由铣刀半径保证。因此，应选用和键槽宽度一致的盘形槽铣刀，按图样标注的半通槽槽底圆弧半径确定铣刀半径。

铣轴上的封闭键槽和槽底一端是直角的半通槽，应选用键槽铣刀，并按键槽的宽度尺寸来确定铣刀直径。

铣削精度要求较高的轴上键槽，选好铣刀后要经试切检查，槽宽尺寸合格后才可加工工件。试切时槽宽尺寸大，若刀具圆跳动合格，可适当用磨石修整刀具刃口，使铣出的槽宽合乎要求。

3. 用机用虎钳装夹工件，用键槽铣刀铣轴上键槽

铣轴上的键槽如图 3-112 所示。

（1）机用虎钳的安装和工件的找正　用机用虎钳装夹工件时，应找正固定钳口与铣床工作台纵向进给方向平行。工件装夹后，用划线盘找正工件上母线与工作台面平行，保证铣出的键槽两侧和槽底面与工件轴线平行。

（2）对中心的方法　铣削轴上的键槽时，通过对刀调整，应使键槽铣刀的回转中心线通过工件轴线。常用对中心的方法有以下三种：

1）切痕对中心法。安装并找正工件后，适当调整机床，使键槽铣刀中心大致对准工件的中心，然后开动机床使铣刀旋转，让铣刀轻轻划着工件，并在工件上逐渐铣出一个宽度约小于铣

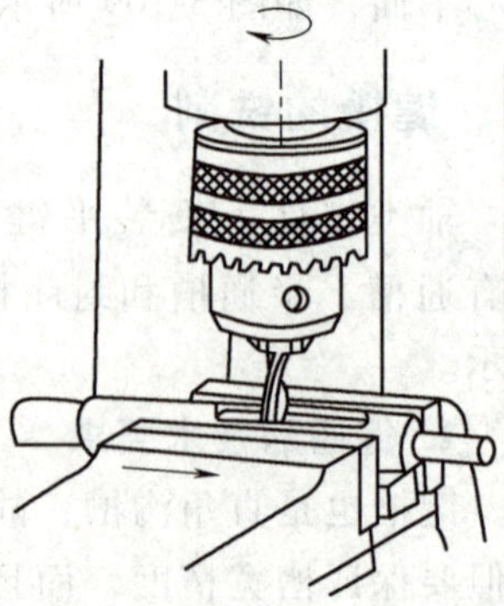

图 3-112　铣轴上的键槽

刀直径的小平面，如图 3-113 所示。用肉眼观察，使铣刀的中心落在平面宽度中心上，再上升垂直进给，在平面两边铣出两个小台阶，并且使两边台阶高度一致，则铣刀中心通过了工件中心，然后将横向进给机构紧固，如图 3-114 所示。这种方法使用简便，是最常用的对刀方法，此法的对刀准确度取决于操作者的技术水平和目测的准确度。

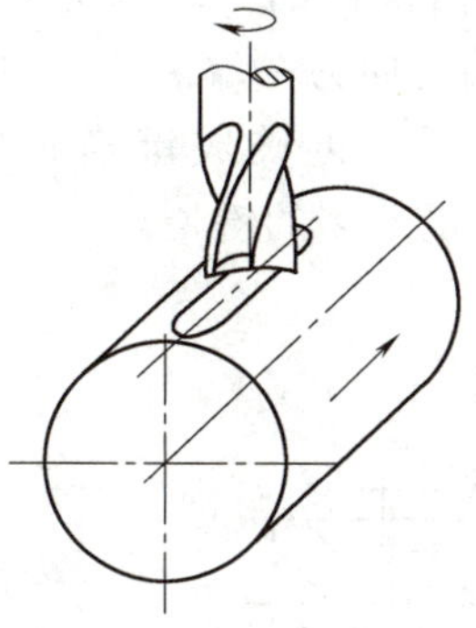

图 3-113　切痕对中心法

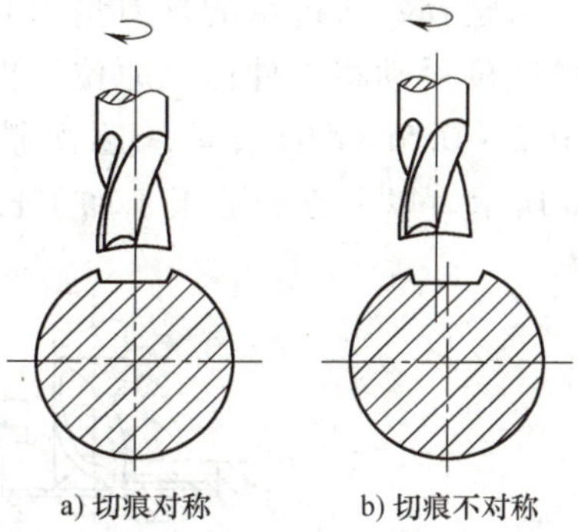

图 3-114　判断中心是否对准

2）用游标卡尺测量对中心。安装并找正工件后，用钻夹头夹持与键槽铣刀直径相同的圆棒，适当调整工件与圆棒的相对位置，用游标卡尺测量圆棒圆周与两钳口间的距离，若 $a=a'$，则对好了中心，如图 3-115 所示。中心对好后，将横向工作台紧固后试铣，检查无误后，开始加工工件。

3）用杠杆百分表测量对中心。加工精度要求较高的轴上键槽时，可用杠杆百分表测量对中心。对中心时，先把工件夹紧在两钳口间，把杠杆百分表固定在立铣头主轴的下端，用手转动主轴，并且适当调整横向工作台，使百分表的读数在钳口两内侧面一致，如图 3-116 所示。中心对准后，将横向进给机构紧固后再加工。

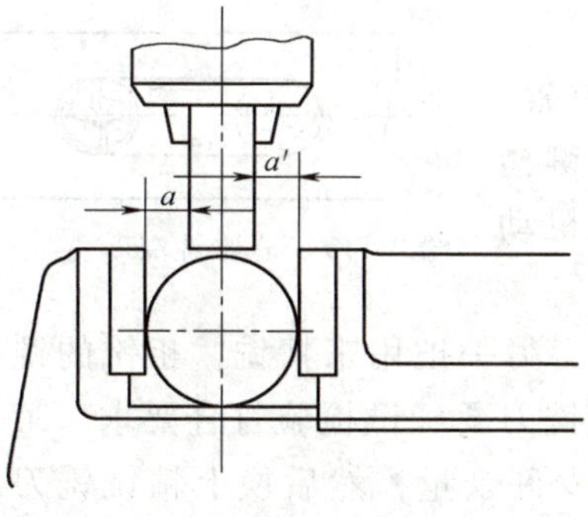

图 3-115　用游标卡尺测量对中心

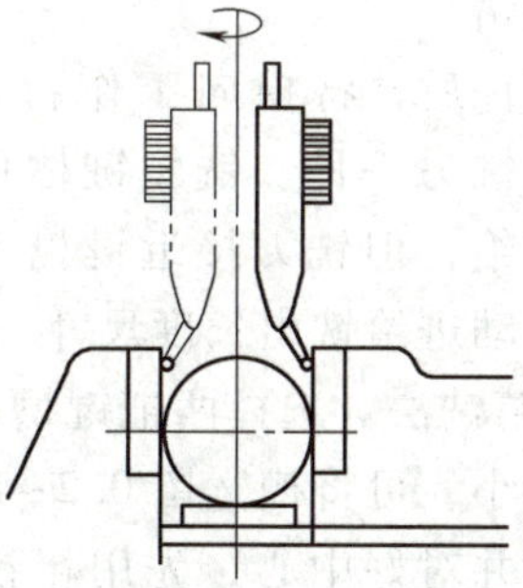

图 3-116　用杠杆百分表测量对中心

（3）铣削方法

1）深度一次铣成法。铣削时先从键槽的一端垂直进给，铣出键槽的深度，然后采用较小的纵向进给量自动进给或采用手动进给铣出键槽的长度尺寸，如图 3-117 所示。

这种加工方法对铣刀的使用比较不利，因为铣刀在用钝时，其切削刃上的磨损长度等于键槽的深度。若刃磨圆柱面切削刃，则因铣刀直径磨小而不能再用作精加工；若把端面一段

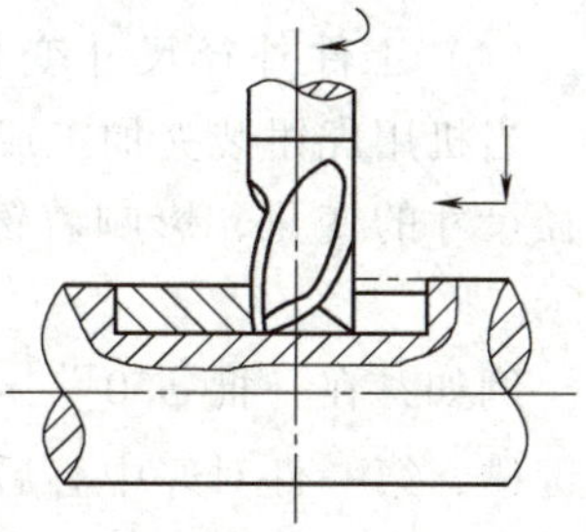

图 3-117　深度一次铣成法

磨去，则不经济，所以铣削之前对键槽铣刀的直径需用千分尺进行测量检查。

2）分层铣削法。安装铣刀后，先在废料上试铣，检查所铣键槽的宽度尺寸符合图样要求后，再装夹，找正工件并对好中心，才可加工工件。

铣削前，先在工件上划出键槽的长度尺寸位置线，对刀记住刻度盘数值，按照铣刀直径的大小，可选择每次进给的吃刀量为 0.1～1mm，手动进给由键槽的一端铣向另一端，然后以较快的速度手动将工件退至原位，再吃深，仍由原来一端铣向另一端。铣削中注意键槽两端各留 0.2～0.5mm 的余量，逐次铣到要求的深度尺寸后，再铣成键槽长度尺寸，如图 3-118 所示。以上方法适用于加工长度尺寸较短、生产数量不多的键槽。

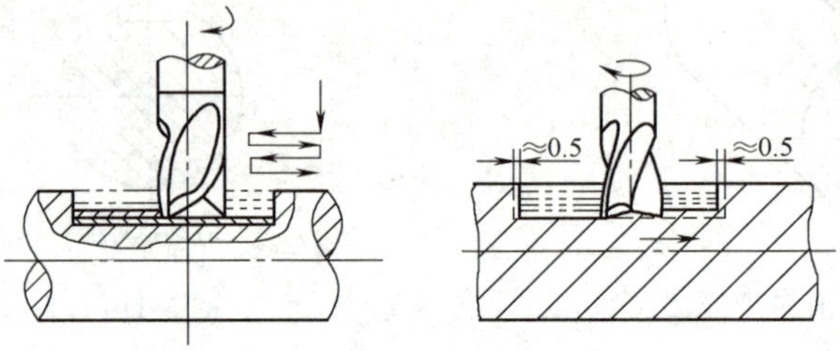

图 3-118　分层铣削法

3）扩刀铣削法。先将所选择的键槽铣刀直径磨小 0.2～0.5mm，磨出的铣刀圆柱度要好。在工件上划出键槽尺寸位置线，装夹找正工件并对好中心，记住横向刻度盘的刻度数值，将横向进给机构紧固。键槽两端各留 0.2～0.5mm 余量，分层往返吃刀粗铣到键槽深度，测量槽宽尺寸，同时将键槽深度和长度精铣，如图 3-119 所示。深度留精铣余量可为 0.1～0.3mm，扩铣两侧时，应注意消除横向进给丝杠和螺母间隙的影响，以免中心位置铣错。

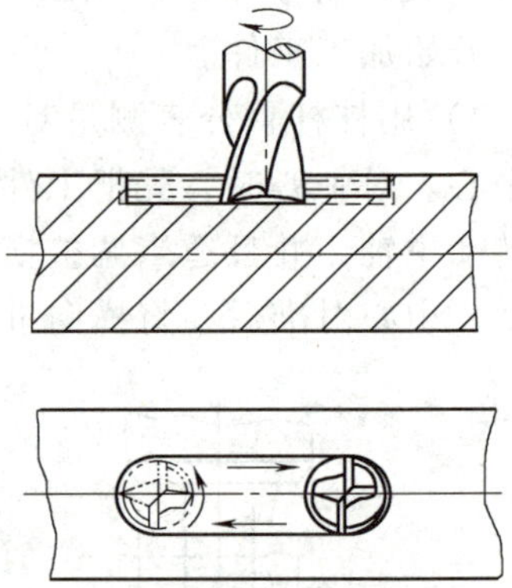
图 3-119　分层铣深度再扩铣两侧

铣完一件后，将横向工作台调整到原来的中心位置，按以上方法铣另一件。铣短键槽可用手动进给；铣长键槽可用机动进给，但铣刀接近键槽一端时，应及时停止机动进给，再手动进给铣出长度尺寸。

4）粗精铣法。选择两把键槽铣刀，一把用来粗铣，另一把用来精铣。粗铣的铣刀按照键槽尺寸大小，可将槽宽留 0.2～1mm 的余量。精铣的铣刀要经试检验符合要求。工件装夹找正后夹好并对好中心，先用粗铣铣刀铣削，深度留少许余量，然后换上精铣铣刀，将宽度、长度、深度精铣到要求尺寸。

（4）工件外径尺寸变化对所铣键槽中心位置的影响　当机用虎钳装夹加工成批的轴上键槽时，工件外圆直径尺寸的变化，影响着键槽的中心位置，如图 3-120 所示。

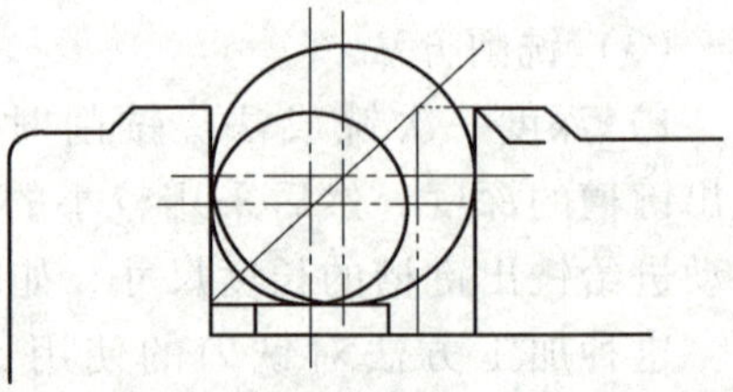
图 3-120　工件外径尺寸变化对键槽中心位置的影响

例如：在一批 $\phi50^{+0.5}_{+0.2}$mm 的轴上，铣 $12^{+0.033}_{0}$mm 宽的键槽，第一件对好中心后，加工这一批工件时，会因工件直径的制造公差使键槽中心位置发生变化。工件外

径为最大尺寸 ϕ50.5mm 和最小尺寸 ϕ50.2mm 时键槽的中心位置将偏移 0.15mm。

因此，用机用虎钳装夹加工成批轴上键槽的优点是装卸工件方便，但键槽的中心位置会随着工件外径的大小而改变，当一批工件的外径偏差较大时，中心偏差也较大。所以在加工前应先对工件外圆直径进行测量，按实际公差尺寸接近的情况分组，再适当调整刀具和工件的相对位置，加工出所有工件，避免因工件外径的制造公差，使键槽两侧与轴线的对称度超差造成废品。此种装夹方法，适用于直径公差要求较严的批量工件或单件生产。

4. 用 V 形块装夹工件铣轴上键槽

（1）工件的安装　用 V 形块装夹较长的轴类工件铣键槽时，应选择两块等高的 V 形块，由压板和螺栓配合将工件夹紧，压板的压力尽量通过 V 形块，如图 3-121 所示。工件中心必定在 V 形角的平分线上，当工件直径改变时，工件中心只在 V 形角的平分线上变动。因此，当铣刀的轴线或对称线与 V 形角的平分线对准后，能保证键槽的对称度。这种装夹方法对键槽的深度虽有影响，但键槽深度的要求一般都不高。

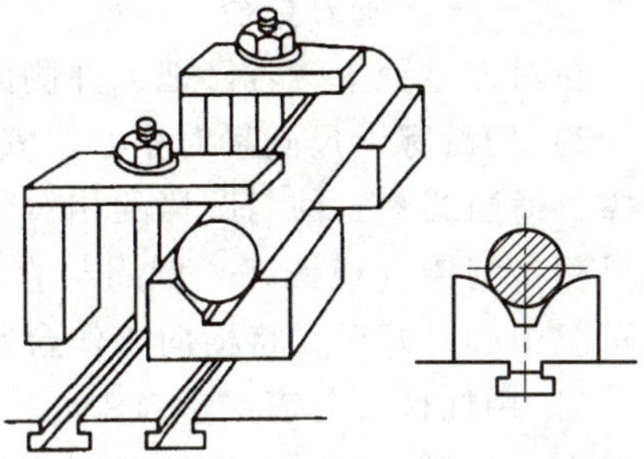

图 3-121　用 V 形块和压板装夹工件

（2）V 形块的安装和找正　若用底面上带凸键的 V 形块装夹工件时，应将两块 V 形块的凸键放入工作台中央 T 形槽内，并使其同一个侧面靠向 T 形槽的一侧定位安装，如图 3-122 所示。用一般的 V 形块装夹工件时，可在 T 形槽内放置定位块，使 V 形块侧面靠向定位块侧面定位安装，如图 3-123 所示。

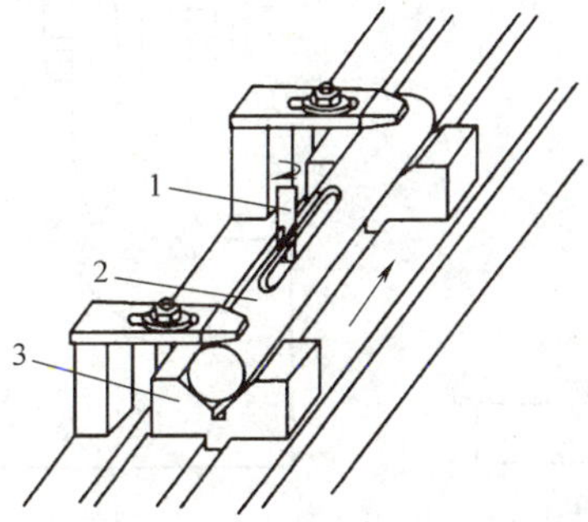

图 3-122　用 V 形块装夹工件铣轴上键槽

1—铣刀　2—工件　3—V 形块

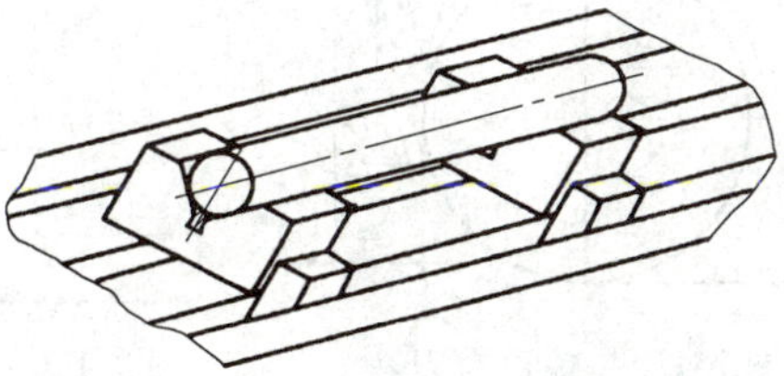

图 3-123　用定位块定位安装 V 形块

V 形块安装后，可选标准的量棒放入 V 形槽中，用百分表找正其上母线与工作台面的平行度，找正其侧母线与工作台纵向进给方向的平行度，如图 3-124 所示。

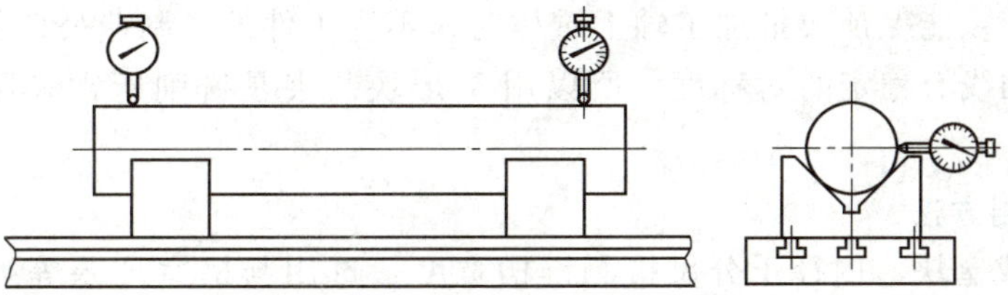

图 3-124　用百分表找正 V 形块

(3) 对中心的方法　除了可以采用切痕对中心的方法外还可以采用以下几种对中心的方法：

1) 擦边对刀法。先在工件侧面贴一张薄纸，开动机床，当铣刀擦到薄纸后，向下退出工件，再横向移动工作台，如图 3-125 所示。

用立铣刀或键槽铣刀时，

$$A=(D+d_0)/2+\text{纸厚}$$

式中　A——工作台横向移动距离（mm）；

D——工件直径（mm）；

d_0——立铣刀直径（mm）。

在对刀过程中，若已把工件侧面切去一些，则把上式中加纸厚改为减切去量。

2) 用游标卡尺测量对中心。安装并找正工件后，用钻夹头夹持与键槽铣刀直径相同的圆棒，适当调整工件与圆棒的相对位置，使直角尺的一侧分别靠向工件两侧的母线。用游标卡尺测量圆棒（或铣刀）圆周与直角尺间的距离，若 $A=A'$，则为对好了中心，如图 3-126 所示。中心对好后，将横向工作台紧固后试铣，检查无误后，开始加工工件。

3) 用杠杆百分表测量对中心。铣加工精度要求较高的轴上键槽时，可用杠杆百分表测量对中心。对中心时，把杠杆百分表固定在立铣头主轴的下端，用手转动主轴，并且适当调整横向工作台，使百分表的读数在 V 形块两侧斜面上的读数一致，如图 3-127 所示。中心对准后，将横向进给机构紧固后再加工。

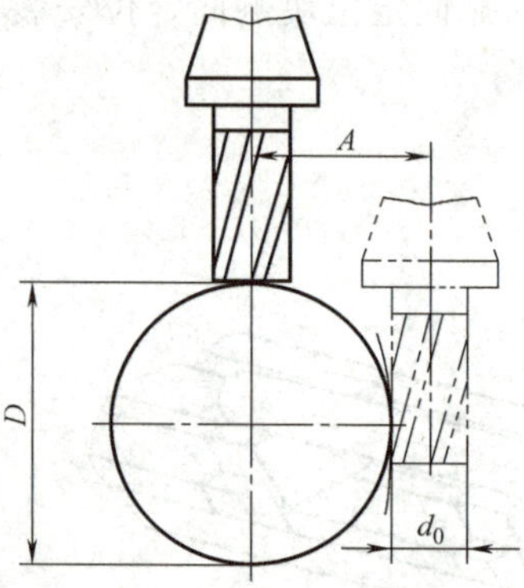

图 3-125　擦边对刀法

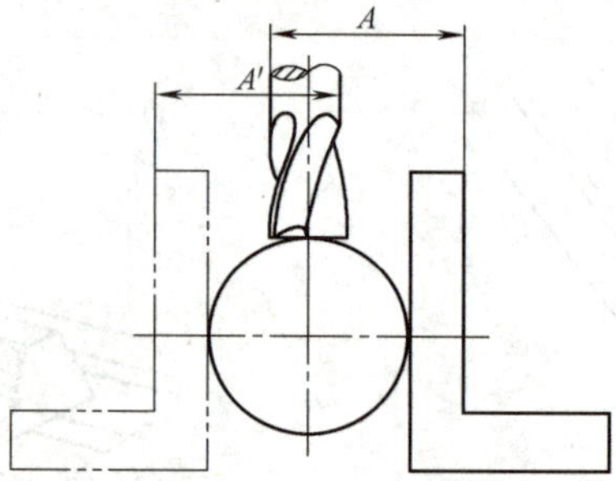

图 3-126　用游标卡尺测量对中心

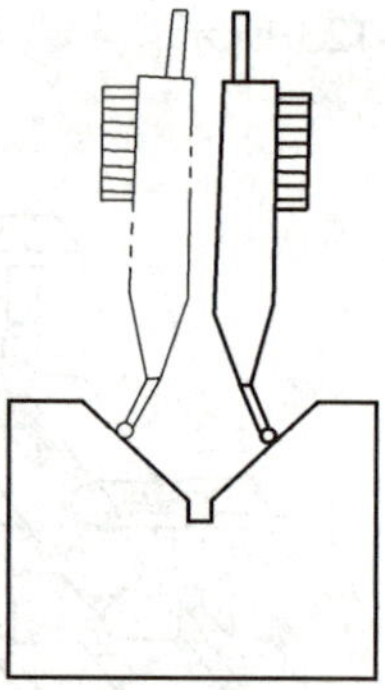

图 3-127　用杠杆百分表测量对中心

(4) 铣削方法　铣削方法与前面讲过的用机用虎钳装夹工件，用键槽铣刀铣轴上键槽的方法基本相同。

用 V 形块装夹工件铣轴上键槽这种加工方法可保证装夹工件后，铣出的键槽两侧及槽底与工件轴线平行；能保证成批加工轴上键槽时，不受工件外径制造公差的影响，使一批工件的键槽两侧与轴线有稳定的对称度。所以用 V 形块装夹是铣削所常采用的方式，可适用于批量生产。

5. 键槽的检测方法

(1) 用塞规或塞块、内径千分尺检测键槽宽度　选用与槽宽公差等级相同的塞规或塞块，检测时，塞规或塞块的通端能塞入槽中，止端不能塞入槽中为合格，如图 3-128 所示；

用内径千分尺测量时，左手拿内径千分尺顶端，右手转动微分筒，使两内测量爪测量面略小于槽宽尺寸，平行放入槽中，以一个量爪做支点，另一个量爪做少量转动，找出最小点，改为转动测力装置直至发出响声，然后直接读数，如图 3-129 所示。若要取出内径千分尺后读数，应先将紧固螺钉旋紧后平行取出。

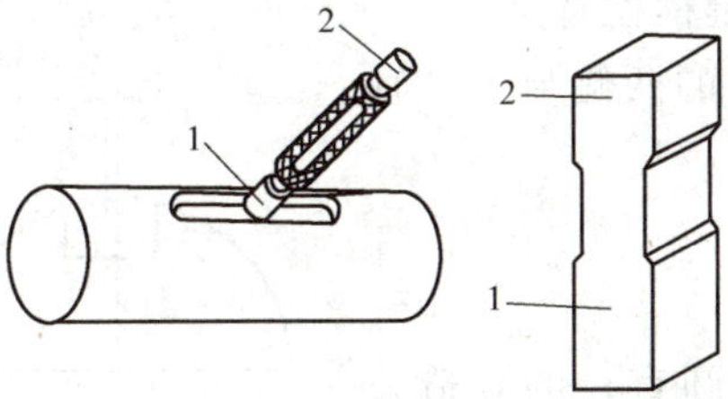

图 3-128 用塞规或塞块检测键槽宽度

1—通端 2—止端

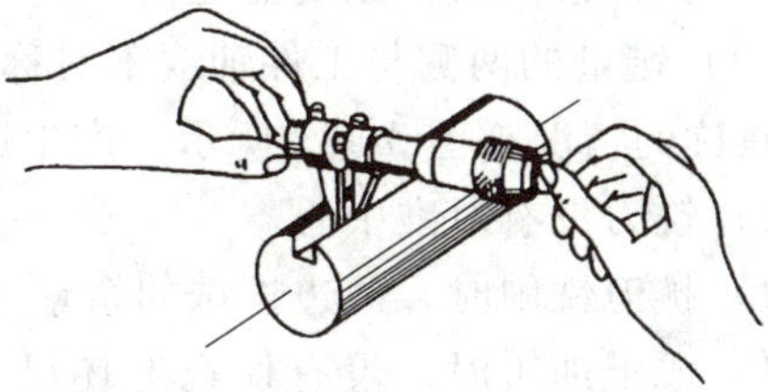

图 3-129 用内径千分尺检测键槽宽度

（2）用游标卡尺、千分尺、游标深度卡尺检测键槽深度尺寸 键槽深度可用游标卡尺、千分尺、游标深度卡尺检测，如图 3-130 所示。

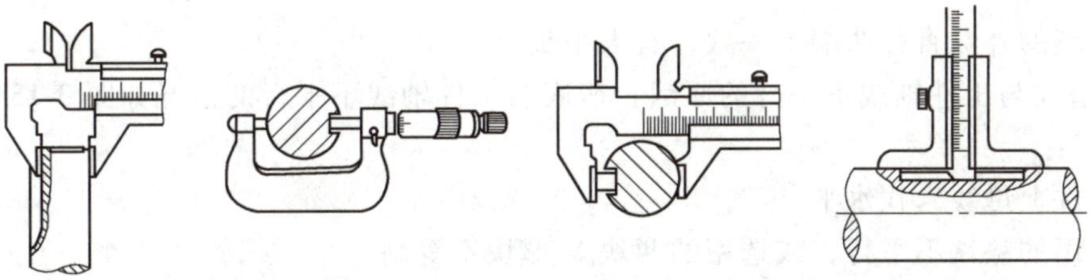

图 3-130 用游标卡尺、千分尺、游标深度卡尺检测键槽深度尺寸

（3）用百分表和 V 形块检测键槽两侧与工件轴线的对称度 检测时将工件装夹在测量 V 形块上，用高度尺和百分表将槽侧一面找平，使指针接触约 0.20 mm，然后转动表盘，将指针对准“0”位，如图 3-131a 所示。然后将 V 形块翻转 180°，如图 3-131b 所示。如果读数为“0”，说明对称度很好；如果指针不对准“0”位，则两次读数差值的一半，就是键槽两侧与工件轴线的对称度误差。

a) b)

图 3-131 用百分表检测键槽两侧对称度

（4）用钢直尺或游标卡尺测量键槽长度及位置度 如果键槽的长度及位置度要求较高，可以用游标卡尺进行测量；如果尺寸要求一般，则可采用钢直尺直接量出。

6. 键槽加工时容易产生的问题及原因

（1）键槽的宽度尺寸不合格的原因

1）没有经过试切检查铣刀尺寸就加工工件。

2）用键槽铣刀铣削，铣刀圆跳动过大；用盘形槽铣刀铣削，铣刀轴向圆跳动过大，将键槽铣宽。

3）铣削时，吃刀量过大，进给量过大，产生“让刀”现象，将键槽铣宽。

4）扩刀铣削时，刻度盘记错，或手柄摇错，将键槽铣宽。

（2）键槽的两侧与工件轴线不对称的原因　键槽的两侧与工件轴线不对称的情况如图 3-132 所示。产生原因如下：

1）铣刀没有对准中心。

2）扩刀铣削时，两边扩铣的余量不一致。

3）成批加工时，没有检查毛坯尺寸，因工件外圆直径的制造公差，影响了键槽的对称度。

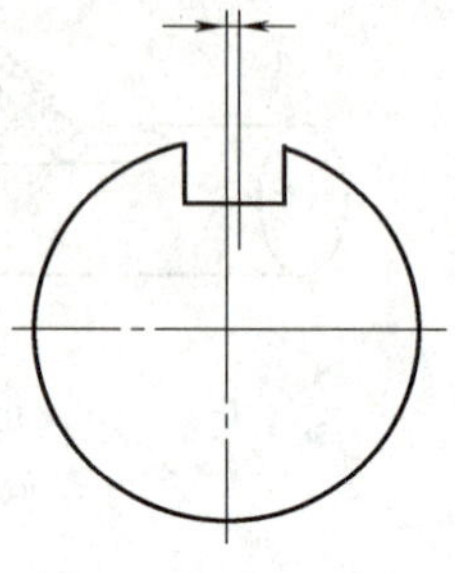

图 3-132　键槽的两侧与工件轴线不对称

（3）键槽两侧与工件轴线不平行的原因　键槽两侧与工件轴线不平行的情况如图 3-133 所示。产生原因如下：

1）用 V 形块或机用虎钳装夹工件时，V 形块或机用虎钳没有找正。

2）毛坯的外圆直径两端不一致，有大小头。

（4）槽底与工件轴线不平行的原因　槽底与工件轴线不平行的情况如图 3-134 所示。产生原因如下：

1）工件上母线未找水平。

2）选用的垫铁不平行，或选用的两块 V 形块不等高。

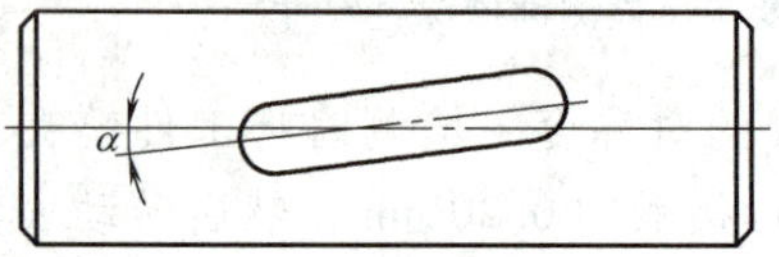

图 3-133　键槽两侧与工件轴线不平行

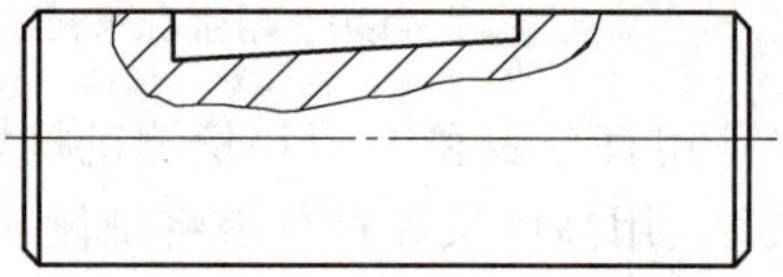

图 3-134　槽底与工件轴线不平行

（5）键槽的深度和长度尺寸不符合图样要求

1）工作台移动尺寸有错误，或刻度盘数值看错、记错。

2）测量错误，导致尺寸铣错。

四、轴上半圆键槽的铣削

半圆键是键的一种特殊形式。因为它便于轴的安装，所以在机械传动中广泛地采用。在轴上与半圆键相配合的槽是半圆键槽，如图 3-135 所示。半圆键槽用半圆键槽铣刀进行铣削，如图 3-136 所示。半圆键槽铣刀与 T 形槽铣刀相似。

1. 半圆键槽铣刀的安装及找正

半圆键槽铣刀可安装在立式或卧式铣床上加工半圆键槽，如图 3-137 所示。铣刀的端面带有中心孔，在卧式铣床上安装铣刀时可在挂架上安装顶尖，顶住铣刀中心孔，以增加铣刀的刚性，所以在卧式铣床上加工半圆键槽比较稳定。

2. 半圆键槽铣刀的选用

半圆键槽铣刀直径略大于半圆键的直径，半圆键槽的配合精度较高，因此半圆键槽铣刀

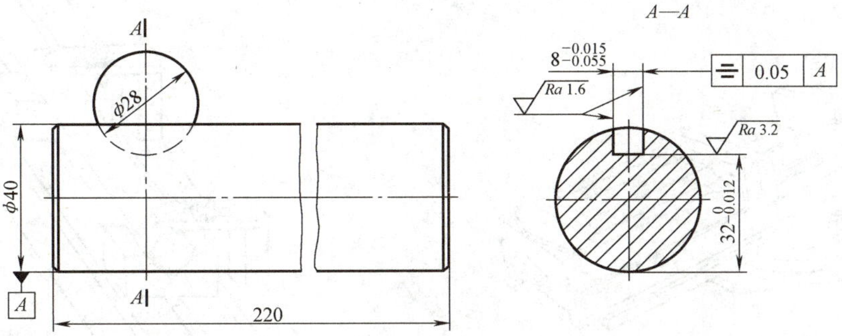

图 3-135 半圆键槽

的宽度也很精确。所以在选用铣刀时要根据半圆键槽的公称尺寸选择铣刀的外径和宽度。铣刀的宽度可用千分尺进行测量。如果是在卧式铣床上加工半圆键槽，铣削时可在挂架轴承孔内安装顶尖，顶住铣刀端面的中心孔，以增加铣刀的刚性。铣刀在机床上安装后，用百分表找正铣刀的轴向圆跳动，跳动量应在 0.3mm 以内，如图 3-138 所示。

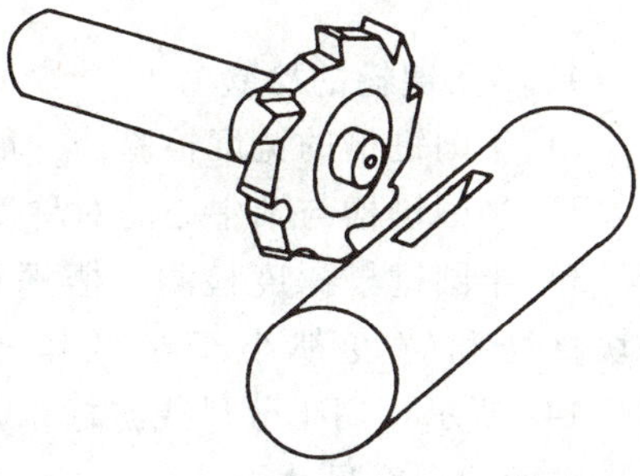

图 3-136 半圆键槽铣刀和半圆键槽

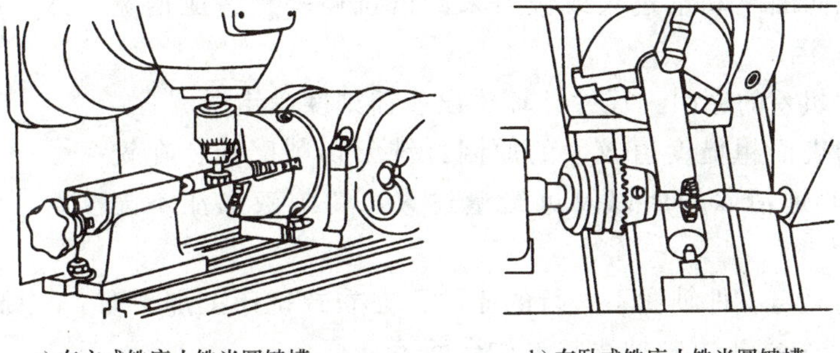

a) 在立式铣床上铣半圆键槽　　b) 在卧式铣床上铣半圆键槽

图 3-137 铣削半圆键槽

3. 在立式铣床上铣削半圆键槽的方法

长度尺寸较短的轴一般用机用虎钳装夹。安装机用虎钳时，应使固定钳口与横向工作台进给方向平行，将工件两端夹在钳口一端，如图 3-139 所示。如果轴的长度较长，也可以采用如图 3-137 所示方法，用分度头和顶尖采用一夹一顶的方式进行工件的装夹。为了使铣出的槽两侧与工件轴线平行，应找正分度头主轴与尾座顶尖的轴线，与工件纵向进给方向及工作台面平行。找正时可在分度头主轴与尾座顶尖间安装心轴，找正心轴的上母线和侧母线。或者采用 V 形块和压板装夹工件，如图 3-140 所示。找正工件时可用百分表找正工件的上素线与工作台面平行，侧素线与纵向进给方向平行，如图 3-139 所示。

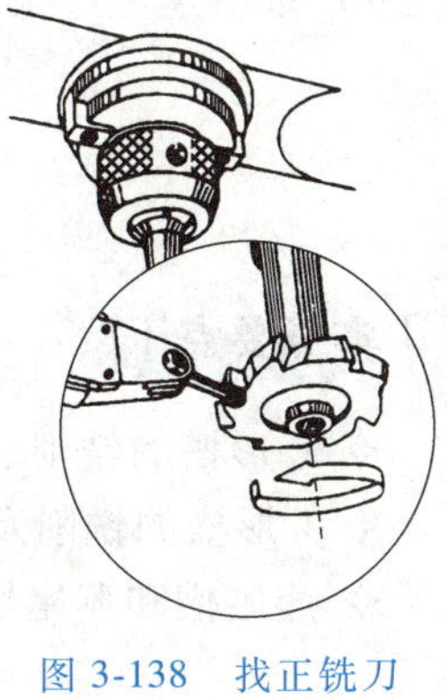

图 3-138 找正铣刀的轴向圆跳动

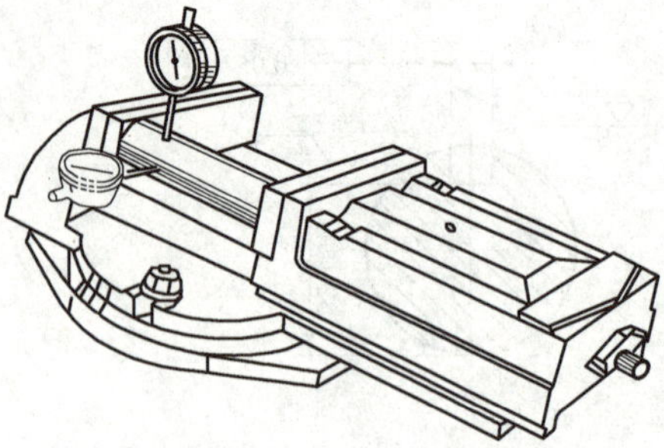

图 3-139　用机用虎钳装夹工件

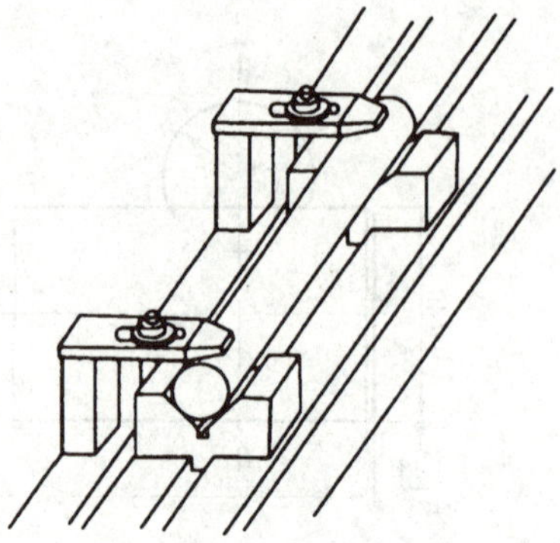

图 3-140　用 V 形块和压板装夹工件

4. 半圆键槽的检验

1）半圆键槽的宽度检验。一般用塞规进行检验，稍宽的槽可用内径千分尺测量。

2）半圆键槽与轴中心的对称度检测。检测的方法与键槽对称度检测方法基本相同。

3）半圆键槽深度检测。槽深一般用间接测量的方法测量。取一块直径和宽度都小于半圆键槽铣刀的圆柱体插入槽内，如图 3-141 所示。用千分尺或游标卡尺测得读数后减去圆片直径即可算出键槽的深度尺寸。

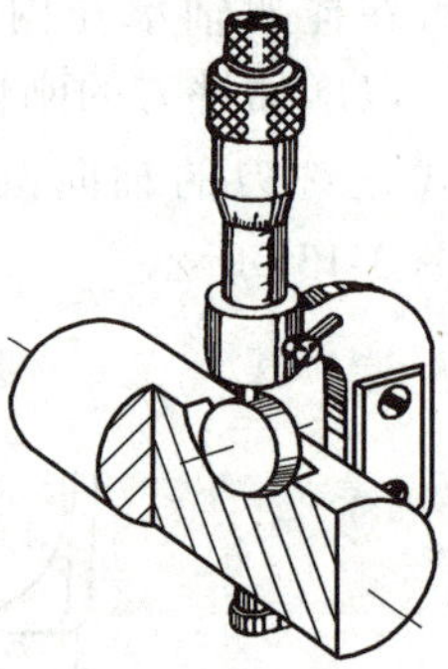

图 3-141　半圆键槽深度检测

5. 加工中容易出现的问题和注意事项

1）铣刀的轴向圆跳动量过大或铣刀未经试铣检验是造成槽宽尺寸超差的主要原因。

2）槽深尺寸超差的原因：尺寸计算错误或摇刻度盘错误。

3）半圆键槽表面粗糙度值较大的原因：铣刀切削磨损、在铣削过程中没有及时地清除切屑以及进给量过大、切削液加注不充分等。

4）键槽两侧面与工件轴线不平行的原因：在立式铣床上加工时，立铣头主轴轴线与工作台面不垂直，或分度头主轴轴线与工作台面不平行。

5）键槽两侧面与工件轴线不对称的原因：对中心不准或工件的侧素线未找正准确。

6）铣削时不使用的进给机构应紧固，分度头主轴紧固手柄应处于紧固状态。

7）进给速度过快或刀具、工件装夹不牢固，容易造成铣刀折断或损坏刀齿。

第七节　异形槽的铣削

【本节要点】

✧ V 形槽的铣削、检验测量及质量分析方法。

✧ T 形槽的铣削及检验测量方法、加工注意事项和质量分析方法。

✧ 燕尾槽和燕尾块的铣削、检验测量及质量分析方法。

机械中，有不少零件具有特殊形状的沟槽，如装夹圆形工件的机用虎钳中 V 形块上的 V

形槽、铣床工作台上的T形槽和横梁上的燕尾槽等，这些特殊形状的沟槽叫作异形槽（或特种沟槽），一般用刃口形状与异形槽形状相应的铣刀来铣削，在单件生产时也可采用通用铣刀做多次切削或用组合铣刀来铣削。

一、V形槽的铣削

V形槽应用广泛，在许多夹具上都采用V形槽来固定和夹紧工件，有些机床上还采用V形槽导轨。图3-142所示是具有V形槽的V形块。

V形槽由两斜面构成，斜面夹角多为90°，也有120°、150°等几种。由于V形槽一般用来支承轴类零件并对工件进行定位，因此其对称度要求较高，这是加工V形槽时需要保证的一个重要精度。其次，为了保证与配合件的正确装配，V形槽的底部与直槽相通，该直槽较窄，一般采用锯片铣刀铣削。

一般精度的V形槽常采用铣削加工，精度较高的V形槽铣削后还要进行精加工。V形槽的铣削方法较多，一般是使用角度铣刀直接铣出或采用改变铣刀切削位置、改变工件装夹位置的方法铣削。

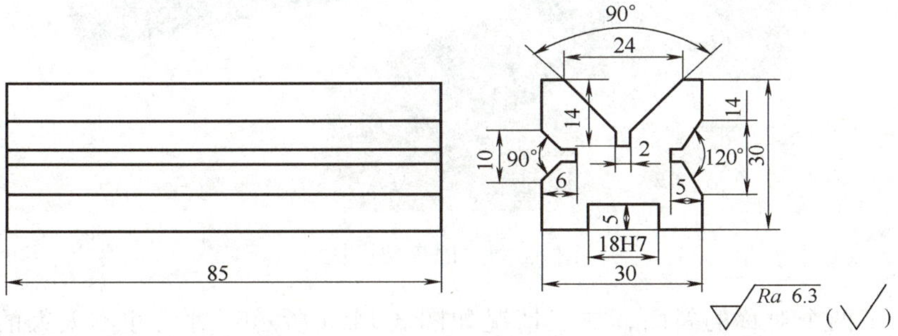

图3-142　V形块

1. V形块的铣削步骤

1）铣长方体。用机用虎钳装夹工件，将毛坯铣成30mm×30mm×85mm的长方体，要求保证各面之间的垂直度。

2）铣宽18H7mm和深5mm的直角沟槽。调试好机用虎钳和铣床*X*轴方向的平行度，用机用虎钳装夹工件，铣直角沟槽。此直角沟槽也可在最后加工，便于加工其他几条沟槽时的装夹。

3）铣三条2mm宽的窄槽。

4）铣V形槽。V形槽可采用与其角度相同的对称双角铣刀加工，但成形铣刀价格较贵。在立式铣床上铣V形槽可采用在工件底部垫角度块的方法，角度块通常有可调和固定两种，分别如图3-143和图3-144所示。

先将工件放在角度块上，之后用机用虎钳装夹。

对尺寸较大的V形槽，当其夹角大于或等于90°时，可用面铣刀或立铣刀加工，

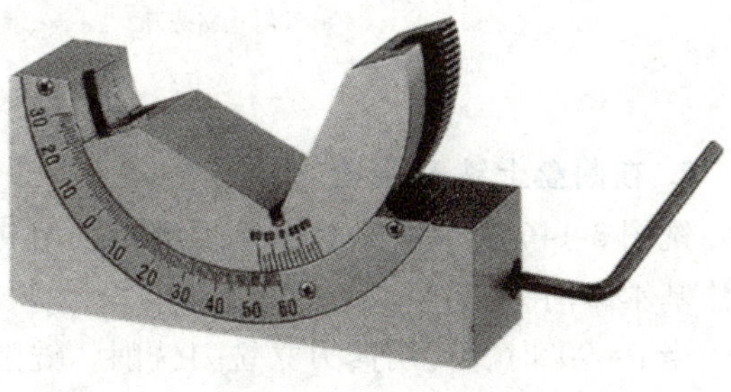

图3-143　可调角度块

图 3-144　固定角度块

此时相当于加工两个对称的斜面，加工情况如图 3-145a 所示。对尺寸不太大的 V 形槽，还可采用倾斜工件的方法进行加工，如图 3-145b 所示。

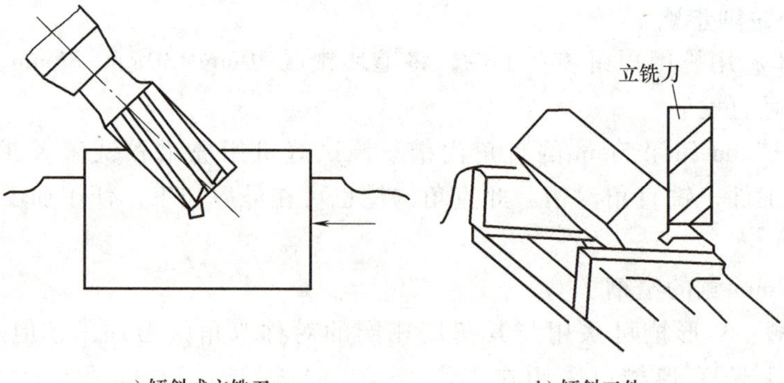

a) 倾斜式立铣刀　　b) 倾斜工件

图 3-145　铣 V 形槽

2. 在圆盘上铣 V 形槽

铣图 3-146 所示工件上的 V 形槽时，用 90°立铣刀铣削的方法，与在矩形工件上铣槽的方法基本相同。

当 $\theta=90°$时，可用四刃立铣刀铣削。铣削时，只要使立铣刀的侧切削刃偏移工件中心一个距离 S 即可，如图 3-146 所示。S 的计算公式为

$$S = a\sin\frac{\theta}{2}$$

式中　S——铣刀侧切削刃偏移距离（mm）；

a——槽底至中心的距离（mm）；

θ——V形槽夹角（°）。

本例为

$$S = 25\text{mm}\times\sin\frac{90°}{2} = 25\text{mm}\times 0.7071 = 17.68\text{mm}$$

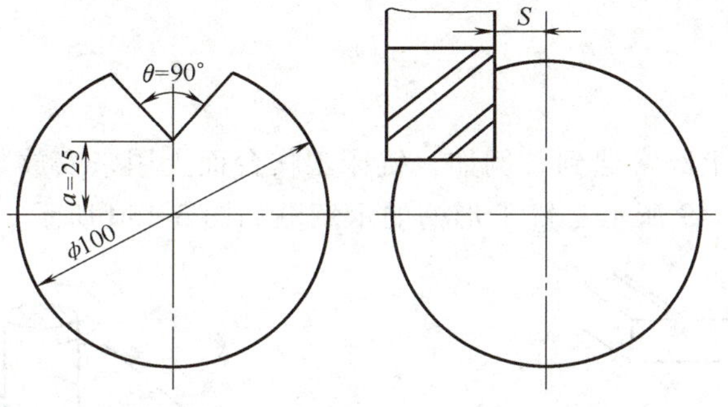

a) 零件图　　b) 铣削位置

图 3-146　四刃立铣刀铣 V 形槽

3. V形槽的检验

1）检验V形槽的对称度。如图3-147所示，测量时，将工件放置在平台上，用百分表测出圆棒上素线的读数值；再将工件翻转180°，并测出读数值。两次读数值之差，即为V形槽的对称度。

2）测量V形槽的槽形角。可用游标万能角度尺测出槽形半角，如图3-148a所示。如果槽形角是90°，则可用刀口形直尺测量，如果槽形角是其他角度则可用样板进行测量，如图3-148b所示，用这种方法能测得槽形角的对称性。

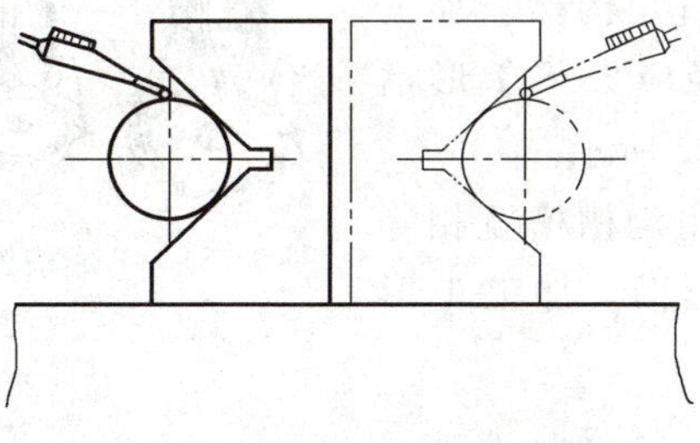

图 3-147　检验 V 形槽的对称度

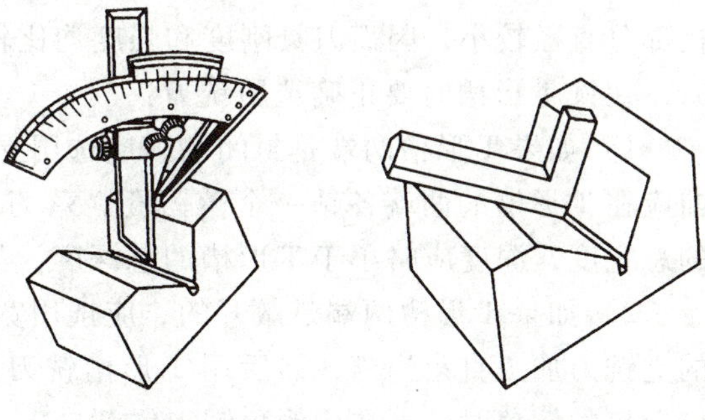

a) 测量槽形半角　　b) 测量槽形角

图 3-148　测量 V 形槽的槽形角

3）窄槽宽度、深度、V形槽槽口宽度均用游标卡尺测量，表面粗糙度用目测比较检验。

4. V形槽铣削的加工质量分析

1）V形槽槽口的宽度尺寸超差，主要原因可能有工件上平面与工作台面不平行、工件夹紧不牢固、铣削过程中工件底面基准脱离定位面等。

2）V 形槽对称度超差，原因可能有双角度铣刀槽口对刀不准确、预检测量不准确、精铣时工件重新装夹有误差等。

3）V 形槽与工件侧面不平行，原因可能有机用虎钳的固定钳口与纵向不平行、铣削时机用虎钳微量移位、工件多次装夹时侧面与机用虎钳定位面之间有毛刺和脏物等。

4）V 形槽槽形角角度误差大和角度不对称，原因可能有铣刀角度不准确或不对称、工件上平面未找正、机用虎钳夹紧时工件向上抬起等。

5）V 形槽侧面表面粗糙度值超差，主要原因有铣刀刃磨质量差、铣刀刀杆弯曲引起铣削振动等。

二、T 形槽的铣削

T 形槽在机器零件上经常遇到，例如，铣床工作台面上用来安放紧固螺栓的槽就是 T 形槽。T 形槽工件如图 3-149 所示。铣 T 形槽的示意图如图 3-150 所示。

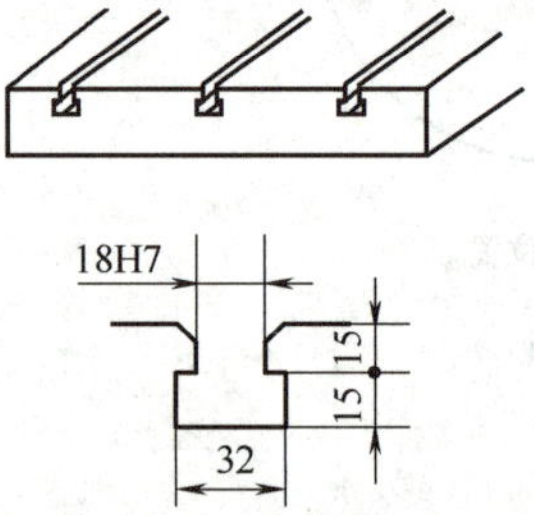

图 3-149　T 形槽工件

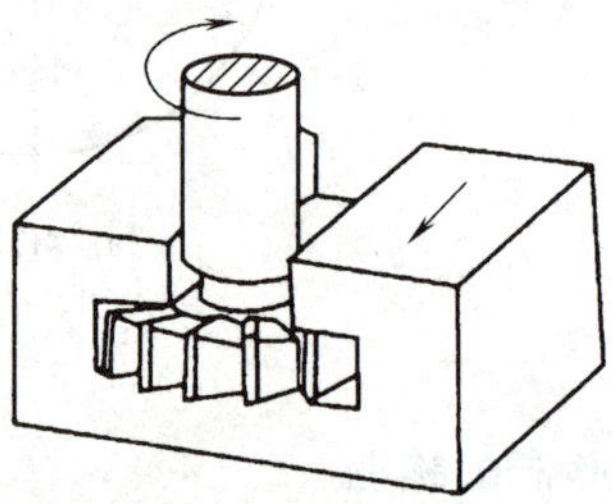

图 3-150　铣 T 形槽的示意图

T 形槽在铣床上铣削时可以分为铣直角沟槽、铣 T 形槽和倒角三个步骤。

1. 铣刀的选择

T 形槽铣刀是专门用来加工 T 形槽底槽的，通常有锥柄和直柄两种，如图 3-151 所示。其切削部分与盘形铣刀相似，又可分为直齿和交错齿两种，较小的 T 形槽铣刀，由于受 T 形槽直槽部分尺寸的限制，刀具柄部和刀头连接部分直径较小，因而刀具刚度和强度均比较小。

在铣 T 形槽时要正确选用铣刀：

1）如果 T 形槽两端是封闭的，应选用立铣刀铣直角沟槽。加工前应在 T 形槽的两端各钻一个落刀孔，落刀孔的直径应大于 T 形槽的总宽度，深度应略小于 T 形槽的总深度，如图 3-152 所示。

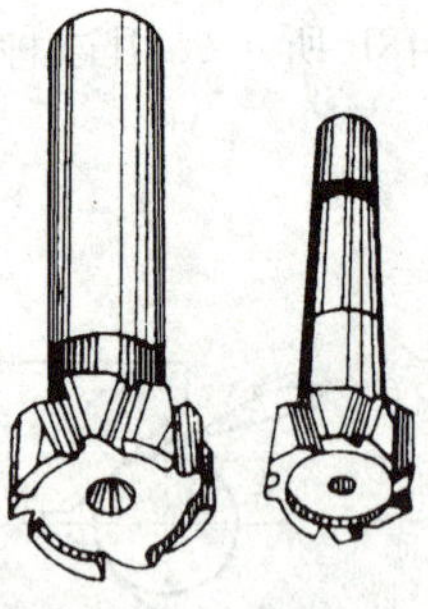

图 3-151　T 形槽铣刀

2）如果 T 形槽两端是敞开的，应选用宽度和直角沟槽槽宽相等的立铣刀加工直角沟槽，然后用 T 形槽铣刀加工 T 形槽。加工 T 形槽上口的倒角时，可选用倒角铣刀铣削。

2. 工件的装夹与找正

工件的装夹可根据工件形状和尺寸的不同，采用不同的装夹方法。装夹时，使工件侧面与工作台进给方向一致。工件尺寸较小时，可用机用虎钳夹持铣削。如果工件的尺寸较大，应将工件直接平压在铣床工作台面上加工，采用这种方法铣削时工件平稳，切削振动小。

找正工件时可先将工件的上平面与工作台面平行，以保证铣出的 T 形槽深浅一致。然后再将 T 形槽的槽线找正。找正槽线时，如果工件侧面已经加工过，可在工作台面上紧固一个平铁，将平铁找正，用工件侧面靠紧定位平铁，压紧工件即可。如果工件的侧面未加工，可将大头针粘在刀尖上，按工件已经划好的 T 形槽加工线找正工件。

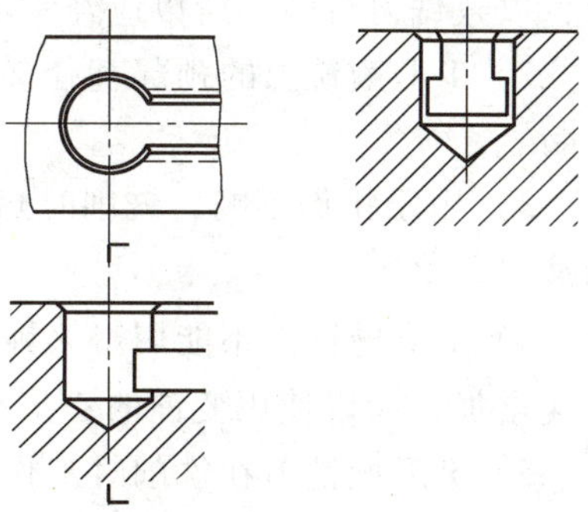

图 3-152 加工落刀孔

3. T 形槽铣削步骤

1）铣直角沟槽。在立式铣床上用立铣刀铣直角沟槽，如图 3-153a 所示。

2）根据 T 形槽的尺寸选用直径和厚度合适的 T 形槽铣刀。T 形槽铣刀的规格应与所要铣削的 T 形槽尺寸相符，要注意 T 形槽铣刀的颈部直径要小于直角沟槽的宽度；若 T 形槽铣刀直径小时，可采用逆铣铣削一边后再铣削另一边，达到 T 形槽槽宽的尺寸要求；若铣刀厚度不够时，可以分多次来铣削，即先铣削上面，再铣削底面，逐步达到 T 形槽槽深的尺寸要求，这样槽底面的表面粗糙度值会小些。

3）对刀时，先调整工作台，使 T 形槽铣刀的端面处于工件的上方，在工件表面涂上粉笔，升高工作台，当铣刀刚好擦到粉笔时记好刻度，退刀后升高工作台面到尺寸要求，这时槽就已经对好了；然后调整机床，使 T 形槽铣刀尽量接近工件，观察铣刀两侧切削刃与槽口的两条线相切，然后退出工件，起动机床，使铣刀外切削刃同时碰到直角沟槽槽侧，切出相等的切痕。

4）铣削时先手动进给，待底槽铣出一小部分时，测量槽深。若符合要求可继续手动进给，当铣刀大部分进入工件后改用机动进给，在铣刀铣出槽口时最好也采用手动进给，如图 3-153b 所示。

5）槽口倒角。铣削好 T 形槽后，可换装倒角铣刀铣倒角，如图 3-153c 所示。铣倒角时应注意两边对称。

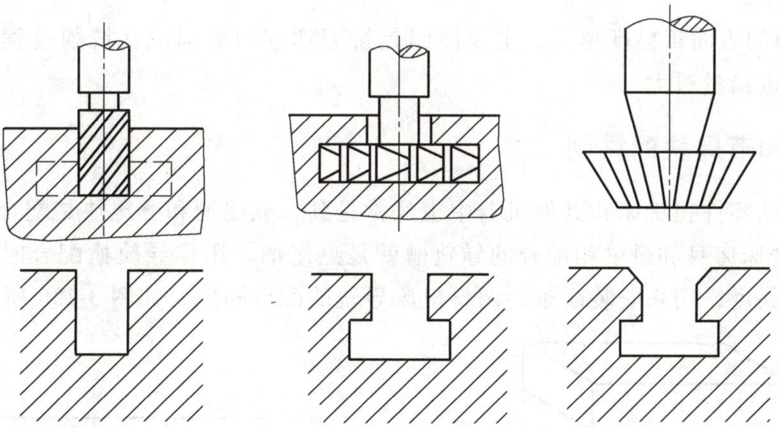

a) b) c)

图 3-153 T 形槽的铣削步骤

4. 铣 T 形槽的注意事项

1）T 形槽铣刀在铣削时切屑排出非常困难，经常会把容屑槽填满而使铣刀失去切削能力，以致铣刀折断，所以应经常清除切屑。

2）T 形槽铣刀的颈部直径较小，要注意铣刀因受到过大的铣削力和突然的冲击力而折断。

3）由于排屑不畅，铣削时热量不易散失，铣刀容易发热，在铣钢件时，应充分浇注切削液。

4）T 形槽铣刀不能用得太钝，因为钝的刀具其切削能力大为减弱，铣削力和切削热会迅速增加，所以使用变钝的 T 形槽铣刀铣削 T 形槽是铣刀折断的主要原因之一。

5）T 形槽铣刀在铣削时工作条件较差，要采用较小的进给量和较低的切削速度。但铣削速度不能太低，否则会降低铣刀的切削性能并增加每齿的进给量。

6）为了改善切屑的排出条件，以及减少铣刀与槽底面的摩擦，在设计和工艺人员允许的条件下，可把直角沟槽稍铣深些，这时铣好的 T 形槽形状如图 3-154 所示。这种形状的 T 形槽对实际应用没有多大影响。

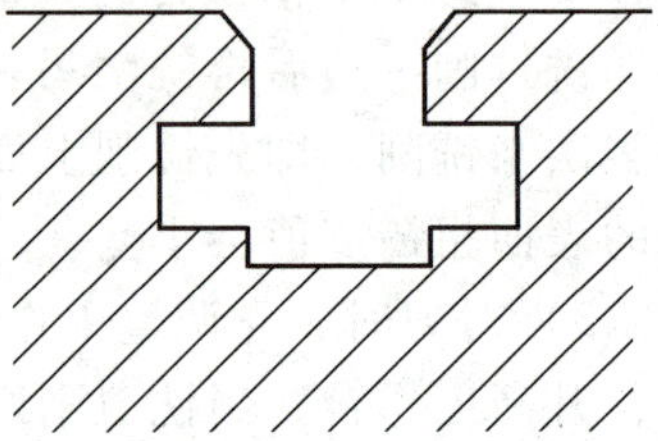

图 3-154　槽底不平的 T 形槽

5. T 形槽的检验与质量分析

（1）T 形槽的检验　T 形槽的检验比较简单，要求不高的 T 形槽可用游标卡尺检验各部分尺寸，要求较高的基准槽可用内径千分尺或塞规进行检验。

（2）T 形槽铣削加工的质量分析

1）T 形槽上的直角沟槽宽度超差，原因是铣刀直径选择不准确或是铣刀安装时同轴度未找正。

2）T 形槽的槽底与直角沟槽不对称，原因是在加工 T 形槽的槽底时对刀不准确或横向工作台没有锁紧，在加工时受切削力的影响使工件产生了移位。

3）T 形槽的槽底与基准面不平行，原因是工件的上平面未找正或是铣刀未夹紧，铣削时被铣削力拉下。

4）T 形槽的表面粗糙度超差，主要原因是铣刀切削刃磨损或在铣削过程中没有及时地清除切屑以及进给量过大。

三、燕尾槽和燕尾块的铣削

带燕尾槽的零件在铣床和其他机器中也经常见到，燕尾槽和燕尾块是配合使用的，如图 3-155 所示。铣床床身和悬梁相配合的导轨槽就是燕尾槽。用作导轨槽配合时，燕尾槽还常带有 1∶50 的斜度，用来安装镶条，调整机床导轨的配合间隙，如图 3-156 所示。

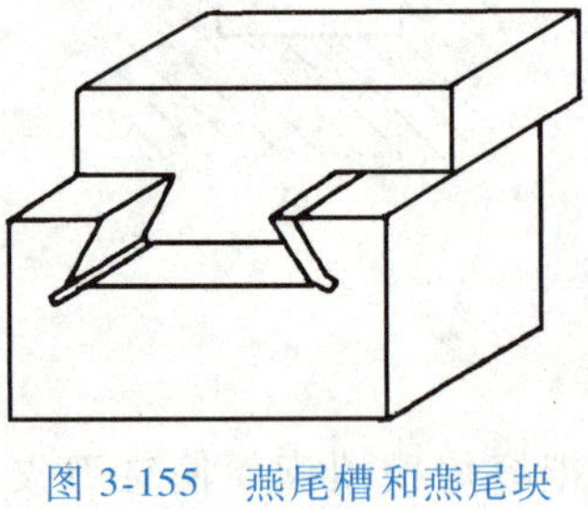

图 3-155　燕尾槽和燕尾块

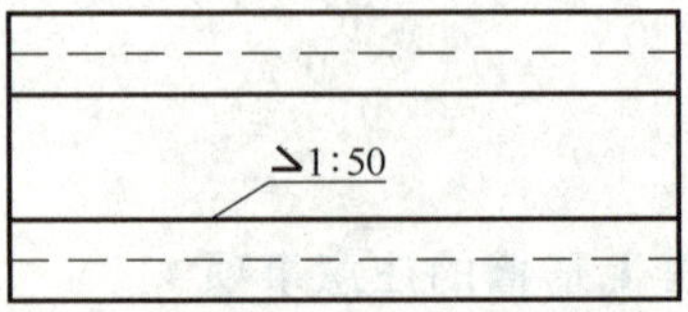

图 3-156　带斜度的燕尾槽

铣削带斜度的燕尾槽时，先铣削燕尾槽的一侧；再将工件按规定方向调整到与进给方向成所要求的斜度，固定后再铣削燕尾槽的另一侧。燕尾槽和燕尾块的角度、宽度、深度要求都很高。精度要求较高的燕尾槽导轨，铣削后还需经过磨削、刮削等精密加工。

1. 刀具的选用

加工燕尾槽的方法与加工 T 形槽的方法相似，也是先加工出直角沟槽，加工直角沟槽时应选用立铣刀。然后用带柄的角度铣刀（燕尾槽铣刀）铣出燕尾槽。燕尾槽铣刀有锥柄和直柄两种。直柄燕尾槽铣刀如图 3-157 所示。燕尾槽铣刀的切削部分与单角铣刀相似，铣刀可用铣夹头或快换铣夹头装夹。为了使铣刀有较好的刚度，刀柄不应伸出太长。

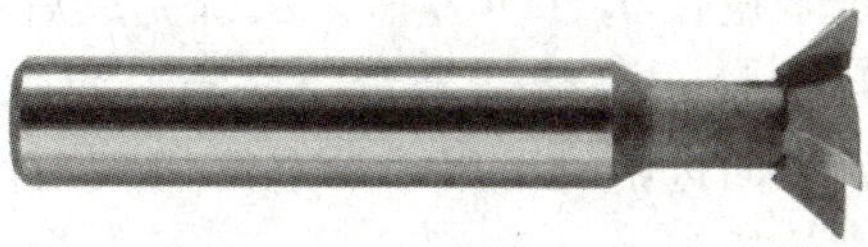

图 3-157　直柄燕尾槽铣刀

选用燕尾槽铣刀时，首先要查清刀具的角度是否与燕尾槽的角度相符，在满足加工条件的同时应尽量选用直径较大的燕尾槽铣刀，这样铣刀的刚性会稍好一些。

2. 工件的装夹与找正

工件的装夹可根据工件形状和尺寸的不同，采用机用虎钳夹持铣削或将工件直接平压在铣床工作台面上加工。

找正工件时可先将工件的上平面与工作台面找平，以保证铣出的燕尾槽深浅一致。然后再将燕尾槽的加工线找正，找正的方法与加工 T 形槽时的方法相同。

3. 铣直角沟槽和凸台

在立式铣床上用立铣刀铣直角沟槽和凸台，如图 3-158 所示。铣出的直角沟槽和凸台宽度应按图样尺寸铣成，深度应留有 0.3~0.5mm 的余量，等到加工燕尾槽时将此余量一起铣去，这样就不会留下接刀痕迹。

4. 铣燕尾槽

将加工好的直角沟槽加工成燕尾槽，如图 3-159 所示。

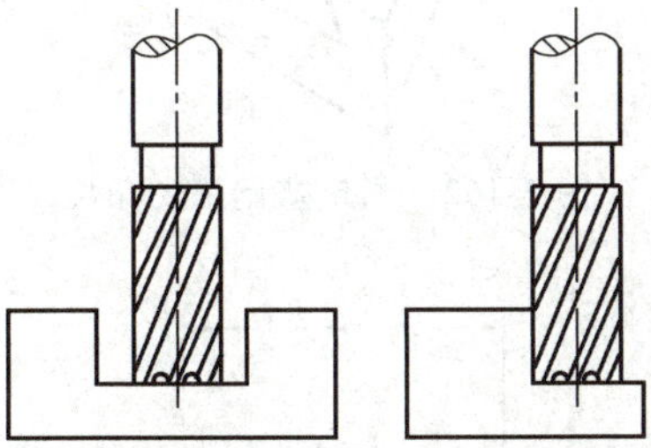

a) 铣直角沟槽　b) 铣直角凸台

图 3-158　直角沟槽和凸台的铣削

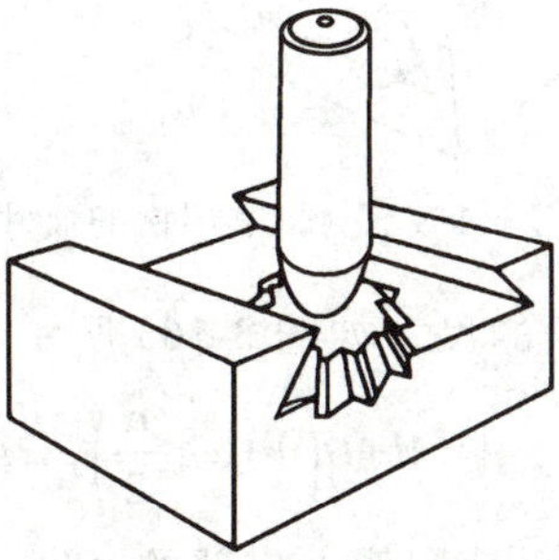

图 3-159　铣燕尾槽

1）对刀时开动机床先调整工作台，让燕尾槽铣刀大致处于直角沟槽中心，上升垂向工作台，使燕尾槽铣刀的端面与直角沟槽的槽底轻轻接触，然后缓慢摇动横向工作台，使燕尾槽铣刀刚刚切到直角沟槽侧，用粉笔在垂直和纵向刻度盘上做好记号，然后退出铣刀。少量上升工作台，手动进给使铣刀的端面切入工件槽底，切出一个较小的平面后退出铣刀，用游标深度卡尺测量深度。逐步调整机床，使深度符合要求。

2）铣燕尾槽的一侧，先计算工作台的横向移动量 s。横向移动量计算公式为

$$s = t\cot\alpha$$

式中 s——横向工作台移动量（mm）；

t——燕尾槽的深度（mm）；

α——燕尾槽槽形角（°）。

因为铣刀的强度差，所以不能一次铣去全部余量，可分多次铣削，加工到尺寸。铣削时分为粗铣、精铣，粗铣时每次背吃刀量为2~3mm，精铣余量在0.5mm左右。粗铣完成后按图3-160所示进行预检，留精铣余量。注意，每次铣削均采用逆铣，纵向进给时采用手动进给切入工件，然后采用机动进给铣削。

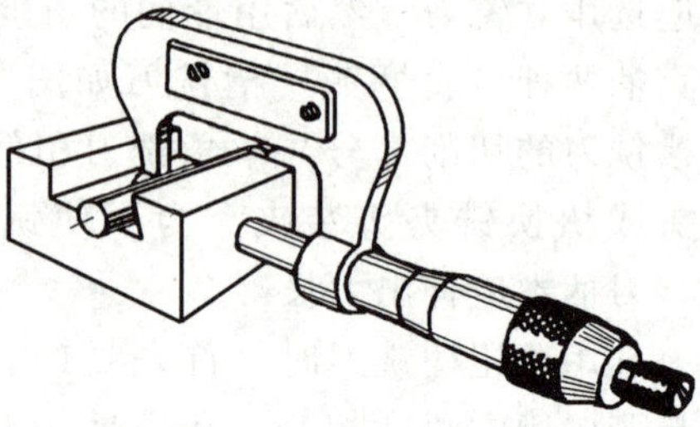

图 3-160 预检

3）铣燕尾槽的另一侧，移动横向工作台，使铣刀尖角与另一侧直角沟槽相接触后，退出工件，然后调整横向工作台，粗铣后测量，留精铣余量。

4）精铣燕尾槽两侧，达到图样要求的A尺寸和对称度要求。A尺寸不能直接测出，应借助两根标准直径的量棒放在槽内，用游标卡尺或内径千分尺测出两棒之间的尺寸，用游标万能角度尺测出槽形角，如图3-161和图3-162所示，经过换算才能获得。燕尾槽的对称度可采用分别测出斜面到工件侧面的距离加以比较。经过综合分析，确定燕尾槽两侧斜面的加工余量，进行最后的精铣，从而达到尺寸要求和对称度要求。

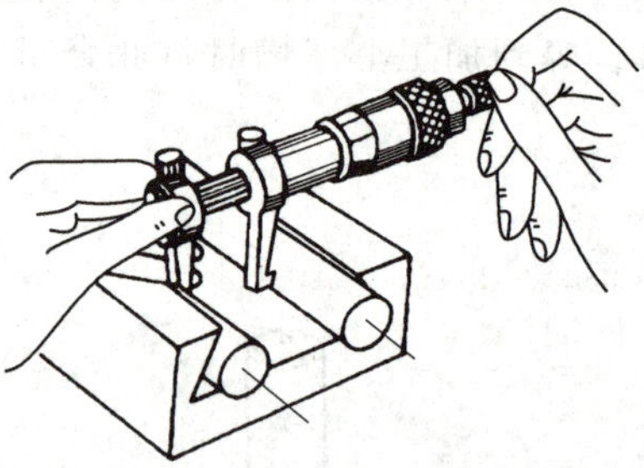

图 3-161 测量燕尾槽的尺寸

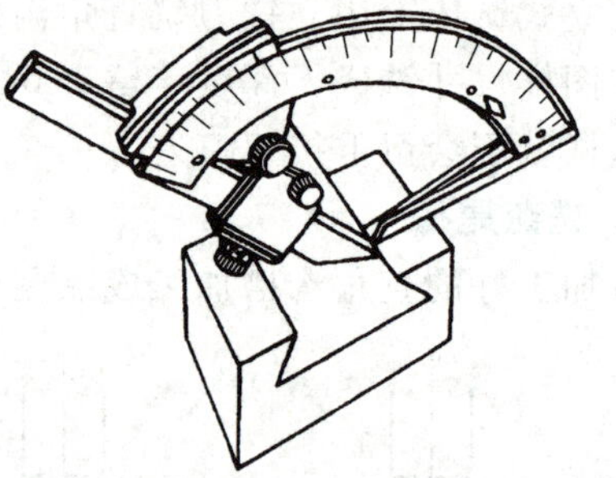

图 3-162 测量燕尾槽的角度

燕尾槽的尺寸如图3-163所示，计算公式如下

$$A = M + D\left(1 + \cot\frac{\alpha}{2}\right) - 2t\cot\alpha$$

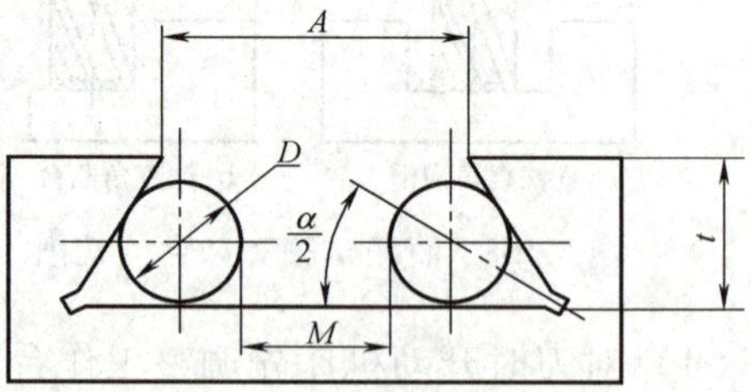

图 3-163 燕尾槽的尺寸

式中 A——燕尾槽上口部的宽度（mm）；

M——游标卡尺或内径千分尺测出的两棒之间的尺寸（mm）；

t——燕尾槽的深度（mm）；

α——燕尾槽槽形角（°）；

D——圆棒直径（mm）。

5. 铣带有斜度的燕尾槽

铣带有斜度的燕尾槽一般分两步进行。第一步，先铣削沟槽的一侧。第二步，待一侧铣好后松开压板，把工件调整到与进给方向成一个斜度并紧固，然后铣燕尾槽的另一侧。

6. 铣燕尾块

将前面加工好的直角凸台加工成燕尾块，如图 3-164 所示。

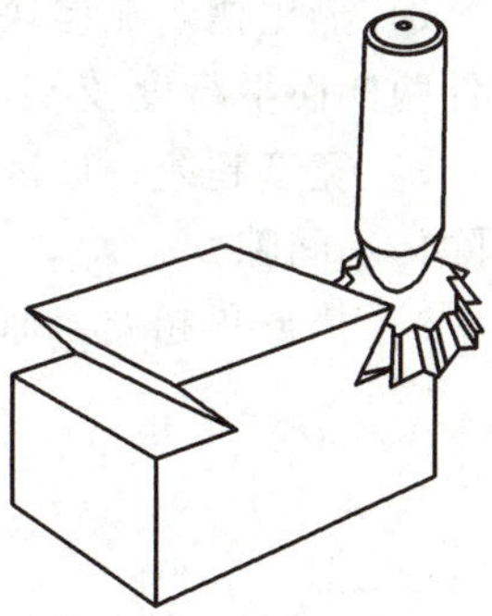

图 3-164　铣燕尾块

1）对刀时开动机床，上升纵向工作台，使燕尾槽铣刀的端面与直角沟槽的槽底轻轻接触，然后缓慢摇动横向工作台，使燕尾槽铣刀刚刚切到直角沟槽侧，用粉笔在垂直和纵向刻度盘上做好记号，然后退出铣刀。少量上升工作台，手动进给使铣刀的端面切入工件槽底，切出一个较小的平面，退出铣刀，用游标深度卡尺测量深度。逐步调整机床，使深度符合要求。

2）铣燕尾块的一侧，先计算工作台的横向移动量 s，可分多次铣削，加工到尺寸。铣削时分为粗铣、精铣，粗铣时每次背吃刀量为 2~3mm，精铣余量在 0.5mm 左右。粗铣完成后按图 3-165 所示的方法，用游标深度卡尺测量，留精铣余量。

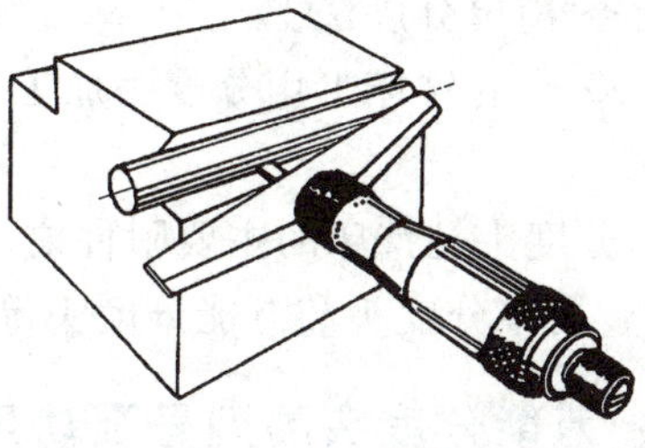

图 3-165　预检

3）铣燕尾块的另一侧，移动横向工作台，使铣刀尖角与另一侧直角沟槽相接触后，退出工件，然后调整横向工作台，粗铣后测量，留精铣余量。

4）精铣燕尾块两侧，达到图样要求的 A 尺寸和对称度要求。A 尺寸不能直接测出，应借助两根标准直径的量棒放在槽内，用游标卡尺或内径千分尺测出两棒之间的尺寸，如图 3-166 所示，经过换算才能获得。燕尾块的对称度可采用如图 3-166 所示的方法，分别测出斜面到工件侧面的距离加以比较。经过综合分析，确定燕尾块两侧斜面的加工余量，进行最后的精铣，达到尺寸要求和对称度要求。

燕尾块的尺寸如图 3-167 所示，计算公式如下

$$A=M-D\left(1+\cot\frac{\alpha}{2}\right)+2t\cot\alpha$$

式中　A——燕尾块上部的宽度（mm）；

M——游标卡尺或内径千分尺测出的两棒之间的尺寸（mm）；

t——燕尾块的深度（mm）；

α——燕尾槽槽形角（°）；

D——圆棒直径（mm）。

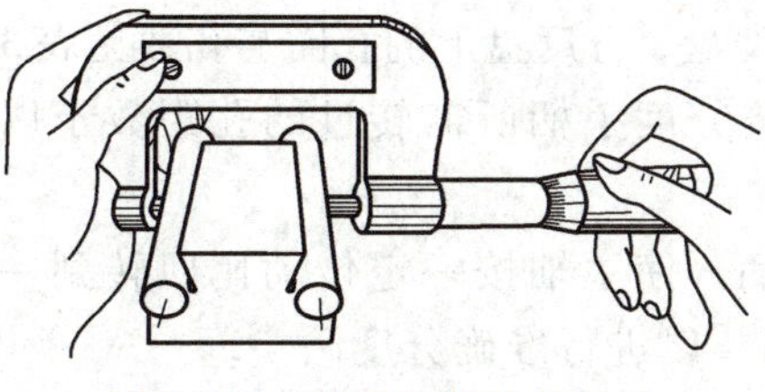

图 3-166　测量燕尾块的尺寸

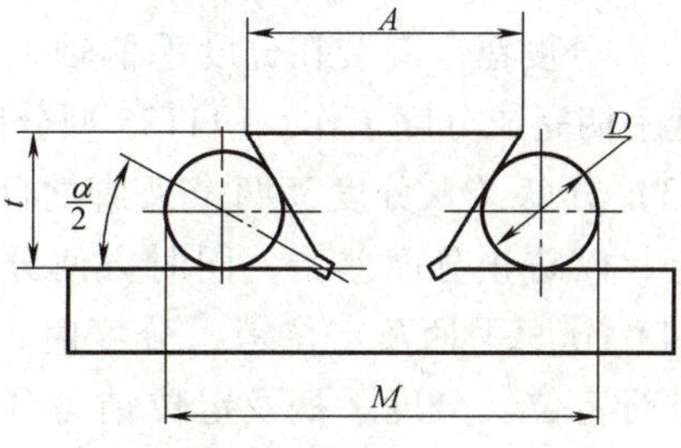

图 3-167　燕尾块的尺寸

7. 燕尾槽和燕尾块铣削加工的质量分析

1）燕尾槽、燕尾块两端的宽度不一致，原因是工件上平面未找正或用换面法铣削时，工件两侧面平行度较差。

2）宽度超差，原因是加工过程中测量出现差错，或移动横向工作台时摇错刻度盘及未消除传动间隙。

3）槽形角超差，原因是刀具角度选错或铣刀角度误差较大。

第八节　分度头及应用

【本节要点】

✧ 分度头的结构及各部件的功用。

✧ 简单分度法。

✧ 在立铣床上用分度头加工四方体的工艺方法。

分度头是铣床的主要附件之一，通常在铣床上使用的分度头有直接分度头（等分分度头）、简单分度头和万能分度头等，其中以万能分度头的使用最为广泛。

一、万能分度头的型号及功用

1. 万能分度头的型号

万能分度头的型号有 F1163、F1180、F11100、F11125 等。其中，F11125 型是铣床上最常用的一种万能分度头。其型号中的“11”表示万能型，“125”表示主轴轴线距基座底面的高度尺寸。

2. 万能分度头的主要功用

1）可将工件做任意的圆周等分或直线移距分度。

2）可将工件的轴线放置成水平、竖直或倾斜等各种位置。

3）通过交换齿轮，能使分度头主轴随铣床纵向工作台的进给运动做连续转动，因此，可以利用分度头铣螺旋面和等速凸轮的成形面等。

二、分度头的外形结构

分度头的外形结构如图 3-168 所示。

（1）基座　基座是分度头的本体，使用时固定在铣床工作台面上。

（2）分度盘　套装在分度手柄轴上，盘上正反面各有若干圈在圆周上均布的定位孔，配合分度手柄完成分度工作。F11125 型分度头有两块分度盘，分度盘上的孔圈与孔数见表 3-8。

（3）分度叉　分度叉两个叉脚之间的夹角，可按分度手柄所需转过的孔距数予以调整并固定，以防止分度差错，同时方便分度。

（4）分度手柄及定位销　分度时，转动分度手柄，使主轴按一定传动比回转到一定位置后进行定位。分度手柄及定位销与分度叉配合使用，以进行准确分度。

（5）侧轴　侧轴用于安装交换齿轮，以进行差动分度和直线移距分度。

图 3-168 分度头的外形结构

1—基座 2—分度盘 3—分度叉 4—分度手柄及定位销

5—侧轴 6—刻度盘 7—回转体 8—主轴

表 3-8 分度盘上的孔圈与孔数

分度盘	分度盘上的孔圈与孔数	
	正 面	反 面
第一块分度盘	24,25,28,30,34,37	38,39,41,42,43
第二块分度盘	46,47,49,51,53,54	57,58,59,62,66

(6) 刻度盘 刻度盘固定在主轴前端，可与主轴一起旋转。刻度盘上有 0°~360°的刻度，可以用作直接分度。

(7) 回转体 主轴可随回转体在分度头基座的环形导轨内转动，使主轴除安装成水平位置外，还能转至倾斜-6°~90°的位置。

(8) 主轴 分度头主轴是空心的，两端均为莫氏 4 号锥孔，前锥孔用来安装带有拨盘的顶尖，后锥孔可装入心轴，作为差动分度或做直线移距分度时安装交换齿轮用。主轴的前端外部有一段定位锥体，用来安装自定心卡盘的连接盘。分度后，须锁紧主轴。

三、简单分度法

简单分度法又叫单式分度法，是最常用的分度方法。分度时分度盘固定不动，通过分度手柄的转动，使蜗杆带动蜗轮旋转，从而带动主轴和工件转过一定的角度（转数）。

1. 分度原理简介

F11125 型分度头蜗杆蜗轮的传动比为 1∶40，即分度手柄转过 40 圈时，主轴转过 1 圈，“40” 就叫作分度头的定数。其他各种型号的万能分度头，都采用这个定数。

分度手柄的转数和工件等分数的关系如下

$$40:1=n:\frac{1}{z}$$

$$n=\frac{40}{z}$$

式中 n——分度手柄转数（r）；

40——分度头的定数；

z——工件的等分数（齿数或边数）。

当算得的 n 不是整数而是分数时，可用分度盘上的孔数来进行分度（把分子和分母根据分度盘上的孔圈孔数，同时扩大或缩小某一倍数）。

例 3-1： 要铣一个四方螺钉头，求每铣完一边后分度手柄的转数。

解： 将 $z=4$ 代入公式得

$$n=\frac{40}{z}=\frac{40}{4}=10$$

答：每铣完一边后，分度手柄应转过 10 转。

例 3-2： 在 F11125 型分度头上铣一个六面体，求每铣完一面后分度手柄的转数。

解： 将 $z=6$ 代入公式得

$$n=\frac{40}{6}=6\frac{2}{3}=6\frac{20}{30}=6\frac{44}{66}$$

答：每铣完一边后，分度手柄应转过 $6\frac{2}{3}$ 转。

虽然在分度盘上没有 3 个孔的孔圈，但是在 30 孔的孔圈内转过 20 个孔距，或在 66 孔的孔圈内转 44 个孔距也是一样的。所以在计算时，可使分子分母同时扩大或缩小某一个整数倍，使最后得到的分母值为分度盘上某孔圈的孔数。一般采用孔数较多的孔圈比较好，因为孔数多的孔圈离轴心较远，操作时比较方便，并且准确度也比较高。

2. 分度叉的使用

松开分度叉螺钉，调节叉脚之间的夹角，使分度叉两叉脚间的孔数比需要摇的孔数多一孔，因为第一个孔是算作“零”来计数的。分度叉受到弹簧的压力，可以紧贴在孔盘上而不至于走动。每次分度时，拔出定位销插入分度叉下一侧的孔内，然后转动分度叉靠紧定位销。

3. 分度时的注意事项

1）分度时，在摇分度手柄的过程中，速度要尽可能均匀。如果有时摇过了头，则应将分度手柄退回半圈以上，然后再按原来方向摇到规定的位置。

2）分度时，事先要松开主轴锁紧手柄，分度结束后再重新锁紧。

3）分度时，手柄上的定位销应慢慢地插入孔盘的孔内，切勿突然撒手使定位销自动弹入，以免损坏孔盘的孔眼精度。

四、用分度头铣四方体

车工常用的卡盘扳手的一端是圆柱体，一端是四方体。铣削圆柱体上带有多边形的工件时，为了获得正确等分，一般是在铣床上利用分度头或在回转工作台上进行加工。其加工方法与加工平面类工件基本相同。

1. 四方体的铣削方法

（1）工件的装夹与找正　将分度头水平安放在工作台中间 T 形槽偏右端，用自定心卡盘装夹工件，并找正工件，使其上素线与工作台面平行，侧素线与工作台纵向进给方向平行，以保证铣出的工件外形和尺寸一致。工件伸出长度应尽量短，以减小切削振动保证铣削时工件平稳，然后找正工件的外圆，使其圆跳动量在0.04mm以内，夹紧工件，如图3-169所示。

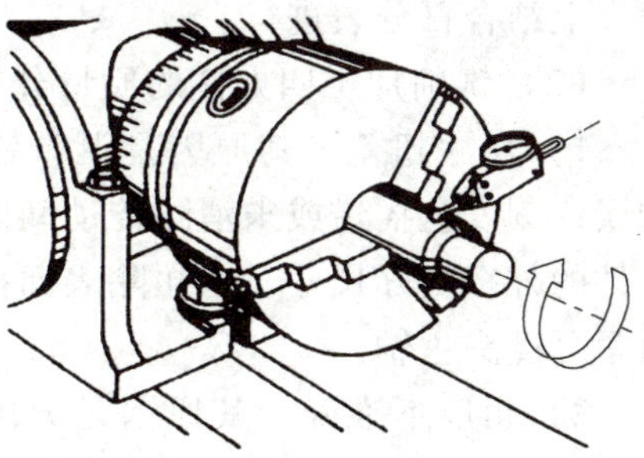

图3-169　工件的装夹与找正

（2）分度计算及分度定位销的调整

1）加工四方体时的分度计算及分度定位销的调整。根据简单分度公式计算分度。

以$z=4$代入前面的公式得

$$n=\frac{40}{z}=\frac{40}{4}=10$$

每铣完一边后，分度手柄转过10转。

分度定位销调整时可选用66孔圈数的分度盘，将分度定位销调整到66孔圈位置上，因为是整转，可不必调整分度叉。

（3）在立式铣床上铣四方体

1）调整分度起点。将分度手柄顺时针方向空摇数转后将分度定位销插入66孔圈的分度孔中，并在该分度孔上做好记号，然后扳紧主轴锁紧手柄。

2）在工件上表面对刀确定铣削深度。在工件上表面贴一张薄纸，开动机床，摇动纵向和横向手柄，使铣刀处于铣削位置，然后缓慢摇动纵向工作台，使铣刀的端面切削刃刚好将薄纸擦去，如图3-170a所示，在垂向刻度盘上做好记号，停机，摇动横向工作台，使铣刀离开工件。根据垂向刻度盘上的记号和深度加工要求，垂向上升工作台调整铣削层的深度。如果加工精度要求高，可留0.5mm的加工余量。

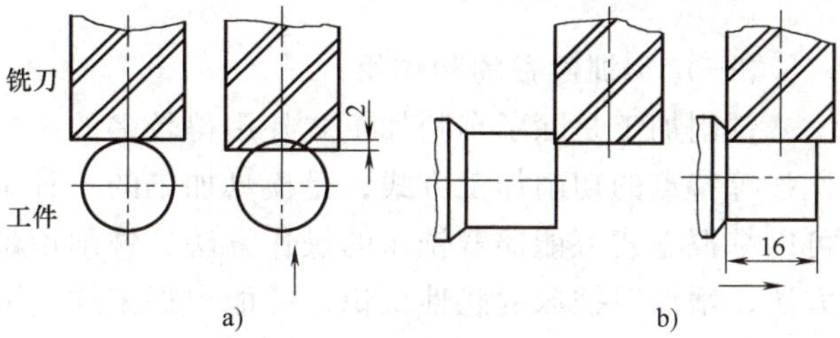

图3-170　立铣刀铣四方体对刀步骤

3）端面对刀确定铣削长度。在工件端面贴一张薄纸，摇动纵向、横向手柄，使铣刀处于工件端面中间位置，开动机床，缓慢摇动纵向手柄，使铣刀刚好擦到薄纸，如图3-170b所示，在纵向刻度盘上做好记号。横向退出工件后，根据纵向刻度盘上的记号和长度加工要求，纵向移动工作台调整铣削长度。如果加工精度要求高，可留0.5mm的加工余量。

4）铣第一面。开动机床，横向机动进给并加注切削液。铣削完毕，下降工作台。

5）铣第二面。分度手柄摇过20整转，按铣第一面的方法铣出对应面后，停车，横向退出工件。

6）预测尺寸。用千分尺测量对边尺寸，若测得的尺寸大于加工要求的尺寸，则每面还需铣去的余量为：（实测尺寸-要求尺寸）/2。

用游标卡尺测量长度，若未达到要求的长度尺寸，则还需调整纵向工作台，铣去多余部分。

7）铣削。按调整后的尺寸，每铣好一面，分度手柄摇10整转，依次铣完四个面，如图3-171所示。

2. 铣削加工四方体的检验与质量分析要点

（1）四方体的检验　可用游标卡尺和千分尺检验各部分尺寸，用刀口形直尺检验四方体各面之间的垂直度，用万能角度尺测量四方体各个面之间的角度。对称度检验可装夹在分度头上结合百分表进行。

（2）铣削加工四方体的质量分析

1）尺寸超差，其原因是调整铣削层深度时计算错误；刻度盘摇错或未消除传动间隙；对刀时未考虑工件的外径实际尺寸，未扣除表面擦去量；铣削时未锁紧分度头主轴。

2）角度不准确，其原因是分度计算错误；摇错分度手柄、未消除传动间隙；分度叉调整错误。

3）对称度超差，其原因是同轴度未找正；铣削时两边切削量不相等。

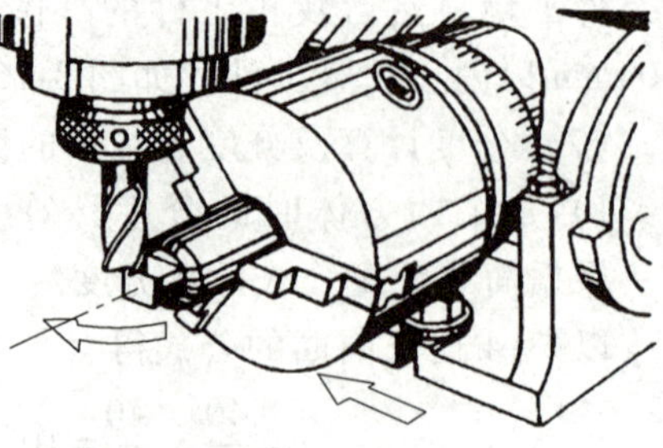

图 3-171　用立铣刀铣四方体

4）底部未接平，其原因是工件上素线未找正。

5）两平面不平行，其原因是工件侧素线未找正，摇错分度手柄。

第九节　铣削加工实训

一、铣工实训的基本内容

（一）实训的目的和作用

铣削加工是除了车削加工之外用得较多的一种加工方式，是一种具有种类多、加工万能性强等特点的切削加工方式，是模具加工的一种重要加工方式。学生通过对铣削加工的实习可以掌握立式万能摇臂铣床的操作方法、铣削用量的选择、加工工艺及一些典型表面的加工方法，增加对铣床的感性认识，并能根据图样完成规定工件的铣削加工。

（二）实训教学内容

1）铣削加工的工作原理、工艺特点、应用范围。

2）常用铣床的型号、种类等，重点讲述立式万能摇臂铣床的组成及各手柄的作用。

3）铣床的操作方法及安全操作规程。

4）铣刀结构特点、分类、安装和应用。

5）刀具的选用对加工各种材料零件表面粗糙度值的影响。

6）铣削方法：顺铣和逆铣。

7）按图样的技术要求，合理地选择工、夹、量具，制订简单的铣削加工顺序。

8）铣床的主要附件的结构、使用方法和应用范围。

9）简单分度计算和调整。

10）铣削工艺技术经济性分析。

（三）实训目标

操作立式万能摇臂铣床加工一般的平面、槽类等零件。通过实际操作达到以下要求：

1）熟悉并自觉遵守铣床安全操作规程。

2）熟悉立式铣床和卧式铣床的主要区别。了解铣床的种类和用途、铣床的型号、实习用立式万能摇臂铣床 X5325 的组成部分及其作用。

3）能熟练、独立、正确地操作立式万能摇臂铣床，熟悉铣床的主运动、进给运动，铣床转速和进给量的调整方法。

4）在实训教师的指导下进行立式铣床主轴偏转角度的调整。

5）了解铣削加工的工艺特点及加工范围。

6）熟悉主要附件的结构与使用方法，熟练使用机用虎钳、压板等铣床夹具装夹工件。

7）掌握机用虎钳找正、调试立铣头与工作台垂直的方法。

8）能正确、合理地选择刀具进行铣削加工，能正确地安装铣刀。

9）能根据图样要求选定参数用量。

10）能熟练掌握铣床对刀试切、手动和自动进给等操作。

11）熟练掌握铣削平面、斜面、T形槽、台阶的加工方法。

12）了解铣床回转工作台的用途、安装、调试及应用范围。

13）能正确地使用分度头，掌握简单分度的方法。

14）根据实训工件的要求，合理安排加工顺序，并能制订一般铣削零件的加工工艺，填写工艺过程卡。

15）根据工艺文件要求，准确地调整机床，根据零件形状和毛坯特点，正确选择铣床的装夹方法、找正夹具及工件。

16）能独立完成综合实训项目的加工制作，达到尺寸精度、几何公差和表面粗糙度要求，并掌握工件测量的方法。

二、铣工实训案例（图 3-172～图 3-174）

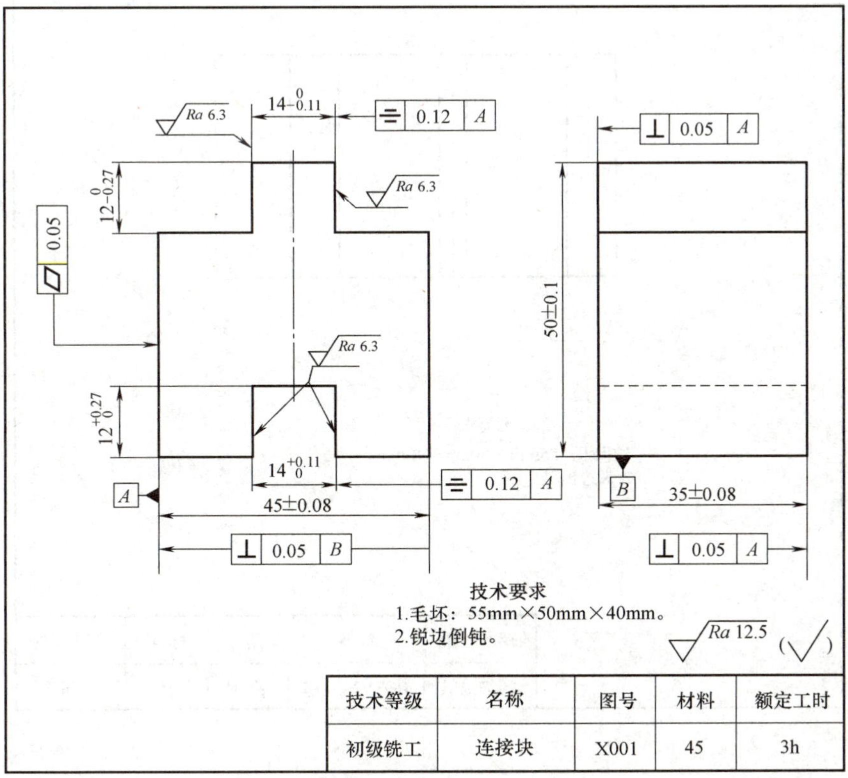

图 3-172 铣削实训案例一

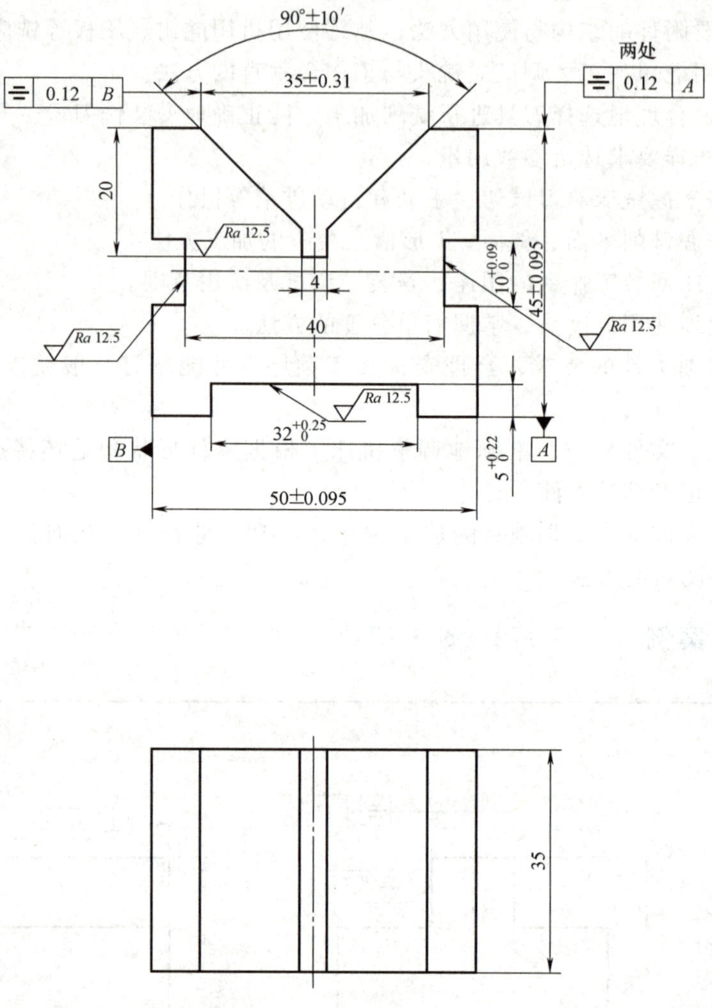

技术要求

1.毛坯：55mm×50mm×40mm。

2.锐边倒钝。

Ra 6.3 (√)

技术等级	名称	图号	材料	额定工时
初级铣工	升降V形支座	X004	45	3h

图 3-173　铣削实训案例二

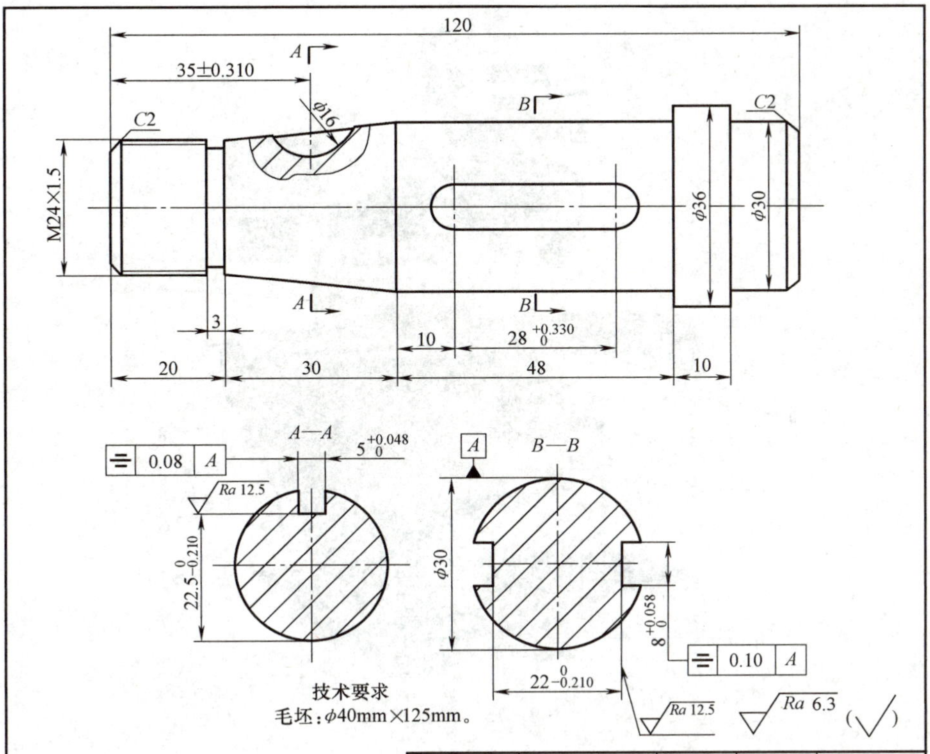

技术等级	名称	图号	材料	额定工时
初级铣工	复合件二	X016	45	3h

图 3-174　铣削实训案例三

习　　题

一、根据图 3-175 中的编号写出卧式铣床组成部分的名称，并简要说明其作用。

1. ______
2. ______
3. ______
4. ______
5. ______
6. ______
7. ______
8. ______
9. ______
10. ______
11. ______

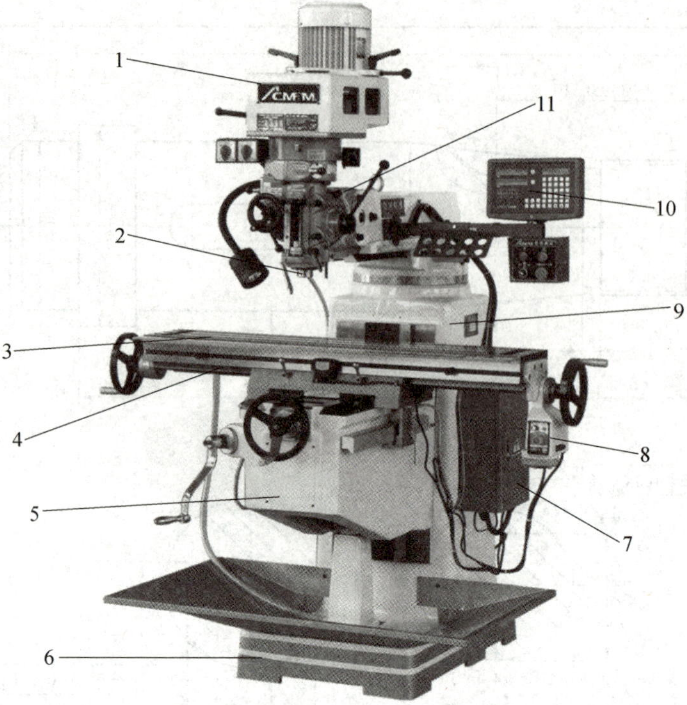

图 3-175　卧式铣床

二、填空。

1. 你实训使用的铣床型号是____________________，其后两位数字的含义是____________________。

2. 立式万能摇臂铣床的主运动是____________，进给运动是____________，铣削加工的尺寸公差等级一般可达____________，表面粗糙度 Ra 为____________。

3. 铣平面的方法有____________、____________两种。

4. 你在铣平面时所用的装夹方法是____________。采用这种装夹方法应该注意的问题是____________。

5. 铣削加工的范围有__________、__________、__________、__________、__________、__________、__________、__________等。

6. 你在铣平面时采用的铣刀是________________________，它的规格为____________________。

7. 铣刀按切削部分材料分类，可分为________铣刀和________铣刀。

8. 铣 T 形槽时，应先____________，再____________。

9. 有一长度为 35mm 的斜面体，大端尺寸为 25mm、小端尺寸为 21.5mm，则其斜度为________。

10. 铣直立圆柱形的工件，宜配合________夹持。

11. 精铣平面时，应选择________切速及________进给量。

12. 若铣削速度为 75m/min，铣刀直径为 80mm，则铣刀转速为________ r/min。

13. 在铣削零件的内外轮廓表面时，为防止在刀具切入、切出时产生刀痕，应沿轮廓

__________方向切入、切出，而不应沿__________方向切入、切出。

14. 在铣削工件时，若铣刀的旋转方向与工件的进给方向相反称为__________。

15. 铣削过程中所选用的切削用量称为铣削用量，铣削用量包括______________、______________、______________、______________。

16. 铣削速度的常用单位为______________，进给量的常用单位为______________。

17. 用万能分度头在工件的某圆周上划出均匀分布的10个分孔，每划完一个孔的位置后手柄应转__________转。

三、按图3-176所示零件图找出铣削时所用的刀具，并选择机床和工件装夹方法。

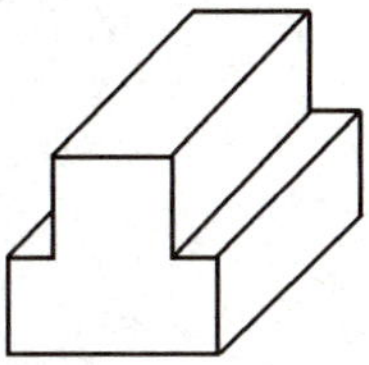

a) 铣台阶

机　　床________
刀具选择________
刀具名称________
装夹方法________

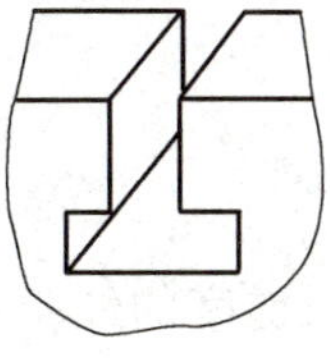

b) 铣T形槽

机　　床________
刀具选择________
刀具名称________
装夹方法________

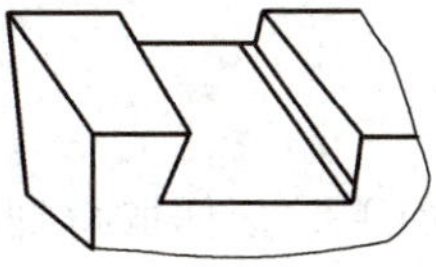

c) 铣燕尾槽

机　　床________
刀具选择________
刀具名称________
装夹方法________

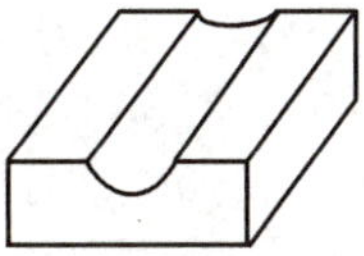

d) 铣凹圆弧

机　　床________
刀具选择________
刀具名称________
装夹方法________

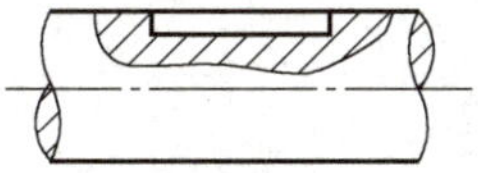

e) 铣键槽

机　　床________
刀具选择________
刀具名称________
装夹方法________

f) 铣圆弧槽

机　　床________
刀具选择________
刀具名称________
装夹方法________

图3-176　零件图

四、简答题。

1. 铣床工作台有哪几个方向的运动？

2. 已知某轴尺寸为$\phi 40_{-0.021}$mm，试求其公称尺寸，上极限尺寸，下极限尺寸，上、下极限偏差和公差。

3. 铣削加工时，你取得理想的表面粗糙度的经验是什么？

4. 用中拖板手柄进刀时，如果刻度盘的刻度多转了 2 格，能否直接退回 2 格？为什么？应如何处理？

五、制订图示零件的铣削加工工序卡。

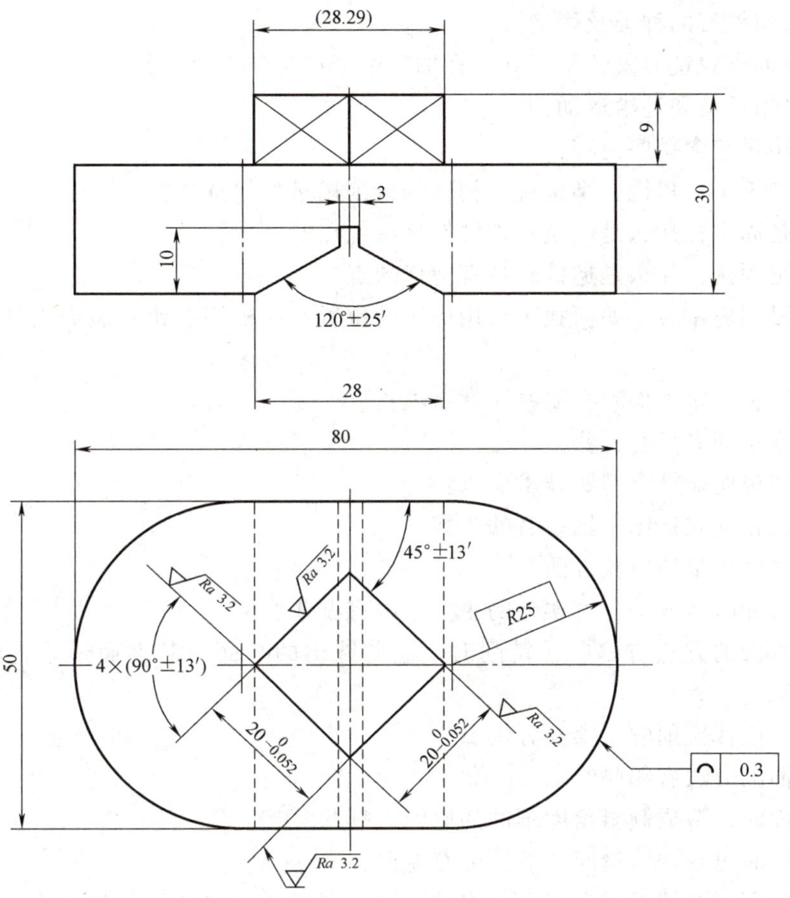

图号	JX-X-0010	零件名称		工件材料	45 钢
铣削加工工序卡					

序号	工步简图	加工内容	装夹方法	刀具、量具
1				
2				
3				
4				
5				

六、问答题。

1. 请写出机床型号为 X6125、X6335 的各代号的意义。
2. 根据图 3-2，试述立式万能摇臂铣床各主要部件的名称和作用。
3. 绘简图说明铣削加工范围。
4. 根据图 3-6 说出立式万能摇臂铣床立铣头各主要部件的名称。

5. 试述立式万能摇臂铣床常见故障及处理方法。

6. 简述铣刀常用材料的种类及特点。

7. 试述常用铣刀的种类及用途。

8. 什么原因导致铣刀安装得不好？在加工中会产生什么后果？

9. 什么是主运动和进给运动？

10. 铣削用量包含哪些内容？

11. 铣削加工中，粗铣、半精铣、精铣的铣削用量如何选择？

12. 什么是周铣？什么是端铣？端铣有哪些优点？

13. 什么是顺铣？什么是逆铣？各有何优缺点？

14. 安装机用虎钳时，如何找正机用虎钳的位置？在机用虎钳上装夹工件时有哪些注意事项？

15. 使用压板夹紧工件时有哪些注意事项？

16. 铣床常用的夹具有哪些？

17. 绘简图说明端铣有哪些技术要求？

18. 试述找正立式铣床主轴垂直的步骤。

19. 试述平面质量的检验方法。

20. 铣平行面时造成平行度误差的主要原因有哪些？

21. 铣垂直面的方法有哪些？铣削时，造成铣出的平面与基准面不垂直的原因有哪几方面？

22. 试述六面体铣削的步骤和方法。

23. 铣斜面的方法有哪些？

24. 铣斜面时，造成倾斜角度不准的原因有哪些？

25. 铣台阶时出现的质量问题的原因有哪些？

26. 试述分别用机用虎钳和 V 形槽装夹工件，铣轴上键槽对中心的方法。

27. 键槽加工时容易产生哪些问题？加工后怎样检验？

28. 试述加工半圆槽容易产生的问题及原因。加工后怎样检验？

29. V 形槽的加工方法有哪几种？试述加工时容易产生的问题及原因。如何进行检验？

30. 绘简图说明 T 形槽的铣削步骤。试述加工时容易产生问题、原因和注意事项。

31. 测量一条 55°的燕尾槽，已知槽深是 10mm，检验用圆棒的直径为 ϕ8mm，两圆棒内侧距离是 20.75mm，求燕尾槽的最大宽度。

32. 在铣床上镗孔时的精度和表面粗糙度值在什么范围？

33. 试述铣床镗刀的种类和适用范围。

34. 镗单孔时常用调整方法有哪几种？

35. 镗平行孔系时，控制孔中心距的方法有哪几种？

36. 镗精度高的孔时，可采取哪些具体措施？

37. 试述镗孔时废品产生的原因及防止方法。

38. 万能分度头的主要功用有哪些？试在 F11125 万能分度头上做下列等分计算：

（1）$z=18$；（2）$z=35$；（3）$z=64$。

39. 试写出在立式万能摇臂铣床上加工图 3-177 所示升降 V 形支座的工艺方法和步骤。

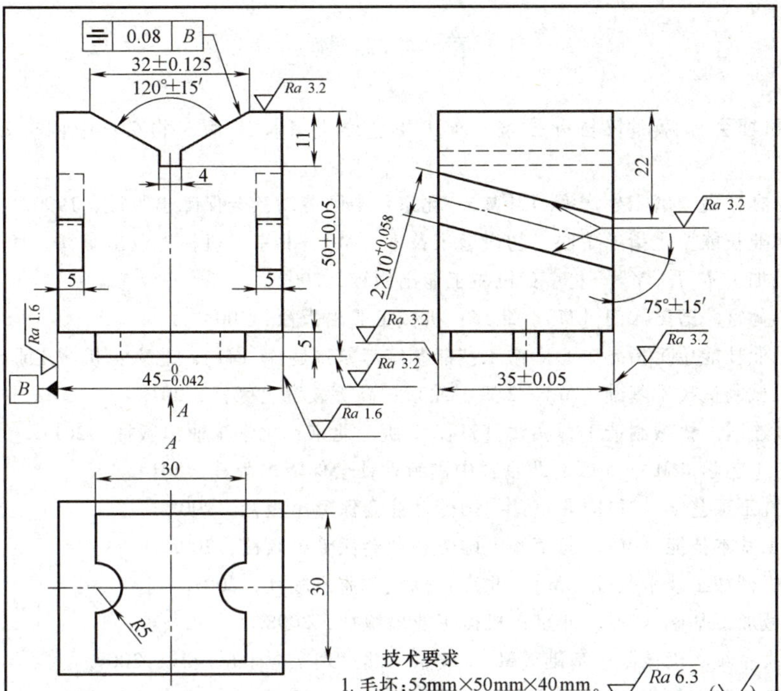

技术要求

1. 毛坯：55mm×50mm×40mm。$\sqrt{Ra\ 6.3}$ ($\sqrt{}$)
2. 锐边倒钝。

技术等级	名称	图号	材料	额定工时
中级铣工	升降V形支座	X006	45	3h

图 3-177　升降 V 形支座

参 考 文 献

[1] 人力资源和社会保障部教材办公室．车工工艺学［M］．5 版．北京：中国劳动社会保障出版社，2014.

[2] 劳动部教材办公室．磨工生产实习［M］．北京：中国劳动社会保障出版社，1996.

[3] 机械工业职业技能鉴定指导中心．初级磨工技术［M］．北京：机械工业出版社，1999.

[4] 黄锦清．机加工实习［M］．北京：机械工业出版社，2002.

[5] 邱言龙，李德富．磨工入门［M］．北京：机械工业出版社，2008.

[6] 机械工业职业技能鉴定指导中心．钳工技能鉴定考核试题库［M］．北京：机械工业出版社，2000.

[7] 葛金印．机械制造技术基础［M］．2 版．北京：高等教育出版社，2012.

[8] 王永涛，张连凯．机械制造工程实践［M］．2 版．北京：化学工业出版社，2011.

[9] 姜波．钳工工艺学［M］．5 版．北京：中国劳动社会保障出版社，2014.

[10] 陈海魁．铣工工艺学［M］．北京：中国劳动社会保障出版社，2005.

[11] 冯斌．磨工基本技能［M］．北京：中国劳动社会保障出版社，2005.

[12] 李新生．机械加工技术基础［M］．北京：机械工业出版社，2007.

[13] 苏伟．机械加工基础［M］．北京：机械工业出版社，2008.

[14] 周晓邑，涂序斌．机械制造基础［M］．北京：北京理工大学出版社，2008.

[15] 何建民．铣工基本技能［M］．北京：金盾出版社，2008.

[16] 杭明峰．铣工快速入门［M］．2 版．北京：北京理工大学出版社，2011.

[17] 胡家富．铣工技能［M］．2 版．北京：机械工业出版社，2007.